数学Ⅲ
標準問題精講

三訂版

木村光一　著

Standard Exercises in mathematics Ⅲ

旺文社

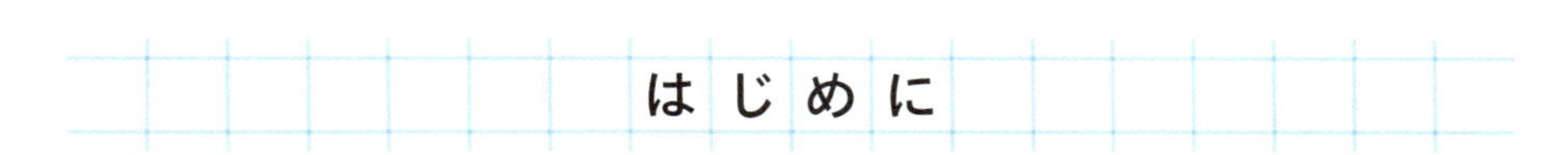

はじめに

数学を学ぶには理解することが大切だと言われます．しかし、どうすれば理解できるのでしょう．著者の経験では、理解の核心部分は雰囲気を知り慣れることだと思います．皆さんもきっと証明のロジックを丁寧に追ってはみたものの腑に落ちない、という思いをしたことがあると思います．残念ながらロジックだけでは明白な理解に到達できません．ところが完全に理解できない公式や定理でも、鵜呑みにして使っているうちに分かったような気がして来ます．そして、使いこなせるという自信が持てるようになると、自然にその仕組みを知りたくなります．うまくいけば証明を再発見（真の理解！）できるかもしれません．つまり

慣れることは理解するために必須の下準備

です．それでは、慣れるためにはどうすればよいのでしょうか．それには、先人が累々と積み上げた成果を真似れば良いのです．これ以外の方法はありません．そもそも、普段私たちが文章を書くときにお世話になっている口語体自身が、明治・大正時代に小説家たちの手によって和漢の名文の模倣から生み出されたものです．よく猿真似と言って、真似することを軽蔑する人がいますが、実は正しく模倣できるのは立派な能力です．逆にそれができないようだと数学を学ぶことは大変厳しいものになります．

独創の正体は精緻な模倣である（アインシュタイン）

しかし、模倣と反復練習中心の学習は、思考停止に陥りやすいと言われます．確かに、百題覚えたから似た設定の問題なら同じくらい解けるだろう、といった消極的態度では思考停止になりかねません．しかし、選び抜いた百題を鍛えに鍛えて、その研ぎ澄まされた切っ先で千題を切り捨てようという姿勢の人は、思考停止の危険とは無縁です．数学を学ぶ上では

決して受け身にならず積極的に取り組む

ことがとても大切です．ただし、分かることとそうでないことを峻別してください．それが「分かる」ということですから．分からないことは、いずれ分かるさ、と楽観的に考えましょう．少なくとも著者はそうしてきました．

今述べたことが読者の励ましになれば幸いです．この本を有効に活用して、できれば楽しく学習してください．

木村光一

もくじ

第4章 複素数平面

第5章 式と曲線

本書の利用法

本書では、微分積分の体系を鮮明にするために、基本事項をすべて説明しています．そうすることで、微分積分全体を鳥瞰することが容易になり、理解を助けるからです．一回目は証明問題を省略して計算問題だけに絞って演習するのもいい方法です．しかし、計算に慣れたら、微分積分の仕組にも関心を持ってください．積分して面積や体積が求められるのはなぜか？という問いに、読者全員が標問50のような（あるいは独自の）応答ができれば素晴らしいと思います．それは皆さん自身にとっても、この国にとっても．そして、そのような勉強法が、結局、受験に関しても最も合理的な勉強法なのだと思います．

ギリシア時代のアルキメデスを嚆矢として、17世紀にニュートンとライプニッツによって体系化され、オイラーによって高度に発達した微分積分学は、史上初めて無限を取り込むことに成功した大変よくできた理論です．そのために、十分な計算力がありさえすれば、大した工夫もせずに多くの問題を解くことができます．これが、微分積分は費やした時間に応じて得点できるといわれる理由です．そこで、積分計算では、被積分関数の形から原始関数が求められるか否かを直感的に判断できるようになるまで繰り返し練習しましょう．そのために本書には十分な量の問題が用意されています．

しかし、計算力だけでは太刀打ちできない場合もあります．収束あるいは発散する速さを知るために、それが既に分かっているもので鋏み込む問題がその典型です．決まった解法がないうえに、経験が大きくものを言うので一段と難しくなります．しかし、分からないものを分かるもので挟んで情報を引き出すという手法は、微分積分の真髄ですから、該当する標問を反復練習して（「はじめに」で述べたように真似るわけです）基本的な方法をしっかり自分のものにすることが大切です．新しい問題に対しては、既に知っている問題との類似点に注目して突破口を探すことになります．

本書には、積分計算をはじめとして、挟み打ちの原理の応用、面積、体積などの求積問題、そして複素数や2次曲線について、入試で出題されるおよそあらゆるタイプの問題が納められています．116題の標問と対応する演習問題が習得できれば、どの大学を受験しても対応できるように配慮されています．

数学Ⅲの自由自在の応用と、さらにその先を目指して

本書を役立ててください．

標問

入試問題の中から典型的なものを精選しました．それぞれの領域は，長いこと入試に出題されており，必要な知識や解法のパターンは大体決まっています．本書では，〈受験数学〉のエッセンスを，基本概念の理解と結びつけつつ，できるだけ体系的につかむことができるように，という立場で問題を選び，配列しました．
なお，使用した入試問題には，多少字句を変えた個所もあります．

精講

標問を解くにあたって必要な知識，目の付け所を示しました．
問題を読んでもまったく見当がつかないときは助けにしてください．
自信のある人ははじめに見ないで考えましょう．

解法のプロセス

問題解決のためのフローチャートです．一筋縄ではいかない問題も「解法のプロセス」にかかれば一目瞭然です．

〈解　答〉

模範解答となる解き方を示しました．右の余白には随所に矢印⬅を用いてポイント，補充説明などを付記し，理解の助けとしました．

研究

標問の内容を掘り下げた解説，別の観点からとらえた別解，関連する公式の証明，発展的な見方や考え方などを加えました．

演習問題

標問が正しく理解できれば，無理なく扱える程度の良問を選びました．標問と演習問題を消化すれば，入試問題のかなりの部分は「顔見知り」となるはずです．

木村光一（きむら・こういち）先生は，1954年新潟生まれです．東北大学大学院理学研究科博士課程修了．理学博士．駿台予備学校を経て，Z会東大マスターコースの教壇にも立たれていました．『全国大学入試問題正解数学』（旺文社）の解答者でもあります．著書には，『高校数学　探求と演習　上・下』（Z会出版）があります．趣味は「どれも長続きせず，みんなそこそこ」だそうですが，「スキーだけはちょっとうまい」そうです．また，山登りにもよく行かれています．

第1章 数列の極限と無限級数

標問 1 収束・発散速度の比較

次の極限値を求めよ．

$$\lim_{n\to\infty}\frac{(n+1)^2+(n+2)^2+\cdots+(3n)^2}{1^2+2^2+3^2+\cdots+(2n)^2}$$

（慶　大）

精講　分母，分子の和を求めて極限をとります．しかし，各々の和を最後まで計算する必要はありません．それは，たとえば

$$\lim_{n\to\infty}\frac{7n^3\boxed{-5n^2+n+3}}{4n^3\boxed{+6n^2-n+8}}$$

を求めるとき，四角で囲まれた部分が極限値に

関与しない

のと同じことです．これを確かめるには

$$\lim_{n\to\infty}\frac{7+\left(-\frac{5}{n}+\frac{1}{n^2}+\frac{3}{n^3}\right)}{4+\left(\frac{6}{n}-\frac{1}{n^2}+\frac{8}{n^3}\right)}$$

と変形することになります．

　本問の分母，分子はいずれも n の3次式になるので，最高次である n^3 の項だけに注目しましょう．

解法のプロセス

数列の極限

⇩

極限値に関与する部分だけに注目

⇩

分数式のとき

⇩

分母，分子の最高次の項に注目

〈解　答〉

$$\text{分子}=\sum_{k=1}^{3n}k^2-\sum_{k=1}^{n}k^2$$

$$=\frac{3n(3n+1)(6n+1)}{6}-\frac{n(n+1)(2n+1)}{6}$$

$$=\left(\frac{3\cdot3\cdot6}{6}-\frac{1\cdot1\cdot2}{6}\right)n^3+(n\text{ の高々 2 次式})$$

$$=\frac{26}{3}n^3+(n\text{ の高々 2 次式})$$

←最高次の項に注目

一方

$$分母=\sum_{k=1}^{2n}k^2=\frac{2n(2n+1)(4n+1)}{6}$$
$$=\frac{2\cdot2\cdot4}{6}n^3+(n\text{の高々 2 次式})$$
$$=\frac{8}{3}n^3+(n\text{の高々 2 次式})$$

← 最高次の項に注目

ゆえに

$$与式=\lim_{n\to\infty}\frac{\frac{26}{3}+\frac{n\text{の高々 2 次式}}{n^3}}{\frac{8}{3}+\frac{n\text{の高々 2 次式}}{n^3}}=\frac{26}{3}\cdot\frac{3}{8}=\mathbf{\frac{13}{4}}$$

研究 **〈不定形〉**

直接極限をとっても収束・発散の判定ができないもの，たとえば

$$\frac{0}{0},\ \frac{\infty}{\infty},\ \infty\cdot0,\ 1^{\infty},\ 0^0,\ \infty^0,\ \infty-\infty$$

← 1^{∞} については標問 **20** 参照

などを**不定形**といいます．

本問は $\frac{\infty}{\infty}$ の不定形ですが，分母と分子の ∞ **に発散する速さがつり合っている**ので有限な値に収束しました．

一般に不定形を解消して極限の状態を知るためには

収束あるいは発散する速さを比較する

ことが必要です．比較方法はいろいろありますが，それをこれから学んでいくことになります．本問はその出発点です．

演習問題

1 次の極限値を求めよ．

(1) $\displaystyle\lim_{n\to\infty}\frac{1+2+3+\cdots+n}{n^2}$ (茨城大)

(2) $\displaystyle\lim_{n\to\infty}\frac{1}{n}\sum_{k=1}^{n}\left(\frac{k}{n}\right)^3$ (電通大)

(3) $\displaystyle\lim_{n\to\infty}\left(1-\frac{1}{2^2}\right)\left(1-\frac{1}{3^2}\right)\cdots\left(1-\frac{1}{4n^2}\right)$ (小樽商大)

標問 2　無理式の極限

次の極限値を求めよ．

(1) $\displaystyle\lim_{n\to\infty}(\sqrt{n^2+n-2}-\sqrt{n^2-n-1})$

(2) $\displaystyle\lim_{n\to\infty}\frac{\sqrt{n+5}-\sqrt{n+3}}{\sqrt{n+1}-\sqrt{n}}$

精講　(1)　$\infty-\infty$ の不定形です．

無理式の関与する不定形は有理化する

と覚えましょう．

$$\sqrt{a_n}-\sqrt{b_n}=\frac{a_n-b_n}{\sqrt{a_n}+\sqrt{b_n}}$$

$$\frac{1}{\sqrt{a_n}-\sqrt{b_n}}=\frac{\sqrt{a_n}+\sqrt{b_n}}{a_n-b_n}$$

と変形すると，発散する速さの比較ができるようになります．

(2)　$\dfrac{\infty-\infty}{\infty-\infty}$ という二重の不定形です．分母と分子の両方を有理化して考えます．

解法のプロセス

無理式の不定形
⇩
有理化する

〈解　答〉

(1)　与式 $\displaystyle=\lim_{n\to\infty}\frac{n^2+n-2-(n^2-n-1)}{\sqrt{n^2+n-2}+\sqrt{n^2-n-1}}$

$\displaystyle=\lim_{n\to\infty}\frac{2n-1}{\sqrt{n^2+n-2}+\sqrt{n^2-n-1}}$　　⬅ 分母，分子を n で割る

$\displaystyle=\lim_{n\to\infty}\frac{2-\frac{1}{n}}{\sqrt{1+\frac{1}{n}-\frac{2}{n^2}}+\sqrt{1-\frac{1}{n}-\frac{1}{n^2}}}$

$\displaystyle=\frac{2}{1+1}=\mathbf{1}$

(2)　与式 $\displaystyle=\lim_{n\to\infty}\frac{n+5-(n+3)}{\sqrt{n+5}+\sqrt{n+3}}\cdot\frac{\sqrt{n+1}+\sqrt{n}}{n+1-n}$　　⬅ 分母，分子を同時に有理化

$\displaystyle=\lim_{n\to\infty}\frac{2(\sqrt{n+1}+\sqrt{n})}{\sqrt{n+5}+\sqrt{n+3}}$　　⬅ 分母，分子を $\sqrt{n}$ で割る

$$=\lim_{n\to\infty}\frac{2\left(\sqrt{1+\frac{1}{n}}+1\right)}{\sqrt{1+\frac{5}{n}}+\sqrt{1+\frac{3}{n}}}$$

$$=\frac{2(1+1)}{1+1}=\mathbf{2}$$

研究 **〈極限計算の公式〉**

$\lim_{n\to\infty}a_n=\alpha$，$\lim_{n\to\infty}b_n=\beta$ のとき

(i) $\lim_{n\to\infty}(pa_n+qb_n)=p\alpha+q\beta$ （p，q は定数）

(ii) $\lim_{n\to\infty}a_nb_n=\alpha\beta$

(iii) $\lim_{n\to\infty}\frac{a_n}{b_n}=\frac{\alpha}{\beta}$ （$\beta\neq0$ のとき）

であることを，標問 **1**，**2** ではとくに意識しないで使いました．これらについては「公式といっても当然じゃないか」ということで十分です．

しかし，次のような場合は注意が必要です．

$$\lim_{n\to\infty}(a_n-b_n)=0 \quad ならば \quad \lim_{n\to\infty}a_n=\lim_{n\to\infty}b_n$$

無条件で成り立ちそうですが，$a_n=b_n=n$，$a_n=b_n=(-1)^n$ などの場合には成立しません．

a_n，b_n が収束しないと(i)を用いて

$$0=\lim_{n\to\infty}(a_n-b_n)=\lim_{n\to\infty}a_n-\lim_{n\to\infty}b_n$$

とすることができないからです．しかし

$$\lim_{n\to\infty}a_n=\alpha$$

ならば(i)が使えて

$$\lim_{n\to\infty}b_n=\lim_{n\to\infty}\{a_n-(a_n-b_n)\}$$

$$=\lim_{n\to\infty}a_n-\lim_{n\to\infty}(a_n-b_n)$$

$$=\alpha-0=\alpha$$

となります．

極限計算の公式の**前提条件は飾りでない**ことに注意しましょう．

演習問題

2 次の極限値を求めよ．

(1) $\lim_{n\to\infty}\sqrt{n+1}(\sqrt{n}-\sqrt{n-1})$ （京　大）

(2) $\lim_{n\to\infty}(\sqrt{n^3+n}-n^{\frac{3}{2}})$ （岩手大）

標問 3　無限等比数列 (1)

x の関数 $f(x)=\lim_{n\to\infty}\dfrac{x^n+2x+1}{x^{n-1}+1}$ のグラフをかけ.　　(静岡大)

精講　$|x|<1$ のとき, $\lim_{n\to\infty}x^n=0$

$|x|>1$ のとき, $\lim_{n\to\infty}|x^n|=\infty$

であることに注目して, 大まかに2つの場合に分けて考えます.

$x=-1$ のときは, n が偶数だと分母が0になるので, $f(-1)$ は定義できません.

解法のプロセス

$\lim_{n\to\infty}x^n$

⇩

$|x|<1$, $|x|>1$, $x=\pm1$ に場合分け

解答

(i) $|x|<1$ のとき,

$\lim_{n\to\infty}x^n=\lim_{n\to\infty}x^{n-1}=0$ であるから

$$f(x)=2x+1$$

(ii) $|x|>1$ のとき,

$\lim_{n\to\infty}|x^n|=\infty$ より, $\lim_{n\to\infty}\left(\dfrac{1}{x}\right)^{n-1}=0$ であるから

$$f(x)=\lim_{n\to\infty}\frac{x+(2x+1)\left(\frac{1}{x}\right)^{n-1}}{1+\left(\frac{1}{x}\right)^{n-1}}=x$$

(iii) $x=1$ のとき,

$$f(1)=\lim_{n\to\infty}\frac{1+2+1}{1+1}=2$$

(iv) $x=-1$ のとき, n が偶数ならば

$$x^{n-1}+1=(-1)^{n-1}+1=0$$

となるから, $f(-1)$ は定義されない.

ゆえに

$$f(x)=\begin{cases}2x+1 & (|x|<1)\\ x & (|x|>1)\\ 2 & (x=1)\end{cases}$$

したがって, $y=f(x)$ のグラフは右図のようになる.

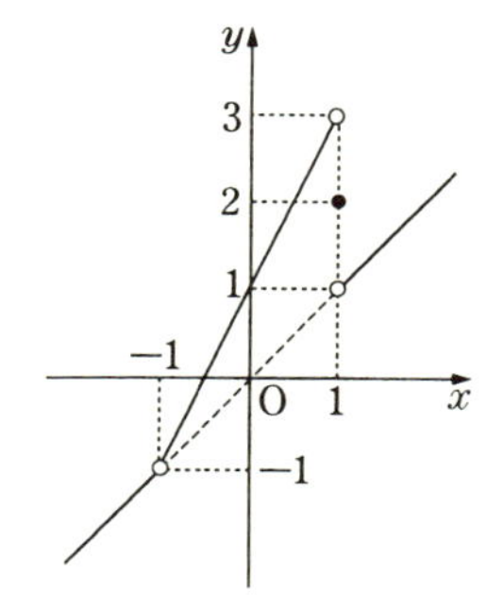

研究 〈無限等比数列の極限〉

極限 $\lim_{n\to\infty} r^n$ は次のように分類できます.

$$\lim_{n\to\infty} r^n = \begin{cases} +\infty & (r>1) \\ 1 & (r=1) \\ 0 & (|r|<1) \\ \text{振動} & (r\leqq -1) \end{cases}$$

$r=1$, $r\leqq -1$ のときは問題ないでしょう. そして, $r>1$ のときが正しければ, $0<|r|<1$ のとき $r^n\to 0$ となることが次のように示されます.

$$\lim_{n\to\infty}|r^n| = \lim_{n\to\infty}\frac{1}{\left(\frac{1}{|r|}\right)^n} = 0 \quad \left(\because \quad \frac{1}{|r|}>1\right)$$

$$\therefore \quad \lim_{n\to\infty} r^n = 0$$

さて, $r>1$ の場合ですが, たとえば, $2^n\to\infty$ となることは間違いありません. しかし,

$$(1.00000000000000000000000000000000000000000000000000001)^n$$

についてはどうでしょうか. より基本的な極限をもとにして確かめておきたいものです.

$r=1+h$ $(h>0)$ とおくと, 二項定理

$$(1+h)^n = {}_nC_0 + {}_nC_1 h + {}_nC_2 h^2 + \cdots + {}_nC_n h^n$$

により

$$r^n = (1+h)^n \geqq {}_nC_0 + {}_nC_1 h = 1+hn \qquad \cdots\cdots①$$

ところが, $h>0$ より

$$\lim_{n\to\infty}(1+hn) = \infty \qquad \cdots\cdots②$$

したがって

$$\lim_{n\to\infty} r^n = \infty \qquad \cdots\cdots③$$

となるわけです.

①と②から③を導く方法を, **追い出しの原理**といいます.

演習問題

3 $0\leqq x\leqq 2$ のとき, 次の各問いに答えよ.

(1) $\lim_{n\to\infty}(1+\sin\pi x)^n$ を求めよ.

(2) $f(x) = \lim_{n\to\infty}\frac{(1+\sin\pi x)^n + x - 1}{(1+\sin\pi x)^n + 1}$ のとき, 関数 $y=f(x)$ のグラフをかけ.

(神戸商船大(現・神戸大))

標問 4 無限等比数列 (2)

$f(x)=\lim_{n\to\infty}\frac{(x-4)^{2n+1}}{1+(x-1)^{2n}}$ を求めよ．ただし，x は実数とする．　（弘前大）

精講

標問**3**のように単純ではありません．

(1) $|x-4|$ と 1 の大小関係

(2) $|x-1|$ と 1 の大小関係

(3) $|x-4|$ と $|x-1|$ の大小関係

がすべて関係するからです．そこで，(1)，(2)，(3) を数直線上に図示してみましょう．

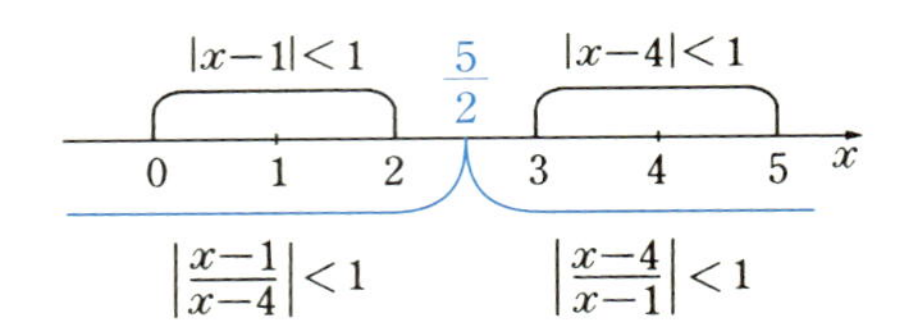

解法のプロセス

3つの等比数列

$(x-4)^{2n}$

$(x-1)^{2n}$

$\left(\frac{x-4}{x-1}\right)^{2n}$ または $\left(\frac{x-1}{x-4}\right)^{2n}$

の極限が関連する

⇩

|公比|<1 なる範囲を同一数直線上に図示

⇩

$x=\frac{5}{2}$ で場合分け

どうやら場合分けの要は，$x=\frac{5}{2}$ のようです．

$x<\frac{5}{2}$ のとき，

$\left|\frac{x-1}{x-4}\right|<1$，$|x-4|>1$，

$|x-1|$ と 1 の大小関係は不定

$x>\frac{5}{2}$ のとき，

$\left|\frac{x-4}{x-1}\right|<1$，$|x-1|>1$，

$|x-4|$ と 1 の大小関係は不定

したがって，$x<\frac{5}{2}$ のときは分母，分子を $(x-4)^{2n}$ で割り，$x>\frac{5}{2}$ のときは分母，分子を $(x-1)^{2n}$ で割ります．

〈 解　答 〉

(i) $x<\frac{5}{2}$ のとき，

$\left|\frac{x-1}{x-4}\right|<1$, $\left|\frac{1}{x-4}\right|<1$, $x-4<0$ より

$$f(x)=\lim_{n\to\infty}\frac{x-4}{\left(\frac{1}{x-4}\right)^{2n}+\left(\frac{x-1}{x-4}\right)^{2n}}=-\infty$$

← 分母，分子を $(x-4)^{2n}$ で割る

(ii) $x=\frac{5}{2}$ のとき，

$$f\left(\frac{5}{2}\right)=\lim_{n\to\infty}\frac{\left(-\frac{3}{2}\right)^{2n+1}}{1+\left(\frac{3}{2}\right)^{2n}}=\lim_{n\to\infty}\frac{-\frac{3}{2}}{\left(\frac{2}{3}\right)^{2n}+1}$$

$$=-\frac{3}{2}$$

← 分母，分子を $\left(\frac{3}{2}\right)^{2n}$ で割る

(iii) $x>\frac{5}{2}$ のとき，

$\left|\frac{x-4}{x-1}\right|<1$, $\left|\frac{1}{x-1}\right|<1$ より

$$f(x)=\lim_{n\to\infty}\frac{(x-4)\left(\frac{x-4}{x-1}\right)^{2n}}{\left(\frac{1}{x-1}\right)^{2n}+1}=\frac{0}{0+1}=0$$

← 分母，分子を $(x-1)^{2n}$ で割る

(i)，(ii)，(iii)より

$$f(x)=\begin{cases}-\infty & \left(x<\frac{5}{2}\ \text{のとき}\right)\\ -\frac{3}{2} & \left(x=\frac{5}{2}\ \text{のとき}\right)\\ 0 & \left(x>\frac{5}{2}\ \text{のとき}\right)\end{cases}$$

← $-\infty$ は値ではないことに注意

演習問題

4　a を実数とするとき，次の極限値を求めよ．

$$\lim_{n\to\infty}\frac{a^{2n}(\sin^{2n}a+1)}{1+a^{2n}}$$

(愛知教育大)

標問 5　nr^n $(|r|<1)$ の極限とはさみ打ち

(1)　n を 2 以上の整数，h を正数とするとき，

$$(1+h)^n \geqq 1+nh+\frac{n(n-1)}{2}h^2$$

が成り立つことを証明せよ．

(2)　$0<|r|<1$ のとき，$\lim_{n\to\infty} nr^n=0$ を証明せよ．　　(金沢大)

精講　(1)　数学的帰納法や二項定理が有効ですが，二項定理を使うと不等式をつくり出す方法で証明ができます．

(2)　$\dfrac{1}{|r|}=1+h$ $(h>0)$ とおけるので，(1)より

$$\left(\frac{1}{|r|}\right)^n \geqq \frac{n(n-1)}{2}h^2=(n\text{ の 2 次式})$$

したがって，次の不等式が成立します．

$$0\leqq|nr^n|=\frac{n}{\left(\frac{1}{|r|}\right)^n}\leqq\frac{n}{n\text{ の 2 次式}}\qquad\cdots\cdots(*)$$

一般に $a_n\leqq x_n\leqq b_n$，$\lim_{n\to\infty}a_n=\lim_{n\to\infty}b_n=\alpha$ から $\lim_{n\to\infty}x_n=\alpha$ を導く方法を**はさみ打ちの原理**といいます．

この原理を不等式(＊)に適用すれば証明完了です．

解法のプロセス

(2)　$\dfrac{1}{|r|}=1+h$ $(h>0)$ とおく

⇩

(1)を用いて

⇩

$0\leqq|nr^n|\leqq\dfrac{n}{n\text{ の 2 次式}}$

⇩

はさみ打ち

〈 解　答 〉

(1)　二項定理により

$$\begin{aligned}(1+h)^n&={}_nC_0+{}_nC_1h+{}_nC_2h^2+\cdots+{}_nC_nh^n\\&\geqq{}_nC_0+{}_nC_1h+{}_nC_2h^2\\&=1+nh+\frac{n(n-1)}{2}h^2\end{aligned}$$

⬅ $h>0$

(2)　$0<|r|<1$ より

$\dfrac{1}{|r|}=1+h$ $(h>0)$ とおけるから，(1)より

$$\left(\frac{1}{|r|}\right)^n=(1+h)^n\geqq\frac{n(n-1)}{2}h^2$$

⬅ 2 次の項だけで十分

$$\therefore \quad 0 \leqq |nr^n| = \frac{n}{\left(\dfrac{1}{|r|}\right)^n} \leqq \frac{n}{\dfrac{n(n-1)}{2}h^2} = \frac{2}{(n-1)h^2}$$

$\lim\limits_{n\to\infty} \dfrac{2}{(n-1)h^2} = 0$ であるから　　　　← はさみ打ち

$$\lim_{n\to\infty} nr^n = 0$$

研究 $\left\langle \lim\limits_{n\to\infty} \dfrac{n^p}{r^n} = 0 \quad (r>1,\ p \text{ は自然数}) \right\rangle$

$r=1+h\ (h>0)$ とおく．二項定理により $n \geqq p+1$ のとき

$$\begin{aligned} r^n &= (1+h)^n \\ &= {}_n\mathrm{C}_0 + {}_n\mathrm{C}_1 h + \cdots + {}_n\mathrm{C}_{p+1} h^{p+1} + \cdots + {}_n\mathrm{C}_n h^n \\ &\geqq {}_n\mathrm{C}_{p+1} h^{p+1} \\ &= \frac{n(n-1)(n-2)\cdots(n-p)}{(p+1)!} h^{p+1} \\ &= (n \text{ の } p+1 \text{ 次式}) \end{aligned}$$

$$\therefore \quad 0 \leqq \frac{n^p}{r^n} \leqq \frac{n^p}{n \text{ の } p+1 \text{ 次式}}$$

$$\therefore \quad \lim_{n\to\infty} \frac{n^p}{r^n} = 0$$

← 標問 **5** (2)の一般化

この結果は，たとえば

$$\lim_{n\to\infty} \frac{n^{1000000000000000000000000000000000000000000000000000000000}}{(1.0000000000000000000000000000000000000000000000001)^n} = 0$$

であることを含んでいます！

すなわち，**r^n は $r>1$ であるかぎり，あるところから先は爆発的に増加するということです．**

演習問題

5-1 (1) 2以上の自然数 n に対して，$\sqrt[n]{n} = 1 + h_n$ とおくとき，標問 **5** の(1)を用いて，$0 < h_n < \sqrt{\dfrac{2}{n-1}}$ が成り立つことを示せ．

(2) $\lim\limits_{n\to\infty} \sqrt[n]{n}$ を求めよ．　　　　（鹿児島大）

5-2 a，b を正の定数とするとき，次の極限値を求めよ．

$$\lim_{n\to\infty} \sqrt[n]{a^n + b^n}$$

（広島大）

標問 6　漸化式と極限 (1)

2つの数列 $\{a_n\}$, $\{b_n\}$ は, $a_1=a$, $b_1=1-a$,

$$\begin{cases} a_{n+1}=aa_n+bb_n \\ b_{n+1}=(1-a)a_n+(1-b)b_n \end{cases} \quad (n=1,\ 2,\ \cdots)$$

を満たしている. ただし, a, b は実数である.

(1)　$a_n+b_n=1$ を示し, a_{n+1} を a_n, a, b を用いて表せ.

(2)　a_n を n, a, b を用いて表せ.

(3)　数列 $\{a_n\}$ が収束するような a, b を座標とする点 $(a,\ b)$ の存在する範囲を図示せよ.　(富山大)

精講　$a_n+b_n=1$ を用いて b_n を消去すると, 典型的な2項間漸化式

$$a_{n+1}=pa_n+q$$

が現れます. $p=1$ のときは,

$$a_{n+1}-a_n=q \quad (\text{等差数列})$$

$p\neq 1$ のときは,

$$a_{n+1}-\frac{q}{1-p}=p\left(a_n-\frac{q}{1-p}\right)$$

と変形することで一般項がわかります.

無限等比数列の収束条件は, 標問**3**で学びました.

解法のプロセス

a_n の2項間漸化式を導き一般項を求める

⇩

a_n の収束条件は

⇩

無限等比数列の収束条件に帰着

〈 解　答 〉

$$\begin{cases} a_{n+1}=aa_n+bb_n & \cdots\cdots① \\ b_{n+1}=(1-a)a_n+(1-b)b_n & \cdots\cdots② \end{cases}$$

(1)　①+② より

$$a_{n+1}+b_{n+1}=a_n+b_n$$

すなわち, $\{a_n+b_n\}$ は一定の数列であるから

$$a_n+b_n=a_1+b_1=a+(1-a)=1 \quad \cdots\cdots③$$

①と③より b_n を消去すると

$$a_{n+1}=aa_n+b(1-a_n)$$

$$\therefore\ \boldsymbol{a_{n+1}=(a-b)a_n+b}$$

(2)　(i)　$a-b=1$ のとき, $a_{n+1}-a_n=b$ より

$$a_n=a_1+(n-1)b=a-b+bn$$

$$\therefore\ \boldsymbol{a_n=1+bn}$$

(ii) $a-b \neq 1$ のとき,

$$a_{n+1}-\frac{b}{1-a+b}=(a-b)\left(a_n-\frac{b}{1-a+b}\right)$$

$$\therefore \quad a_n-\frac{b}{1-a+b}=(a-b)^{n-1}\left(a_1-\frac{b}{1-a+b}\right)$$ ← $a_1=a$

$$=\frac{(1-a)(a-b)^n}{1-a+b}$$

$$\therefore \quad \boldsymbol{a_n=\frac{b+(1-a)(a-b)^n}{1-a+b}}$$ ← $a=1$ のときは無条件で収束

(3) $\{a_n\}$ が収束するのは次の場合である.

(i) $a-b=1$ のとき, $b=0$

$\therefore \quad a=1, \ b=0$

(ii) $a-b \neq 1$ のとき,

$a=1$ または $-1<a-b<1$

(i)または(ii)を図示すると, 右図の直線 $a=1$ と斜線部分である. ただし, 2点

$(1, \ 0)$ と $(1, \ 2)$

を含み, それ以外の2直線

$b=a\pm 1$

上の点を除外する.

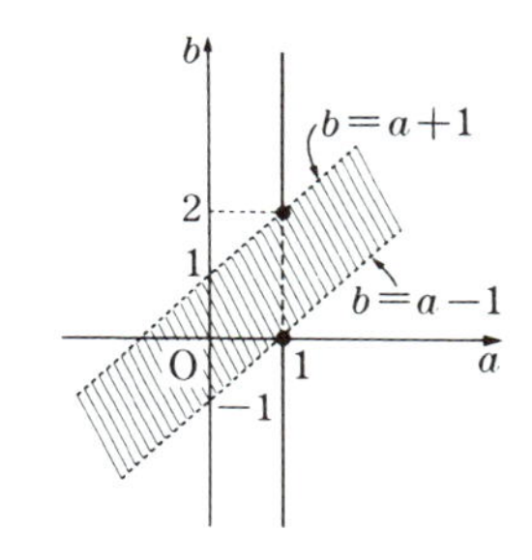

演習問題

6-1 a は正の数, p, q はともに正の整数とし, $a_1=1$, ${a_n}^p {a_{n-1}}^q=a \ (n \geqq 2)$ を満たす正数列を $\{a_n\}$ とする.

(1) a_n を a, p, q, n で表せ.

(2) $p>q$ のとき, $\displaystyle\lim_{n\to\infty} a_n$ を求めよ. (名古屋大)

6-2 $a_1=4$, $a_{n+1}=\dfrac{5a_n+3}{a_n+3}$ $(n \geqq 1)$ を満たす数列 $\{a_n\}$ がある.

$b_n=\dfrac{a_n-3}{a_n+1}$ とおいて b_n を求めよ. また, $\displaystyle\lim_{n\to\infty} a_n$ を求めよ. (慶　大)

6-3 数列 a_1, a_2, a_3, …が

$$\begin{cases} a_1=c \\ (2-a_n)a_{n+1}=1 \end{cases} \quad (n=1, \ 2, \ 3, \ \cdots)$$

によって定義されるとき, $\dfrac{1}{a_{n+1}-1}$ を $\dfrac{1}{a_n-1}$ で表して $\displaystyle\lim_{n\to\infty} a_n=1$ を証明せよ.
ただし, $0<c<1$ とする. (東京女大)

標問 7　漸化式と極限 (2)

関数 $f(x)=\sqrt{2\sqrt{2}\,x+6}$ に対して，漸化式

$$x_1=1,\quad x_{n+1}=f(x_n)\quad (n\geqq 1)$$

によって数列 $\{x_n\}$ を定める．また，方程式 $x=f(x)$ の解を α とする．

(1)　$y=x$ および $y=f(x)$ のグラフを用いて，漸化式を説明せよ．

(2)　$|x_{n+1}-\alpha|\leqq\dfrac{2}{3}|x_n-\alpha|$　$(n\geqq 1)$ を証明せよ．

(3)　$\displaystyle\lim_{n\to\infty}x_n$ を求めよ．　　(宮崎医大(現・宮崎大))

精講　標問**6**と違い一般項を求めることができません．

ただし，x_n が α に収束すると「仮定」すると，

$$x_{n+1}=f(x_n)$$

において $n\to\infty$ とすることにより

$$\alpha=f(\alpha)$$

すなわち，極限値は $x=f(x)$ の解であることがわかります．α を $f(x)$ の**均衡値**といいます．

(1)　実は，x_n は α に収束するのですが，図を用いてその様子を説明せよというのが小問の趣旨です．

初めての人は**解答**を読んで理解して下さい．

(2)　$x_n\to\alpha$ を定量的に証明するのが目標です．一気に示すのが難しいので，初めに**隣接2項と α の距離**を比べます．

$$|x_{n+1}-\alpha|=|\sqrt{2\sqrt{2}\,x_n+6}-\alpha|$$
$$\leqq\square\,|x_n-\alpha|$$

と変形し，うまく評価して

$$\square\leqq\frac{2}{3}$$

を示します．このあたりは経験がものをいいます．

(3)　とりあえず $|x_{n+1}-\alpha|=\dfrac{2}{3}|x_n-\alpha|$ としてみましょう．x_n と α の距離が公比 $\dfrac{2}{3}$ の等比数列をなすので

解法のプロセス

$x_{n+1}=f(x_n)$ で定まる数列の極限

⇩

一般項が求まらない

⇩

収束するならば，極限値 α は $f(x)$ の均衡値

⇩

$|x_{n+1}-\alpha|\leqq r|x_n-\alpha|$ を満たす r $(0<r<1)$ を探す

⇩

$\displaystyle\lim_{n\to\infty}x_n=\alpha$

$$|x_n-\alpha|=\left(\frac{2}{3}\right)^{n-1}|x_1-\alpha|$$

これから $\lim_{n\to\infty} x_n=\alpha$ が導かれます．不等号の場合も，はさみ打ちの原理を使えば本質的に同じことです．

〈解答〉

(1)　$x_2=f(x_1)$ を求めたら，y 座標である x_2 を x 軸上へ移すために，2 直線

$$y=x_2 \text{ と } y=x$$

の交点を考えるとその x 座標が

$$x=x_2$$

である．

同様の手順で x_2 から x_3，x_3 から x_4，… と定めると，数列 $\{x_n\}$ は増加しながら $x=f(x)$ の解

$$\alpha=3\sqrt{2}$$

に収束することがわかる．

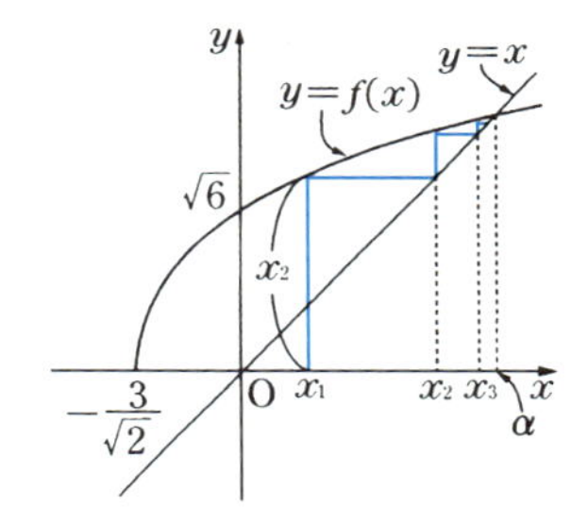

(2)　漸化式

$$x_{n+1}=\sqrt{2\sqrt{2}\,x_n+6}$$

を用いて番号を下げ，さらに有理化すると

$$|x_{n+1}-3\sqrt{2}|=|\sqrt{2\sqrt{2}\,x_n+6}-3\sqrt{2}|$$

$$=\frac{|2\sqrt{2}\,x_n+6-(3\sqrt{2})^2|}{\sqrt{2\sqrt{2}\,x_n+6}+3\sqrt{2}}$$

← 分子から $|x_n-3\sqrt{2}|$ を引き出す

$$=\frac{2\sqrt{2}}{\sqrt{2\sqrt{2}\,x_n+6}+3\sqrt{2}}|x_n-3\sqrt{2}| \quad \cdots\cdots①$$

ここで，$\sqrt{2\sqrt{2}\,x_n+6}>0$ に注目すれば

← 評価

$$\frac{2\sqrt{2}}{\sqrt{2\sqrt{2}\,x_n+6}+3\sqrt{2}}<\frac{2\sqrt{2}}{3\sqrt{2}}=\frac{2}{3} \quad \cdots\cdots②$$

①，②より

$$|x_{n+1}-3\sqrt{2}|\leqq\frac{2}{3}|x_n-3\sqrt{2}|$$

← $3\sqrt{2}$ に至る距離が倍率 $\frac{2}{3}$ 以下で縮む

(3)　(2)の不等式をくり返し用いて，

$$|x_n-3\sqrt{2}|\leqq\frac{2}{3}|x_{n-1}-3\sqrt{2}|$$

$$\leqq\left(\frac{2}{3}\right)^2|x_{n-2}-3\sqrt{2}|$$

← $|x_{n-1}-3\sqrt{2}|\leqq\frac{2}{3}|x_{n-2}-3\sqrt{2}|$ を代入．以下同様

$$\cdots$$

$$\leqq\left(\frac{2}{3}\right)^{n-1}|x_1-3\sqrt{2}|$$

$\therefore\quad 0\leqq|x_n-3\sqrt{2}|\leqq\left(\frac{2}{3}\right)^{n-1}(3\sqrt{2}-1)\quad\cdots\cdots③$

$\lim_{n\to\infty}\left(\frac{2}{3}\right)^{n-1}(3\sqrt{2}-1)=0$ より

$$\lim_{n\to\infty}x_n=3\sqrt{2}$$

研究 **〈関数によって生成される数列〉**

標問**6**でとり上げた漸化式

$$a_{n+1}=pa_n+q\quad(p\neq 1)$$

は関数 $f(x)=px+q$ から生み出されます．したがって，もし収束すれば極限値は $f(x)$ の均衡値 $\alpha=\frac{q}{1-p}$ でなければなりません．ただしこの場合は，α を用いて一般項

$$a_n-\alpha=p^{n-1}(a_1-\alpha)\qquad\cdots\cdots④$$

が求まります．ここで，**解答**中の③**と**④**がよく似ていることに注目**しましょう．漸化式が解けない場合の③は，あたかも解けるかのように考えて④を真似たものだとみることができます．

なお，演習問題 7 の数列は関数によって生成される数列ではありません．関数がnに依存して均衡値が求められないからです．しかし，(2)の誘導にしたがえば，本問と同様にして解決できます．

演習問題

7 数列 $\{a_n\}$ は，$0<a_1<1$，$a_{n+1}=\frac{na_n{}^2+2n+1}{a_n+3n}$ $(n=1,\ 2,\ 3,\ \cdots)$ を満たしているとする．

(1) $0<a_n<1$ $(n=1,\ 2,\ 3,\ \cdots)$ であることを示せ．

(2) $1-a_{n+1}<\frac{2}{3}(1-a_n)$ $(n=1,\ 2,\ 3,\ \cdots)$ であることを示し，$\lim_{n\to\infty}a_n$ を求めよ．

(北　大)

標問 8 漸化式と極限 (3)

数列 $\{a_n\}$ を $a_1=1$, $a_n=1+\dfrac{1}{n^2}a_{n-1}{}^2$ $(n=2, 3, 4, \cdots)$ で定める．このとき，$\lim\limits_{n\to\infty} a_n$ を求めよ．

(東京工大)

精講 一瞬ドキッとします．

もちろん漸化式は解けません．しかも関数で生成される数列でもありません．

行き詰まったら実験してみましょう．

a_2, a_3, a_4 を計算してみると

$$a_2=1+\left(\frac{1}{2}\right)^2=\frac{5}{4}=1.25$$

$$a_3=1+\left(\frac{5}{12}\right)^2=\frac{169}{144}=1.17\cdots$$

$$a_4=1+\left(\frac{169}{576}\right)^2\fallingdotseq 1+(0.3)^2=1.09$$

どうやら a_n は減少しながら1に近づくようです．

ではどうしたら $a_n\to 1$ を示せるでしょうか？

$a_n\to 1$ だとすれば

$$a_n \leqq K \quad (n=1, 2, \cdots)$$

を満たす定数 K が存在するのは当然です．したがって

$$1\leqq a_n=1+\frac{a_{n-1}{}^2}{n^2}\leqq 1+\frac{K^2}{n^2}$$

が成立し，はさみ打ちによって

$$\lim_{n\to\infty} a_n=1$$

となります．

実験した数値を見ると，定数 K は2とすれば十分なようです．

$a_n\leqq 2$ $(n=1, 2, \cdots)$ の証明は数学的帰納法がぴったりです．

解法のプロセス

基本的な解法が通用しない

⇩

実験して予想

⇩

$a_n\leqq 2$ が示せれば

⇩

はさみ打ちにより，

$\lim\limits_{n\to\infty} a_n=1$

〈 解 答 〉

$$a_n=1+\frac{1}{n^2}a_{n-1}{}^2 \ (n\geqq 2) \qquad \cdots\cdots①$$

初めに

$0<a_n<2\ (n=1,\ 2,\ \cdots)$　　……②

が成り立つことを数学的帰納法によって証明する．

$n=1$ のときは成立するので，ある $n\ (\geqq 1)$ に対して $0<a_n<2$ が成り立つと仮定すると，①より　⬅ $a_1=1$

$$0<a_{n+1}=1+\frac{1}{(n+1)^2}a_n{}^2<1+\left(\frac{2}{n+1}\right)^2 \quad (\because\ \text{仮定})$$

$$\leqq 1+\left(\frac{2}{1+1}\right)^2 \quad (\because\ n\geqq 1)$$

$\therefore\ 0<a_{n+1}<2$

すなわち $n+1$ のときも成り立つから，②の成立が示された．

①，②より $n\geqq 2$ のとき，

$$1<a_n=1+\frac{1}{n^2}a_{n-1}{}^2<1+\frac{4}{n^2}$$

$\displaystyle\lim_{n\to\infty}\left(1+\frac{4}{n^2}\right)=1$ であるから，$\displaystyle\lim_{n\to\infty}a_n=\mathbf{1}$

研究　**〈初項を大きくすると…〉**

初項がどんな値でも $a_n\to 1$ となるわけではなさそうです．

たとえば $a_1=10$ のとき，

$$a_2=1+\left(\frac{10}{2}\right)^2=26$$

$$a_3=1+\left(\frac{26}{3}\right)^2>1+8^2=65$$

$$a_4>1+\left(\frac{65}{4}\right)^2>1+16^2=257$$

今度は $+\infty$ に発散することが予想されます．

次の演習問題 8 で証明してみましょう．

演習問題

8　数列 $\{a_n\}$ を $a_1=10$，$a_n=1+\dfrac{1}{n^2}a_{n-1}{}^2\ (n=2,\ 3,\ \cdots)$ で定める．

$$a_n>(n+2)^2 \quad (n=1,\ 2,\ \cdots)$$

が成り立つことを示し，$\displaystyle\lim_{n\to\infty}a_n=\infty$ を証明せよ．

標問 9 図形と極限

$\triangle A_1B_1C_1$ の内接円と辺 B_1C_1，C_1A_1，A_1B_1 との接点をそれぞれ A_2，B_2，C_2 として，$\triangle A_2B_2C_2$ をつくる．次に，$\triangle A_2B_2C_2$ の内接円と辺 B_2C_2，C_2A_2，A_2B_2 との接点をそれぞれ A_3，B_3，C_3 として，$\triangle A_3B_3C_3$ をつくる．こうして，次つぎに $\triangle A_nB_nC_n$ ($n=1, 2, 3, \cdots$) をつくっていく．$\angle A_n$ の大きさを a_n とするとき

(1) a_{n+1} と a_n の関係を求めよ．

(2) n を限りなく大きくするとき，$\triangle A_nB_nC_n$ はどんな三角形に近づいていくか．

(徳島大)

精講 図において，

$$\angle APB=\angle AQB$$

であり，$\angle AQB$ と $\angle BAT$ はいずれも $\angle BAQ$ の余角だから

$$\angle APB=\angle BAT$$

が成立します．

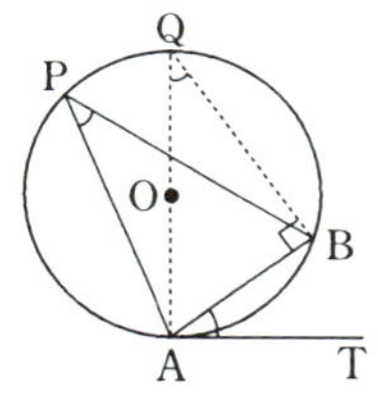

解法のプロセス

a_{n+1} と a_n の関係を求める

⇩

円の弦 AB と，その一端Aにおける接線とのなす角 $\angle BAT$ は，その角内にある弧 $\overset{\frown}{AB}$ に対する円周角 $\angle APB$ に等しいことを使う

解答

(1) 円の弦とその一端における円の接線のなす角は，その角内にある弧に対する円周角に等しいから

$$\angle A_nB_{n+1}C_{n+1}=\angle A_nC_{n+1}B_{n+1}=a_{n+1}$$

$$\therefore\quad a_n+2a_{n+1}=\pi$$

$$\therefore\quad \boldsymbol{a_{n+1}=-\frac{1}{2}a_n+\frac{\pi}{2}}$$

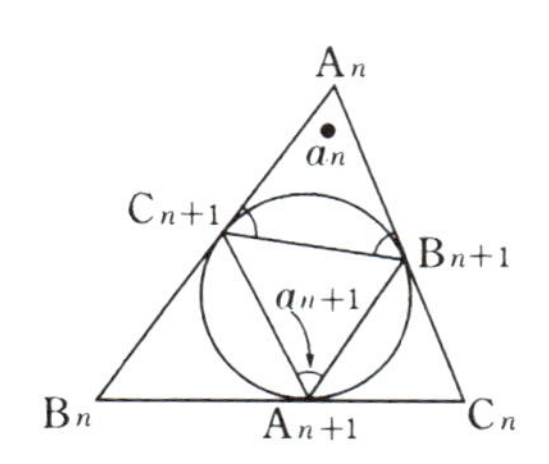

(2) (1)より

$$a_{n+1}-\frac{\pi}{3}=-\frac{1}{2}\left(a_n-\frac{\pi}{3}\right)$$

$$\therefore\quad a_n-\frac{\pi}{3}=\left(-\frac{1}{2}\right)^{n-1}\left(a_1-\frac{\pi}{3}\right)$$

$$\therefore\quad \lim_{n\to\infty}a_n=\lim_{n\to\infty}\left\{\frac{\pi}{3}+\left(-\frac{1}{2}\right)^{n-1}\left(a_1-\frac{\pi}{3}\right)\right\}=\frac{\pi}{3}$$

a_n と同様に $\angle B_n$，$\angle C_n$ の大きさも $\frac{\pi}{3}$ に近づくから，**$\triangle A_nB_nC_n$ は正三角形に限りなく近づく．**

標問 10 確率と極限

ある試合で「Aチームが勝った」という話を次の人に伝えるとき，前の人から聞いたとおりに話す確率を 0.95，聞いたのとは反対に話す確率を 0.05 とする．1番目の人が「Aチームが勝った」と聞いて2番目の人に話す．2番目の人が聞いた話を次の人に伝える．次つぎに伝えて n 番目の人が「Aチームが勝った」と聞く確率 P_n を求めよ．また，$\lim_{n\to\infty} P_n$ を求めよ． (同志社大)

精講 $n+1$ 番目の人が聞く話は，n 番目の人が聞いた話に依存します．図にしてみましょう．ただし，「 」は聞いた話の内容です．

n番目の人「Aが勝った」 —そのまま話す→ n+1番目の人「Aが勝った」

n番目の人「Aが負けた」 —反対に話す→ n+1番目の人「Aが勝った」

これから P_n の2項間漸化式が導かれます．

解法のプロセス

ある回の状態が，それ以前の状態に，確率的に依存する

⇩

漸化式の活用

解答

$n+1$ 番目の人が「Aチームが勝った」と聞くのは，

(i) n 番目の人が「Aチームが勝った」と聞いて，そのとおりに $n+1$ 番目の人に伝える場合か，または

(ii) n 番目の人が「Aチームが負けた」と聞いて，これと反対の話を $n+1$ 番目の人に伝える場合

のいずれかである．ゆえに

$$P_{n+1}=P_n\times0.95+(1-P_n)\times0.05$$

⬅ (i)と(ii)は互いに排反

$$\therefore\ P_{n+1}=0.9P_n+0.05$$

$$\therefore\ P_{n+1}-0.5=0.9(P_n-0.5)$$

$P_1=1$ であるから

$$P_n-0.5=(0.9)^{n-1}(P_1-0.5)=0.5(0.9)^{n-1}$$

$$\therefore\ P_n=\mathbf{0.5\{1+(0.9)^{n-1}\}}$$

また，$\lim_{n\to\infty}(0.9)^{n-1}=0$ より

$$\lim_{n\to\infty}P_n=0.5=\mathbf{\frac{1}{2}}$$

研究 **〈P_n の極限は伝え方の確率に無関係〉**

前の人から聞いたとおりに話す確率を a $(0<a<1)$ とすると，反対に話す確率は $1-a$ だから，漸化式は

$$P_{n+1}=aP_n+(1-a)(1-P_n)$$
$$=(2a-1)P_n+1-a$$

となります．

$a=\frac{1}{2}$ のとき，$P_n=\frac{1}{2}$　$(n\geqq 2)$

$a\neq\frac{1}{2}$ のとき，

$$P_{n+1}-\frac{1}{2}=(2a-1)\left(P_n-\frac{1}{2}\right)$$

$$\therefore\quad P_n-\frac{1}{2}=(2a-1)^{n-1}\left(P_1-\frac{1}{2}\right)$$

$0<a<1$ より $-1<2a-1<1$ だから

$$\lim_{n\to\infty}P_n=\frac{1}{2}$$

つまり，どんな集団においてもその集団が十分大きければ，**噂の真偽は五分五分**だということです．

演習問題

10-1 1辺が a なる正三角形ABCの辺BC上に点 A_1 をとり A_1 から AB 上に垂線 A_1C_1 を下ろし，C_1 から辺 AC に垂線 C_1B_1 を下ろし，さらに B_1 から辺 BC に垂線 B_1A_2 を下ろす．これを繰り返し，BC 上に点 A_2，A_3，A_4，…をつくるとき，$\lim_{n\to\infty}BA_n$ を求めよ．（早　大）

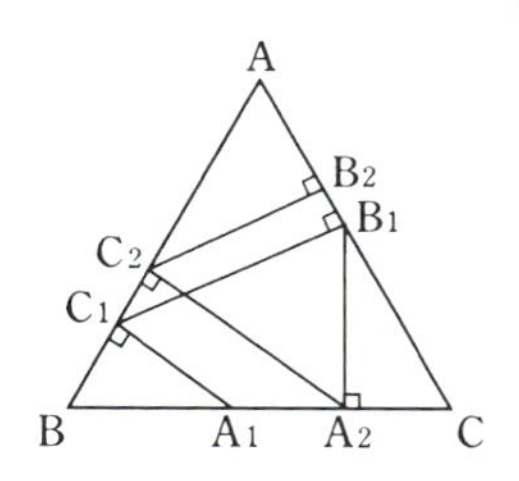

10-2 図のような正方形の4頂点 A，B，C，D を次の規則で移動する動点Qがある．さいころを振って1の目が出れば反時計回りに隣の頂点に移動し，1以外の目が出れば時計回りに隣の頂点に移動する．Qは最初Aにあるものとし，n 回移動した後の位置を Q_n，$n=1, 2, \cdots$，とする．$Q_{2n}=A$ である確率を a_n とおく．

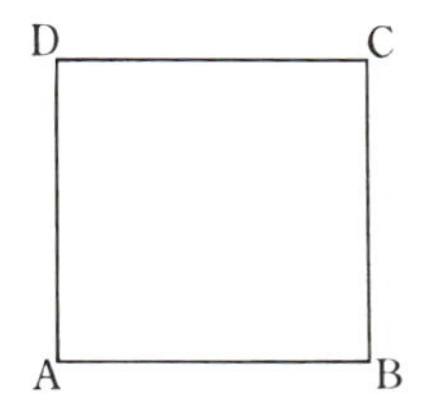

(1)　a_1 を求めよ．

(2)　a_{n+1} を a_n を用いて表せ．

(3)　$\lim_{n\to\infty}a_n$ を求めよ．（阪　大）

標問 11 無限級数の定義

次の無限級数の収束，発散を調べ，収束するものはその和を求めよ．

(1) $\displaystyle\sum_{n=1}^{\infty}\frac{1}{n(n+1)}$　　(2) $\displaystyle\sum_{n=1}^{\infty}\frac{1}{n(n+1)(n+2)}$

(3) $\displaystyle\sum_{n=1}^{\infty}\frac{n}{n+1}$　　(4) $\displaystyle\sum_{n=1}^{\infty}\frac{1}{\sqrt{n}+\sqrt{n+1}}$　　(富山大)

精講　無限級数 $\displaystyle\sum_{n=1}^{\infty}a_n$ の収束，発散は，第 n 項までの和

$$S_n=a_1+a_2+a_3+\cdots+a_n$$

からなる数列 $\{S_n\}$ の収束，発散によって定義します．

(1) 分数型の和は，一般に部分分数の差に直して計算します．

(2) (1)と同様です．$\dfrac{1}{n(n+1)}$ と $\dfrac{1}{(n+1)(n+2)}$ の差に直しましょう．

(3) 収束する無限級数の第 n 項は，0 に収束しなければなりません：

(*) **$\displaystyle\sum_{n=1}^{\infty}a_n$ が収束するならば，$\displaystyle\lim_{n\to\infty}a_n=0$**

実際，$\displaystyle\lim_{n\to\infty}S_n=S$ とすると，$a_n=S_n-S_{n-1}$ より

$$\lim_{n\to\infty}a_n=\lim_{n\to\infty}(S_n-S_{n-1})=S-S=0$$

となるからです．なお，(*)の対偶

$\displaystyle\lim_{n\to\infty}a_n\neq 0$ ならば，$\displaystyle\sum_{n=1}^{\infty}a_n$ は発散する

は，しばしば**発散の判定法**として利用されます．

(4) (*)の逆は成立しません！　その反例が本問です．無限級数が収束するためには，a_n はある**閾値**(いきち)よりも速く0に近づく必要があります．

分母を有理化して考えます．

← 標問 12 研究 参照

解法のプロセス

(1) $\dfrac{1}{n(n+1)}=\dfrac{1}{n}-\dfrac{1}{n+1}$

(2) $\dfrac{1}{n(n+1)}$ と $\dfrac{1}{(n+1)(n+2)}$ の差に直す

(3) $\displaystyle\lim_{n\to\infty}a_n\neq 0$ ならば $\displaystyle\sum_{n=1}^{\infty}a_n$ は発散する

(4) 分母を有理化する

〈 解　答 〉

(1) $\displaystyle\sum_{k=1}^{n}\frac{1}{k(k+1)}=\sum_{k=1}^{n}\left(\frac{1}{k}-\frac{1}{k+1}\right)$

$\displaystyle=1-\frac{1}{n+1}$

$\displaystyle\therefore\quad \sum_{n=1}^{\infty}\frac{1}{n(n+1)}=\lim_{n\to\infty}\left(1-\frac{1}{n+1}\right)=\mathbf{1}$

(2) $\displaystyle\sum_{k=1}^{n}\frac{1}{k(k+1)(k+2)}$

$\displaystyle=\sum_{k=1}^{n}\frac{1}{2}\left\{\frac{1}{k(k+1)}-\frac{1}{(k+1)(k+2)}\right\}$

$\displaystyle=\frac{1}{2}\left\{\frac{1}{1\cdot 2}-\frac{1}{(n+1)(n+2)}\right\}$

← 中括弧の中を通分すると，分子$=k+2-k=2$

ゆえに，

$\displaystyle\sum_{n=1}^{\infty}\frac{1}{n(n+1)(n+2)}$

$\displaystyle=\lim_{n\to\infty}\frac{1}{2}\left\{\frac{1}{2}-\frac{1}{(n+1)(n+2)}\right\}=\boldsymbol{\frac{1}{4}}$

(3) $\displaystyle\lim_{n\to\infty}\frac{n}{n+1}=\lim_{n\to\infty}\frac{1}{1+\frac{1}{n}}=1\quad(\neq 0)$

← 発散の判定法

ゆえに，$\displaystyle\sum_{n=1}^{\infty}\frac{n}{n+1}$ は**発散する．**

(4) $\displaystyle\sum_{k=1}^{n}\frac{1}{\sqrt{k}+\sqrt{k+1}}=\sum_{k=1}^{n}(\sqrt{k+1}-\sqrt{k})$

$=\sqrt{n+1}-1\to\infty\ (n\to\infty)$

← 分母を有理化

ゆえに，$\displaystyle\sum_{n=1}^{\infty}\frac{1}{\sqrt{n}+\sqrt{n+1}}$ は **$+\infty$ に発散する．**

← $\displaystyle\lim_{n\to\infty}\frac{1}{\sqrt{n}+\sqrt{n+1}}=0$
しかし無限級数は発散する

演習問題

11 (1) すべての正の数xについて，次の式が成り立つように定数A，Bを定めよ．

$$\frac{x+3}{x(x+1)}=\frac{A}{x}+\frac{B}{x+1}$$

(2) $\displaystyle a_n=\frac{n+3}{n(n+1)}\left(\frac{2}{3}\right)^n$ $(n=1,\ 2,\ 3,\ \cdots\cdots)$ のとき $\displaystyle\sum_{n=1}^{\infty}a_n$ を求めよ．

(芝浦工大)

標問 12 調和級数

$$A_n=1+\frac{1}{2}+\frac{1}{3}+\cdots+\frac{1}{n}\quad(n=1,\ 2,\ 3,\ \cdots)$$

とおくとき，$\lim_{n\to\infty}(A_n-\log n)=C$ となることが知られている．ただし，$\log$ は自然対数で，C は正の定数である．これを利用して，

$$B_n=1+\frac{1}{3}+\frac{1}{5}+\cdots+\frac{1}{2n-1}\quad(n=1,\ 2,\ 3,\ \cdots)$$

とおくとき，数列 $\{B_n-K\log n\}$ が収束するように定数 K の値を定めよ．

また，この極限値を C を用いて表せ．（防衛大）

精講 $C_n=A_n-\log n$ とおくと，条件は

$$C_n\to C\quad(n\to\infty)$$

です．そこで B_n と A_n との関係を調べましょう．

$$B_n=1+\frac{1}{2}+\frac{1}{3}+\cdots+\frac{1}{2n-1}+\frac{1}{2n}$$
$$-\left(\frac{1}{2}+\frac{1}{4}+\frac{1}{6}+\cdots+\frac{1}{2n}\right)$$
$$=A_{2n}-\frac{1}{2}\left(1+\frac{1}{2}+\frac{1}{3}+\cdots+\frac{1}{n}\right)$$
$$=A_{2n}-\frac{1}{2}A_n$$

上式に $A_n=C_n+\log n$ を代入すると，B_n と C_n の関係式が導けます．

解法のプロセス

$C_n=A_n-\log n\to C$ が条件

⇩

B_n と A_n の関係は？

⇩

$B_n=A_{2n}-\frac{1}{2}A_n$

⇩

$A_n=C_n+\log n$ を代入

〈解 答〉

$C_n=A_n-\log n$ とおくと

$$\begin{cases}A_n=C_n+\log n & \cdots\cdots①\\ \lim_{n\to\infty}C_n=C & \cdots\cdots②\end{cases}$$

また，B_n は A_n を用いて

$$B_n=A_{2n}-\frac{1}{2}A_n\quad\cdots\cdots③$$

← 精講

と表せる．①，③より

$$B_n-K\log n$$

← ③を代入

$$=A_{2n}-\frac{1}{2}A_n-K\log n$$

← ①を代入

$$=(C_{2n}+\log 2n)-\frac{1}{2}(C_n+\log n)-K\log n$$

$$=C_{2n}-\frac{1}{2}C_n+(\log 2+\log n)-\frac{1}{2}\log n-K\log n$$

← 発散する $\log n$ でまとめる

$$=C_{2n}-\frac{1}{2}C_n+\log 2+\left(\frac{1}{2}-K\right)\log n$$

ここで，②より

$$\lim_{n\to\infty}C_n=\lim_{n\to\infty}C_{2n}=C,\quad \lim_{n\to\infty}\log n=\infty$$

となるので，$\{B_n-K\log n\}$ の収束条件は

$$K-\frac{1}{2}=0 \qquad \therefore\quad K=\boldsymbol{\frac{1}{2}}$$

このとき，

$$\lim_{n\to\infty}\left(B_n-\frac{1}{2}\log n\right)=\boldsymbol{\frac{1}{2}C+\log 2}$$

研究 〈自然対数〉

$$e=\lim_{n\to\infty}\left(1+\frac{1}{n}\right)^n=2.71828\cdots$$

を底とする対数を自然対数といい，微分積分では通常底を省略します（標問 **20**）.

〈調和級数が発散する速さ〉

$a_n\to 0$ を満たす級数が必ずしも収束しないことを前問で学びました．本問によると

$$A_n=1+\frac{1}{2}+\frac{1}{3}+\cdots+\frac{1}{n}\fallingdotseq\log n+C\ \to\infty$$

となり，$\displaystyle\sum_{n=1}^{\infty}\frac{1}{n}$ も発散します．この級数はちょうど級数 $\displaystyle\sum\frac{1}{n^s}$ $(s>0)$ の収束と発散の境界にあたり

$$\sum_{n=1}^{\infty}\frac{1}{n^s}=\begin{cases}+\infty\ \text{に発散} & (0<s\leqq 1\ \text{のとき})\\ \text{収束} & (s>1\ \text{のとき})\end{cases}$$

← この形の級数では標問 **11** 精講 における閾（いき）値が，$s=1$ である

となることが知られています．標問 **82** の方法を使えば容易に確かめることができるので，学習が進んだら証明してみましょう．

次に，調和級数 $\displaystyle\sum_{n=1}^{\infty}\frac{1}{n}$ が発散する速さを調べてみます．

初めに 1 m のひもを置き，それに $\frac{1}{2}$ m のひもをつなぎ，さらに $\frac{1}{3}$ m のひもをつなぎ…，各回の操作を 1 秒間で行い，どんどんくり返していきます．

つないだひもの全長が 100 m に達するのに要する時間はどれほどでしょ

うか.

所要時間を n 秒とおくと，$C \fallingdotseq 0.58$ であることがわかっているので，

$A_n \fallingdotseq \log n + C = 100$ より

$$n \fallingdotseq e^{100-C} \fallingdotseq e^{100} \fallingdotseq 10^{43} \text{ 秒}$$

となります.

神の一撃で始まった宇宙の年齢は，現在約 10^{17} 秒と推定されていますから，これは実に宇宙の歴史

$$\frac{10^{43}}{10^{17}} = 10^{26} \text{ 回分}$$

に相当します!?

しかも 10^{43} 回目につなぐ‘ひも’の長さ 10^{-43} m は，原子核の直径である 10^{-15} m と比べても圧倒的に小さくなってしまいます．つなぐ‘ひも’の正体は果たして何でしょうか

しかし，それでも調和級数は正の無限大に発散します.

無限という大海原を航海するには，羅針盤としての数学が必携のようです.

〈演習問題 (12-2) の考え方〉

研究 から，$\lim_{n \to \infty} a_n = \infty$ となることは明らかです．証明には標問 **11** の(4)が利用できます．この方法はよく使われるので十分練習しておきましょう．後半は a_n と b_n を比べるために，$\frac{1}{\sqrt{2k+1}}$ を $\frac{1}{\sqrt{k}}$ を使ってはさみます.

演習問題

(12-1) $\sum_{n=1}^{\infty} a_n = 1$, $\lim_{n \to \infty} na_n = 0$ ならば，$\sum_{n=1}^{\infty} n(a_n - a_{n+1}) = 1$ であることを証明せよ.

（お茶の水女大）

(12-2) $a_n = \sum_{k=1}^{n} \frac{1}{\sqrt{k}}$, $b_n = \sum_{k=1}^{n} \frac{1}{\sqrt{2k+1}}$ とするとき，$\lim_{n \to \infty} a_n$, $\lim_{n \to \infty} \frac{b_n}{a_n}$ を求めよ.

（東　大）

標問 13 無限等比級数

初項 1 の 2 つの無限等比級数 $\sum_{n=1}^{\infty} a_n$, $\sum_{n=1}^{\infty} b_n$ がともに収束し,

$$\sum_{n=1}^{\infty}(a_n+b_n)=\frac{8}{3} \quad \text{および} \quad \sum_{n=1}^{\infty} a_nb_n=\frac{4}{5}$$

が成り立つ. このとき, $\sum_{n=1}^{\infty}(a_n+b_n)^2$ を求めよ. (長崎大)

精講 a_n, b_n の公比をそれぞれ r, s とおくと

$$a_n=r^{n-1}, \quad b_n=s^{n-1}$$

$\sum_{n=1}^{\infty} a_n$, $\sum_{n=1}^{\infty} b_n$ は収束するから

$$|r|<1, \quad |s|<1$$

このとき

$$a_nb_n=(rs)^{n-1}, \quad |rs|<1$$

よって, $\sum_{n=1}^{\infty} a_nb_n$ も収束する無限等比級数です.

また, 一般に $\sum_{n=1}^{\infty} a_n$, $\sum_{n=1}^{\infty} b_n$ が収束するとき, $\sum_{n=1}^{\infty}(a_n\pm b_n)$, $\sum_{n=1}^{\infty} ca_n$ も収束して

$$\begin{cases} \displaystyle\sum_{n=1}^{\infty}(a_n\pm b_n)=\sum_{n=1}^{\infty} a_n\pm\sum_{n=1}^{\infty} b_n & \textbf{（複号同順）} \\ \displaystyle\sum_{n=1}^{\infty} ca_n=c\sum_{n=1}^{\infty} a_n & \textbf{（}c\textbf{ は }n\textbf{ に無関係な定数）} \end{cases}$$

となります. いずれも定義から直ちに証明できるので一度は確かめて下さい.

ただし, 当然ですが等式

$$\sum_{n=1}^{\infty} a_nb_n=\left(\sum_{n=1}^{\infty} a_n\right)\left(\sum_{n=1}^{\infty} b_n\right)$$

は成立しません.

解法のプロセス

$a_n=r^{n-1}$, $b_n=s^{n-1}$ とおく

⇩

収束条件は, $|r|<1$, $|s|<1$

⇩

$a_nb_n=(rs)^{n-1}$

$|rs|<1$ ゆえ

$\sum_{n=1}^{\infty} a_nb_n$ も収束

⇩

$$\sum_{n=1}^{\infty}(a_n+b_n)=\frac{1}{1-r}+\frac{1}{1-s}$$

$$\sum_{n=1}^{\infty} a_nb_n=\frac{1}{1-rs}$$

〈 解 答 〉

初項1の無限等比級数 $\sum_{n=1}^{\infty} a_n$, $\sum_{n=1}^{\infty} b_n$ はいずれも収束するので,

$$a_n = r^{n-1} \quad (|r|<1), \qquad b_n = s^{n-1} \quad (|s|<1)$$

とおける. このとき

$$\sum_{n=1}^{\infty}(a_n+b_n) = \sum_{n=1}^{\infty} a_n + \sum_{n=1}^{\infty} b_n = \frac{1}{1-r}+\frac{1}{1-s} = \frac{8}{3}$$

$$\therefore \quad 8rs-5(r+s)+2=0 \qquad \cdots\cdots①$$

また, $a_n b_n = (rs)^{n-1}$, $|rs|<1$ であるから $\sum_{n=1}^{\infty} a_n b_n$ も収束し

$$\sum_{n=1}^{\infty} a_n b_n = \frac{1}{1-rs} = \frac{4}{5}$$

$$\therefore \quad rs = -\frac{1}{4} \qquad \cdots\cdots②$$

②を①に代入すると

$$r+s=0 \qquad \cdots\cdots③$$

②, ③より

$$(r,\ s) = \left(\frac{1}{2},\ -\frac{1}{2}\right) \text{ または } \left(-\frac{1}{2},\ \frac{1}{2}\right)$$

いずれにしても

$$a_n{}^2 = \left(\frac{1}{4}\right)^{n-1},\quad a_n b_n = \left(-\frac{1}{4}\right)^{n-1},\quad b_n{}^2 = \left(\frac{1}{4}\right)^{n-1}$$

これから

$$\sum_{n=1}^{\infty}(a_n+b_n)^2 = \sum_{n=1}^{\infty} a_n{}^2 + 2\sum_{n=1}^{\infty} a_n b_n + \sum_{n=1}^{\infty} b_n{}^2$$

$$= \frac{1}{1-\frac{1}{4}} + 2\cdot\frac{1}{1-\left(-\frac{1}{4}\right)} + \frac{1}{1-\frac{1}{4}}$$

$$= \frac{4}{3}+\frac{8}{5}+\frac{4}{3} = \mathbf{\frac{64}{15}}$$

研究 **〈無限等比級数の収束条件〉**

初項 $a\ (\neq 0)$，公比 r の無限等比級数

$$\sum_{n=1}^{\infty} ar^{n-1} = a + ar + ar^2 + \cdots + ar^{n-1} + \cdots$$

の収束条件を定義に基づいて調べましょう．

第 n 項までの和 S_n は

$$\begin{cases} r \neq 1 \text{ のとき，} S_n = \dfrac{a(1-r^n)}{1-r} \\ r = 1 \text{ のとき，} S_n = na \end{cases}$$

したがって

$$\begin{cases} |r|<1 \text{ のとき，} r^n \to 0 \text{ より，} \displaystyle\lim_{n\to\infty} S_n = \frac{a}{1-r} \\ r=1 \text{ のとき，} |S_n| = n|a| \to \infty \text{ ゆえ，発散} \\ r=-1 \text{ のとき，} r^n = (-1)^n \text{ が振動するので，発散} \\ |r|>1 \text{ のとき，} |r^n| \to \infty \text{ ゆえ，発散} \end{cases}$$

まとめれば

$\displaystyle\sum_{n=1}^{\infty} ar^{n-1}$ $(a \neq 0)$ は，$|r|<1$ のときに限り収束して

$$\sum_{n=1}^{\infty} ar^{n-1} = \frac{a}{1-r}$$

となります．

演習問題

13-1 次の無限級数の和を求めよ．

(1) $1 - \dfrac{1}{3} + \dfrac{1}{3^2} - \dfrac{1}{3^3} + \cdots\cdots$ （都立大）

(2) $\displaystyle\sum_{n=1}^{\infty} \frac{1}{3^n} \cos\frac{n\pi}{2}$ （熊本大）

(3) $\displaystyle\sum_{n=0}^{\infty} \left(\frac{1}{3^n} - \frac{1}{4^n}\right)$ （弘前大）

(4) $\displaystyle\sum_{n=1}^{\infty} \frac{1+2+2^2+\cdots+2^{n-1}}{3^n}$ （静岡県大）

13-2 次の2つの無限級数

$$S = 1 + \frac{a}{2} + \frac{a^2}{2^2} + \cdots\cdots + \frac{a^n}{2^n} + \cdots\cdots$$

$$T = 1 - \frac{1}{2-a} + \frac{1}{(2-a)^2} - \cdots\cdots + \frac{(-1)^n}{(2-a)^n} + \cdots\cdots$$

がともに収束して，和が等しくなるような a の値を求めよ． （お茶の水女大）

標問 14　無限級数 $\sum_{n=1}^{\infty} nr^{n-1}$

次の無限級数の和を求めよ．ただし，$\lim_{n\to\infty}\frac{n}{3^n}=0$ は既知とする．

$$\frac{1}{3}+\frac{2}{3^2}+\frac{3}{3^3}+\cdots+\frac{n}{3^n}+\cdots$$

（東海大）

精講　定義にもどり部分和を求めます．もちろん，等比数列もどき

$$S_n=\sum_{k=1}^{n} kr^k$$

に対して和の公式は使えません．

しかし，その証明のアイディアは生かせます．すなわち

$$\boldsymbol{S_n-rS_n}$$

とすれば本物の等比数列が現れます．

解法のプロセス

$S_n=\sum_{k=1}^{n}\frac{k}{3^k}$ を求めて極限をとる

⇩

$S_n-\frac{1}{3}S_n$ を計算する

〈解　答〉

初項から第 n 項までの部分和を S_n とすると

$$S_n=\frac{1}{3}+\frac{2}{3^2}+\frac{3}{3^3}+\cdots+\frac{n}{3^n}\quad\cdots\cdots①$$

$$\frac{1}{3}S_n=\quad\frac{1}{3^2}+\frac{2}{3^3}+\cdots+\frac{n-1}{3^n}+\frac{n}{3^{n+1}}\quad\cdots\cdots②$$

①－②より

$$\frac{2}{3}S_n=\frac{1}{3}+\frac{1}{3^2}+\frac{1}{3^3}+\cdots+\frac{1}{3^n}-\frac{n}{3^{n+1}}$$

$$=\frac{\frac{1}{3}\left\{1-\left(\frac{1}{3}\right)^n\right\}}{1-\frac{1}{3}}-\frac{n}{3^{n+1}}$$

$$=\frac{1}{2}\left\{1-\left(\frac{1}{3}\right)^n\right\}-\frac{1}{3}\cdot\frac{n}{3^n}$$

⬅ 忘れずに $\frac{2}{3}$ で割る

$$\therefore\quad S_n=\frac{3}{4}\left\{1-\left(\frac{1}{3}\right)^n\right\}-\frac{1}{2}\cdot\frac{n}{3^n}$$

$$\lim_{n\to\infty}\left(\frac{1}{3}\right)^n=0,\qquad \lim_{n\to\infty}\frac{n}{3^n}=0$$

であるから，求める和は

$$\lim_{n\to\infty}S_n=\boldsymbol{\frac{3}{4}}$$

研究 〈この解法はいつ有効か〉

S_n-rS_n によって部分和が求められるのは，r^n の係数の隣接 2 項の差が一定だからです．したがって，係数が等差数列をなす無限級数

$$\sum_{n=1}^{\infty}(an+b)r^n \quad (|r|<1)$$

に対して本問の解法が使えます．

係数が 2 次式の場合には，この操作を 2 回くり返します．

〈微分法の利用〉

第2章で学ぶ微分法を利用してみましょう．$|x|<1$ のとき

$$1+x+x^2+\cdots+x^n=\frac{1-x^{n+1}}{1-x} \quad \cdots\cdots①$$

x で両辺を微分すると

$$1+2x+3x^2+\cdots+nx^{n-1}=\frac{nx^{n+1}-(n+1)x^n+1}{(1-x)^2} \quad \cdots\cdots②$$

①，②において $n\to\infty$ とすると，標問**5**により，$|x|<1$ のとき x^{n+1}，nx^{n+1}，$(n+1)x^n$ の極限はすべて 0 になるので，①，②はそれぞれ

$$1+x+x^2+\cdots+x^n+\cdots=\frac{1}{1-x} \quad \cdots\cdots③$$

$$\boldsymbol{1+2x+3x^2+\cdots+nx^{n-1}+\cdots=\frac{1}{(1-x)^2}} \quad \cdots\cdots④$$

となります．④$\times x$ より

$$x+2x^2+3x^3+\cdots+nx^n+\cdots=\frac{x}{(1-x)^2}$$

そこで，本問の無限級数の和を求めるために $x=\frac{1}{3}$ とおくと

$$\frac{1}{3}+\frac{2}{3^2}+\frac{3}{3^3}+\cdots+\frac{n}{3^n}+\cdots=\frac{1}{3}\cdot\frac{1}{\left(1-\frac{1}{3}\right)^2}=\frac{3}{4}$$

これもなかなかいい方法です．なお，④は③をあたかも有限和のように考えて形式的に微分すると導けます．応用上はそれで差し支えありません．

演習問題

14 次の無限級数の和を求めよ．ただし，a (>1) は定数とする．

$$S=\sum_{n=1}^{\infty}n^2a^{-n}$$

（秋田大）

標問 15　図形と無限等比級数

$0<a<1$ とする．座標平面上で原点 A_0 から出発して x 軸の正の方向に a だけ進んだ点を A_1 とする．次に A_1 で進行方向を反時計回りに $120°$ 回転し a^2 だけ進んだ点を A_2 とする．以後同様に A_{n-1} で反時計回りに $120°$ 回転して a^n だけ進んだ点を A_n とする．

このとき点列 A_0，A_1，A_2，…の極限の座標を求めよ．　（東京工大）

精講　初めに図をかいて，題意をしっかり理解しましょう．

解法のプロセス

部分点列

A_0，A_3，A_6，A_9，…

に注目すると，

⇩

$\overrightarrow{A_0A_3}$

$\overrightarrow{A_3A_6}=a^3\overrightarrow{A_0A_3}$

$\overrightarrow{A_6A_9}=a^6\overrightarrow{A_0A_3}$

$\overrightarrow{A_9A_{12}}=a^9\overrightarrow{A_0A_3}$

…

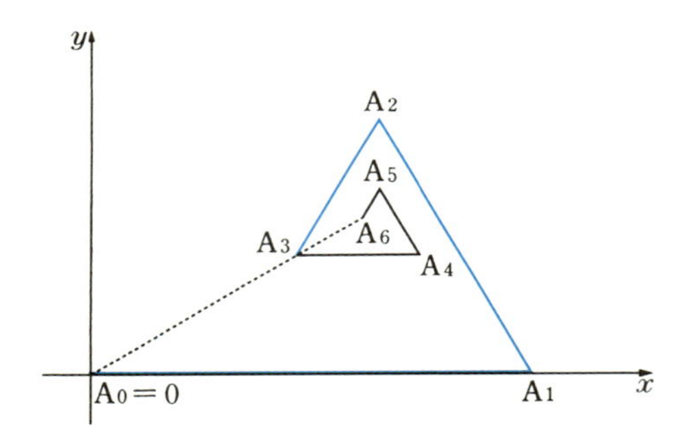

ベクトル $\overrightarrow{A_kA_{k+1}}$ は，k を1つ増やすと

　$120°$ 回転して a 倍される

から

　$\overrightarrow{A_{k+3}A_{k+4}}$ は $\overrightarrow{A_kA_{k+1}}$ と同じ向きに平行で長さが a^3 倍のベクトル

になります．それゆえ，折れ線 $A_3A_4A_5A_6$ は $A_0A_1A_2A_3$ を a^3 倍したものであり

$$\overrightarrow{A_3A_6}=a^3\overrightarrow{A_0A_3}$$

が成立します．

したがって，点列 A_0，A_1，A_2，…の極限点をAとおけば

$$\overrightarrow{OA}=(1+a^3+a^6+a^9+\cdots)\overrightarrow{A_0A_3}$$
$$=\frac{1}{1-a^3}\overrightarrow{A_0A_3}$$

となるはずです．

〈 解答 〉

$\overrightarrow{A_{k+3}A_{k+4}}=a^3\overrightarrow{A_kA_{k+1}}\ (k\geqq 0)$

← 周期性に注目

であるから

$\overrightarrow{A_{3k}A_{3k+1}}=(a^3)^k\overrightarrow{A_0A_1}$
$\overrightarrow{A_{3k+1}A_{3k+2}}=(a^3)^k\overrightarrow{A_1A_2}$
$\overrightarrow{A_{3k+2}A_{3k+3}}=(a^3)^k\overrightarrow{A_2A_3}$

ゆえに

$\overrightarrow{OA_{3n}}$

← 部分点列 $\{A_{3n}\}$ に注目

$=\sum_{k=0}^{n-1}(\overrightarrow{A_{3k}A_{3k+1}}+\overrightarrow{A_{3k+1}A_{3k+2}}+\overrightarrow{A_{3k+2}A_{3k+3}})$

$=\sum_{k=0}^{n-1}a^{3k}(\overrightarrow{A_0A_1}+\overrightarrow{A_1A_2}+\overrightarrow{A_2A_3})$

$0<a<1$ より $0<a^3<1$ であるから

$\lim_{n\to\infty}\overrightarrow{OA_{3n}}$

$=\sum_{n=0}^{\infty}a^{3n}(\overrightarrow{A_0A_1}+\overrightarrow{A_1A_2}+\overrightarrow{A_2A_3})$

← 係数は公比 a^3 の無限等比級数

$=\dfrac{1}{1-a^3}\left\{a\begin{pmatrix}1\\0\end{pmatrix}+\dfrac{a^2}{2}\begin{pmatrix}-1\\\sqrt{3}\end{pmatrix}+\dfrac{a^3}{2}\begin{pmatrix}-1\\-\sqrt{3}\end{pmatrix}\right\}$

$=\dfrac{a}{2(1-a^3)}\begin{pmatrix}2-a-a^2\\\sqrt{3}(a-a^2)\end{pmatrix}$

$=\dfrac{a}{2(1-a^3)}\begin{pmatrix}(2+a)(1-a)\\\sqrt{3}a(1-a)\end{pmatrix}$

$=\dfrac{a}{2(1+a+a^2)}\begin{pmatrix}2+a\\\sqrt{3}a\end{pmatrix}$ ……①

ここで

$\overrightarrow{OA_{3n+1}}=\overrightarrow{OA_{3n}}+\overrightarrow{A_{3n}A_{3n+1}}$
$\qquad=\overrightarrow{OA_{3n}}+a^{3n}\overrightarrow{A_0A_1}$
$\overrightarrow{OA_{3n+2}}=\overrightarrow{OA_{3n+1}}+\overrightarrow{A_{3n+1}A_{3n+2}}$
$\qquad=\overrightarrow{OA_{3n+1}}+a^{3n}\overrightarrow{A_1A_2}$

となるから

$\lim_{n\to\infty}\overrightarrow{OA_{3n+1}}=\lim_{n\to\infty}\overrightarrow{OA_{3n+2}}=\lim_{n\to\infty}\overrightarrow{OA_{3n}}$

ゆえに，求める極限の座標は

$$\boldsymbol{\left(\dfrac{a(2+a)}{2(1+a+a^2)},\ \dfrac{\sqrt{3}a^2}{2(1+a+a^2)}\right)}$$

研究 〈精講 をそのまま答案にしたら？〉

大減点されることはないでしょう．しかし，次のことは覚えておいて下さい．

精講 を答案にすることは，解答を①でおしまいにすることと同じです．そして①は部分点列 $\{A_{3n}\}$ の極限点を求めたにすぎません．

これをもとの点列 $\{A_n\}$ の極限点としてしまうところに弱点があります．

一般に

部分列の収束はもとの数列の収束を意味しない

からです．

〈例〉 $a_n=(-1)^n$ は振動するが，$\lim_{n\to\infty} a_{2n}=1$

したがって極限の基本

$$\lim_{n\to\infty} a_n=\alpha \iff \lim_{n\to\infty} a_{3n}=\lim_{n\to\infty} a_{3n+1}=\lim_{n\to\infty} a_{3n+2}=\alpha$$

に返って，すべての部分列が同じ極限値をもつことを示しておく方が安心です．

演習問題

15-1 3辺が3，4，5である三角形 T_1 に内接する円を C_1，C_1 に内接する T_1 と相似な三角形を T_2，T_2 に内接する円を C_2 とし，以下同様に T_3，C_3，T_4，C_4，… をつくる．三角形 T_i の面積を S_i として $\sum_{i=1}^{\infty} S_i$ を求めよ． （工学院大）

15-2 1辺が1の正三角形 $A_0B_0C_0$ をかく．次に，$A_0=C_1$，辺 A_0B_0 の中点を B_1 とし，線分 B_1C_1 を1辺とする正三角形 $A_1B_1C_1$ を，A_1 が正三角形 $A_0B_0C_0$ の外にあるようにかく．次に，$A_1=C_2$，辺 A_1B_1 の中点を B_2 とし，線分 B_2C_2 を1辺とする正三角形 $A_2B_2C_2$ を，A_2 が正三角形 $A_1B_1C_1$ の外にあるようにかく．以下これをくり返し，正三角形 $A_3B_3C_3$，$A_4B_4C_4$，… をかいていく．

(1) $|\overrightarrow{C_0C_3}|$ を求めよ．

(2) $\lim_{n\to\infty}|\overrightarrow{C_0C_{3n}}|$ を求めよ． （千葉大）

15-3 面積1の正三角形 A_1 から始めて，図のように図形 A_2，A_3，……をつくる．ここで A_{n+1} は，A_n の各辺の三等分点を頂点にもつ正三角形を A_n の外側につけ加えてできる図形である．このとき次の問いに答えよ．

(1) 図形 A_n の辺の数 a_n を求めよ．

(2) 図形 A_n の面積を S_n とするとき，$\lim_{n\to\infty} S_n$ を求めよ． （香川大）

標問 16 循環小数

(1) 次の結果を循環小数で表せ．

$0.\dot{1}\dot{2}\times 0.\dot{1}3\dot{2}$ （札幌大）

(2) 十進法で表された小数 α $(0<\alpha<1)$ を k 進法の小数に直すということは，整数 k $(k\geqq 2)$ に対して

$$\alpha=\frac{a_1}{k}+\frac{a_2}{k^2}+\cdots+\frac{a_n}{k^n}+\cdots \quad (有限または無限)$$

$$0\leqq a_n<k \qquad (n=1,\ 2,\ 3,\ \cdots)$$

が成立するように各整数 a_n を決めることであり，これを

$$\alpha=0.a_1a_2\cdots a_n\cdots$$

と表す．また循環小数の場合は十進法と同様に $\alpha=0.a_1a_2a_3a_1a_2a_3\cdots\cdots$ を

$$\alpha=0.\dot{a}_1a_2\dot{a}_3$$

と表す．

十進法で表された $\dfrac{11}{26}$ を三進法で表すと，$0.\dot{b}_1b_2\dot{b}_3$ になるという．b_1，b_2，b_3 を求めよ． （香川医大（現・香川大））

精講 十進法の無限小数

$$\alpha=0.a_1a_2a_3\cdots a_n\cdots$$

の値は，無限級数

$$\frac{a_1}{10}+\frac{a_2}{10^2}+\frac{a_3}{10^3}+\cdots+\frac{a_n}{10^n}+\cdots \qquad \cdots\cdots(*)$$

の和によって定義されます．したがって，この定義が意味をもつためには(*)がつねに収束しなければなりません．

ところが，初項から第 n 項までの和を S_n $(=0.a_1a_2a_3\cdots a_n)$ とすると，$\{S_n\}$ は単調に増加してその値は1を越えません：

$$S_1\leqq S_2\leqq\cdots\leqq S_n\leqq\cdots\leqq 1$$

したがって，S_n は収束するしかないわけです．

← 直感的に理解できれば十分

標問 **13** で述べた無限級数の計算公式と合わせてまとめると

無限小数はつねに収束し，それらの和，差，定数倍の演算を自由に行える

ことになります．ここでは十進法で説明しましたが何進法でも同じことです．

(1) 2つの循環小数を分数に直して計算したら，割り算によって再び循環小数にもどします．

循環小数を分数に直すには循環節を消去して下さい．

たとえば，$\alpha=0.\dot{1}\dot{2}$ の場合

$$100\alpha=12.\dot{1}\dot{2}$$

との差をとり

$$99\alpha=12 \qquad \therefore \quad \alpha=\frac{4}{33}$$

(2) (1)と同様にして $\alpha=0.\dot{b}_1b_2\dot{b}_3$ を分数に直します．ただし，三進法であることに注意しましょう．

$$\alpha=\frac{b_1}{3}+\frac{b_2}{3^2}+\frac{b_3}{3^3}+\frac{b_1}{3^4}+\frac{b_2}{3^5}+\frac{b_3}{3^6}+\cdots$$

より

$$3^3\alpha=3^2b_1+3b_2+b_3+\frac{b_1}{3}+\frac{b_2}{3^2}+\frac{b_3}{3^3}+\cdots$$

2式の差をとると

$$26\alpha=9b_1+3b_2+b_3$$

が導けます．

解法のプロセス

循環小数を分数に直すには

⇩

循環小数を含むすべての無限小数は収束するので

⇩

無限級数の計算公式が適用できる

⇩

加減法によって循環節を消去する

〈解 答〉

(1) $\alpha=0.\dot{1}\dot{2}$ ……①

$\beta=0.\dot{1}3\dot{2}$ ……②

とおくと

$100\alpha=12.\dot{1}\dot{2}$ ……③

$1000\beta=132.\dot{1}3\dot{2}$ ……④

③−①より

$$99\alpha=12$$

$$\therefore \quad \alpha=\frac{4}{33}$$

④−②より

$$999\beta=132$$

$$\therefore \quad \beta=\frac{44}{333}$$

ゆえに

$$\alpha\beta=\frac{4}{33}\times\frac{44}{333}=\frac{16}{999}$$

$$=\mathbf{0.\dot{0}1\dot{6}}$$

← 割り算を実行

(2) $\alpha=0.\dot{b}_1b_2\dot{b}_{3(3)}$ ……①

← $\square_{(3)}$ は $\square$ が三進法であることを表す

両辺を 3^3 倍すると

$27\alpha=b_1b_2b_3.\dot{b}_1b_2\dot{b}_{3(3)}$ ……②

②−① より

$26\alpha=b_1b_2b_{3(3)}=9b_1+3b_2+b_3$

$\alpha=\frac{11}{26}$ だから

$9b_1+3b_2+b_3=11$

ただし，$0\leqq b_k<3$ $(k=1,\ 2,\ 3)$ である．

b_3 は 11 を 3 で割った余りに等しいから

← $9b_1+3b_2+b_3$
$=3(3b_1+b_2)+b_3$
かつ，$0\leqq b_3<3$

$b_3=2$

$\therefore\quad 3b_1+b_2=3$

$\therefore\quad b_1=1,\ b_2=0$

ゆえに

$b_1=\mathbf{1},\ b_2=\mathbf{0},\ b_3=\mathbf{2}$

研究 **〈(2)の別解〉**

$$\frac{11}{26}=0.b_1b_2b_3b_1b_2b_3\cdots$$

の両辺を 3 倍して

$$\frac{33}{26}=1+\frac{7}{26}=b_1.b_2b_3b_1b_2b_3\cdots$$

$\therefore\quad b_1=1,\ \frac{7}{26}=0.b_2b_3b_1b_2b_3\cdots$ ……①

①を 3 倍して

$$\frac{21}{26}=b_2.b_3b_1b_2b_3\cdots$$

$\therefore\quad b_2=0,\ \frac{21}{26}=0.b_3b_1b_2b_3\cdots$ ……②

②を 3 倍して

$$\frac{63}{26}=2+\frac{11}{26}=b_3.b_1b_2b_3\cdots$$

$\therefore\quad b_3=2,\ \frac{11}{26}=0.b_1b_2b_3\cdots$ ……③

③はもとにもどっているので，以下，同じことのくり返しです．

〈小数による実数の分類〉

既約分数 $\dfrac{m}{n}$ で表された有理数を小数に直してみましょう．もし途中で割り切れれば有限小数です．ただし

$0.24=0.23\dot{9}$

からわかるように，有限小数は循環小数の一種と考えられます．

どこまでも割り切れないとき，余りは

$1,\ 2,\ \cdots,\ n-1$

のいずれかですから，高々 n 回割れば同じ余りが現れ，そこから先はくり返しとなりやはり循環小数が得られます．

逆に，循環小数は本問の要領で必ず分数に直すことができるので，実数全体は小数を使って次のように分類されます．

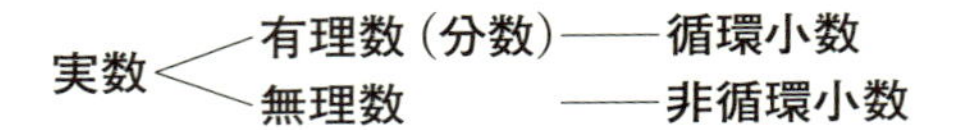

このことは覚えておきましょう．

演習問題

16-1　分数が有限小数となるのは，その分数を既約分数で表したとき，分母が2または5の素因数だけからなる場合に限ることを証明せよ．

16-2　a，b は整数で $1\leqq b<a\leqq 9$ とする．$\dfrac{b}{a}\leqq 0.\dot{b}\dot{a}$ となる a，b の値をすべて求めよ．　（津田塾大）

第2章 微分法とその応用

標問 17 関数の極限

次の等式が成り立つように，定数 a，b の値を定めよ．ただし，(2)では $a>0$ とする．

(1) $\displaystyle\lim_{x\to 0}\frac{\sqrt{1+x}-(1+ax)}{x^2}=b$ （工学院大）

(2) $\displaystyle\lim_{x\to\infty}(\sqrt{ax^2+bx+1}-2x)=3$ （名城大）

精講 無理関数を含む不定形は，数列の極限の場合と同様に（標問 **2**）有理化するのが原則です．

〈例 1〉

$$\lim_{x\to 0}\frac{\sqrt{x^2+1}-\sqrt{x+1}}{x}$$

$$=\lim_{x\to 0}\frac{x(x-1)}{x(\sqrt{x^2+1}+\sqrt{x+1})}$$

$$=\lim_{x\to 0}\frac{x-1}{\sqrt{x^2+1}+\sqrt{x+1}}=-\frac{1}{2}$$

〈例 2〉

$$\lim_{x\to\infty}(\sqrt{x^2+x+1}-x)$$

$$=\lim_{x\to\infty}\frac{x+1}{\sqrt{x^2+x+1}+x}$$

$$=\lim_{x\to\infty}\frac{1+\frac{1}{x}}{\sqrt{1+\frac{1}{x}+\frac{1}{x^2}}+1}=\frac{1}{2}$$

解法のプロセス

無理関数を含む不定形

⇩

有理化する

さらに，(1)では

$$\lim_{x\to a}\frac{f(x)}{g(x)}=A,\quad \lim_{x\to a}g(x)=0$$

が成り立っているとき

$$\lim_{x\to a}f(x)=\lim_{x\to a}g(x)\cdot\frac{f(x)}{g(x)}=0\cdot A=0$$

となることに注目しましょう．

解法のプロセス

$\displaystyle\lim_{x\to a}\frac{f(x)}{g(x)}=A$（有限値）

$\displaystyle\lim_{x\to a}g(x)=0$

⇩

$\displaystyle\lim_{x\to a}f(x)=0$

〈 解 答 〉

(1) $b=\lim_{x\to 0}\dfrac{1+x-(1+ax)^2}{x^2(\sqrt{1+x}+1+ax)}$

$=\lim_{x\to 0}\dfrac{(1-2a)-a^2x}{x(\sqrt{1+x}+1+ax)}$

⬅ 有理化する

$x\to 0$ のとき，分母 $\to 0$ となるから，分子 $\to 0$ である．

$$\therefore\ 1-2a=0 \qquad \therefore\ a=\frac{1}{2}$$

よって

$$b=\lim_{x\to 0}\frac{-1}{4\sqrt{1+x}+4+2x}=-\frac{1}{8}$$

$$\therefore\ a=\boldsymbol{\frac{1}{2}},\ b=\boldsymbol{-\frac{1}{8}}$$

(2) $3=\lim_{x\to\infty}\dfrac{ax^2+bx+1-4x^2}{\sqrt{ax^2+bx+1}+2x}$

$=\lim_{x\to\infty}\dfrac{(a-4)x+b+\dfrac{1}{x}}{\sqrt{a+\dfrac{b}{x}+\dfrac{1}{x^2}}+2}$

⬅ 有理化した後，分母，分子を $x\ (>0)$ で割る

よって，$a=4$ であることが必要である．このとき

⬅ $a>4$ のとき，$+\infty$ に発散
$0<a<4$ のとき，$-\infty$ に発散

$$3=\lim_{x\to\infty}\frac{b+\dfrac{1}{x}}{\sqrt{4+\dfrac{b}{x}+\dfrac{1}{x^2}}+2}=\frac{b}{4}$$

$$\therefore\ a=\boldsymbol{4},\ b=\boldsymbol{12}$$

研究 **〈近似の考え方〉**

(1)は，x が十分 0 に近いとき

$$\frac{\sqrt{1+x}-\left(1+\dfrac{1}{2}x\right)}{x^2}\fallingdotseq -\frac{1}{8}$$

$$\therefore\ \sqrt{1+x}\fallingdotseq 1+\frac{1}{2}x-\frac{1}{8}x^2 \quad \cdots\cdots ①$$

が成り立つことだと解釈できます．図形的には，すべての放物線のうちで $y=1+\dfrac{1}{2}x-\dfrac{1}{8}x^2$ が，$y=\sqrt{x+1}$ の $x=0$ 付近の形に最も近いということです．

〈近似を用いた(2)の別解〉

①において x^2 の項を除いた近似式

$$\sqrt{1+x} \fallingdotseq 1+\frac{1}{2}x$$

を利用すると，(2)の答えは容易に見当がつきます．

x が十分大きいとして

$$\sqrt{ax^2+bx+1}=\sqrt{ax^2\left(1+\frac{b}{ax}+\frac{1}{ax^2}\right)}$$

$$\fallingdotseq \sqrt{a}\,x\sqrt{1+\frac{b}{ax}}$$

$$\fallingdotseq \sqrt{a}\,x\left(1+\frac{b}{2ax}\right)$$

$$=\sqrt{a}\,x+\frac{b}{2\sqrt{a}}$$

← $\frac{1}{ax^2}$ は影響が小さいので無視する

← 近似式の利用

$\therefore\quad \sqrt{a}=2,\ \frac{b}{2\sqrt{a}}=3$

$\therefore\quad a=4,\ b=12$

〈(2)の図形的意味〉

(2)は

$$\lim_{x\to\infty}\{\sqrt{4x^2+12x+1}-(2x+3)\}=0$$

と直すことができます．

$$y=\sqrt{4x^2+12x+1}$$

$$\Longleftrightarrow\ 4\left(x+\frac{3}{2}\right)^2-y^2=8,\ y\geqq 0$$

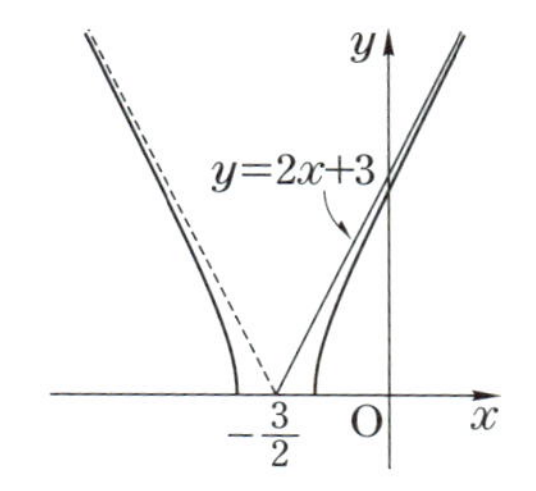

となるので，直線 $y=2x+3$ は，双曲線 $y=\sqrt{4x^2+12x+1}$ の漸近線です（標問 **108**）．

演習問題

17 次の極限値を求めよ．

$$\lim_{x\to-\infty}(3x+1+\sqrt{9x^2+4x+1})$$

（小樽商大）

標問 18 連続関数

$f(x)=\lim_{n\to\infty}\dfrac{x^{2n+1}+ax^2+bx+1}{x^{2n}+1}$ がすべての実数 x について連続となるように a, b の値を定めよ. (大阪府大)

精講 極限によって定義された関数の連続性が問題です. したがって, まず $f(x)$ を決めなければなりません.

本問の場合は, 分母が x^{2n} の項を含むので,

$|x|$ と 1 の大小関係で場合分け

すればうまくいきます.

極限関数は, 一般に区間ごとに異なる関数で表される「つぎはぎ関数」となります.

分数関数 (多項式で表せる関数を含む), 指数関数, 対数関数, 三角関数はその定義域で連続

であることに注意すると, 多くの場合, つぎはぎ関数の連続性は,

つなぎ目における連続性

に帰着します. それを調べるには, 連続であることの定義:

$$\lim_{x\to a}f(x)=f(a) \iff \lim_{x\to a+0}f(x)=\lim_{x\to a-0}f(x)=f(a)$$

にもどらなければなりません.

解法のプロセス

$\lim_{n\to\infty}x^n$
⇩
x と ±1 の大小関係で場合分け

解法のプロセス

$f(x)$ が連続
⇩
多項式で表せる関数は連続だから
⇩
つなぎ目 $x=\pm1$ で連続になるようにする

〈解 答〉

$$f(x)=\lim_{n\to\infty}\frac{x^{2n+1}+ax^2+bx+1}{x^{2n}+1}$$

$$=\lim_{n\to\infty}\frac{x+\dfrac{ax^2+bx+1}{x^{2n}}}{1+\dfrac{1}{x^{2n}}}\quad(x\neq0)$$

← 分母, 分子を x^{2n} で割る

において

$$\lim_{n\to\infty}x^{2n}=\begin{cases}0 & (|x|<1)\\ \infty & (|x|>1)\end{cases}$$

であるから

$$f(x)=\begin{cases} ax^2+bx+1 & (|x|<1) \\ \dfrac{a+b+2}{2} & (x=1) \\ \dfrac{a-b}{2} & (x=-1) \\ x & (|x|>1) \end{cases}$$

ゆえに，$f(x)$ がすべての実数 x に対して連続であるためには，$x=\pm1$ で連続であることが必要十分である．

$x=1$ で連続であるための条件は

$$\lim_{x\to1-0}(ax^2+bx+1)=\lim_{x\to1+0}x=\frac{a+b+2}{2}$$

$\therefore\quad a+b=0$ ……①

$x=-1$ で連続であるための条件は

$$\lim_{x\to-1+0}(ax^2+bx+1)=\lim_{x\to-1-0}x=\frac{a-b}{2}$$

$\therefore\quad a-b=-2$ ……②

①，②より，

$\boldsymbol{a=-1,\ b=1}$

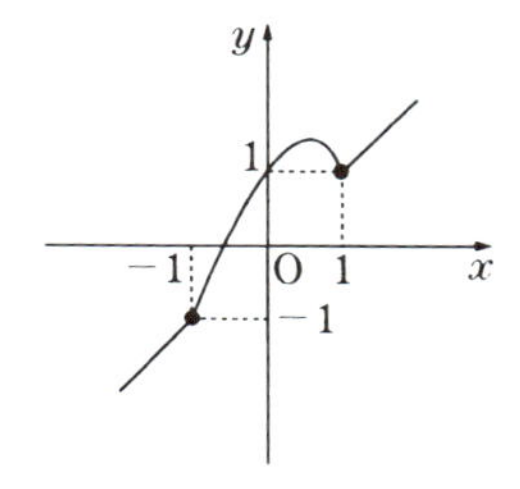

研究 〈連続関数とは〉

関数 $f(x)$ は，$\displaystyle\lim_{x\to a}f(x)=f(a)$ が成り立つとき，**$x=a$ で連続**であるといい，ある区間の各点で連続のとき，その区間で連続，またはその区間における**連続関数**であるといいます．

高校の範囲では，

連続関数とは，グラフがつながっている関数のこと

だと考えておいてよいでしょう．

逆に，不連続というのは，下図のようなイメージでとらえることができます．

また，関数の極限に関する性質から，連続関数の全体は加減乗除および合成に関して閉じていることがわかります．

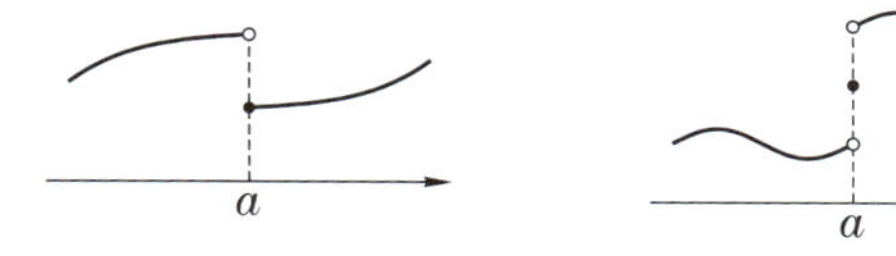

標問 19 $\lim\limits_{\theta \to 0}\dfrac{\sin\theta}{\theta}=1$

k を正の定数とする．曲線 $y=\cos kx$ と 3 直線

$$x=-\theta,\ x=0,\ x=\theta\ \left(0<\theta<\frac{\pi}{2k}\right)$$

との交点を通る円の中心をPとする．θ が 0 に近づくとき，Pはどのような点に近づくか．

(東北大)

精講

中心Pの座標を θ で表します．

曲線 $y=\cos kx$ は y 軸に関して対称だから，P は y 軸上にあることがわかります．そこで，A(0, 1)，Q(θ, $\cos\theta$) に対して，P(0, p) とおいて関係式 PQ=PA を p について解けばよいでしょう．

$\lim\limits_{\theta \to 0} p$ を求めるには，$\lim\limits_{\theta \to 0}\dfrac{\sin\theta}{\theta}=1$ を利用します．

解法のプロセス

P(0, p) とおく

⇩

p を θ で表す

⇩

$\lim\limits_{\theta \to 0}\dfrac{\sin\theta}{\theta}=1$ を使う

解答

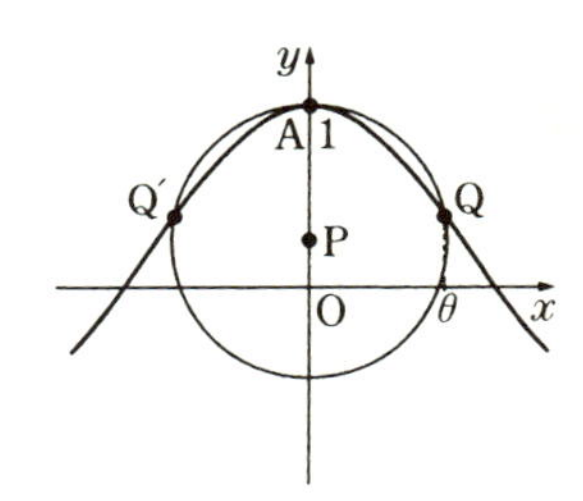

$y=\cos kx$ 上の 3 点 A(0, 1)，Q(θ, $\cos k\theta$)，Q′($-\theta$, $\cos k\theta$) を通る円の中心は y 軸上にあるから，P(0, p) とおける．

PQ=PA より

$$\theta^2+(p-\cos k\theta)^2=(1-p)^2$$

$$2(1-\cos k\theta)p=1-\cos^2 k\theta-\theta^2$$

$$\therefore\quad p=\frac{1}{2}\left(1+\cos k\theta-\frac{\theta^2}{1-\cos k\theta}\right)$$

ここで

$$\frac{\theta^2}{1-\cos k\theta}=\frac{\theta^2(1+\cos k\theta)}{\sin^2 k\theta}$$

⬅ 分母，分子×$(1+\cos k\theta)$

$$=\frac{1+\cos k\theta}{k^2}\left(\frac{k\theta}{\sin k\theta}\right)^2$$

⬅ $\lim\limits_{\theta \to 0}\dfrac{\sin\theta}{\theta}=1$ を使うために $\dfrac{\square\theta}{\sin\square\theta}$ の□の部分をそろえる．あるいは $k\theta=\varphi$ とおいてもよい

$$\therefore\quad \lim_{\theta \to 0} p=\frac{1}{2}\left(2-\frac{2}{k^2}\right)=1-\frac{1}{k^2}$$

ゆえに，**Pは点 $\left(0,\ 1-\dfrac{1}{k^2}\right)$ に近づく．**

研究 $\left\langle \lim_{\theta \to 0} \dfrac{\sin\theta}{\theta} = 1 \right.$ となるわけ$\left.\right\rangle$

それは θ が弧度法で測った角だからです．弧度法は図の $\angle\mathrm{AOB}$ を，それが切り取る単位円弧の長さ $\overset{\frown}{\mathrm{AB}}$ で測る方法です．

$0<\theta<\dfrac{\pi}{2}$ のとき，$\triangle\mathrm{OAB}<$扇形$\mathrm{OAB}<\triangle\mathrm{OAT}$

$\therefore\quad \dfrac{1}{2}\sin\theta<\pi\cdot\dfrac{\theta}{2\pi}<\dfrac{1}{2}\tan\theta$

$\therefore\quad \boldsymbol{\sin\theta<\theta<\tan\theta}$

この不等式の各辺を θ で割ると，$\dfrac{\sin\theta}{\theta}<1<\dfrac{1}{\cos\theta}\cdot\dfrac{\sin\theta}{\theta}$

$\therefore\quad \cos\theta<\dfrac{\sin\theta}{\theta}<1$

$\cos\theta\to1\ (\theta\to+0)$ より，$\displaystyle\lim_{\theta\to+0}\frac{\sin\theta}{\theta}=1$ となることがわかります．

$\theta<0$ のときは，$-\theta=t\,(>0)$ とおくと

$$\lim_{\theta\to-0}\frac{\sin\theta}{\theta}=\lim_{t\to+0}\frac{\sin(-t)}{-t}=\lim_{t\to+0}\frac{\sin t}{t}=1$$

以上から，$\displaystyle\lim_{\theta\to0}\frac{\sin\theta}{\theta}=1$ となります．

〈演習問題 19-2 の方針〉 おおまかに考えると簡単に結果が予想できます．厳密な解答を書くには，円の中心から小円を見込む角を設定するのがよい方法です．

演習問題

19-1 右図において，点Aおよび点Cは動点であり，点CはBD上を動く．AB$=1$，AC$=2$，BD$=3$ とし，$\angle\mathrm{ABC}=\theta$ とする．

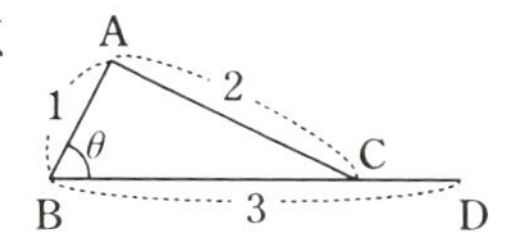

(1) BC$=x$ として，x を θ を用いて表せ．

(2) 三角形ABCの面積を $S(\theta)$ とするとき，

$\displaystyle\lim_{\theta\to0}\frac{S(\theta)}{\theta}$ を求めよ．

(3) $\displaystyle\lim_{\theta\to0}\frac{\mathrm{CD}}{\theta^2}$ を求めよ． （東洋大）

19-2 n を自然数とする．半径 $\dfrac{1}{n}$ の円を互いに重なり合わないように半径1の円に外接させる．このとき外接する円の最大個数を a_n とする．$\displaystyle\lim_{n\to\infty}\frac{a_n}{n}$ を求めよ． （東京工大）

標問 20　$\displaystyle\lim_{n\to\infty}\left(1+\frac{1}{n}\right)^n=e$

1より大きい自然数nに対して，曲線 $y=x^n$ をCとする．x軸上の正の部分に点Pをとり，Pを通ってx軸に直交する直線が曲線Cと交わる点をQ，QにおけるCの接線がx軸と交わる点をR，Rを通ってx軸に直交する直線がCと交わる点をS，SにおけるCの接線がx軸と交わる点をTとする．

(1)　Pの座標を$(a,\ 0)$とするとき，Rの座標をaを用いて表せ．

(2)　$a_n=\dfrac{\triangle\text{PQR の面積}}{\triangle\text{RST の面積}}$ とおくとき，a_nの値を求めよ．

(3)　$\displaystyle\lim_{n\to\infty}a_n$ を求めよ．　　　　(東京電機大)

精講

(1)　$\text{P}(a,\ 0)$ から $\text{R}\left(\left(1-\dfrac{1}{n}\right)a,\ 0\right)$ となります．

(2)　△PQR の面積は直ちにわかります．△RST の面積を知るために(1)と同じ計算をくり返す必要はありません．△PQR の面積の式で，a を $\left(1-\dfrac{1}{n}\right)a$ で置きかえます．

(3)　a_nの式から $\displaystyle\lim_{n\to\infty}\left(1+\frac{1}{n}\right)^n=e$ を連想しましょう．$n-1$ を m とおくと見やすくなります．

解法のプロセス

△PQR を求める

⇩

a を $\left(1-\dfrac{1}{n}\right)a$ とおく

⇩

a_n を求める

⇩

$\displaystyle\lim_{n\to\infty}\left(1+\frac{1}{n}\right)^n=e$ を使う

〈解　答〉

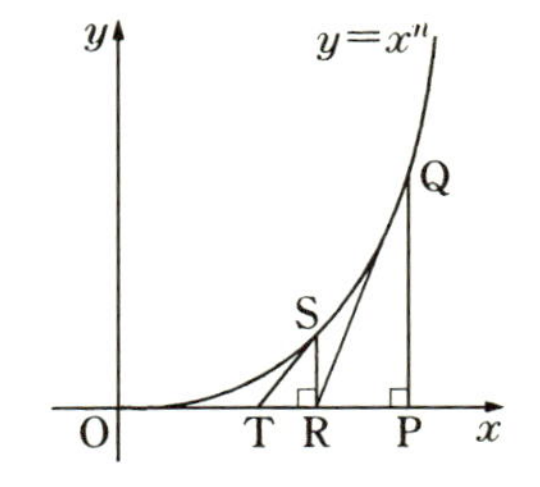

(1)　$\text{Q}(a,\ a^n)$ における接線の方程式は

$$y=na^{n-1}(x-a)+a^n$$

$y=0$ とおいて

$$\mathbf{R}\left(a\left(1-\frac{1}{n}\right),\ 0\right)$$

(2)　$\text{PR}=\dfrac{a}{n}$，$\text{PQ}=a^n$ より

$$\triangle\text{PQR}=\frac{1}{2}\cdot\frac{a}{n}\cdot a^n=\frac{a^{n+1}}{2n}$$

a を $\left(1-\dfrac{1}{n}\right)a$ で置きかえて　　　　⬅ 計算しないで置きかえる

$$\triangle\text{RST}=\frac{1}{2n}\left\{\left(1-\frac{1}{n}\right)a\right\}^{n+1}=\frac{a^{n+1}}{2n}\left(1-\frac{1}{n}\right)^{n+1}$$

$$\therefore \quad a_n = \frac{1}{\left(1-\frac{1}{n}\right)^{n+1}} = \left(\frac{\boldsymbol{n}}{\boldsymbol{n-1}}\right)^{n+1}$$

(3) $n-1=m$ とおくと

$$\lim_{n\to\infty} a_n = \lim_{m\to\infty}\left(1+\frac{1}{m}\right)^{m+2}$$

$$= \lim_{m\to\infty}\left(1+\frac{1}{m}\right)^{m}\left(1+\frac{1}{m}\right)^{2} = \boldsymbol{e}$$

⬅ $\lim_{m\to\infty}\left(1+\frac{1}{m}\right)^{m}=e$

研究 $\left\langle \boldsymbol{e}\text{の定義}: \lim_{h\to 0}\frac{e^h-1}{h}=1 \right\rangle$

$f(x)=a^x \ (a>1)$ のグラフを見ると，$x=0$ で微分可能であること，すなわち点 $(0,\ 1)$ で接線を引くことができ，その傾き

$$f'(0)=\lim_{h\to 0}\frac{a^h-1}{h}$$

が存在することは明らかと考えられます．

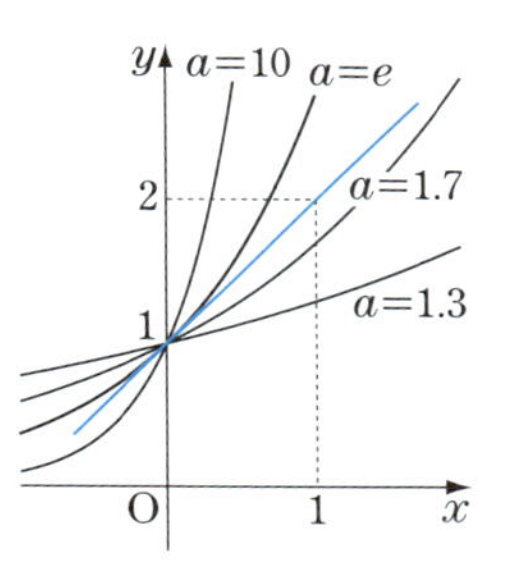

その値は a の大きさによって異なり，適当な大きさのとき $f'(0)=1$ となるはずです．このときの a の値を e と定めます．つまり，この本では

$$\lim_{h\to 0}\frac{\boldsymbol{e^h-1}}{\boldsymbol{h}}=\mathbf{1}$$

を e の定義として採用します．微分積分では，e を底とする対数を**自然対数**といい，底を省略する習慣があります．

演習問題

20-1 $\lim_{h\to 0}\frac{e^h-1}{h}=1$ をもとにして，次の極限値を求めよ．

(1) $\lim_{x\to 0}(1+x)^{\frac{1}{x}}$　　(2) $\lim_{n\to\infty}\left(1+\frac{1}{n}\right)^n$　　(3) $\lim_{n\to\infty}\left(1+\frac{a}{n}\right)^n$ (a は定数)

20-2 n を自然数とする．区間 $[0,\ n)$ にごく小さな砂粒を n 個でたらめに落とす実験を行った．どの砂粒についても，$[0,\ 1)$，$[1,\ 2)$，…，$[n-1,\ n)$ のいずれの区間に落ちるかは同程度に確からしいとする．このとき，n 個のうちちょうど k 個の砂粒が区間 $[0,\ 1)$ に落ちる確率を $P_n(k)$ とする．

(1) $P_n(k)$ を求めよ．

(2) $\lim_{n\to\infty}\frac{k!\,{}_n\mathrm{C}_k}{n^k}$ を求めよ．また $\lim_{n\to\infty}P_n(k)$ を求めよ．　　(慶　大)

標問 21 微分法の公式

(1) 導関数の定義から説きおこして，(2) 積，商の微分法，(3) 合成関数の微分法，(4) 逆関数の微分法を順を追って説明し，(5) $y=a^x$ $(a>0,\ a\neq1)$ なる指数関数の導関数と，$y=\log_a x$ $(a>0,\ a\neq1)$ なる対数関数の導関数と，(6) $y=\sin x$，$y=\cos x$，$y=\tan x$ なる三角関数の導関数とを導け．ただし，次のことがらは証明せずに，その結果だけを使ってよい．

(i) $\displaystyle\lim_{h\to0}\frac{e^h-1}{h}=1$ （e は自然対数の底）

(ii) $\displaystyle\lim_{\theta\to0}\frac{\sin\theta}{\theta}=1$ （θ は弧度法で表された角）

（和歌山県医大）

精講 微分法の体系を問う問題です．初めての人は**解答**を読んで下さい．体系の展開の仕方はいろいろありますが，**解答**に示したのはその一例です．

以下，具体的な関数の導関数の公式を導く際に必要な基本事項を説明します．

（指数関数） 対数関数の定義から

$a^x=e^{\log a^x}=e^{x\log a}$

これがわかりにくければ

a^x の自然対数をとり

$\log a^x=x\log a \qquad \therefore\quad a^x=e^{x\log a}$

とすることもできます．

（三角関数） 加法定理

$\sin(\alpha+\beta)=\sin\alpha\cos\beta+\cos\alpha\sin\beta$

$\sin(\alpha-\beta)=\sin\alpha\cos\beta-\cos\alpha\sin\beta$

の差をとると

$\sin(\alpha+\beta)-\sin(\alpha-\beta)=2\cos\alpha\sin\beta$

次に，$\alpha+\beta=x$，$\alpha-\beta=y$ とおけば

$\sin x-\sin y=2\cos\dfrac{x+y}{2}\sin\dfrac{x-y}{2}$

これは差を積に直す公式です．

解法のプロセス

(5) (i) $\displaystyle\lim_{h\to0}\frac{e^h-1}{h}=1$

⇩

$(e^x)'=e^x$

(ii) $a^x=e^{x\log a}$

⇩

合成関数の微分法

⇩

$(a^x)'=a^x\log a$

(iii) $y=\log_a x$ より $x=a^y$

⇩

逆関数の微分法

⇩

$y'=\dfrac{1}{x\log a}$

(6) 差を積に直す公式

⇩

$\displaystyle\lim_{\theta\to0}\frac{\sin\theta}{\theta}=1$

⇩

$(\sin x)'=\cos x$

〈 解　答 〉

(1) **導関数の定義**

関数 $y=f(x)$ の定義域内のすべての x に対して，

$\displaystyle\lim_{h\to 0}\frac{f(x+h)-f(x)}{h}$ が存在するとき，$f(x)$ は微分可能であるという．この極限値を $f(x)$ の x における微分係数といい，$f'(x)$ で表す．これを x の関数とみたとき，$f(x)$ の導関数といい，y' あるいは $\dfrac{dy}{dx}$ とも書く．

(2) **積と商の微分法**

$f(x)$，$g(x)$ が微分可能であるとき

$$\begin{aligned}\{f(x)g(x)\}'&=\lim_{h\to 0}\frac{f(x+h)g(x+h)-f(x)g(x)}{h}\\&=\lim_{h\to 0}\left\{\frac{f(x+h)-f(x)}{h}g(x+h)+f(x)\frac{g(x+h)-g(x)}{h}\right\}\\&=f'(x)g(x)+f(x)g'(x)\end{aligned}$$

さらに，$g(x)\neq 0$ のとき

$$\begin{aligned}\left\{\frac{f(x)}{g(x)}\right\}'&=\lim_{h\to 0}\frac{1}{h}\left\{\frac{f(x+h)}{g(x+h)}-\frac{f(x)}{g(x)}\right\}\\&=\lim_{h\to 0}\frac{1}{h}\cdot\frac{f(x+h)g(x)-f(x)g(x+h)}{g(x)g(x+h)}\\&=\lim_{h\to 0}\frac{1}{g(x)g(x+h)}\left\{\frac{f(x+h)-f(x)}{h}g(x)\right.\\&\qquad\left.-f(x)\frac{g(x+h)-g(x)}{h}\right\}\\&=\frac{f'(x)g(x)-f(x)g'(x)}{\{g(x)\}^2}\end{aligned}$$

(3) **合成関数の微分法**

微分可能な関数 $y=f(x)$，$z=g(y)$ の合成関数 $z=g(f(x))$ について，$k=f(x+h)-f(x)$ とおくと，$k\to 0\ (h\to 0)$ だから　← 研究 参照

$$\begin{aligned}\frac{dz}{dx}&=\lim_{h\to 0}\frac{g(f(x+h))-g(f(x))}{h}\\&=\lim_{h\to 0}\frac{g(y+k)-g(y)}{k}\cdot\frac{k}{h}\\&=\lim_{k\to 0}\frac{g(y+k)-g(y)}{k}\cdot\lim_{h\to 0}\frac{f(x+h)-f(x)}{h}\\&=\frac{dz}{dy}\cdot\frac{dy}{dx}\end{aligned}$$

第2章

(4) 逆関数の微分法

微分可能な関数 $y=f(x)$ の逆関数 $x=g(y)$ があって，$f'(x)\neq 0$ とする．

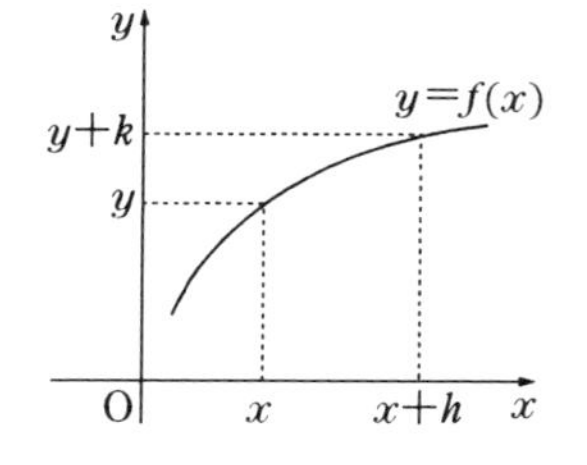

$$f(x+h)=f(x)+k=y+k$$

とおくと

$$g(y+k)=x+h=g(y)+h$$

となるから，

$$\frac{dx}{dy}=\lim_{k\to 0}\frac{g(y+k)-g(y)}{k}$$

$$=\lim_{h\to 0}\frac{h}{f(x+h)-f(x)}=\frac{1}{\frac{dy}{dx}}$$

(5) 指数関数と対数関数の導関数

$$(e^x)'=\lim_{h\to 0}\frac{e^{x+h}-e^x}{h}=e^x\lim_{h\to 0}\frac{e^h-1}{h}=e^x$$

⬅(i)による

合成関数の微分法により

$$(a^x)'=(e^{x\log a})'=e^{x\log a}(x\log a)'=a^x\log a$$

次に，$y=\log_a x$ のとき $x=a^y$ となるから，逆関数の微分法により

$$\frac{dy}{dx}=\frac{1}{\frac{dx}{dy}}=\frac{1}{a^y\log a}$$

$$=\frac{1}{x\log a}$$

(6) 三角関数の導関数

$$(\sin x)'=\lim_{h\to 0}\frac{\sin(x+h)-\sin x}{h}$$

$$=\lim_{h\to 0}\frac{1}{h}\cdot 2\cos\left(x+\frac{h}{2}\right)\sin\frac{h}{2}$$

$$=\lim_{h\to 0}\cos\left(x+\frac{h}{2}\right)\frac{\sin\frac{h}{2}}{\frac{h}{2}}=\cos x$$

⬅(ii)による

合成関数の微分法と商の微分法により

$$(\cos x)'=\left\{\sin\left(\frac{\pi}{2}-x\right)\right\}'=\left\{\cos\left(\frac{\pi}{2}-x\right)\right\}\left(\frac{\pi}{2}-x\right)'=-\sin x$$

$$(\tan x)'=\left(\frac{\sin x}{\cos x}\right)'=\frac{\cos^2 x+\sin^2 x}{\cos^2 x}=\frac{1}{\cos^2 x}$$

研究 **〈微分可能ならば連続〉**

実は**解答**で断らずに使いましたが，$\boldsymbol{f(x)}$ **が** $\boldsymbol{x=a}$ **で微分可能ならばそこで連続**となることが示せます．

実際，$f'(a)$ が存在すれば

$$\lim_{x\to a}\{f(x)-f(a)\}=\lim_{x\to a}(x-a)\frac{f(x)-f(a)}{x-a}=0\cdot f'(a)=0$$

となるからです．

ただし，逆は成立しません．$f(x)=|x|$ は $x=0$ で連続ですが $f'(0)$ は存在しないからです．

〈対数微分法〉

$(\log x)'=\dfrac{1}{x}$ を認めると，$y=a^x$ は次のようにして微分できます．

自然対数をとり，$\log y=x\log a$．次に x で微分すれば

$$\frac{y'}{y}=\log a \qquad \therefore \quad y'=a^x\log a$$

このような微分の仕方を対数微分法といいます．

〈三角関数の高次導関数〉

$$(\sin x)'=\cos x=\sin\left(x+\frac{\pi}{2}\right),\ (\cos x)'=-\sin x=\cos\left(x+\frac{\pi}{2}\right)$$

となるので，一般に $f(x)$ を n 回微分した関数を $f^{(n)}(x)$ と書く約束にしたがえば

$$\boldsymbol{(\sin x)^{(n)}=\sin\left(x+\frac{n\pi}{2}\right)}$$

$$\boldsymbol{(\cos x)^{(n)}=\cos\left(x+\frac{n\pi}{2}\right)}$$

となります．

演習問題

21 次の関数を微分せよ．

(1) $y=\sin^2 x\cos x$

(2) $y=\dfrac{e^x-e^{-x}}{e^x+e^{-x}}$

(3) $y=\log(x+\sqrt{x^2+1})$

(4) $y=\log\left|\tan\dfrac{x}{2}\right|$

(5) $y=x^a$（a は実数の定数）

(6) $y=x^x$（$x>0$）

(7) $y=\sin x\ \left(|x|<\dfrac{\pi}{2}\right)$ の逆関数

標問 22 媒介変数表示された関数の微分法

$x=t-\sin t$, $y=1-\cos t$ とする.

$t=\dfrac{\pi}{3}$ のとき, $\dfrac{dy}{dx}$, $\dfrac{d^2y}{dx^2}$ の値を求めよ. (琉球大)

精講 媒介変数表示された曲線

$$x=t+1,\ y=t^2 \qquad \cdots\cdots①$$

の方程式は, これらから t を消去した

$$y=(x-1)^2 \qquad \cdots\cdots②$$

で与えられます.

①で表された x の関数 y の導関数を求めるためには, もちろん②を x で微分して

$$y'=2(x-1)$$

とすればいいわけです.

ところが, 本問のように y を x の関数とみなすことができても, 実際に t を消去して x の具体的な関数として表せない場合があります.

このようなときに役立つのが, 媒介変数表示された関数の微分法です.

$x=f(t)$, $y=g(t)$ が微分可能で $f'(t)\neq 0$ のとき, $x=f(t)$ の逆関数 $t=f^{-1}(x)$ があれば, $y=g(f^{-1}(x))$ を合成関数と逆関数の微分法を用いて次のように微分できます.

$$\frac{dy}{dx}=\frac{dy}{dt}\cdot\frac{dt}{dx} \quad (\text{合成関数の微分法})$$

$$=\frac{dy}{dt}\cdot\frac{1}{\frac{dx}{dt}} \quad (\text{逆関数の微分法})$$

$$\therefore \quad \boldsymbol{\frac{dy}{dx}=\frac{\frac{dy}{dt}}{\frac{dx}{dt}}}$$

なお右辺の計算結果は, t の式のままでかまいません.

$y=f(x)$ を n 回続けて微分して得られる関数を第 n 次導関数といい

解法のプロセス

$x=f(t)$, $y=g(t)$

⇩

$y=g(f^{-1}(x))$ とみる

⇩

$$\frac{dy}{dx}=\frac{\frac{dy}{dt}}{\frac{dx}{dt}}$$

解法のプロセス

$$\frac{d^2y}{dx^2}=\frac{d}{dx}\left(\frac{dy}{dx}\right)$$

⇩

$$\frac{d^2y}{dx^2}=\frac{d}{dt}\left(\frac{dy}{dx}\right)\cdot\frac{dt}{dx}$$

⇩

$$\frac{d^2y}{dx^2}=\frac{\frac{d}{dt}\left(\frac{dy}{dx}\right)}{\frac{dx}{dt}}$$

$$y^{(n)},\quad \frac{d^n y}{dx^n},\quad f^{(n)}(x)$$

などと表します．２番目の記法を用いると，第２次導関数は

$$\frac{d^2y}{dx^2}=\frac{d}{dx}\left(\frac{dy}{dx}\right) \qquad \text{(定義)}$$

$$=\frac{d}{dt}\left(\frac{dy}{dx}\right)\cdot\frac{dt}{dx} \qquad \text{(合成関数の微分法)}$$

$$=\frac{\dfrac{d}{dt}\left(\dfrac{dy}{dx}\right)}{\dfrac{dx}{dt}} \qquad \text{(逆関数の微分法)}$$

という手順で計算できます．

〈 解　答 〉

$\dfrac{dx}{dt}=1-\cos t$，$\dfrac{dy}{dt}=\sin t$ より

$$\frac{dy}{dx}=\frac{\sin t}{1-\cos t} \qquad \cdots\cdots①$$

⬅ $\dfrac{dy}{dx}=\dfrac{\frac{dy}{dt}}{\frac{dx}{dt}}$

次に，$\dfrac{d^2y}{dx^2}=\dfrac{\dfrac{d}{dt}\left(\dfrac{dy}{dx}\right)}{\dfrac{dx}{dt}}$

において，①より

$$\frac{d}{dt}\left(\frac{dy}{dx}\right)=\frac{d}{dt}\left(\frac{\sin t}{1-\cos t}\right)=\frac{\cos t(1-\cos t)-\sin^2 t}{(1-\cos t)^2}$$

⬅ 商の微分法による

$$=\frac{\cos t-1}{(1-\cos t)^2}=-\frac{1}{1-\cos t}$$

となるから

$$\frac{d^2y}{dx^2}=-\frac{1}{(1-\cos t)^2} \qquad \cdots\cdots②$$

①，②で，$t=\dfrac{\pi}{3}$ とおくと

$$\frac{dy}{dx}=\boldsymbol{\sqrt{3}},\quad \frac{d^2y}{dx^2}=\boldsymbol{-4}$$

演習問題

22　$x=\cos\theta+\theta\sin\theta$，$y=\sin\theta-\theta\cos\theta$ とする．

$\dfrac{dy}{dx}$，$\dfrac{d^2y}{dx^2}$ を θ の式で表せ．

標問 23 微分可能と連続

$$f(x)=\begin{cases}0 & (x=0)\\ x\sin\dfrac{1}{x} & (x\neq 0)\end{cases},\quad g(x)=\begin{cases}0 & (x=0)\\ x^2\sin\dfrac{1}{x} & (x\neq 0)\end{cases}$$ とする．

(1) $f(x)$ は $x=0$ で連続であるが，$f'(0)$ は存在しないことを示せ．

(2) $g'(0)$ は存在するが，$g'(x)$ は $x=0$ で不連続であることを示せ．

(島根大)

精講 連続性，微分可能性，いずれも定義に立ち返って考えます．

(1) $f(0)=0$ ですから，$x=0$ で連続であることは

$$\lim_{h\to 0}f(h)=\lim_{h\to 0}h\sin\frac{1}{h}=0$$

が成り立つことです．問題は振動する $\sin\dfrac{1}{h}$ の扱い方ですが，$\left|\sin\dfrac{1}{h}\right|\leqq 1$ **を用いてはさみ打ち**にします．$f'(0)$ が存在しないことを示すにも，微分係数の定義にもとづいて，三角関数の値の振動に注目することになります．

(2) ほぼ(1)と同様です．ただし，(1)の結果をうまく利用して簡潔な答案になるように心がけます．

解法のプロセス

$x=0$ で連続(微分可能)を示す

⇩

$f(0)=0$ だから

⇩

$\lim_{h\to 0}f(h)=0$

$\left(\lim_{h\to 0}\dfrac{f(h)}{h}\text{ が存在する}\right)$

を示す

〈解　答〉

(1) $f(0)=0$ より

$$0\leqq|f(h)-f(0)|=|f(h)|=\left|h\sin\frac{1}{h}\right|\leqq|h|$$

$$\therefore\quad |f(h)-f(0)|\to 0\quad (h\to 0)$$

$$\therefore\quad f(h)\to f(0)\quad (h\to 0)$$

←はさみ打ち $\left|\sin\dfrac{1}{h}\right|\leqq 1$

ゆえに，$f(x)$ は $x=0$ で連続である．次に

$$\frac{f(h)-f(0)}{h}=\sin\frac{1}{h}\quad (h\neq 0)$$

において，$\lim_{h\to 0}\sin\dfrac{1}{h}$ は振動して有限な値に収束しないから，$f'(0)$ は存在しない．

←$h=\dfrac{2}{(2n+1)\pi}$ (n：整数) とすると，$\sin\dfrac{1}{h}=(-1)^n$

(2) (1)より

$$\lim_{h\to 0}\frac{g(h)-g(0)}{h}=\lim_{h\to 0}\frac{g(h)}{h}=\lim_{h\to 0}h\sin\frac{1}{h}$$ ⬅ $h\to 0$ のとき $h\neq 0$

$$=\lim_{h\to 0}f(h)=f(0)=0$$ ⬅ $f(x)$ は $x=0$ で連続

ゆえに，$g'(0)$ は存在して

$$g'(x)=\begin{cases}0 & (x=0)\\ 2x\sin\dfrac{1}{x}-\cos\dfrac{1}{x} & (x\neq 0)\end{cases}$$

$x\to 0$ のとき，(1) より $2x\sin\dfrac{1}{x}\to 0$ となるが，

$\cos\dfrac{1}{x}$ は振動するから $\lim_{x\to 0}g'(x)$ は存在しない．

すなわち，$g'(x)$ は $x=0$ で不連続である．

研究 $y=g(x)$ と $y=g'(x)$ $(x\neq 0)$ のグラフを見れば，(2)の内容が自然に了解できます．また，振動する関数を微分すると，一般に振動の度合いが強くなることが予想されます．

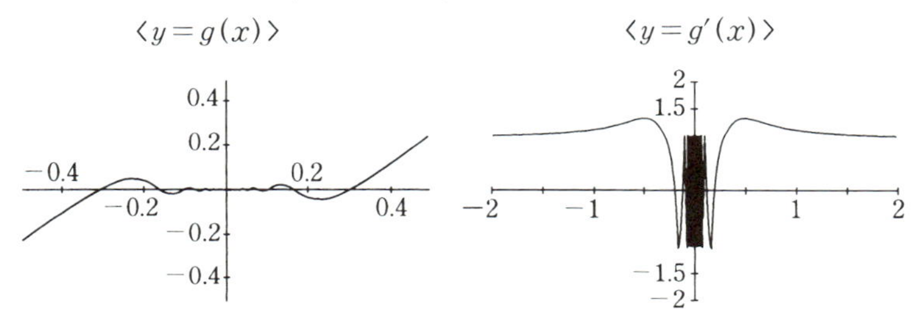

演習問題

23-1 関数 $f(x)$ はすべての実数に対して定義され，微分可能であって $f(0)=0$ となるものとする．このとき

$$g(x)=\begin{cases}\dfrac{f(x)}{x} & (x\neq 0 \text{ のとき})\\ f'(0) & (x=0 \text{ のとき})\end{cases}$$

とおけば，$g(x)$ は $x=0$ において連続になる．このことを，微分係数の定義を用いて証明せよ．

23-2 3つの正数 a，b，c が与えられたとき，次の極限値を求めよ．

(1) $\displaystyle\lim_{x\to 0}\frac{1}{x}\log\left(\frac{a^x+b^x+c^x}{3}\right)$　　(2) $\displaystyle\lim_{x\to 0}\left(\frac{a^x+b^x+c^x}{3}\right)^{\frac{1}{x}}$　　(慶　大)

標問 24　微分可能性の証明

$f(x)$ と $g(x)$ は区間 $[-1,\ 1]$ で定義された関数で，つねに $|g(x)| \leqq f(x)$ であるとする．$f(x)$ が微分可能，かつ，$f(0)=0$ のとき，

(1)　$f'(0)=0$ であることを証明せよ．

(2)　$g'(0)=0$ であることを証明せよ．　　　　(学習院大)

精講　(1)　なかなか難しそうです．抽象的な問題は図の助けを借りて考えましょう．まず

$$f(x) \geqq 0,\ \ f(0)=0$$

に注目します．しかも $f(x)$ は微分可能，すなわちどこでも接線が引けるわけですから，そのグラフは $x=0$ の近くで下図のようになり，原点で x 軸に接するほかありません．

つまり，$f'(0)=0$ です．

解法のプロセス

$f'(0)$ が存在

⇩

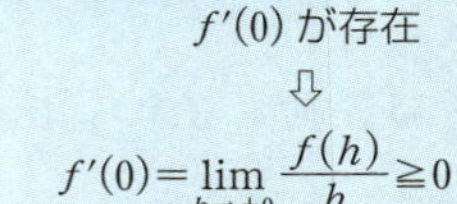

$$f'(0)=\lim_{h\to+0}\frac{f(h)}{h}\geqq 0 =\lim_{h\to-0}\frac{f(h)}{h}\leqq 0$$

⇩

$f'(0)=0$

証明は

$$\frac{f(h)}{h}\geqq 0\quad (h>0),\qquad \frac{f(h)}{h}\leqq 0\quad (h<0)$$

と

$$f'(0)=\lim_{h\to+0}\frac{f(h)}{h}=\lim_{h\to-0}\frac{f(h)}{h}$$

を組み合わせるとうまくいきます．

(2)　$-f(x)\leqq g(x)\leqq f(x)$ かつ $f(0)=0$ ですから

$$g(0)=0$$

また，$y=g(x)$ の変化は $y=\pm f(x)$ によって制限されるので，

$$\left|\frac{g(h)}{h}\right|\leqq\left|\frac{f(h)}{h}\right|$$

とすればよさそうです．

解法のプロセス

$g(0)=0$

⇩

$\left|\dfrac{g(h)}{h}\right|\leqq\left|\dfrac{f(h)}{h}\right|$

⇩

$f'(0)=0$ を使ってはさみ打ち

〈 解 答 〉

(1) $f(0)=0$ かつ $f(x)$ は微分可能だから

$$f'(0)=\lim_{h\to 0}\frac{f(h)-f(0)}{h}=\lim_{h\to 0}\frac{f(h)}{h}$$

$$\therefore\quad f'(0)=\lim_{h\to +0}\frac{f(h)}{h}=\lim_{h\to -0}\frac{f(h)}{h}\quad\cdots\cdots①$$

⬅ 右方極限と左方極限に分ける

一方，$f(h)\geqq|g(h)|\geqq 0$ だから

$h>0$ のとき，$\dfrac{f(h)}{h}\geqq 0$

⬅ h の符号で場合分け

$$\therefore\quad \lim_{h\to +0}\frac{f(h)}{h}\geqq 0\quad\cdots\cdots②$$

$h<0$ のとき，$\dfrac{f(h)}{h}\leqq 0$

$$\therefore\quad \lim_{h\to -0}\frac{f(h)}{h}\leqq 0\quad\cdots\cdots③$$

①，②，③より

$$0\leqq f'(0)\leqq 0\qquad \therefore\quad f'(0)=0$$

⬅ 微分積分でよく使われる論法

(2) $0\leqq|g(0)|\leqq f(0)=0$ より

$$g(0)=0$$

ゆえに，$|g(h)|\leqq f(h)$ より

$$0\leqq\left|\frac{g(h)-g(0)}{h}\right|=\left|\frac{g(h)}{h}\right|\leqq\left|\frac{f(h)}{h}\right|$$

⬅ はさみ打ち

(1)より，$\displaystyle\lim_{h\to 0}\left|\frac{f(h)}{h}\right|=|f'(0)|=0$ だから

$$\lim_{h\to 0}\frac{g(h)-g(0)}{h}=0$$

⬅ $\displaystyle\lim_{x\to 0}|f(x)|=0$ は，$\displaystyle\lim_{x\to 0}f(x)=0$ と同値

したがって，$g(x)$ は $x=0$ で微分可能で

$$g'(0)=0$$

となる．

演習問題

24 関数 $f(x)$ は微分可能で，次の条件(i)，(ii)を満たしているとする．

(i) $f(x)\geqq x+1$

(ii) すべての実数 h に対し，$f(x+h)\geqq f(x)f(h)$

このとき，

(1) $f(0)=1$ であることを示せ．

(2) $f'(0)=1$ であることを示せ．

(3) $f'(x)$ を $f(x)$ で表せ．

(山口大)

標問 25　平均値の定理と関数の増減

$f(x)$ を $I=\{x|a<x<b\}$ で定義された関数とする．

$x_1<x_2$ となる I の任意の 2 数 x_1，x_2 に対してつねに $f(x_1)<f(x_2)$ が成立するとき，$f(x)$ は I で増加するという．また，

$x_1<x_2$ となる I の任意の 2 数 x_1，x_2 に対してつねに $f(x_1)\leqq f(x_2)$ が成立するとき，$f(x)$ は I で非減少であるという．

$f(x)$ が I で微分可能なとき，次の命題は，それぞれ正しいか誤りか，理由をつけて答えよ．

(1)　I でつねに $f'(x)>0$ ならば，$f(x)$ は I で増加する．

(2)　$f(x)$ が I で増加するならば，I でつねに $f'(x)>0$ である．

(3)　I でつねに $f'(x)\geqq 0$ ならば，$f(x)$ は I で非減少である．

(4)　$f(x)$ が I で非減少であるならば，I でつねに $f'(x)\geqq 0$ である．

（東京医歯大）

精講　導関数の符号と増減の関係は数学Ⅱで既習ですから，正誤を直感的に判断することは難しくありません．それを証明するには次の**平均値の定理**が必要です．

> **$f(x)$ が $a\leqq x\leqq b$ で連続，$a<x<b$ で微分可能ならば**
>
> $$\frac{f(b)-f(a)}{b-a}=f'(c),\quad a<c<b$$
>
> **を満たす c が存在する．**

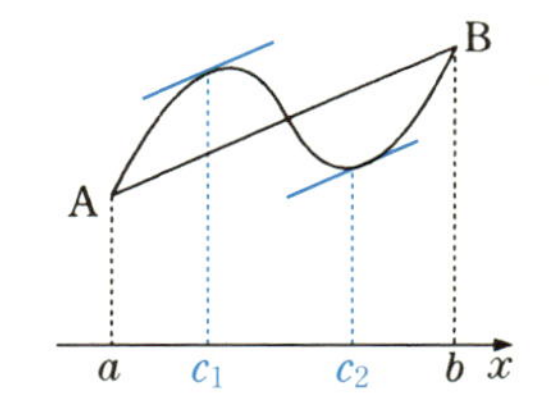

等式の左辺は直線 AB の傾きを表すので，

グラフが滑らかなとき，直線 AB に平行な接線を A と B の間で引くことができる

と理解しておけば十分です．

平均値の定理を使うと，導関数の符号と関数の増減の関係を知ることができます．たとえば，

$f'(x)>0$ のとき，$\dfrac{f(b)-f(a)}{b-a}=f'(c)>0$ となるので

$a<b$ ならば $f(a)<f(b)$

となることがわかります．

解法のプロセス

$$\frac{f(b)-f(a)}{b-a}=f'(c)$$

⇩

$f'(x)>0$ のとき

⇩

$a<b$ ならば $f(a)<f(b)$

〈解　答〉

(1) **正しい**

(証明)　$a<x_1<x_2<b$ である任意の x_1, x_2 に対し

$$\frac{f(x_2)-f(x_1)}{x_2-x_1}=f'(c),\ x_1<c<x_2$$

⬅ 平均値の定理

を満たす c が存在する．条件より，$f'(c)>0$ かつ $x_2-x_1>0$ だから

$$f(x_2)-f(x_1)=f'(c)(x_2-x_1)>0$$

$$\therefore\ f(x_1)<f(x_2)$$

したがって，$f(x)$ は I で増加する．

(2) **誤り**

(反例)　$x_1<x_2$ ならば $x_1{}^3<x_2{}^3$ ゆえ，$f(x)=x^3$ は増加するが，$f'(0)=0$ である．

(3) **正しい**

(証明)　(1)の証明で，$f'(c)\geqq 0$ と修正すれば

$$f(x_1)\leqq f(x_2)$$

となる．したがって，$f(x)$ は I で非減少である．

(4) **正しい**

(証明)　$h>0$ のとき，$x+h>x$ より

$$f(x+h)\geqq f(x)$$

⬅ $f(x)$ は非減少

$$\therefore\ \frac{f(x+h)-f(x)}{h}\geqq 0$$

$f(x)$ は微分可能だから，上式で $h\to +0$ とすると

$$f'(x)=\lim_{h\to +0}\frac{f(x+h)-f(x)}{h}\geqq 0$$

⬅ $f'(x)$ の存在は前提

演習問題

25　関数 $f(x)$ は区間 $[0,\ 1]$ において微分可能で，かつ，そこで $f'(x)$ は定数でないとする．いま $f(0)=0$, $f(1)=1$ であるとき，

(1)　$f(a)>a$ あるいは $f(a)<a$ であるような a が区間 $(0,\ 1)$ の中に存在することを証明せよ．

(2)　$f'(b)>1$, $f'(c)<1$ であるような b, c が区間 $(0,\ 1)$ の中に存在することを証明せよ．

(鹿児島大)

標問 26　極大値・極小値

関数 $f(x)=\dfrac{1}{x}-e^{-ax}$ が $x>0$ において2つの極値をもつとき，定数 a のとり得る値の範囲を求めよ．ただし，$\displaystyle\lim_{x\to\infty}\frac{x^2}{e^x}=0$ である．　(東京電機大)

精講　連続関数について

　増加から減少へ移るところで極大

　減少から増加へ移るところで極小

と定め，その値をそれぞれ**極大値**，**極小値**，まとめて**極値**といいます．したがって，$f(x)$ が微分可能のときは，山頂あるいは谷底での接線は水平でなければならず

　$f(a)$ が極値ならば，$f'(a)=0$

が成り立ちます．

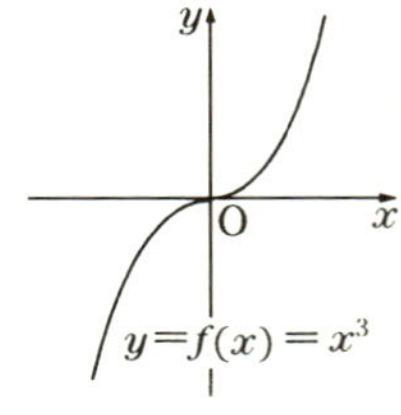

　注意すべきはこの命題の逆が成立しないことです．$f(a)$ が極値であるためには，$x=a$ の前後で $f'(x)$ の符号が変化しなければなりません．

← $f(x)=x^3$ について，$f'(0)=0$ であるが $f(0)$ は極値でない

　本問の場合

$$f'(x)=\frac{ax^2e^{-ax}-1}{x^2}$$

となりますが，$x^2>0$ ですから

$$g(x)=ax^2e^{-ax}-1$$

が $x>0$ の範囲で符号の変化を2回起こせばよいわけです．

　そこで，$y=g(x)$ のグラフを調べます．

解法のプロセス

$f(x)$ が極値をもつ

⇩

$f'(x)=\dfrac{g(x)}{x^2}$ の符号が変化

⇩

$g(x)$ の符号が変化

⇩

$y=g(x)$ のグラフをみる

解答

$$f'(x)=-\frac{1}{x^2}+ae^{-ax}=\frac{ax^2e^{-ax}-1}{x^2}$$

← 分母$=x^2>0$

　したがって，$f(x)$ が極値をもつためには

$$g(x)=ax^2e^{-ax}-1$$

の符号が $x>0$ の範囲で変化すればよい．

　$a\leqq 0$ のとき，$g(x)<0$ $(x>0)$ となるので

　$a>0$

である．このとき

← $a\leqq 0$ のとき，$g(x)$ の符号は変化しない

$$g'(x)=2axe^{-ax}-a^2x^2e^{-ax}$$
$$=ax(2-ax)e^{-ax}$$

より，$g(x)$ は表のように増減する．

x	0	$\cdots$	$\frac{2}{a}$	$\cdots$	∞
$g'(x)$		$+$	0	$-$	
$g(x)$	-1	↗		↘	-1

⬅ $g(0)$ と $\lim_{x\to\infty} g(x)$ の符号を調べる

$ax=t$ とおくと

$$\lim_{x\to\infty} g(x)=\lim_{t\to\infty}\left\{a\left(\frac{t}{a}\right)^2 e^{-t}-1\right\}$$
$$=\lim_{t\to\infty}\left(\frac{1}{a}\cdot\frac{t^2}{e^t}-1\right)=-1$$

かつ，$g(0)=-1$ であるから，$g(x)$ の符号が 2 回変化する条件は

$$g\left(\frac{2}{a}\right)=\frac{4}{a}e^{-2}-1>0 \qquad \therefore\ \boldsymbol{0<a<\frac{4}{e^2}}$$

研究 **〈分数関数の極値〉**

$f(x)$，$g(x)$ が微分可能なとき，$F(x)=\dfrac{f(x)}{g(x)}$ が $x=a$ で極値をもつならば

$$F'(a)=\frac{f'(a)g(a)-f(a)g'(a)}{g(a)^2}=0$$
$$\therefore\ f'(a)g(a)=f(a)g'(a)$$
$$\therefore\ F(a)=\frac{f(a)}{g(a)}=\frac{f'(a)}{g'(a)}$$

$f'(x)$，$g'(x)$ が簡単な式になるときは，この関係式を使うと容易に極値を計算できることがあります．

〈尖点（せんてん）も極値〉

$f(x)=x|x-1|$ は $x=1$ で微分できませんが極小です．尖点で極値をとることがあるので注意しましょう．

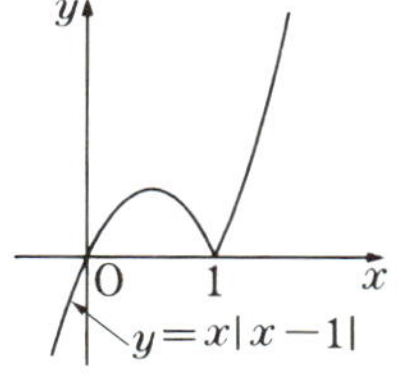

演習問題

26-1 関数 $f(x)=x+a\cos x$ $(a>1)$ は $0<x<2\pi$ において極小値 0 をとる．この範囲における $f(x)$ の極大値を求めよ．（室蘭工大）

26-2 すべての実数に対して定義された関数 $f(x)=\dfrac{4x-a}{x^2+1}$（a は実数の定数）について，次の問いに答えよ．

(1) $f(x)$ の極大値が 1 となるように a の値を定めよ．

(2) a が(1)で定めた値をとるとき，$f(x)$ の値域を求めよ．（宮崎大）

標問 27　減衰曲線の極値

関数 $f(x)=e^{ax}\sin x$ は $x=\dfrac{\pi}{4}$ で極大値をとる．

(1)　定数 a の値を求めよ．

(2)　$x>0$ における $f(x)$ のすべての極大値の和を求めよ．　（京都工繊大）

精講　(1)　必要条件 $f'\left(\dfrac{\pi}{4}\right)=0$ から $a=-1$ と決まりますが，$f'(x)$ の符号が $x=\dfrac{\pi}{4}$ の前後で正から負に変化することを確かめて，十分であることを示さなければなりません．

解法のプロセス

$f'\left(\dfrac{\pi}{4}\right)=0$

⇩

$a=-1$

⇩

十分であることを確認

(2)　$f(x)=e^{-x}\sin x$ のグラフは，その振幅が e^{-x} に押さえられて非常に速く0に近づくので，**減衰曲線**と呼ばれます．このグラフの概形は覚えておきましょう．

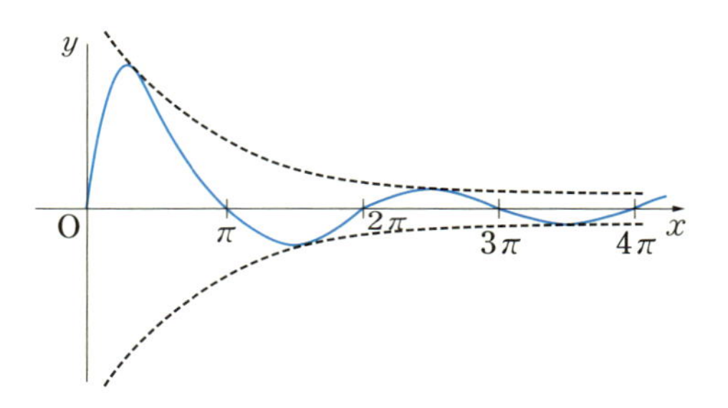

解法のプロセス

極大値は無限等比数列

⇩

|公比|<1

⇩

和の公式

ただし，上のグラフは $x\geqq\pi$ の部分が誇張されています．実際は大変速く減衰するので x 軸とほとんど重なって見えます．

$f(x)$ の極大値は公比 $e^{-2\pi}$ の無限等比数列をなします．そこで，収束条件を満たすことを確かめて

$$\frac{\text{初項}}{1-\text{公比}}$$

によって和を求めます．

〈解答〉

(1) $f'(x)=ae^{ax}\sin x+e^{ax}\cos x$

$=e^{ax}(a\sin x+\cos x)$

$x=\dfrac{\pi}{4}$ で極大値をとるから

$$f'\left(\frac{\pi}{4}\right)=e^{\frac{\pi a}{4}}\cdot\frac{a+1}{\sqrt{2}}=0$$

← 単なる必要条件

$\therefore\ a=-1$

このとき

$$f'(x)=e^{-x}(-\sin x+\cos x)$$

$$=-\sqrt{2}\,e^{-x}\sin\left(x-\frac{\pi}{4}\right)\quad\cdots\cdots①$$

← 符号の変化が見やすいように合成する

となるから，$f'(x)$ の符号は $x=\dfrac{\pi}{4}$ の前後で正から負に変化し，ここで極大である．

← 十分であることを確認

$\therefore\ \boldsymbol{a=-1}$

(2) ①より，$x>0$ で $f(x)$ が極大となるのは

$$x-\frac{\pi}{4}=2n\pi\quad(n\text{ は負でない整数})$$

のときである．

よって，極大値は

$$f\left(\frac{\pi}{4}+2n\pi\right)=e^{-\left(\frac{\pi}{4}+2n\pi\right)}\cdot\frac{1}{\sqrt{2}}$$

$$=\frac{e^{-\frac{\pi}{4}}}{\sqrt{2}}(e^{-2\pi})^n$$

となり，これらの総和は公比 $e^{-2\pi}$ の無限等比級数をなす．$0<e^{-2\pi}<1$ であるから収束して

$$\sum_{n=0}^{\infty}\frac{e^{-\frac{\pi}{4}}}{\sqrt{2}}(e^{-2\pi})^n=\boldsymbol{\frac{e^{-\frac{\pi}{4}}}{\sqrt{2}\,(1-e^{-2\pi})}}$$

← 無限等比級数の和の公式 $\dfrac{\text{初項}}{1-\text{公比}}$

演習問題

27 $y=e^{-\frac{3}{4}x}\sin x$ が $x=\alpha$ で極小値をとるとき，$\tan\alpha$，$\sin\alpha$ の値を求めよ．

（上智大）

標問 28　2次導関数による極値の判定法

関数 $f(x)=\cos 4x+a\cos x+b\sin x$ は，$f\left(\dfrac{\pi}{4}\right)=-33$，$f'\left(\dfrac{\pi}{4}\right)=0$ を満足するとする．

(1)　a，b の値を求めよ．

(2)　関数 $f(x)$ は $x=\dfrac{\pi}{4}$ で極小になることを示せ．　　(福島県医大)

精講　(2)　$f'(x)$ の因数分解を試みるのも立派な方針ですが，計算が面倒です．実は，次のような極値の判定法があります．

$f'(a)=0$，$f''(a)>0$ ならば，$f(a)$ は極小値
$f'(a)=0$，$f''(a)<0$ ならば，$f(a)$ は極大値

です．ただし，いずれの場合も逆は成立しません．反例は 研究 であげますが自分でも探してみて下さい．

解答ではこの判定法を利用することにします．

解法のプロセス

$f'(a)=0$ のとき
⇩
$f''(a)>0$ ならば
⇩
$f(a)$ は極小値

解　答

(1)　$f(x)=\cos 4x+a\cos x+b\sin x$
より

$$f'(x)=-4\sin 4x-a\sin x+b\cos x$$

$$\therefore\ \begin{cases} f\left(\dfrac{\pi}{4}\right)=-1+\dfrac{a+b}{\sqrt{2}}=-33 \\ f'\left(\dfrac{\pi}{4}\right)=\dfrac{-a+b}{\sqrt{2}}=0 \end{cases} \quad \cdots\cdots①$$

$$\therefore\ a=b=\mathbf{-16\sqrt{2}}$$

(2)　(1)より

$$f'(x)=-4\sin 4x+16\sqrt{2}(\sin x-\cos x)$$

← 因数分解する方法もある

$$\therefore\ f''(x)=-16\cos 4x+16\sqrt{2}(\cos x+\sin x)$$

$$\therefore\ f''\left(\frac{\pi}{4}\right)=16+32=48>0 \quad \cdots\cdots②$$

①，②より，$f(x)$ は $x=\dfrac{\pi}{4}$ で極小になる．

研究 〈判定法の説明〉

$f'(a)=0$, $f''(a)>0$ とすると

$$f''(a)=\lim_{h\to 0}\frac{f'(a+h)-f'(a)}{h}=\lim_{h\to 0}\frac{f'(a+h)}{h}>0$$

よって，h が十分 0 に近いとき $\dfrac{f'(a+h)}{h}>0$ であり

$$\begin{cases} h<0 \text{ ならば，} f'(a+h)<0 \\ h>0 \text{ ならば，} f'(a+h)>0 \end{cases}$$

ゆえに，$f'(x)$ の符号は $x=a$ の前後で負から正に変化して，$f(a)$ は極小値となります．極大値についても同様です．

この判定法の逆は成立しません．たとえば，$f(x)=x^4$ は $x=0$ で極小値をもちますが，$f'(0)=f''(0)=0$ です．

〈(2)の別解〉

精講 でふれたように $f'(x)$ を因数分解してみましょう．

$$\begin{aligned} f'(x)&=-4\sin 4x-16\sqrt{2}(\cos x-\sin x)\\ &=-8\sin 2x\cos 2x-16\sqrt{2}(\cos x-\sin x)\\ &=-8\sin 2x(\cos^2 x-\sin^2 x)-16\sqrt{2}(\cos x-\sin x)\\ &=-8(\cos x-\sin x)\{\sin 2x(\cos x+\sin x)+2\sqrt{2}\}\\ &=8\sqrt{2}\sin\left(x-\frac{\pi}{4}\right)\left\{2\sqrt{2}+\sqrt{2}\sin 2x\sin\left(x+\frac{\pi}{4}\right)\right\}\\ &=16\sin\left(x-\frac{\pi}{4}\right)\left\{2+\sin 2x\sin\left(x+\frac{\pi}{4}\right)\right\} \end{aligned}$$

$2+\sin 2x\sin\left(x+\dfrac{\pi}{4}\right)>0$ だから，$f'(x)$ の符号は $\sin\left(x-\dfrac{\pi}{4}\right)$ の符号と一致して，$f(x)$ が $x=\dfrac{\pi}{4}$ で極小になることがわかります．

演習問題

28 関数 $f(x)=e^{ax}\sin ax$ $(a\neq 0)$ について次の問いに答えよ．ただし e は自然対数の底である．

(1) $f''(x)$ を $Ae^{ax}\sin(ax+B)$ の形で表せ．ただし A，B は定数で $0\leqq B<2\pi$ とする．

(2) $f(x)$ が $x=\dfrac{\pi}{4}$ で極小値をとるには a をどのようにすればよいか．

（神奈川大）

標問 29　曲線の凹凸と変曲点

関数 $f(x)=x(x+2)^2e^{-x}$ について，次の問いに答えよ．

(1)　増減を調べ，極値を求めよ．

(2)　さらに，この関数の凹凸と変曲点を調べて，その概形をかけ．

ただし，$\lim_{x\to\infty}\frac{x^n}{e^x}=0$ $(n=1,\ 2,\ \cdots)$ は既知とする．　　　(島根大)

精講　(2)　区間 I で微分可能な関数 $f(x)$ について，

曲線 $y=f(x)$ の接線の傾き $f'(x)$ が x とともに増加するとき，$f(x)$ は I で **下に凸**

逆に，接線の傾き $f'(x)$ が x とともに減少するとき，$f(x)$ は I で**上に凸**

であるといい，ある点の前後で凹凸が変化するとき，その点を $f(x)$ の**変曲点**といいます．

さらに，$f(x)$ が第 2 次導関数をもつとき，接線の傾き $f'(x)$ の増減は $f''(x)$ の符号で決まるので

$f''(x)>0$ ならば，その区間で下に凸

$f''(x)<0$ ならば，その区間で上に凸

となります．したがって

$x=a$ が変曲点ならば，$f''(a)=0$

です．

概形はこの結果を使って根気よく調べます．

(i)　下に凸

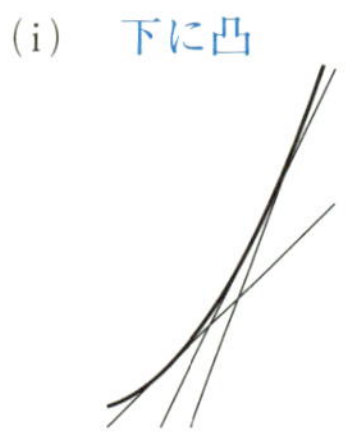

(ii)　上に凸

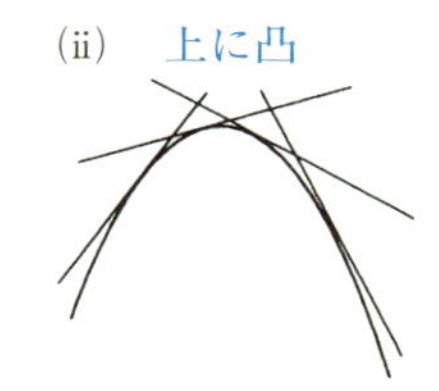

解法のプロセス

曲線の凹凸

⇩

$f''(x)$ の符号を調べる

〈 解　答 〉

(1)　$f'(x)=\{(x+2)^2+2x(x+2)\}e^{-x}-x(x+2)^2e^{-x}$

$=(x+2)(-x^2+x+2)e^{-x}$

$=-(x+2)(x+1)(x-2)e^{-x}$

よって，$f(x)$ は次のように増減する．

x	$-\infty$	$\cdots$	-2	$\cdots$	-1	$\cdots$	2	$\cdots$	∞
$f'(x)$		$+$	0	$-$	0	$+$	0	$-$	
$f(x)$	$-\infty$	↗	0	↘	$-e$	↗	$\frac{32}{e^2}$	↘	0

← $\lim_{x\to-\infty}f(x)=-\infty$ は明らか

$\lim_{x\to\infty}f(x)=0$ は $\lim_{x\to\infty}\frac{x^n}{e^x}=0$ よりわかる．x 軸は漸近線

ゆえに

$$\begin{cases} \textbf{極小値は，} -e \ (x=-1) \\ \textbf{極大値は，} 0 \ (x=-2),\ \dfrac{32}{e^2} \ (x=2) \end{cases}$$

(2) $f'(x)=(-x^3-x^2+4x+4)e^{-x}$ より

$$f''(x)=(-3x^2-2x+4)e^{-x}-(-x^3-x^2+4x+4)e^{-x}$$
$$=(x^3-2x^2-6x)e^{-x}=x(x-\alpha)(x-\beta)e^{-x}$$

ただし，α，β は，$x^2-2x-6=0$ の２解で

$\alpha=1-\sqrt{7}$，$\beta=1+\sqrt{7}$

したがって，$f(x)$ の凹凸は表のように変化し，グラフの概形は図のようになる．

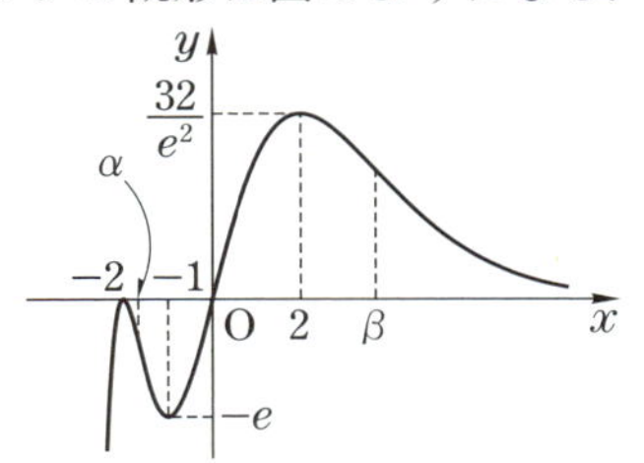

x	$\cdots$	α	$\cdots$	0	$\cdots$	β	$\cdots$
$f''(x)$	$-$	0	$+$	0	$-$	0	$+$
$f(x)$	$\cap$		$\cup$		$\cap$		$\cup$

研究 〈凹凸と極値〉

精講 の図(i)から分かるように，下に凸であることは必ずしも極小値をもつことを意味しません．上に凸の場合も極大値をもつとは限りません．

〈凹凸の定義の拡張〉

連続関数 $f(x)$ まで凹凸の定義を拡張するにはどうすればよいのでしょうか．

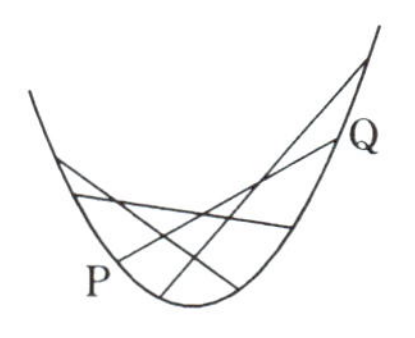

ある区間で，グラフ上の任意の２点 P，Q に対して，グラフがつねに線分 PQ の下方（上方）にあるとき，関数はこの区間で下に凸（上に凸）であると定める

というのが１つの答えです．$f''(x)>0$ ならばこの意味で下に凸になることが平均値の定理を使って証明できます．

演習問題

29-1 次の関数の増減と凹凸を調べ，曲線の概形をかけ．

(1) $y=xe^{-x}$ （富山大）　　(2) $y=\dfrac{\log x}{x}$ （玉川大）

29-2 研究 で述べたことを証明せよ．

標問 30 漸近線のあるグラフ

$f(x)=\sqrt[3]{x^3-x^2}$ とする．

(1) $\lim_{|x|\to\infty}\{f(x)-(x+a)\}=0$ を満たす a の値を求めよ．またこのとき，曲線 $y=f(x)$ と直線 $y=x+a$ の交点の座標を求めよ．

(2) $f(x)$ の増減と極値を調べて，$y=f(x)$ のグラフをかけ． (東北大)

精講 (1) $|x|$ が限りなく大きくなるとき，曲線 $y=f(x)$ が限りなく近づく直線 $y=x+a$ (漸近線といいます)を求める問題です．

$$a=\lim_{|x|\to\infty}(\sqrt[3]{x^3-x^2}-x)$$

として a の値を決めればよいのですが，右辺は $\infty-\infty$ の不定形です．これを解消するには標問 **17** で学んだ通り有理化します．ただし，3 乗根が関係するので少し工夫しなければなりません．

解法のプロセス

グラフをかく

⇩

漸近線，座標軸との交点，対称性などから大まかにとらえる

⇩

増減，極値などを詳細に調べる

(2) $|x|$ が十分 0 に近いとき，x^3-x^2 の大部分を $-x^2$ が占めるので

$$f(x)\fallingdotseq\sqrt[3]{-x^2}=-x^{\frac{2}{3}}$$

← たとえば $x=0.001$ とおいてみよ

とみてよいでしょう．したがって，$y=f(x)$ のグラフは原点付近で右図のような形をしています．さらに，(1)から，このグラフは原点から遠ざかるにつれて，直線 $y=x-\dfrac{1}{3}$ に限りなく近づきます．2 つのことを合わせるとグラフの概形がわかります．

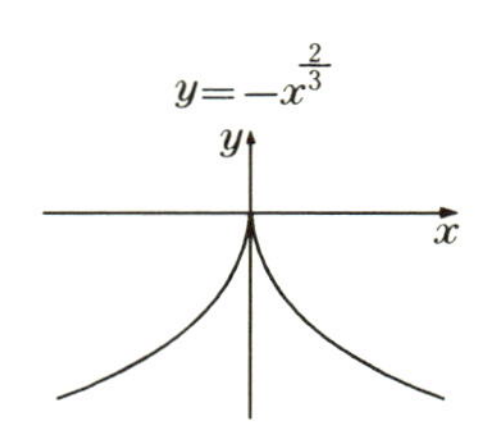

解答

(1) $a=\lim_{|x|\to\infty}(\sqrt[3]{x^3-x^2}-x)$

$$=\lim_{|x|\to\infty}\frac{(x^3-x^2)-x^3}{(x^3-x^2)^{\frac{2}{3}}+x(x^3-x^2)^{\frac{1}{3}}+x^2}$$

← $A-B=\dfrac{A^3-B^3}{A^2+AB+B^2}$

$$=\lim_{|x|\to\infty}\frac{-1}{\left(1-\frac{1}{x}\right)^{\frac{2}{3}}+\left(1-\frac{1}{x}\right)^{\frac{1}{3}}+1}=-\frac{1}{3}$$

← 分母，分子を x^2 で割る

$$\therefore\quad a=-\frac{1}{3}$$

交点は，$\sqrt[3]{x^3-x^2}=x-\dfrac{1}{3}$ の両辺を 3 乗して

$x^3-x^2=x^3-x^2+\dfrac{1}{3}x-\dfrac{1}{27}$　　$\therefore\quad x=\dfrac{1}{9}$

$\therefore$　交点 $\left(\dfrac{\mathbf{1}}{\mathbf{9}},\ -\dfrac{\mathbf{2}}{\mathbf{9}}\right)$

(2)　$f'(x)=\dfrac{1}{3}(x^3-x^2)^{-\frac{2}{3}}(3x^2-2x)$

$=\dfrac{3x-2}{3x^{\frac{1}{3}}(x-1)^{\frac{2}{3}}}$

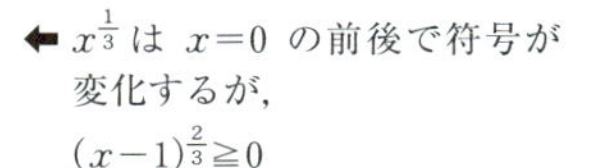
⬅ $x^{\frac{1}{3}}$ は $x=0$ の前後で符号が変化するが，$(x-1)^{\frac{2}{3}}\geqq 0$

よって，$f(x)$ は表のように増減する．

x	$\cdots$	0	$\cdots$	$\dfrac{2}{3}$	$\cdots$	1	$\cdots$
$f'(x)$	$+$	∞ / $-\infty$	$-$	0	$+$	∞	$+$
$f(x)$	↗	0	↘		↗	0	↗

したがって

$x=0$ のとき，極大値は 0

$x=\dfrac{2}{3}$ のとき，極小値は $-\dfrac{\sqrt[3]{4}}{3}$

(1)で求めた漸近線も考えて，$y=f(x)$ のグラフは右図のようになる．

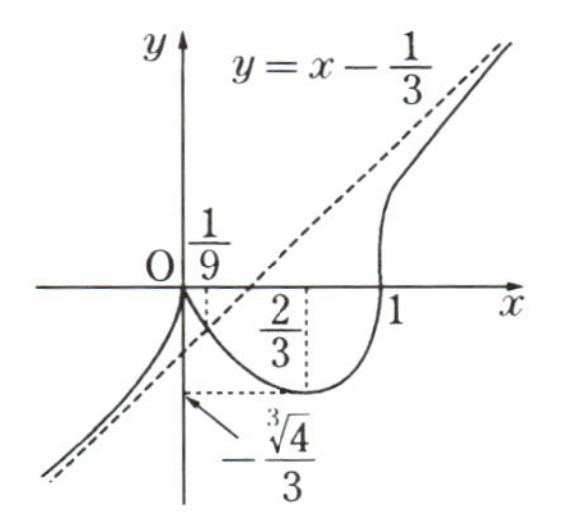

研究　**〈漸近線の種類〉**

(i)　**y 軸に平行な漸近線**　$x\to a+0$ または $x\to a-0$ のとき，$|f(x)|\to\infty$ ならば，直線 $x=a$ は漸近線です．

(ii)　**有限な傾きの漸近線**　$x\to\infty$ または $x\to-\infty$ のとき，$f(x)-(ax+b)\to 0$ ならば，直線 $y=ax+b$ は漸近線です．

a，b は次のようにして求めます．

$\displaystyle\lim_{x\to\pm\infty}\frac{f(x)-(ax+b)}{x}=\lim_{x\to\pm\infty}\left(\frac{f(x)}{x}-a\right)=0$ より，$\displaystyle a=\lim_{x\to\pm\infty}\frac{f(x)}{x}$

この a に対して，$\displaystyle b=\lim_{x\to\pm\infty}(f(x)-ax)$ となります．

演習問題

30　次の関数の増減，極値，漸近線を調べてそのグラフをかけ．

(1)　$y=\dfrac{x}{(x-1)^2}$　　（名古屋市大）　　(2)　$y=\dfrac{(x-2)^3}{x^2}$　　（小樽商大）

標問 31 接線と法線

2つの曲線 $y=ae^{bx}$，$y^2=8bx$ が点Pで接しているとする．ただし，$a>0$，$b>0$ とする．点Pでの共通の接線が x 軸と交わる点をA，点Pを通りこの接線に垂直な直線が x 軸と交わる点をBとする．このとき，線分ABの長さが4になるような a と b の値をそれぞれ求めよ．　(長崎大)

精講

2曲線 $y=f(x)$ と $y=g(x)$ が点Pで接するとは

2曲線が点Pで接線を共有すること

です．Pの x 座標を t とすれば，2接線

$y=f'(t)(x-t)+f(t)$

$y=g'(t)(x-t)+g(t)$

が一致する条件は

$$\boldsymbol{f(t)=g(t),\ f'(t)=g'(t)}$$

です．

本問は，2曲線を $y=f(x)$，$y=g(x)$，点Pの x 座標を t とおくと，求める未知数は，a，b，t の3つになります．これに対して，条件も同じ数

$f(t)=g(t)$，$f'(t)=g'(t)$，$\mathrm{AB}=4$

だけあるので，これらを a，b，t の連立方程式とみて解けばよいわけです．

また，曲線 $y=f(x)$ 上の点Pを通り，Pにおける接線と直交する直線を**法線**といいます．

$f'(t)\neq 0$ のとき，その方程式は次の式で与えられます．

$$\boldsymbol{y=-\frac{1}{f'(t)}(x-t)+f(t)}$$

解法のプロセス

$y=f(x)$ と $y=g(x)$ が $x=t$ で接する

⇩

$\begin{cases} f(t)=g(t) \\ f'(t)=g'(t) \end{cases}$

⇩

条件 $\mathrm{AB}=4$ を合わせて

⇩

a，b，t について解く

← (接線の傾き)×(法線の傾き)$=-1$

〈 解　答 〉

$y=ae^{bx}>0$ だから，$y>0$ で考えれば十分．そこで

$f(x)=ae^{bx}$，$g(x)=\sqrt{8bx}$

とおくと

$f'(x)=abe^{bx}$，$g'(x)=\dfrac{4b}{\sqrt{8bx}}$

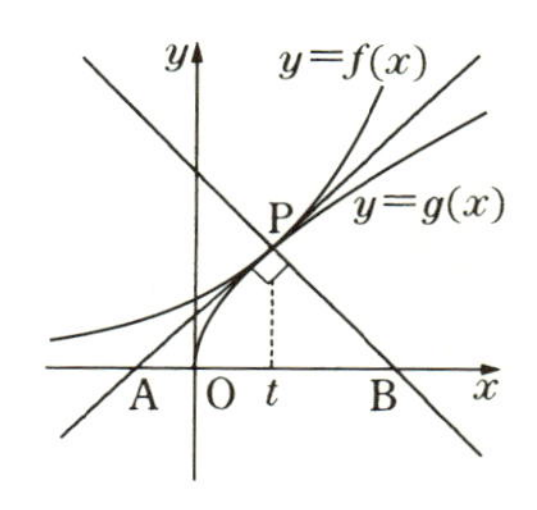

一方，点Pの x 座標を t とおくと，2曲線がPで接する条件は

$$f(t)=g(t),\ f'(t)=g'(t)$$

であるから

$$\begin{cases} ae^{bt}=\sqrt{8bt} & \cdots\cdots ① \\ abe^{bt}=\dfrac{4b}{\sqrt{8bt}} & \cdots\cdots ② \end{cases}$$

②を①で割ると

← a を消去してみる

$$b=\frac{4b}{8bt}=\frac{1}{2t} \qquad \therefore \quad bt=\frac{1}{2} \qquad \cdots\cdots ③$$

③を①に代入すると

$$ae^{\frac{1}{2}}=2 \qquad \therefore \quad a=\frac{2}{\sqrt{e}} \qquad \cdots\cdots ④$$

← $\begin{cases} ① \\ ② \end{cases} \Longleftrightarrow \begin{cases} ③ \\ ④ \end{cases}$

③より，$g(t)=2$，$g'(t)=2b$ となるから，点Pにおける接線と法線の方程式はそれぞれ

← 接線と法線の公式

$$y=2b(x-t)+2$$

$$y=-\frac{1}{2b}(x-t)+2$$

$y=0$ と連立して

$$\mathrm{A}\left(t-\frac{1}{b},\ 0\right),\ \mathrm{B}\left(t+4b,\ 0\right)$$

$\mathrm{AB}=4$ より

$$t+4b-\left(t-\frac{1}{b}\right)=4b+\frac{1}{b}=4$$

$$\therefore \quad 4b^2-4b+1=0 \qquad \therefore \quad b=\frac{1}{2}$$

ゆえに，

$$\boldsymbol{a=\frac{2}{\sqrt{e}},\ b=\frac{1}{2}}$$

演習問題

31-1　c を正の数とし，2曲線 $y=cx^{\frac{3}{2}}$ と $y=\sqrt{x}$ の原点でない交点をPとする．それぞれの曲線のPにおける接線のなす鋭角が30°となるように c の値を定めよ．
（名　大）

31-2　2つの曲線 $y=cx^2$（c は定数），$y=\log x$ がともに1点 $\mathrm{P}(a,\ b)$ を通り，これらの曲線のPにおける接線が一致しているとする．a，b，c の値を求めよ．
（立教大）

標問 32　サイクロイドの法線

a は正の定数とする．曲線 $x=a(\theta-\sin\theta)$，$y=a(1-\cos\theta)$ $(0<\theta<2\pi)$ 上の $\theta(\neq\pi)$ に対応する点Pにおける法線が直線 $x=\pi a$ と交わる点をQとする．

(1)　Qの y 座標を θ で表せ．

(2)　θ を π に近づけるときQはどのような点に近づくか．　（中央大）

精講　(1)　媒介変数表示された関数の微分法（標問 **22**）

$$\frac{dy}{dx}=\frac{\frac{dy}{d\theta}}{\frac{dx}{d\theta}}$$

によって，点Pにおける接線の傾きが計算できるので，これと直交する法線の方程式もわかります．

(2)　直接 $\theta\to\pi$ とするのは得策ではありません．$\theta-\pi=\varphi$ とおいて，$\varphi\to 0$ とする方が見通しよく計算できます．

0を目標にせよ

は微分積分における定石の一つです．

解法のプロセス

$\theta-\pi=\varphi$ とおく

⇩

Qの y 座標を φ で表す

⇩

$\lim_{\varphi\to 0}\frac{\sin\varphi}{\varphi}=1$ を利用して極限値を求める

〈 解　答 〉

(1)　$\frac{dx}{d\theta}=a(1-\cos\theta)$，$\frac{dy}{d\theta}=a\sin\theta$ より

$$\frac{dy}{dx}=\frac{\frac{dy}{d\theta}}{\frac{dx}{d\theta}}=\frac{\sin\theta}{1-\cos\theta}$$

←媒介変数表示された関数の微分法

ゆえに，点Pにおける法線の方程式は

$$y=-\frac{1-\cos\theta}{\sin\theta}\{x-a(\theta-\sin\theta)\}+a(1-\cos\theta)$$

$x=\pi a$ とおくと，Qの y 座標は

$$y_Q=-\frac{1-\cos\theta}{\sin\theta}\{\pi a-a(\theta-\sin\theta)\}+a(1-\cos\theta)$$

$$=\boldsymbol{\frac{a(\theta-\pi)(1-\cos\theta)}{\sin\theta}}$$

(2) $\theta-\pi=\varphi$ とおくと

← 0を目標にするための置きかえ

$$y_{\mathrm{Q}}=\frac{a\varphi\{1-\cos(\varphi+\pi)\}}{\sin(\varphi+\pi)}$$

$$=-a\frac{\varphi}{\sin\varphi}(1+\cos\varphi)$$

$\theta\to\pi$ のとき，$\varphi\to 0$ であるから

$$\lim_{\theta\to\pi}y_{\mathrm{Q}}=-a\lim_{\varphi\to 0}\frac{\varphi}{\sin\varphi}(1+\cos\varphi)=-2a$$

← $\lim_{\varphi\to 0}\frac{\sin\varphi}{\varphi}=1$

ゆえに，**Qは点$(\pi a,\ -2a)$に限りなく近づく．**

研究 **〈サイクロイドの概形〉**

標問の曲線は，x 軸と原点で接している半径 a の円が，x 軸上をすべらないように回転するとき，初めに原点と重なっていた円周上の定点Pが描く軌跡です．この曲線を**サイクロイド**といいます．

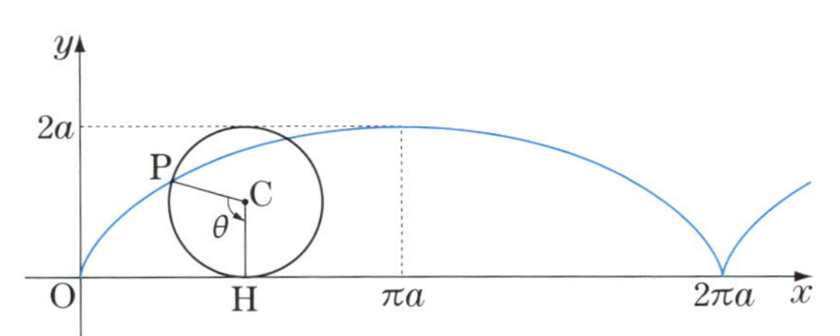

← 概形をかけるようにする

実際，$\overrightarrow{\mathrm{CP}}$ から $\overrightarrow{\mathrm{CH}}$ に至る角を θ とすると

← P=O のとき $\theta=0$ として後は連続的に測る

$$\mathrm{OH}=\overset{\frown}{\mathrm{PH}}=a\theta,\quad \overrightarrow{\mathrm{CP}}\text{ の方向角}=-90^\circ-\theta$$

これから

$$\overrightarrow{\mathrm{OP}}=\overrightarrow{\mathrm{OC}}+\overrightarrow{\mathrm{CP}}=\begin{pmatrix}a\theta\\a\end{pmatrix}+a\begin{pmatrix}\cos(-90^\circ-\theta)\\\sin(-90^\circ-\theta)\end{pmatrix}$$

$$=\begin{pmatrix}\boldsymbol{a(\theta-\sin\theta)}\\\boldsymbol{a(1-\cos\theta)}\end{pmatrix}$$

となり，媒介変数表示が得られます．

演習問題

32 xy 平面上の曲線 C は，θ を媒介変数として

$$x=a(\cos\theta+\theta\sin\theta),\ y=a(\sin\theta-\theta\cos\theta)$$

と表される．ただし，a は正の定数である．

(1) 曲線 C 上の θ に対応する点Pにおける法線 h の方程式を求めよ．

(2) 法線 h は円 $x^2+y^2=a^2$ に接することを示せ．（岩手大）

標問 33 アステロイドの接線

曲線 $x^{\frac{2}{3}}+y^{\frac{2}{3}}=a^{\frac{2}{3}}$ 上の点を $(x_0,\ y_0)$ とする．ただし，$a>0$，$x_0y_0\neq 0$ とする．

(1) 点 $(x_0,\ y_0)$ における接線の方程式は，$x_0^{-\frac{1}{3}}x+y_0^{-\frac{1}{3}}y=a^{\frac{2}{3}}$ となることを示せ．

(2) (1)の接線と x 軸，y 軸との交点をそれぞれ P，Q とするとき，線分 PQ の長さを求めよ．

(福岡大)

精講 たとえば，$x^2+y^2=1$ において

y を x の関数とみて

両辺を x で微分すると合成関数の微分法により

$$2x+2y\frac{dy}{dx}=0 \qquad \therefore \quad \frac{dy}{dx}=-\frac{x}{y}$$

← $\dfrac{d}{dx}y^2=\left(\dfrac{d}{dy}y^2\right)\dfrac{dy}{dx}$
$=2y\dfrac{dy}{dx}$

となります．このように，x と y の関係式が与えられているだけで，具体的に y が x の式で表されているわけではないとき，y を x の**陰関数**といい，これを上記のように微分する仕方を**陰関数の微分法**といいます．(1)は，陰関数の微分法を使うと，接線の傾きが容易に計算できます．

解法のプロセス

接線の傾き
⇩
陰関数の微分法を使う

〈 解　答 〉

(1) $x^{\frac{2}{3}}+y^{\frac{2}{3}}=a^{\frac{2}{3}}$ の両辺を x で微分すると

$$\frac{2}{3}x^{-\frac{1}{3}}+\frac{2}{3}y^{-\frac{1}{3}}\frac{dy}{dx}=0$$

← 陰関数の微分法

$$\therefore \quad \frac{dy}{dx}=-\left(\frac{x}{y}\right)^{-\frac{1}{3}}$$

ゆえに，曲線上の点 $(x_0,\ y_0)$ における接線の方程式は

$$y-y_0=-\left(\frac{x_0}{y_0}\right)^{-\frac{1}{3}}(x-x_0)$$

$$y_0^{-\frac{1}{3}}(y-y_0)+x_0^{-\frac{1}{3}}(x-x_0)=0$$

$$y_0^{-\frac{1}{3}}y+x_0^{-\frac{1}{3}}x=x_0^{\frac{2}{3}}+y_0^{\frac{2}{3}}=a^{\frac{2}{3}}$$

← $(x_0,\ y_0)$ は曲線上の点

$$\therefore \quad x_0^{-\frac{1}{3}}x+y_0^{-\frac{1}{3}}y=a^{\frac{2}{3}}$$

(2) (1)より，$P(a^{\frac{2}{3}}x_0^{\frac{1}{3}},\ 0)$，$Q(0,\ a^{\frac{2}{3}}y_0^{\frac{1}{3}})$ となるから

$$PQ^2=a^{\frac{4}{3}}(x_0^{\frac{2}{3}}+y_0^{\frac{2}{3}})=a^{\frac{4}{3}}\cdot a^{\frac{2}{3}}=a^2$$

∴ $PQ=\boldsymbol{a}$ (一定)

研究 〈アステロイドの媒介変数表示〉

$x^{\frac{2}{3}}+y^{\frac{2}{3}}=a^{\frac{2}{3}}$ ……① のグラフは，半径 $\frac{a}{4}$ の円が半径 a の円に内接しながら滑らないように回転するとき，初めに点 $A(a,\ 0)$ と重なっていた内接円上の定点Pが描く軌跡です．この曲線を**アステロイド**といいます．

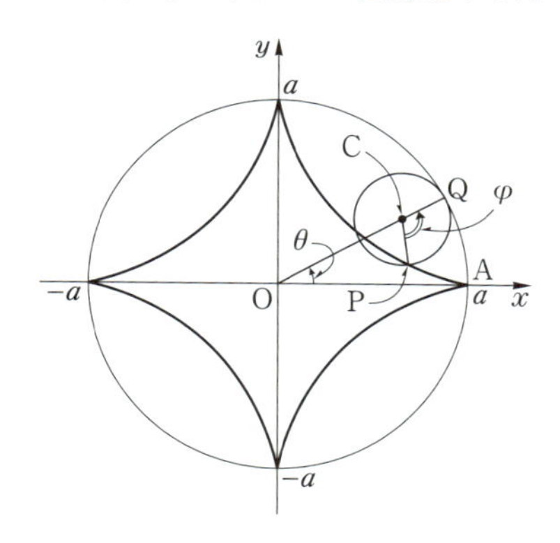

アステロイドの媒介変数表示を求めましょう．

$\angle AOQ=\theta$ とします．$\angle PCQ=\varphi$ とおくと，$\overset{\frown}{PQ}=\overset{\frown}{AQ}$ より，

$$\frac{a}{4}\varphi=a\theta \qquad \therefore\quad \varphi=4\theta$$

これから $\overrightarrow{CP}$ の方向角は，$\theta-\varphi=-3\theta$ となるので ←

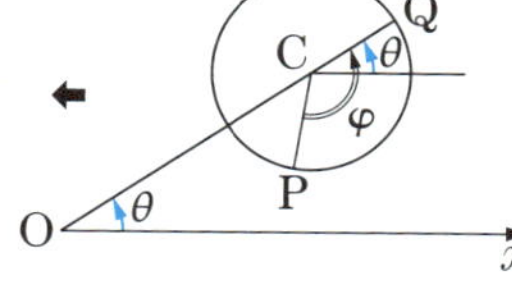

$$\overrightarrow{OP}=\overrightarrow{OC}+\overrightarrow{CP}=\frac{3a}{4}\begin{pmatrix}\cos\theta\\ \sin\theta\end{pmatrix}+\frac{a}{4}\begin{pmatrix}\cos(-3\theta)\\ \sin(-3\theta)\end{pmatrix}$$

$$=\frac{a}{4}\begin{pmatrix}3\cos\theta+\cos3\theta\\ 3\sin\theta-\sin3\theta\end{pmatrix}$$

$$=\begin{pmatrix}\boldsymbol{a\cos^3\theta}\\ \boldsymbol{a\sin^3\theta}\end{pmatrix}$$

← 3倍角の公式
$\begin{cases}\cos3\theta=4\cos^3\theta-3\cos\theta\\ \sin3\theta=3\sin\theta-4\sin^3\theta\end{cases}$

$x=a\cos^3\theta$ と $y=a\sin^3\theta$ から θ を消去すると①が得られます．

演習問題

33 標問 **33** を 研究 の媒介変数表示を用いて解け．

標問 34　最大・最小の基本

関数 $f(x)=2x-\sqrt{2}\sin x+\sqrt{6}\cos x$ の区間 $0\leqq x\leqq\pi$ における最大値と最小値を求めよ.

(電通大)

精講　極大値が1つだからといって，それが最大値になるとは限りません．区間の端における値の方が大きいかもしれないからです．

連続関数の最大値は，すべての極大値と端点値の中で最も大きな値ということになります．一般に候補は有限個しかありませんから，値を比較して一番大きなものを選びだします．

最小値についても同様です．

解法のプロセス

極値を求める
⇩
端点値を含めて値を比較
⇩
最大，最小値が決まる

解答

$$f(x)=2x+\sqrt{2}(\sqrt{3}\cos x-\sin x)$$
$$=2x+2\sqrt{2}\cos\left(x+\frac{\pi}{6}\right)$$

⇐ 微分してから合成してもよい

$$\therefore\quad f'(x)=2-2\sqrt{2}\sin\left(x+\frac{\pi}{6}\right)$$

$f'(x)=0\ (0\leqq x\leqq\pi)$ より

$$x+\frac{\pi}{6}=\frac{\pi}{4},\ \frac{3\pi}{4}\qquad\therefore\quad x=\frac{\pi}{12},\ \frac{7\pi}{12}$$

x	0	$\cdots$	$\frac{\pi}{12}$	$\cdots$	$\frac{7\pi}{12}$	$\cdots$	π
$f'(x)$		$+$	0	$-$	0	$+$	
$f(x)$	$\sqrt{6}$	↗	$\frac{\pi}{6}+2$	↘	$\frac{7\pi}{6}-2$	↗	$2\pi-\sqrt{6}$

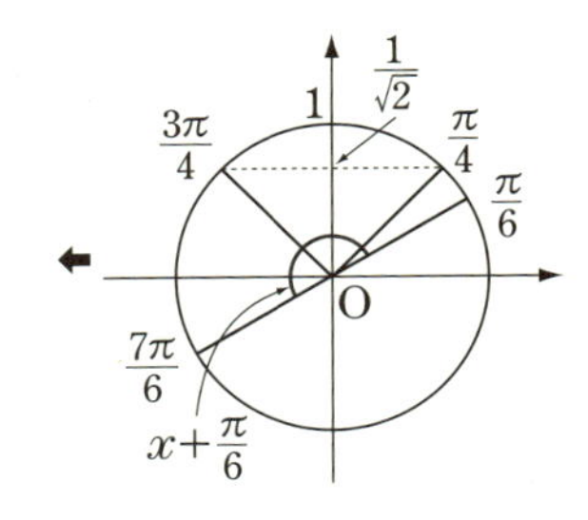

$f(x)$ は表のように増減し，$2<\sqrt{6}<3$ より

$$7\pi<24<6(2+\sqrt{6})<30<11\pi$$

$$\therefore\quad \sqrt{6}>\frac{7\pi}{6}-2,\ 2\pi-\sqrt{6}>\frac{\pi}{6}+2$$

⇐ $2\pi-\sqrt{6}-\left(\frac{\pi}{6}+2\right)$
$=\frac{11\pi-6(2+\sqrt{6})}{6}$
$\frac{7\pi}{6}-2-\sqrt{6}$
$=\frac{7\pi-6(2+\sqrt{6})}{6}$

ゆえに

$$(\text{最大値})=\mathbf{2\pi-\sqrt{6}}$$
$$(\text{最小値})=\mathbf{\frac{7\pi}{6}-2}$$

標問 35 三角関数の最大・最小

図において，OA，OB は半径 1 の円の互いに垂直な 2 つの半径，PQ は BO に平行で，四角形 PQQ′P′ は正方形である．図の斜線部分の面積を S とするとき，次の問いに答えよ．

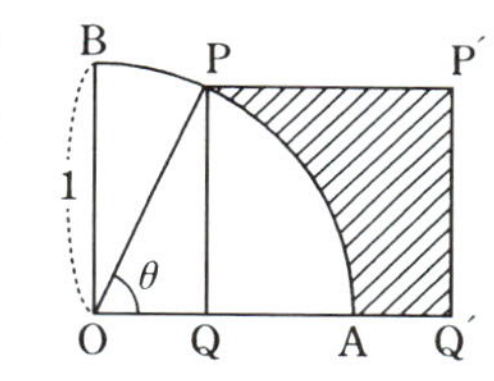

(1) $\angle \mathrm{POQ}=\theta\left(0<\theta<\dfrac{\pi}{2}\right)$ とおいて，S を θ で表せ．

(2) S が最大となるときの PQ の長さを求めよ．

(岡山大)

精講 (2) (1)のまとめ方にもよりますが

$$\frac{dS}{d\theta}=\frac{1}{2}\cos 2\theta+\sin 2\theta-\frac{1}{2}$$

を導いたら

(i) 前問のように $\dfrac{1}{2}\cos 2\theta+\sin 2\theta$ を合成するか，または

(ii) 倍角公式を使って $\dfrac{1}{2}\cos 2\theta-\dfrac{1}{2}=-\sin^2\theta$ と変形して $S'(\theta)$ を因数分解します．

(ii) の場合，$\tan\theta$ が現れるように

$$\frac{dS}{d\theta}=\sin\theta\cos\theta(2-\tan\theta)$$

とすれば符号の変化が調べやすくなります．

ただし，$\tan\theta=2$ を満たす角はわからないので $\theta=\alpha$ などとおくことになります．

解答では，(ii)の方法を選択することにします．

解法のプロセス

$\dfrac{dS}{d\theta}$ を計算

⇩

合成

$\tan\theta$ が現れるように因数分解

⇩

わからない角は適当において増減を調べる

解答

(1) $S=$(三角形 OQP)$+$(正方形 QQ′P′P)$-$(扇形 OAP)

$$=\frac{1}{2}\sin\theta\cos\theta+\sin^2\theta-\frac{1}{2}\theta$$

$$=\boldsymbol{\frac{1}{4}\sin 2\theta+\sin^2\theta-\frac{1}{2}\theta}$$

(2) $$\frac{dS}{d\theta}=\frac{1}{2}\cos 2\theta+2\sin\theta\cos\theta-\frac{1}{2}$$

$$=\frac{1}{2}(1-2\sin^2\theta)+2\sin\theta\cos\theta-\frac{1}{2}$$

$=2\sin\theta\cos\theta-\sin^2\theta$

$=\sin\theta\cos\theta(2-\tan\theta)$

← $\sin\theta(2\cos\theta-\sin\theta)$ として，括弧の中を合成してもよい

ゆえに，$\tan\theta=2$ を満たす θ を α $\left(0<\alpha<\dfrac{\pi}{2}\right)$ とおくと，S' の符号は α の前後で正から負に変化する．

したがって，S は $\theta=\alpha$ で最大で，このとき

$$PQ=\sin\alpha=\frac{2}{\sqrt{5}}$$

←

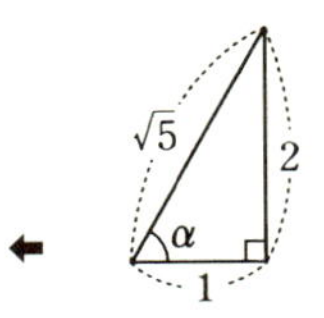

研究 〈方針(i)による別解〉

$$\frac{dS}{d\theta}=\frac{1}{2}(2\sin 2\theta+\cos 2\theta)-\frac{1}{2}$$
$$=\frac{\sqrt{5}}{2}\sin(2\theta+\beta)-\frac{1}{2}$$
$$=\frac{\sqrt{5}}{2}\left\{\sin(2\theta+\beta)-\frac{1}{\sqrt{5}}\right\}$$

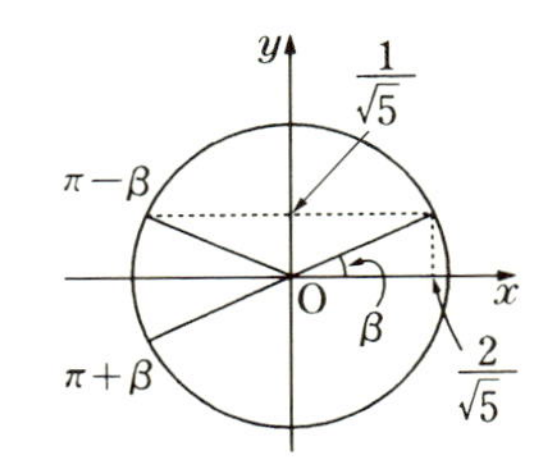

$\beta<2\theta+\beta<\pi+\beta$ より，S' の符号は $2\theta+\beta=\pi-\beta$，

すなわち $\theta=\dfrac{\pi}{2}-\beta$ の前後で正から負に変化して，S はここで最大である．このとき

$$PQ=\sin\left(\frac{\pi}{2}-\beta\right)=\cos\beta=\frac{2}{\sqrt{5}}$$

演習問題

35-1 xy 平面において，原点Oを通る互いに直交する2直線を引き，直線 $x=-1$ および直線 $x=3\sqrt{3}$ との交点を，それぞれP，Qとする．OP+OQの最小値を求めよ．ただし，交点P，Qは $y>0$ の範囲にあるものとする．

（青山学院大）

35-2 $0<\theta<\dfrac{\pi}{2}$ とする．xy 平面上において，動点Pは点 $A(\cos\theta,\ \sin\theta)$ を始点として

曲線 $x=\cos t,\ y=\sin t\quad(\theta\leqq t\leqq 2\pi-\theta)$

の上を点 $B(\cos(2\pi-\theta),\ \sin(2\pi-\theta))$ まで動き，次に，Bにおけるこの曲線の接線に沿って x 軸上の点Cまで直進し，さらに終点である原点まで直進するものとする．このとき，点Pが描く曲線の長さ $L(\theta)$ およびその最小値を求めよ．

（福井医大（現・福井大））

標問 36 指数・対数関数の最大・最小

$x+y=1$, $x>0$, $y>0$ のとき, $z=x^x y^y$ の最小値を求めよ.

(名古屋工大)

精講 条件式を使って1つの変数を消去すると, z は1変数関数になります.

つまり, $y=1-x$ より

$$z=x^x(1-x)^{1-x} \quad (0<x<1)$$

となりますが, 次に

$$\frac{dz}{dx}=(x^x)'(1-x)^{1-x}+x^x\{(1-x)^{1-x}\}'$$
$$=x\cdot x^{x-1}(1-x)^{1-x}+\cdots$$

としてはいけません.

$$(x^x)'=x\cdot x^{x-1}$$

は間違いです. 正しくは, 対数微分法 (標問 **21** の 研究) を利用します.

解法のプロセス

1つの変数を消去

⇩

自然対数をとる

⇩

対数微分法を利用する

〈 解 答 〉

$y=1-x$ より

$$z=x^x(1-x)^{1-x} \quad \cdots\cdots①$$

ただし, $x>0$, $y=1-x>0$ より

$$0<x<1$$

← 一般に, 変数を消去すると, 残った変数の変域は制限される

①の両辺の自然対数をとると

$$\log z=x\log x+(1-x)\log(1-x)$$

x で微分して

$$\frac{1}{z}\cdot\frac{dz}{dx}=\log x+1-\log(1-x)-1$$

$$\therefore \quad \frac{dz}{dx}=z\{\log x-\log(1-x)\}$$

← $\frac{d}{dx}\log z=\left(\frac{d}{dz}\log z\right)\frac{dz}{dx}$

$z>0$, $\log x$ は増加関数だから, $\frac{dz}{dx}$ の符号は

$$x-(1-x)=2x-1$$

の符号と一致する. よって, z は右表のように増減し, $x=\frac{1}{2}$ のとき最小である.

x	0	$\cdots$	$\frac{1}{2}$	$\cdots$	1
$\frac{dz}{dx}$		$-$	0	$+$	
z		↘		↗	

ゆえに, (z の最小値)$=\left(\frac{1}{2}\right)^{\frac{1}{2}}\left(\frac{1}{2}\right)^{\frac{1}{2}}=\mathbf{\frac{1}{2}}$

研究　〈標問の一般化〉

標問の変数を3つに増やして一般化した問題

「$x+y+z=1$, $x>0$, $y>0$, $z>0$ のとき，

$w=x^xy^yz^z$ の最小値を求めよ.」

を考えてみましょう．答えは

$x=y=z=\dfrac{1}{3}$ のとき，(wの最小値)$=\dfrac{1}{3}$

と予想されます．

zを固定すると，$x+y=1-z$ より

$$\frac{x}{1-z}+\frac{y}{1-z}=1$$

$\dfrac{x}{1-z}=u$, $\dfrac{y}{1-z}=v$ とおくと，$u+v=1$, $u>0$, $v>0$ だから

$$\begin{aligned}w&=\{(1-z)u\}^{(1-z)u}\{(1-z)v\}^{(1-z)v}z^z\\&=(u^uv^v)^{1-z}(1-z)^{(1-z)(u+v)}z^z\\&=(u^uv^v)^{1-z}(1-z)^{1-z}z^z\\&\geqq\left(\frac{1}{2}\right)^{1-z}(1-z)^{1-z}z^z\\&=\left(\frac{1-z}{2}\right)^{1-z}z^z\quad(=f(z)\text{ とおく})\end{aligned}$$

⬅ $u+v=1$

⬅ 標問より，u^uv^v は $u=v=\dfrac{1}{2}$ のとき最小値 $\dfrac{1}{2}$ をとる

次に，いったん固定したzを動かす．

$$\log f(z)=(1-z)\log\frac{1-z}{2}+z\log z$$

$$\therefore\quad \frac{f'(z)}{f(z)}=-\log\frac{1-z}{2}-1+\log z+1=\log z-\log\frac{1-z}{2}$$

$f'(z)$ の符号は

$$z-\frac{1-z}{2}=\frac{3z-1}{2}$$

の符号と一致するから，$f(z)$ は $z=\dfrac{1}{3}$ において最小となる．

ゆえに，

$x=(1-z)u=\dfrac{1}{3}$, $y=(1-z)v=\dfrac{1}{3}$ のとき，(wの最小値)$=\dfrac{1}{3}$

演習問題

36-1　$p>0$, $q>0$ とする．点 $(x,\ y)$ が曲線 $x^p+y^q=1$ $(x>0,\ y>0)$ の上を動くとき，$z=xy$ の最大値を求めよ．　（青山学院大）

36-2　関数 $f(x)=\dfrac{e^x-e^{-x}}{(e^x+e^{-x})^3}$ の最大値を求めよ．　（関西学院大）

標問 37 置きかえの工夫

曲線 $y=\frac{1}{2}(e^x+e^{-x})$ 上の点Aにおける接線が x 軸と交わる点をBとする．点Aの x 座標を $t\,(t>0)$ とするとき，次の問いに答えよ．

(1) 線分 AB の長さを t を用いて表せ．

(2) 点Aがこの曲線上を動くとき，線分 AB の長さの最小値を求めよ．

（香川医大（現・香川大））

精講 (1) 計算だけで押し切ることもできます．しかし

$$\begin{cases} f(x)=\dfrac{e^x+e^{-x}}{2} \\ f'(x)=\dfrac{e^x-e^{-x}}{2} \end{cases}$$

が満たす等式

$$\boldsymbol{f(x)^2-f'(x)^2=1}$$

を利用して，$f(t)$，$f'(t)$ のまま考えるともっと見通しよく計算できます．

解法のプロセス
AB を $f(t)$，$f'(t)$ で表す
⇩
$f(t)^2-f'(t)^2=1$ を利用して計算する

⬅ $\cos\theta$，$\sin\theta$ が $\cos^2\theta+\sin^2\theta=1$ を満たすことの類似

(2) うまく置きかえると微分すら必要ありません．このような簡易化は，定義域 I に対して

$$g\circ f(I)=g(f(I))$$

が成立すること，すなわち

変数を置きかえると，関数のグラフは変化しても値域は変わらない

ことによって保証されます．

解法のプロセス
$f'(t)=u$ とおく
⇩
相加平均と相乗平均の不等式を利用する

〈解 答〉

(1) $f(x)=\dfrac{e^x+e^{-x}}{2}$ とおくと

点 $\mathrm{A}(t,\ f(t))$ における接線の方程式は

$$y=f'(t)(x-t)+f(t)$$

$y=0$ とおいて，点Bの x 座標は

$$x=t-\frac{f(t)}{f'(t)}$$

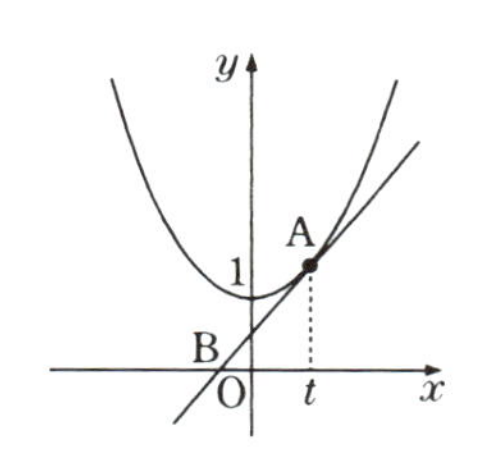

ゆえに，

$$\mathrm{AB}^2=\left\{\frac{f(t)}{f'(t)}\right\}^2+f(t)^2=\frac{f(t)^2\{1+f'(t)^2\}}{f'(t)^2}=\frac{f(t)^4}{f'(t)^2}$$

⬅ $f(t)^2-f'(t)^2=1$

$f'(t)=\dfrac{e^t-e^{-t}}{2}>0$ $(t>0)$ だから

$$\mathrm{AB}=\frac{f(t)^2}{f'(t)}=\boldsymbol{\frac{(e^t+e^{-t})^2}{2(e^t-e^{-t})}}$$

(2) $f'(t)=u$ とおくと，$f(t)^2=u^2+1$ だから

$$\mathrm{AB}=\frac{u^2+1}{u}=u+\frac{1}{u}$$

← 参考のためにABを t で微分すると $\dfrac{(e^t+e^{-t})(e^{2t}+e^{-2t}-6)}{2(e^t-e^{-t})^2}$

ただし，$t>0$ より，$u>0$ である．

$$\mathrm{AB}\geqq 2\sqrt{u\cdot\frac{1}{u}}=2$$

← 相加平均と相乗平均の不等式

等号は $u=\dfrac{1}{u}$，すなわち $u=1$ のとき成立する．

ゆえに，(ABの最小値)$=\mathbf{2}$

研究 〈双曲線関数とそのグラフ〉

$f(x)=\dfrac{e^x+e^{-x}}{2}$ と $f'(x)=\dfrac{e^x-e^{-x}}{2}$ を用いると，$u=f(x)$，$v=f'(x)$ とおくことによって

双曲線：$u^2-v^2=1$

が媒介変数表示されるので，$f(x)$，$f'(x)$ は**双曲線関数**と呼ばれています．

$y=f(x)$ と $y=f'(x)$ のグラフはかけるようにして下さい．とくに，$y=f(x)$ のグラフを**カテナリー**といいます．

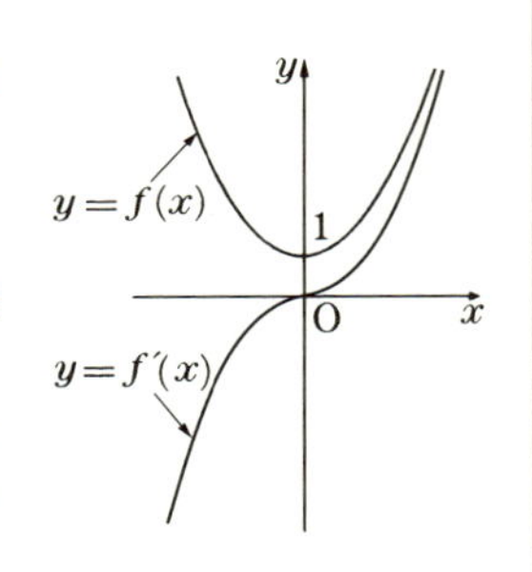

演習問題

37-1 楕円 $\dfrac{x^2}{a^2}+\dfrac{y^2}{b^2}=1$ 上の点 $\mathrm{P}(a\cos\theta,\ b\sin\theta)$ $\left(0<\theta<\dfrac{\pi}{2}\right)$ におけるこの楕円の接線が，x 軸と y 軸とで切り取られる部分の長さ $L(\theta)$ の最小値を求めよ．ただし，a，b は正の定数である． (新潟大)

37-2 長さ a の短針と長さ b の長針をもつ時計で，時刻 t における2つの針の先端間の距離を $x(t)$ とする．ただし，時間は1時間を単位とし，$0\leqq t<12$ の範囲で考える．

2つの針が遠ざかるとき，または近づくときの速さ $\left|\dfrac{dx}{dt}\right|$ の最大値と，そのとき2つの針がなす角の余弦を求めよ． (慶 大)

標問 38 フェルマの法則

点Pは定点A(2, 1)からx軸上の点Qまでは速さ$\sqrt{2}$で，Qから定点B$(0,\ -\sqrt{3})$までは速さ1でそれぞれ直線運動をする．PがAから出発してBに最短時間で到達するようにQの座標を定めよ．　(広島大)

第2章

精講　Q$(x,\ 0)$とおいて所要時間をxの関数で表すと

$$f(x)=\frac{\sqrt{(x-2)^2+1}}{\sqrt{2}}+\sqrt{x^2+3}$$

$$f'(x)=\frac{x-2}{\sqrt{2}\sqrt{(x-2)^2+1}}+\frac{x}{\sqrt{x^2+3}}$$

次に，$f'(x)=0$ を解いて答えとするのは，物理的な理由があるとはいえ感心しません．

$f'(x)$を通分した後，分子を有理化して誰が見ても符号の変化がわかるようにするのが理想です．

解法のプロセス

Q$(x,\ 0)$とおく

⇩

所要時間をxで表す

⇩

導関数の符号の変化が見えるように工夫する

〈 解　答 〉

Q$(x,\ 0)$とおき，所要時間を$f(x)$とすると

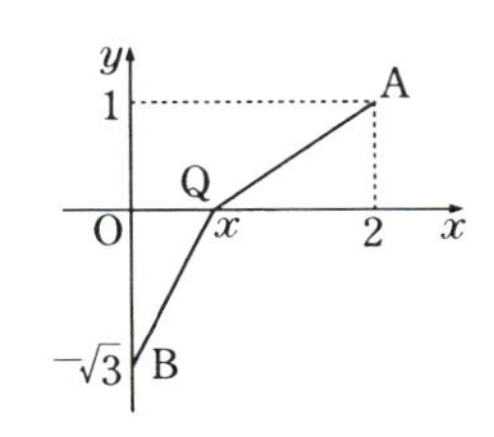

$$f(x)=\frac{\text{AQ}}{\sqrt{2}}+\frac{\text{QB}}{1}$$

$$=\frac{\sqrt{(x-2)^2+1}}{\sqrt{2}}+\sqrt{x^2+3}$$

$$\therefore\quad f'(x)=\frac{x-2}{\sqrt{2}\sqrt{(x-2)^2+1}}+\frac{x}{\sqrt{x^2+3}}$$

$f'(x)<0\ (x\leqq 0)$，$f'(x)>0\ (x\geqq 2)$ であるから，$0<x<2$ において考えれば十分である．　← より道すれば遠くなる

$$f'(x)=\frac{\sqrt{2}\,x\sqrt{(x-2)^2+1}-(2-x)\sqrt{x^2+3}}{\sqrt{2}\sqrt{(x-2)^2+1}\sqrt{x^2+3}}$$

分母，分子に

$$\sqrt{2}\,x\sqrt{(x-2)^2+1}+(2-x)\sqrt{x^2+3}\ (>0)$$　← $0<x<2$

を掛けて分子を有理化すると，分母 >0 で

$$\text{分子}=2x^2\{(x-2)^2+1\}-(2-x)^2(x^2+3)$$　← 分子を有理化

$$=x^4-4x^3+3x^2+12x-12$$

$$=(x-1)(x^3-3x^2+12)$$

となる．ここで，

$x^3-3x^2+12=x^3+3(4-x^2)>0$

← $y=x^3-3x^2+12$ のグラフを調べてもよい

ゆえに，$f'(x)$ の符号は，$0<x<2$ において $x=1$ の前後で負から正に変化し，ここで最小になる．

よって，**Q(1, 0)**

研究　〈屈折の法則〉

光の進み方は

1点から他の点に至る可能なすべての径路のうちで，最小の時間を要する径路をとる（フェルマの法則）

ことが知られています．これから屈折の法則を導いてみましょう．

いま透過速度のちがう2つの物体が l を境に接していて，光は速度 v_1 でAからPに進み，屈折した後は速度 v_2 でBまで進むものとします．

$AH=a$，$BK=b$，$HK=c$

とおき，$HP=x$ とすると

$AP=\sqrt{x^2+a^2}$，$BP=\sqrt{(c-x)^2+b^2}$

よって，光がAからBまで進むのに要する時間は

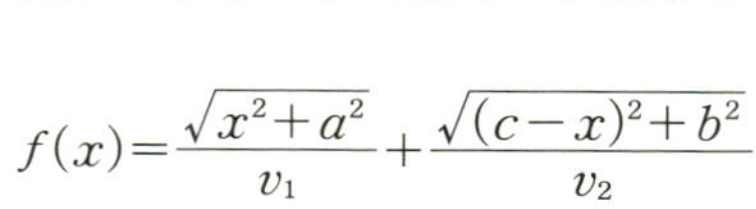

$$f(x)=\frac{\sqrt{x^2+a^2}}{v_1}+\frac{\sqrt{(c-x)^2+b^2}}{v_2}$$

$$\therefore\quad f'(x)=\frac{x}{v_1\sqrt{x^2+a^2}}-\frac{c-x}{v_2\sqrt{(c-x)^2+b^2}}=\frac{\sin\alpha}{v_1}-\frac{\sin\beta}{v_2}$$

x が0から c まで動くとき，α は増加し β は減少するから，$f'(x)$ は増加関数であり，しかも

$$f'(0)=-\frac{c}{v_2\sqrt{b^2+c^2}}<0,\qquad f'(c)=\frac{c}{v_1\sqrt{a^2+c^2}}>0$$

となるので，$f'(x_0)=0$ $(0<x_0<c)$ を満たす x_0 がただ1つ存在して，そこで $f(x)$ は最小になります．このとき

$$\frac{\sin\alpha}{v_1}=\frac{\sin\beta}{v_2}\qquad\therefore\quad \boldsymbol{\frac{\sin\alpha}{\sin\beta}=\frac{v_1}{v_2}}\qquad\cdots\cdots(*)$$

(*)を**屈折の法則**といい，比の値を**屈折率**といいます．

演習問題

38　xy 平面上に動点Pがある．Pは x 軸上では速さ $a\,(>1)$ で，それ以外のところでは速さ1で動くものとする．このとき動点Pが点A(0, 1)から点B(2, 0)へ行くのに要する最短時間を求めよ．　　（千葉大）

標問 39 2変数の最大・最小

長さ1の線分OAを直径とする上半円上の動点をP, 長さ2の線分OBを直径とする下半円上の動点をQとし, $\triangle$OPQの面積をSとする.

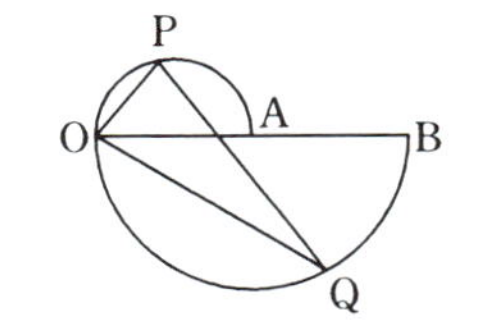

(1) $\angle\mathrm{AOP}=\theta$, $\angle\mathrm{BOQ}=\varphi$ $\left(0<\theta<\dfrac{\pi}{2},\ 0<\varphi<\dfrac{\pi}{2}\right)$ とするとき, Sをθとφで表せ.

(2) Sの最大値を求めよ.

精講 (1) 直径といえば, 対応する円周角$\dfrac{\pi}{2}$を連想します. このことからOP, OQの長さがわかるので, Sは2辺夾角公式を使って求められます.

(2) 2変数関数の最大, 最小問題では

一方の変数を固定せよ

が定石とされています. 1つの変数を固定して予選を行い, 次に固定した変数を動かして決勝を行って, 勝ち残ったものが最大値あるいは最小値という方法です. ただし, 本問の場合,

$$S=\cos\theta\cos\varphi\sin(\theta+\varphi)$$

となり, θとφはいずれも2か所にあるので, このまま一方の変数を固定しても考えやすくなるわけではありません.

そこで, いったん

$$S=\frac{1}{2}\{\cos(\theta+\varphi)+\cos(\theta-\varphi)\}\sin(\theta+\varphi)$$

と変形して, 変数をθとφから$\theta+\varphi$と$\theta-\varphi$に変換し, 初めに$\theta+\varphi$を固定します.

解法のプロセス

直径に対する円周角は$\dfrac{\pi}{2}$

⇩

2辺夾角公式

解法のプロセス

変数をθとφから, $\theta+\varphi$ と $\theta-\varphi$ に変換

⇩

$\theta+\varphi$ を固定して予選

⇩

$\theta+\varphi$ を変化させて決勝

〈 解 答 〉

(1) $\mathrm{OP}=\mathrm{OA}\cos\theta=\cos\theta$

$\mathrm{OQ}=\mathrm{OB}\cos\varphi=2\cos\varphi$

であるから

$$S=\frac{1}{2}\mathrm{OP}\cdot\mathrm{OQ}\cdot\sin(\theta+\varphi)=\boldsymbol{\cos\theta\cos\varphi\sin(\theta+\varphi)}$$

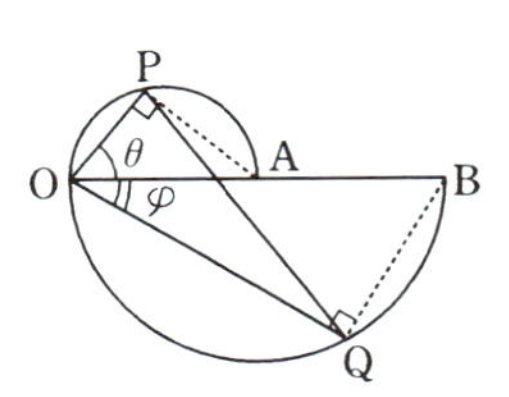

(2)　(1)より

$$S=\frac{1}{2}\{\cos(\theta+\varphi)+\cos(\theta-\varphi)\}\sin(\theta+\varphi)$$

$\theta+\varphi$ を $0<\theta+\varphi<\pi$ の範囲で固定し

$\theta+\varphi=t$ とおくと，

$$\sin t>0$$

であるから，$\theta=\varphi$ のとき最大値

$$f(t)=\frac{1}{2}(\cos t+1)\sin t$$

$$=\frac{1}{2}(\sin t\cos t+\sin t)$$

をとる．

←$\theta+\varphi$ を固定し，$\theta-\varphi$ を変化させて予選

←$\theta-\varphi=s$ とおくと

$\theta=\frac{t+s}{2}$，$\varphi=\frac{t-s}{2}$

$0<\theta$，$\varphi<\frac{\pi}{2}$ より

$0<t\pm s<\pi$

$(s,\ t)$ の存在範囲は斜線部分

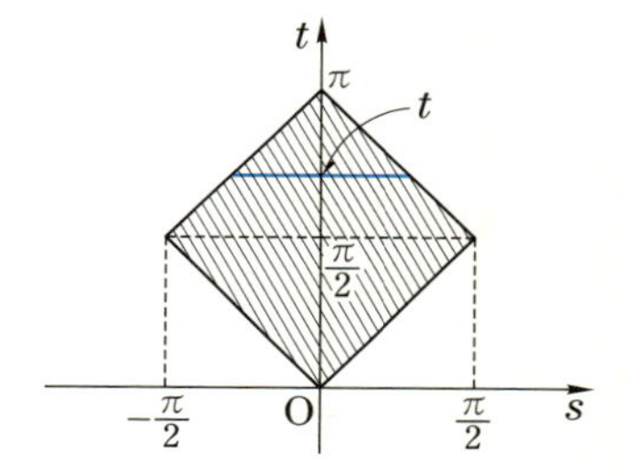

図より t を固定したときの s の動く範囲がわかる

次に，t を $0<t<\pi$ の範囲で動かす．

$$f'(t)=\frac{1}{2}(\cos^2 t-\sin^2 t+\cos t)$$

$$=\frac{1}{2}(2\cos^2 t+\cos t-1)$$

$$=\left(\cos t-\frac{1}{2}\right)(\cos t+1)$$

したがって，$f(t)$ は表のように変化し

$$t=\frac{\pi}{3}\qquad\therefore\quad \theta=\varphi=\frac{\pi}{6}$$

のとき最大になる．

ゆえに，S の最大値は

$$f\left(\frac{\pi}{3}\right)=\frac{1}{2}\left(\frac{1}{2}+1\right)\frac{\sqrt{3}}{2}$$

$$=\boldsymbol{\frac{3\sqrt{3}}{8}}$$

t	0	…	$\frac{\pi}{3}$	…	π
$f'(t)$		+	0	−	
$f(t)$		↗		↘	

演習問題

39　楕円 $\frac{x^2}{a^2}+\frac{y^2}{b^2}=1\ (a>0,\ b>0)$ 上の異なる3点 $A(a,\ 0)$，$B(a\cos\alpha,\ b\sin\alpha)$，$C(a\cos\beta,\ b\sin\beta)$ に対して，三角形ABCの面積を S とする．

(1)　$S=\frac{ab}{2}|\sin\alpha-\sin\beta-\sin(\alpha-\beta)|$ を示せ．

(2)　α を $0<\alpha\leqq\pi$ の範囲で固定し，β を $\alpha<\beta<2\pi$ の範囲で動かすときの S の最大値を $F(\alpha)$ とする．$F(\alpha)$ を求めよ．

(3)　$0<\alpha\leqq\pi$ における $F(\alpha)$ の最大値を求めよ．　　　　(金沢大)

標問 40 不等式の証明

次の各不等式を証明せよ．

(1) $\log x < \sqrt{x} \quad (x>0)$ （お茶の水女大）

(2) $3x < 2\sin x + \tan x \quad \left(0 < x < \dfrac{\pi}{2}\right)$ （筑波大）

(3) $\dfrac{2}{\pi}x \leqq \sin x \quad \left(0 \leqq x \leqq \dfrac{\pi}{2}\right)$ （武蔵工大（現・東京都市大））

(4) $x\log x \geqq (x-1)\log(x+1) \quad (x \geqq 1)$ （熊本大）

精講 不等式 $f(x)>g(x)$ を証明するには，原則として

$$h(x)=f(x)-g(x)$$

とおき，$y=h(x)$ のグラフが x 軸の上方にあることを示します．すなわち

$$(h(x)\text{ の最小値})>0$$

を示すことになります．

解法のプロセス

$f(x)>g(x)$ の証明
⇩
$h(x)=f(x)-g(x)>0$ を示す
⇩
$(h(x)\text{ の最小値})>0$ を示す

〈 解 答 〉

(1) $f(x)=\sqrt{x}-\log x \ (x>0)$ とおく．

$$f'(x)=\frac{1}{2\sqrt{x}}-\frac{1}{x}=\frac{\sqrt{x}-2}{2x}$$

よって，$f(x)$ は表のように増減し，$x=4$ で最小となる．

x	0	$\cdots$	4	$\cdots$
$f'(x)$		$-$	0	$+$
$f(x)$		↘		↗

$e>2$ より

$$f(4)=2-\log 4$$
$$=\log\frac{e^2}{4}>0$$

← $\dfrac{e^2}{4}>1$

$\therefore \quad f(x)>0 \ (x>0)$

$\therefore \quad \log x<\sqrt{x} \ (x>0)$

(2) $f(x)=2\sin x+\tan x-3x \ \left(0<x<\dfrac{\pi}{2}\right)$

とおく．

$$f'(x)=2\cos x+\frac{1}{\cos^2 x}-3$$
$$=\frac{2\cos^3 x-3\cos^2 x+1}{\cos^2 x}$$

$$=\frac{(\cos x-1)^2(2\cos x+1)}{\cos^2 x}>0$$

よって，$f(x)$ は単調に増加し，$f(0)=0$ であるから

← $f(0)$ の符号を調べる

$$f(x)>0 \quad \left(0<x<\frac{\pi}{2}\right)$$

$$\therefore \quad 3x<2\sin x+\tan x \quad \left(0<x<\frac{\pi}{2}\right)$$

(3) $f(x)=\sin x-\dfrac{2}{\pi}x \quad \left(0\leqq x\leqq\dfrac{\pi}{2}\right)$ とおく．

$$f'(x)=\cos x-\frac{2}{\pi}$$

$0<\dfrac{2}{\pi}<1$ より，$\cos\alpha=\dfrac{2}{\pi} \quad \left(0<\alpha<\dfrac{\pi}{2}\right)$ を満たす α がただ1つ存在し，表のように増減する．

← 角がわからなければおく

x	0	$\cdots$	α	$\cdots$	$\frac{\pi}{2}$
$f'(x)$		$+$	0	$-$	
$f(x)$		↗		↘	

さらに，$f(0)=f\left(\dfrac{\pi}{2}\right)=0$ となるので

$$f(x)\geqq 0 \quad \left(0\leqq x\leqq\frac{\pi}{2}\right)$$

$$\therefore \quad \frac{2}{\pi}x\leqq\sin x \quad \left(0\leqq x\leqq\frac{\pi}{2}\right)$$

(4) $f(x)=x\log x-(x-1)\log(x+1) \quad (x\geqq 1)$ とおく．

$$f'(x)=\log x+1-\log(x+1)-\frac{x-1}{x+1}$$

$$=\log x-\log(x+1)+\frac{2}{x+1}$$

← 符号の変化がわからないので，もう一度微分してみる

もう一度微分すると

$$f''(x)=\frac{1}{x}-\frac{1}{x+1}-\frac{2}{(x+1)^2}$$

$$=-\frac{x-1}{x(x+1)^2}\leqq 0 \quad (x\geqq 1)$$

よって，$f'(x)$ は単調に減少し

← $f'(1)=1-\log 2$
$=\log e-\log 2>0$
となるので，
$\lim_{x\to\infty} f'(x)$ の符号が問題

$$\lim_{x\to\infty} f'(x)=\lim_{x\to\infty}\left\{-(\log(x+1)-\log x)+\frac{2}{x+1}\right\}$$

$$=\lim_{x\to\infty}\left\{-\log\left(1+\frac{1}{x}\right)+\frac{2}{x+1}\right\}$$

$$=0$$

$$\therefore \quad f'(x)>0 \quad (x\geqq 1)$$

ゆえに，$f(x)$ は $x\geqq 1$ で増加し，$f(1)=0$ で

あるから

$$f(x) \geqq 0 \quad (x \geqq 1)$$

$$\therefore \quad x\log x \geqq (x-1)\log(x+1) \ (x \geqq 1)$$

研究 **〈(3)の別解〉**

(3)の不等式

$$\frac{2}{\pi}x \leqq \sin x \quad \left(0 \leqq x \leqq \frac{\pi}{2}\right)$$

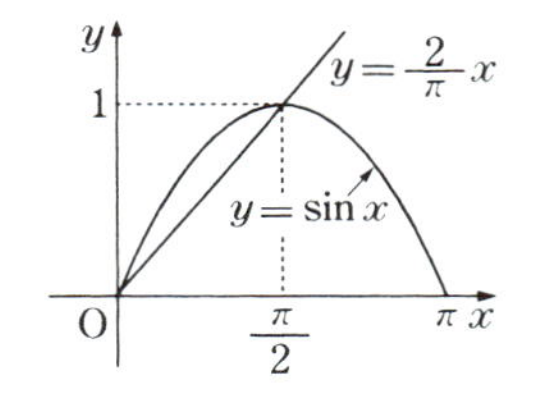

は，差をとらずに直接両辺のグラフの上下関係を見るとほとんど明らかです．答案には，グラフとともに

「$y=\sin x$ は $0<x<\frac{\pi}{2}$ で上に凸だから」

と書いておけば完全です．

次の演習問題 40 でも $g(x)=\log(x+\sqrt{1+x^2})$ と $y=\sin x$ のグラフをかくと

$$g'(x)=\frac{1}{\sqrt{1+x^2}}>0,\ g''(x)=-\frac{x}{(\sqrt{1+x^2})^3}<0$$

より，次のようになるはずです．

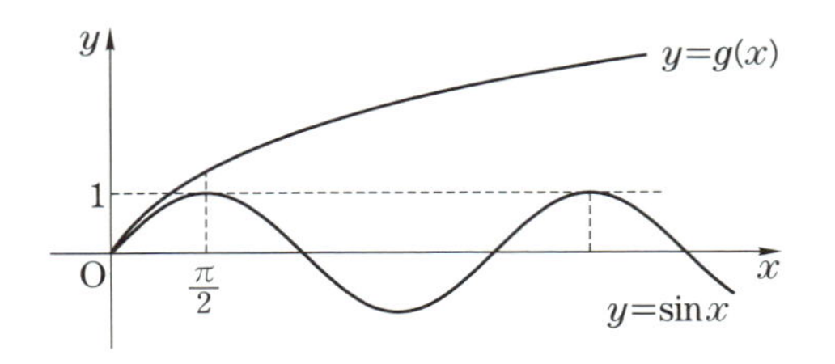

したがって，$x \geqq \frac{\pi}{2}$ では $g\left(\frac{\pi}{2}\right)>1$ を示せばよく，$0<x<\frac{\pi}{2}$ の場合だけが問題です．

← (1)は(2)のヒント

演習問題

40 次の問いに答えよ．

(1) $0<x<\frac{\pi}{2}$ に対し，$x<\tan x$ となることを示せ．

(2) $x>0$ に対し，$\log(x+\sqrt{1+x^2})>\sin x$ となることを示せ．ただし，対数は自然対数である．

（信州大）

標問 41 e^x の不等式と，方程式の解の個数

(1) $x>0$ のとき，不等式 $e^x>1+x+\dfrac{x^2}{2}$ を証明せよ．

(2) $\displaystyle\lim_{t\to-\infty} te^t$ を求めよ．

(3) a が定数のとき，方程式 $x\log x=a$ の実数解の個数を調べよ．

(富山医薬大(現・富山大))

精講 (2) $t=-x$ とおいて，$t\to-\infty$ を $x\to\infty$ に変換すると

$$\lim_{t\to-\infty} te^t=-\lim_{x\to\infty}\frac{x}{e^x}$$

したがって，e^x と x の増加する速さを比べなければなりません．ところが，(1)の結果を，

e^x は少なくとも2次関数の速さで増加する

と読めば，極限値は0になることがわかります．きちんと証明するには，はさみ打ちの原理を使います．

解法のプロセス

$t=-x$ とおく
⇩
$x\to\infty$ の場合に直す
⇩
(1)を使ってはさみ打ち

(3) 実数解の個数を $y=x\log x$ と $y=a$ のグラフの共有点の個数ととらえます．

本問の場合，初めから右辺は文字定数 a だけですが，そうでない場合についても

できれば文字定数を分離する

方がやさしいことが多い，ということを覚えておきましょう．

解法のプロセス

実数解の数
⇩
文字定数を分離して
⇩
グラフの共有点の数を調べる

〈解 答〉

(1) $f(x)=e^x-\left(1+x+\dfrac{x^2}{2}\right)\ (x>0)$ とおく．

$f'(x)=e^x-(1+x)$

$f''(x)=e^x-1>0\ (x>0)$

よって，$f'(x)$ は増加し，$f'(0)=0$ であるから

$f'(x)>0\ (x>0)$

よって，$f(x)$ は増加し，$f(0)=0$ であるから

$f(x)>0\ (x>0)$ ∴ $e^x>1+x+\dfrac{x^2}{2}\ (x>0)$

← 増加だけでは $f(x)>0$ は示せない

(2)　$t=-x$ とおく．$t\to-\infty$ のとき $x\to\infty$ であるから

$$\lim_{t\to-\infty} te^t=-\lim_{x\to\infty}\frac{x}{e^x}$$

⬅ $x\to\infty$ の話に直す

(1)より

$$e^x>1+x+\frac{x^2}{2}>\frac{x^2}{2}\ (x>0)$$

⬅ e^x は $\frac{x^2}{2}$ 以上の速さで増大

となるので

$$0<\frac{x}{e^x}<\frac{x}{\frac{x^2}{2}}=\frac{2}{x}$$

⬅ はさみ打ち

$\lim_{x\to\infty}\frac{2}{x}=0$ より，$\lim_{x\to\infty}\frac{x}{e^x}=0$

$$\therefore\ \lim_{t\to-\infty} te^t=\mathbf{0}$$

(3)　$g(x)=x\log x$ とおく．$g'(x)=\log x+1$ より，$g(x)$ は表のように増減する．ここで

$$\lim_{x\to\infty} g(x)=\infty$$

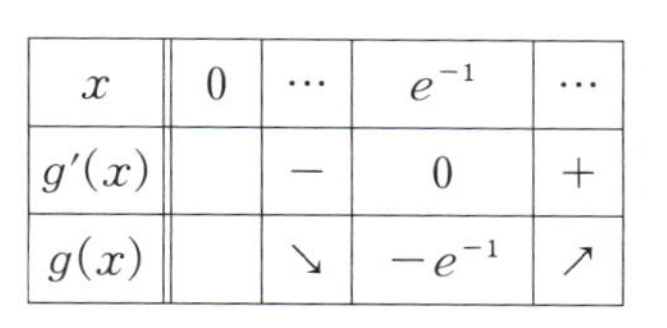

x	0	$\cdots$	e^{-1}	$\cdots$
$g'(x)$		$-$	0	$+$
$g(x)$		↘	$-e^{-1}$	↗

また，$\log x=t$ とおくと，(2)より

$$\lim_{x\to+0} g(x)=\lim_{t\to-\infty} te^t=0$$

ゆえに，$y=g(x)$ のグラフは図のようになる．

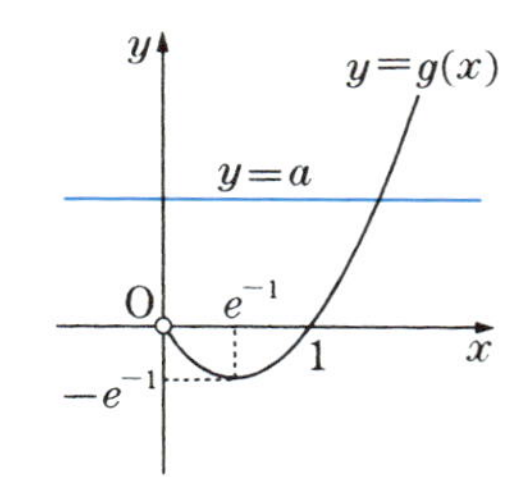

$g(x)=a$ の実数解の個数は，$y=g(x)$ と $y=a$ のグラフの共有点の数に等しいので

$$\begin{cases}\boldsymbol{a<-e^{-1}}\ \textbf{のとき，}\quad \textbf{0 個}\\ \boldsymbol{a=-e^{-1}}\ \textbf{のとき，}\quad \textbf{1 個}\\ \boldsymbol{-e^{-1}<a<0}\ \textbf{のとき，}\quad \textbf{2 個}\\ \boldsymbol{a\geqq 0}\ \textbf{のとき，}\quad \textbf{1 個}\end{cases}$$

研究　〈(1)の不等式の一般化〉

(1)の不等式は，任意の負でない整数 k に対して，次のように拡張できます．

$$\boldsymbol{e^x>1+\frac{x}{1!}+\frac{x^2}{2!}+\frac{x^3}{3!}+\cdots\cdots+\frac{x^k}{k!}\quad (x>0)}\qquad \cdots\cdots(*)$$

この不等式を示すために

$$f_k(x)=e^x-\left(1+\frac{x}{1!}+\frac{x^2}{2!}+\frac{x^3}{3!}+\cdots+\frac{x^k}{k!}\right)$$

とおいて

$$f_k(x)>0\ (x>0)$$

をkに関する数学的帰納法によって証明しましょう.

$k=0$ のときは成立するので，あるkでの成立を仮定します.

このとき

$$f'_{k+1}(x)=\frac{d}{dx}\left\{e^x-\left(1+\frac{x}{1!}+\frac{x^2}{2!}+\frac{x^3}{3!}+\cdots+\frac{x^{k+1}}{(k+1)!}\right)\right\}$$
$$=e^x-\left(1+\frac{x}{1!}+\frac{x^2}{2!}+\cdots\cdots+\frac{x^k}{k!}\right)$$
$$=f_k(x)>0 \quad (\because \quad 仮定)$$

よって，$f_{k+1}(x)$ は単調に増加し，$f_{k+1}(0)=0$ ですから

$$f_{k+1}(x)>0 \ (x>0)$$

以上で正しさが次々に移行することが保証され，負でない任意の整数kに対して，$f_k(x)>0$ $(x>0)$ が成立します.

〈任意の自然数 n に対して，$\displaystyle\lim_{x\to\infty}\frac{x^n}{e^x}=0$〉

わかりやすくいえば

どんなに大きな n についても，e^x は x^n より速く増加する

ということです.

この事実は，応用上極めて大切ですから，しっかり覚えて下さい．証明は標問の方法を真似ます.

不等式(*)で，kをとくに $n+1$ とおくと

$$e^x>1+\frac{x}{1!}+\frac{x^2}{2!}+\cdots+\frac{x^{n+1}}{(n+1)!}>\frac{x^{n+1}}{(n+1)!} \ (x>0)$$

$$\therefore \quad 0<\frac{x^n}{e^x}<\frac{x^n}{\dfrac{x^{n+1}}{(n+1)!}}=\frac{(n+1)!}{x}$$

$\displaystyle\lim_{x\to\infty}\frac{(n+1)!}{x}=0$ より，$\displaystyle\lim_{x\to\infty}\frac{x^n}{e^x}=0$ となります.

演習問題

41 次の極限値を求めよ．ただし，nは自然数とする.

(1) $\displaystyle\lim_{x\to\infty}\frac{\log x}{\sqrt[n]{x}}$

(2) $\displaystyle\lim_{x\to+0}\sqrt[n]{x}\log x$

標問 42 接線の本数

a を 0 でない実数とする．2つの曲線 $y=e^x$ および $y=ax^2$ の両方に接する直線の本数を求めよ． (東北大)

精講 $y=e^x$ に対して接線の公式を適用し，その接線と $y=ax^2$ が接する条件は判別式によって処理します．

接点の座標を $(t,\ e^t)$ とおくと，いま説明した手順で t に関する方程式が求まります．この方程式の解に対応する点で $y=e^x$ に接線を引くと，それが $y=ax^2$ にも接するわけです．したがって

接線の本数の問題は，方程式の解の個数を調べることに帰着する

のですが，ここでちょっと注意が必要です．

実は，異なる解に同一の接線が対応することがあります．

〈例〉

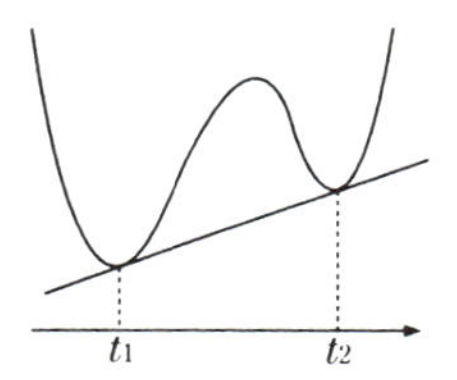

このような場面がそうしばしば現れるわけではありませんが，心得ておきましょう．

解法のプロセス

$y=e^x$ の $x=t$ での接線の方程式を立てる

⇩

$y=ax^2$ と接する条件を判別式で処理

⇩

t の方程式を導き，解の個数を調べる

〈解答〉

$y=e^x$ の $(t,\ e^t)$ での接線の方程式は

$$y=e^t(x-t)+e^t$$

← 傾き e^t は t の増加関数であるから，t と接線は1対1対応

$y=ax^2$ と連立して y を消去すると

$$ax^2-e^tx+(t-1)e^t=0$$

両者が接する条件は，(判別式)$=0$ より

$$e^{2t}-4a(t-1)e^t=0$$

$$\therefore\quad a=\frac{e^t}{4(t-1)}$$

← 文字定数は分離する

この方程式の解の個数が共通接線の本数に等しい．

そこで，$f(t)=\dfrac{e^t}{4(t-1)}$ とおくと

$$f'(t)=\frac{(t-2)e^t}{4(t-1)^2}$$

さらに

$$\lim_{t\to 1\pm 0} f(t)=\pm\infty \ (\text{複号同順})$$

$$\lim_{t\to -\infty} f(t)=0$$

$$\lim_{t\to \infty} f(t)=\infty$$

となるので，$y=f(t)$ のグラフは図のようになる．これと直線 $y=a$ との共有点の個数を調べると，求める共通接線の本数は表のようになる．

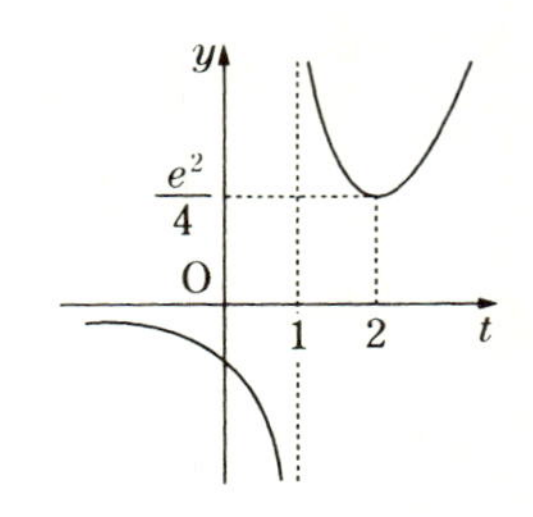

← 標問 41
e^t は $t-1$ より速く増大

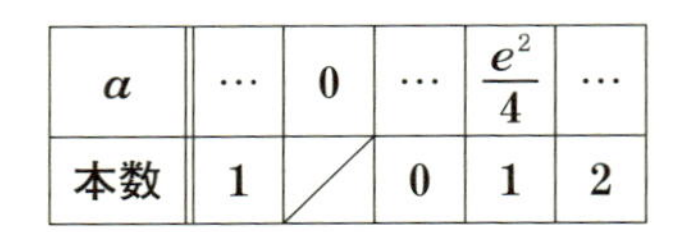

a	…	0	…	$\frac{e^2}{4}$	…
本数	1	／	0	1	2

演習問題

42　曲線 $y=e^x$ に点 $(a,\ b)$ から引き得る接線の本数を求めよ．　（東京工大）

標問 43 $\log(1+x)$ の不等式

(1) $x>0$ のとき，$x-\dfrac{x^2}{2}<\log(1+x)<x$ であることを証明せよ．

(2) 次の値を求めよ．

$$\lim_{n\to\infty}\log\left\{\left(1+\frac{1}{n^2}\right)\left(1+\frac{2}{n^2}\right)\cdots\cdots\left(1+\frac{n}{n^2}\right)\right\}$$

（慶　大）

精講　(2) すべての $k(=1,\ 2,\ \cdots,\ n)$ に対して $1+\dfrac{k}{n^2}\to1$ であるからといって

　与式$=\log1=0$

になるとは限りません．掛ける項数 n がどんどん大きくなるからです．そこで，積を和に直し：

$$\lim_{n\to\infty}\sum_{k=1}^{n}\log\left(1+\frac{k}{n^2}\right)$$

加える項数 n の増加速度と $\log\left(1+\dfrac{k}{n^2}\right)$ が 0 に近づく速さを(1)を用いて比べます．

解法のプロセス

積を和に直す

⇩

(1)を用いて $\log\left(1+\dfrac{k}{n^2}\right)$を評価する

⇩

はさみ打ち

〈解　答〉

(1) $f(x)=\log(1+x)-\left(x-\dfrac{x^2}{2}\right)$ とおくと

$$f'(x)=\frac{1}{1+x}-(1-x)=\frac{x^2}{1+x}>0\quad(x>0)$$

よって，$f(x)$ は増加し，かつ $f(0)=0$ であるから，$f(x)>0\quad(x>0)$．

次に，$g(x)=x-\log(1+x)$ とおくと

$$g'(x)=1-\frac{1}{1+x}=\frac{x}{1+x}>0\quad(x>0)$$

よって，$g(x)$ は増加し，$g(0)=0$ であるから，$g(x)>0\quad(x>0)$．

ゆえに，

$$x-\frac{x^2}{2}<\log(1+x)<x\quad(x>0)\qquad\cdots\cdots①$$

(2) $$\log\left\{\left(1+\frac{1}{n^2}\right)\left(1+\frac{2}{n^2}\right)\cdots\cdots\left(1+\frac{n}{n^2}\right)\right\}=\sum_{k=1}^{n}\log\left(1+\frac{k}{n^2}\right)\qquad\cdots\cdots②$$

①において，$x=\dfrac{k}{n^2}$ とおくと

$$\frac{k}{n^2}-\frac{k^2}{2n^4}<\log\left(1+\frac{k}{n^2}\right)<\frac{k}{n^2}$$

⬅ 0に近づく速さをはかる

この不等式を，k を1から n まで動かして加えると

$$\sum_{k=1}^{n}\left(\frac{k}{n^2}-\frac{k^2}{2n^4}\right)<\sum_{k=1}^{n}\log\left(1+\frac{k}{n^2}\right)<\sum_{k=1}^{n}\frac{k}{n^2}$$

⬅ はさみ打ち

$$\therefore\quad \frac{1}{n^2}\cdot\frac{n(n+1)}{2}-\frac{1}{2n^4}\cdot\frac{n(n+1)(2n+1)}{6}<\sum_{k=1}^{n}\log\left(1+\frac{k}{n^2}\right)<\frac{1}{n^2}\cdot\frac{n(n+1)}{2}$$

$$\therefore\quad \frac{1}{2}\left(1+\frac{1}{n}\right)-\frac{1}{12n}\left(1+\frac{1}{n}\right)\left(2+\frac{1}{n}\right)<\sum_{k=1}^{n}\log\left(1+\frac{k}{n^2}\right)<\frac{1}{2}\left(1+\frac{1}{n}\right)$$

⬅ つり合いがとれて有限値に収束

$n\to\infty$ とすると，$\frac{1}{2}\leqq\lim_{n\to\infty}\sum_{k=1}^{n}\log\left(1+\frac{k}{n^2}\right)\leqq\frac{1}{2}$ となるので，②より

$$\lim_{n\to\infty}\log\left\{\left(1+\frac{1}{n^2}\right)\left(1+\frac{2}{n^2}\right)\cdot\cdots\cdot\left(1+\frac{n}{n^2}\right)\right\}=\boldsymbol{\frac{1}{2}}$$

研究 標問の(2)を改変すると，

$$\lim_{n\to\infty}\log\left\{\left(1+\frac{1}{n^3}\right)\left(1+\frac{2}{n^3}\right)\cdot\cdots\cdot\left(1+\frac{n}{n^3}\right)\right\}=0$$

$$\lim_{n\to\infty}\log\left\{\left(1+\frac{1}{n^{\frac{3}{2}}}\right)\left(1+\frac{2}{n^{\frac{3}{2}}}\right)\cdot\cdots\cdot\left(1+\frac{n}{n^{\frac{3}{2}}}\right)\right\}=\infty$$

となります．各因子が1に近づく速さに応じて極限値が変化することに注意しましょう．

演習問題

43-1 (1) $x>0$ のとき，不等式 $x-\frac{x^2}{2}<\log(1+x)<x-\frac{x^2}{2}+\frac{x^3}{3}$ を証明せよ．

(防衛大)

(2) (1)の不等式を利用して，自然対数 $\log 1.1$ の値を小数第3位まで求めよ．

(電通大)

43-2 (1) 標問 **40** (1)を用いて $\lim_{x\to\infty}\frac{\log x}{x}=0$ を示し，$y=\frac{\log x}{x}$ のグラフの概形を描け．

(2) 正の数 a に対して，$a^x=x^a$ となる正の数 x は何個あるか．

(3) e を自然対数の底，π を円周率とするとき，e^π と π^e とはどちらが大きいか．

(滋賀医大)

標問 44 三角関数の不等式

関数 $f(x)$ はすべての実数 x に対して $f''(x)=-f(x)$ を満たし，かつ $f(0)=1$，$f'(0)=0$ とする．次のことがらを証明せよ．

(1) すべての実数 x に対して，$\{f(x)\}^2+\{f'(x)\}^2=1$ が成り立つ．

(2) 正の実数 x に対して $1-\dfrac{x^2}{2}\leqq f(x)\leqq 1-\dfrac{x^2}{2}+\dfrac{x^4}{24}$ が成り立つ．

(3) $f(x)=0$ は区間 $0<x<2$ にただ1つの解をもつ．（東京学芸大）

精講 かなり難しい問題です．

まず，$\cos x$ がすべての条件

$$\begin{cases} f''(x)=-f(x) \\ f(0)=1,\ f'(0)=0 \end{cases} \quad \cdots\cdots(*)$$

を満たすことに気づいたでしょうか．

$f(x)=\cos x$ だとすると

(2)はとにかくとして，(1)と(3)はほとんど明らかです．しかし，答案に

$f(x)=\cos x$ だから

と書くわけにはいきません．(*)を満たす関数が $\cos x$ に限るという保証がないからです．

したがって，$f(x)=\cos x$ と考えて見通しを立てたら，証明には **$\cos x$ が顔を出さないように**します．

(1) $F(x)=f(x)^2+f'(x)^2$ が定数であることを示すには

$$F(x) \text{ が定数} \iff F'(x)=0$$

に注意します．

(2) (1)から

$$|f(x)|\leqq 1,\ |f'(x)|\leqq 1$$

が成り立つことを用います．

(3) $f(x)=\cos x$ だとすれば，$\dfrac{\pi}{2}<2<\pi$ より

$$\begin{cases} f'(x)<0\ (0<x<2) \\ f(0)>0,\ f(2)<0 \end{cases}$$

となるので，同じ不等式が成り立つと予想されます．(2)の過程をよくみて，証明の手立てを探しましょう．

解法のプロセス

(1) $F(x)=f(x)^2+f'(x)^2$ が定数

⇩

$F'(x)=0$ を示す

⇩

$f(0)=1$，$f'(0)=1$ より定数が決まる

解法のプロセス

(2) $g(x)=f(x)-\left(1-\dfrac{x^2}{2}\right)$ とおく

⇩

(1)より，$|f(x)|\leqq 1$

⇩

$g''(x)$ の符号が決まる

解法のプロセス

(3) $\begin{cases} f'(x)<0\ (0<x<2) \\ f(0)>0,\ f(2)<0 \end{cases}$ と予想される

⇩

(2)をよくみる

〈解　答〉

$f''(x)=-f(x)$ ……①

(1)　$F(x)=f(x)^2+f'(x)^2$ とおく．①より

$$F'(x)=2f(x)f'(x)+2f'(x)f''(x)$$
$$=2f'(x)\{f(x)+f''(x)\}=0$$

← $F'(x)=0$ を示す

∴　$F(x)=C$ (一定)

$F(0)=f(0)^2+f'(0)^2=1$ だから，$C=1$

← 定数の値を決める

∴　$F(x)=f(x)^2+f'(x)^2=1$

(2)　$g(x)=f(x)-\left(1-\dfrac{x^2}{2}\right)$ とおく．

$g'(x)=f'(x)+x$

$g''(x)=f''(x)+1=1-f(x)$ (∵　①) ……②

← $g'(x)$ の符号がわかりそうにないのでもう一度微分

(1)より

$$f(x)^2 \leqq f(x)^2+f'(x)^2=1$$

∴　$-1 \leqq f(x) \leqq 1$ ……③

②，③より

$g''(x) \geqq 0$ $(x \geqq 0)$

よって $g'(x)$ は単調に増加し，$g'(0)=f'(0)=0$ であるから

$g'(x) \geqq 0$ $(x \geqq 0)$

よって $g(x)$ は単調に増加し，$g(0)=f(0)-1=0$ であるから

$g(x) \geqq 0$ $(x \geqq 0)$

次に，$h(x)=1-\dfrac{x^2}{2}+\dfrac{x^4}{24}-f(x)$ とおく．

$h'(x)=-x+\dfrac{x^3}{6}-f'(x)$ ……④

$h''(x)=-1+\dfrac{x^2}{2}-f''(x)=f(x)-\left(1-\dfrac{x^2}{2}\right) \geqq 0$

← ①と証明ずみの $g(x) \geqq 0$ を利用する

よって，$h'(x)$ は増加し，$h'(0)=-f'(0)=0$ ゆえ

$h'(x) \geqq 0$ $(x \geqq 0)$ ……⑤

よって，$h(x)$ は増加し，$h(0)=1-f(0)=0$ ゆえ

$h(x) \geqq 0$ $(x \geqq 0)$

以上で不等式は証明された．

(3)　④，⑤より，$0<x<2$ において

$f'(x) \leqq -x+\dfrac{x^3}{6}=\dfrac{x(x^2-6)}{6}<0$

← 最後の難所

ゆえに $f(x)$ は単調減少である．さらに

$$\begin{cases} f(0)=1 \\ f(2) \leqq 1-\dfrac{2^2}{2}+\dfrac{2^4}{24}=-\dfrac{1}{3}<0 \quad (\because \ (2)) \end{cases}$$

であるから，$f(x)=0$ は $0<x<2$ にただ1つの解をもつ．

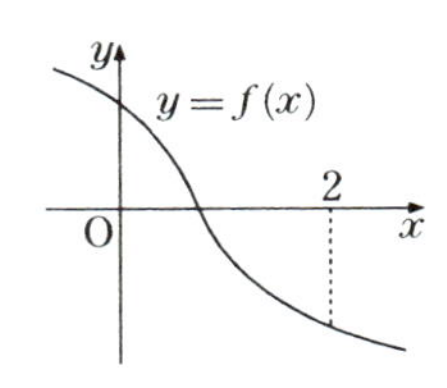

研究 **〈(1)から $f(x)=\cos x$ を示す〉**

$$f(x)^2+f'(x)^2=1$$

より，点 $(f(x),\ f'(x))$ は単位円周上にあるので

$$f(x)=\cos\theta \quad \cdots\cdots⑥, \quad f'(x)=\sin\theta \quad \cdots\cdots⑦$$

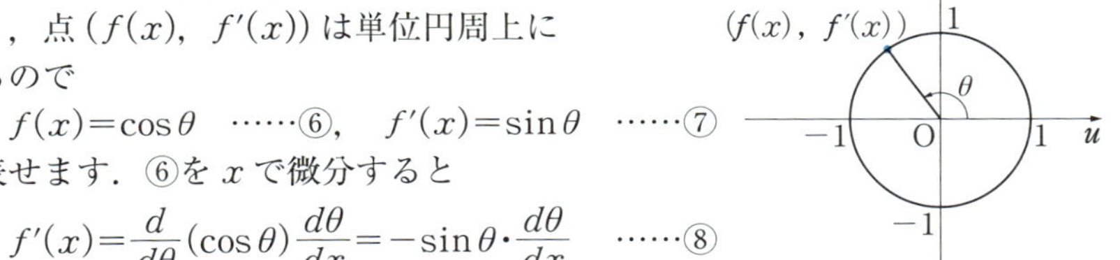

と表せます．⑥を x で微分すると

$$f'(x)=\frac{d}{d\theta}(\cos\theta)\frac{d\theta}{dx}=-\sin\theta\cdot\frac{d\theta}{dx} \quad \cdots\cdots⑧$$

⑦，⑧より

$$\frac{d\theta}{dx}=-1 \qquad \therefore \quad \theta=-x+C$$

$$\therefore \quad f(x)=\cos(-x+C),\ f'(x)=\sin(-x+C)$$

$f(0)=1$，$f'(0)=0$ だから

$$\cos C=1, \quad \sin C=0$$

$$\therefore \quad C=2n\pi \quad (n \text{ は整数})$$

ゆえに

$$f(x)=\cos(-x+2n\pi)=\cos(-x)=\cos x$$

となります．

このように証明できれば，(2)以降で $f(x)=\cos x$ とすることができます．

演習問題

44 関数 $f(x)=\dfrac{\sin x}{x}$ $(0<x\leqq\pi)$ について，

(1) $\displaystyle\lim_{x\to+0}f(x)$，$f'(\pi)$ の値を求めよ．また，$f'(x)$ の符号を求めよ．

(2) $x\geqq0$ における次の2つの不等式を証明せよ．

$$x-\frac{1}{6}x^3\leqq\sin x\leqq x, \qquad 1-\frac{1}{2}x^2\leqq\cos x\leqq1-\frac{1}{2}x^2+\frac{1}{24}x^4$$

(3) $\displaystyle\lim_{x\to+0}f'(x)$ の値を求めて，$y=f(x)$ のグラフの概形をかけ．　　（山梨大）

標問 45　多変数の不等式

a, b は $b \geqq a > 0$ を満足する実数とするとき，次の不等式が成り立つことを証明せよ．

$$\log b - \log a \geqq \frac{2(b-a)}{b+a}$$

（お茶の水女大）

精講　$0 < a \leqq x$ のとき，不等式

$$\log x - \log a \geqq \frac{2(x-a)}{x+a}$$

を証明せよ，といわれたら

$$f(x) = \log x - \log a - \frac{2(x-a)}{x+a}$$

とおいて $f(x)$ の増減を調べることになります．

本問では意図的に

一方だけを変数とみる

ことによって，1変数の不等式の証明問題に直します．

変数とみる文字の選び方は，問題にもよりますが

導関数が簡単になる文字を選ぶ

というのがひとつの目安です．本問の場合は，a，b いずれでも大差ありません．

解法のプロセス

a または b を変数とみて

⇩

差をとり増減を調べる

〈解答〉

b を x とおき

$$f(x) = \log x - \log a - \frac{2(x-a)}{x+a}$$

$$= \log x - \log a - 2 + \frac{4a}{x+a} \quad (x \geqq a > 0)$$

とする．

← b を変数とみる．ただし，必ずしも b を x とおく必要はない

$$f'(x) = \frac{1}{x} - \frac{4a}{(x+a)^2} = \frac{(x-a)^2}{x(x+a)^2} \geqq 0$$

より $f(x)$ は単調増加で，かつ $f(a)=0$ であるから

$$f(x) \geqq 0 \ (x \geqq a) \qquad \therefore \ f(b) \geqq 0 \ (b \geqq a)$$

← もとにもどす

$$\therefore \ \log b - \log a \geqq \frac{2(b-a)}{b+a} \ (b \geqq a > 0)$$

研究 **〈a を変数とみる〉**

今度は a を変数とみます．わかりやすいように**解答**を真似て，a を x で置きかえ

$$g(x)=\log b-\log x-\frac{2(b-x)}{b+x}$$

$$=\log b-\log x+2-\frac{4b}{b+x}\ (0<x\leqq b)$$

とします．

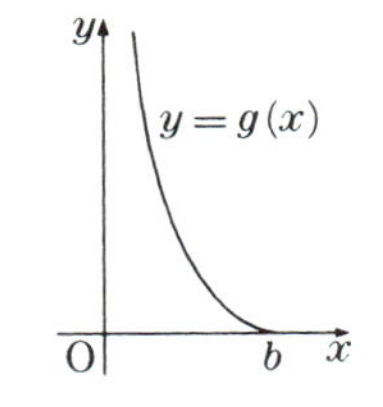

$$g'(x)=-\frac{1}{x}+\frac{4b}{(x+b)^2}=-\frac{(x-b)^2}{x(x+b)^2}\leqq 0$$

より $g(x)$ は単調減少で，$g(b)=0$ だから

$$g(x)\geqq 0\ (0<x\leqq b)$$

となります．

〈もうひとつの見方〉

$$\log b-\log a-\frac{2(b-a)}{b+a}$$

$$=\log\frac{b}{a}-\frac{2\left(\frac{b}{a}-1\right)}{\frac{b}{a}+1}$$

⬅ $\frac{b}{a}$ を変数とみる

と変形して，$\boldsymbol{\frac{b}{a}=x}$ **とおきます**．ただし，$0<a\leqq b$ より，$x\geqq 1$ です．

そこで

$$f(x)=\log x-\frac{2(x-1)}{x+1}$$

とおいて，$f(x)\geqq 0\ (x\geqq 1)$ を示せばよいわけです．計算は自分でやってみましょう．

演習問題

45 a，b，c は正の実数，$c>1$ のとき，

$$(a+b)^c\leqq 2^{c-1}(a^c+b^c)$$

を証明せよ．また，等号はどのようなときに成り立つか．　（明治大）

標問 46 不等式の成立条件

不等式 $1-ax^2 \leqq \cos x$ が任意の実数 x に対して成り立つような定数 a の範囲を求めよ．（早 大）

精講 図形的には，$y=\cos x$ の下方に納まる限界の放物線を求めることが問題です．そこで，標問 **41** の方針にしたがって文字定数を分離し：

$$a \geqq \frac{1-\cos x}{x^2}$$

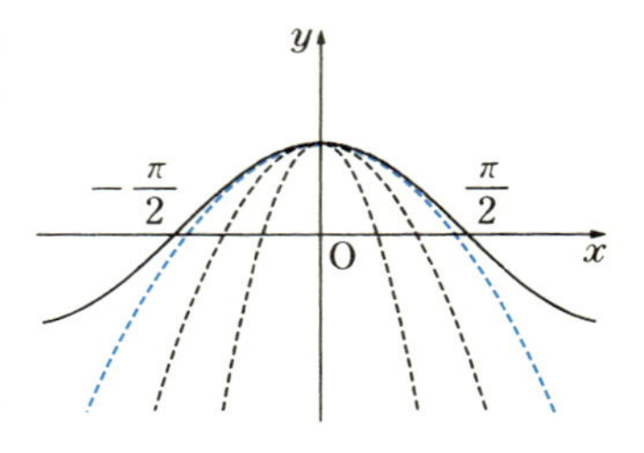

右辺の関数の最大値を求めるという考え方もできますが，面倒です．

ここは，単に

$$f(x)=\cos x+ax^2-1 \geqq 0$$

が成り立つような a の範囲を求めると考えた方が簡単です．その際，$f(x)$ は偶関数なので，x の変域を $x \geqq 0$ に制限できることに注意します．

また，

$$f'(x)=-\sin x+2ax$$

の符号の変化はわかりにくいので，もう一度微分するのがよいでしょう．

解法のプロセス

右辺−左辺＝$f(x)$ とおく
⇩
変域を $x \geqq 0$ に制限
⇩
$f'(x)$ はわかりにくいので $f''(x)$ を調べる

〈 解 答 〉

$a \leqq 0$ とすると

$$1-ax^2 \geqq 1 > \cos x$$

を満たす x があるので，$a>0$ である．

⬅ たとえば $x=\frac{\pi}{2}$

不等式の両辺は偶関数だから

$$f(x)=\cos x+ax^2-1 \geqq 0 \quad (x \geqq 0)$$

⬅ x の変域を制限する

が成り立つ a の範囲が求めるものである．

$$f'(x)=-\sin x+2ax$$
$$f''(x)=-\cos x+2a$$

⬅ $f'(x)$ の符号は不明なので $f''(x)$ を調べる

(i) $2a \geqq 1$ のとき，

$f''(x) \geqq 0$ より $f'(x)$ は単調増加で，$f'(0)=0$ であるから

$$f'(x) \geqq 0 \quad (x \geqq 0)$$

よって，$f(x)$ は単調増加で，$f(0)=0$ であるから

$f(x) \geqq 0 \ (x \geqq 0)$

(ii) $0 < 2\alpha < 1$ のとき，

$f''(x_0) = -\cos x_0 + 2\alpha = 0 \ \left(0 < x_0 < \dfrac{\pi}{2}\right)$

を満たす x_0 が存在して

$f''(x) < 0 \ (0 < x < x_0)$

となる．すなわち，$f'(x)$ は $0 < x < x_0$ で減少し，$f'(0) = 0$ であるから

$f'(x) < 0 \ (0 < x < x_0)$

よって，$f(x)$ は $0 < x < x_0$ で減少し，$f(0) = 0$ であるから，$f(x) < 0 \ (0 < x < x_0)$

これは，$f(x) \geqq 0 \ (x \geqq 0)$ に反する．

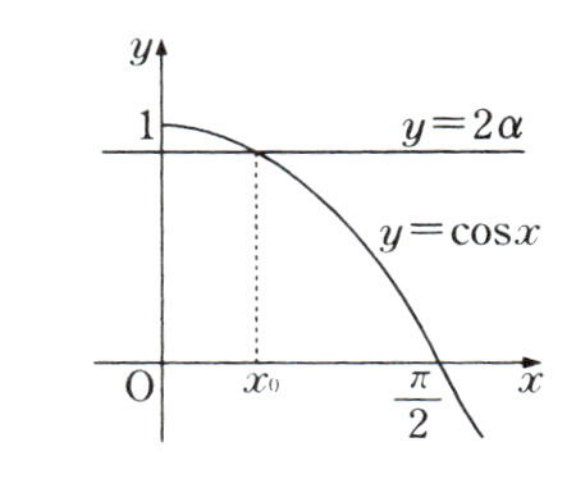

(i)，(ii)より，求める α の範囲は，$2\alpha \geqq 1$

∴ $\boldsymbol{\alpha \geqq \dfrac{1}{2}}$

⬅ $0 < 2\alpha < 1$ のとき不適であることを示さないと不完全

〈$f'(x)$ の符号を直接調べる〉

$y = 2\alpha x$ と $y = \sin x$ のグラフを利用して

$f'(x) = 2\alpha x - \sin x$

の符号を直接調べることができます．

まず，$y = \sin x$ のグラフが $0 \leqq x \leqq \pi$ で上に凸であることと，原点における接線が $y = x$ であることに注意します．

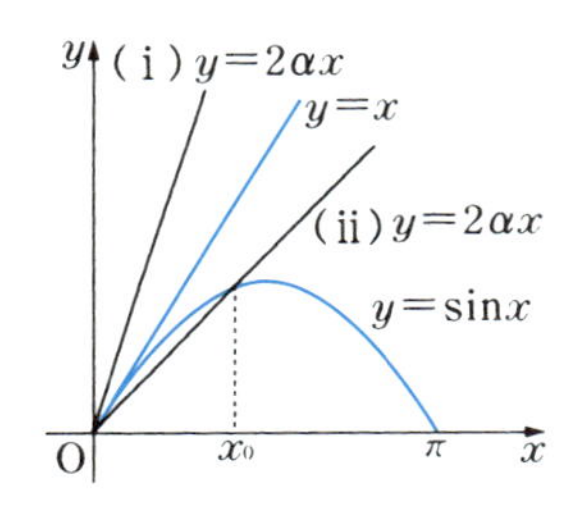

(i) $2\alpha \geqq 1$ のとき，

接線との傾きの比較から，

$f'(x) = 2\alpha x - \sin x \geqq 0 \ (x \geqq 0)$ となります．

(ii) $0 < 2\alpha < 1$ のとき，

$f'(x_0) = 0 \ (0 < x_0 < \pi)$ を満たす x_0 が存在して，$f'(x) < 0 \ (0 < x < x_0)$ が成立します．

以下，**解答**と同様です．

演習問題

46 不等式 $\log(1+x) \leqq x - \dfrac{x^2}{2} + ax^3$ がすべての $x \geqq 0$ に対して成り立つような実数 a の範囲を求めよ．（島根大）

標問 47　ニュートン法

関数 $f(x)=x^2-2$ で示される曲線上の点 $(x_n,\ f(x_n))$ における接線と x 軸との交点の x 座標を x_{n+1} とする $(n=1,\ 2,\ \cdots)$．このようにして得られる数列 $\{x_n\}$ について，次の問いに答えよ．ただし，$x_1>\sqrt{2}$ とする．

(1)　x_{n+1} を x_n を用いて表せ．

(2)　$x_n>\sqrt{2}$ であることを示せ．

(3)　数列 $\{x_n\}$ は $\sqrt{2}$ に収束することを示せ．　　　　（和歌山県医大）

精講　指示通りに数列 $x_1,\ x_2,\ x_3,\ \cdots$ をつくっていくと，図から x_n がどんどん $f(x)=0$ の解 $\sqrt{2}$ に近づいていくことがわかります．

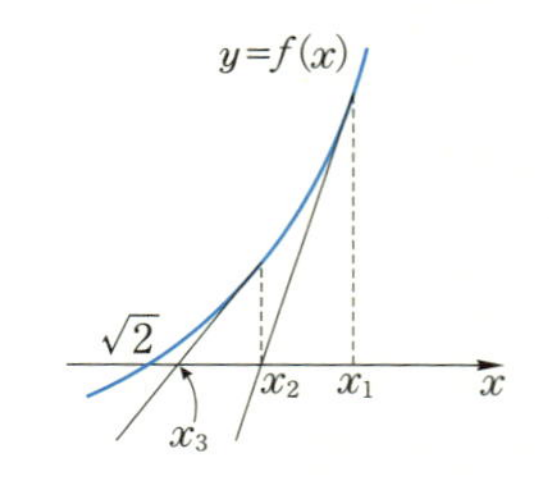

このように，接線を利用して解の近似値を求める仕方を**ニュートン法**といいます．

(1)　$y=x^2-2$ の接線は，$y\leqq x^2-2$ の範囲にあるから，原点を通りません．つまり，$x_n\neq 0$ です．これから数列 $\{x_n\}$ が確定することが分かります．

⬅ $x_1>\sqrt{2}$ と合わせて

(2)　数学的帰納法が有効です．

(3)　証明の骨子は標問 **7** ですでに学びました．

$$|x_{n+1}-\sqrt{2}|\leqq r|x_n-\sqrt{2}|$$

を満たす定数 r $(0<r<1)$ を見つけて

$$0\leqq|x_n-\sqrt{2}|\leqq r^{n-1}|x_1-\sqrt{2}|$$

を導き，はさみ打ちにします．

解法のプロセス

$|x_{n+1}-\sqrt{2}|\leqq r|x_n-\sqrt{2}|$ を満たす $r\ (0<r<1)$ を探す

⇩

$0\leqq|x_n-\sqrt{2}|\leqq r^{n-1}|x_1-\sqrt{2}|$ として，はさみ打ち

〈解　答〉

(1)　点 $(x_n,\ f(x_n))$ における接線の方程式は

$$y=2x_n(x-x_n)+x_n{}^2-2$$
$$=2x_nx-(x_n{}^2+2)$$

⬅ $f'(x)=2x$

$y=0$ とおくと，$x_n\neq 0$ より

$$x=\frac{x_n{}^2+2}{2x_n}$$

したがって

$$x_{n+1}=\frac{1}{2}\left(x_n+\frac{2}{x_n}\right)$$

(2)　$x_1>\sqrt{2}$．そこで，ある n に対して $x_n>\sqrt{2}$

⬅ 数学的帰納法を使う

が成り立つと仮定すると

$$x_{n+1}-\sqrt{2}=\frac{x_n{}^2+2}{2x_n}-\sqrt{2}=\frac{x_n{}^2-2\sqrt{2}\,x_n+2}{2x_n}$$

$$=\frac{(x_n-\sqrt{2})^2}{2x_n}>0 \quad \cdots\cdots①$$

ゆえに，数学的帰納法により，すべての自然数 n に対して，$x_n>\sqrt{2}$

(3) ①より

$$x_{n+1}-\sqrt{2}=\frac{x_n-\sqrt{2}}{2x_n}(x_n-\sqrt{2})$$

$$=\frac{1}{2}\left(1-\frac{\sqrt{2}}{x_n}\right)(x_n-\sqrt{2}) \quad \cdots\cdots②$$

← $x_{n+1}-\sqrt{2}$ $=\square(x_n-\sqrt{2})$ の形に変形

(2)より

$$0<\frac{1}{2}\left(1-\frac{\sqrt{2}}{x_n}\right)<\frac{1}{2} \quad \cdots\cdots③$$

← $\square$の絶対値 $<r\,(<1)$ を満たす r を見つける

②，③より

$$x_{n+1}-\sqrt{2}<\frac{1}{2}(x_n-\sqrt{2})$$

← この種の解法の基本形

$$\therefore \quad 0<x_n-\sqrt{2}<\left(\frac{1}{2}\right)^{n-1}(x_1-\sqrt{2})$$

← はさみ打ち

$\displaystyle\lim_{n\to\infty}\left(\frac{1}{2}\right)^{n-1}(x_1-\sqrt{2})=0$ であるから

$$\lim_{n\to\infty}x_n=\sqrt{2}$$

研究 $x_1=\dfrac{3}{2}$ として，(1)の結果を使い実際に計算すれば

$$x_2=\frac{17}{12}=1.416666\cdots,\quad x_3=\frac{577}{408}=1.414215\cdots$$

x_3 で $\sqrt{2}$ との差はすでに 10^{-5} より小さくなります．

演習問題

47 $f(x)=\dfrac{1}{2}\cos x$ とする．

(1) $x=f(x)$ はただ1つの解をもつことを証明せよ．

(2) 任意の x，y に対し $|f(x)-f(y)|\leqq\dfrac{1}{2}|x-y|$ が成り立つことを証明せよ．

(3) 任意の a に対して，$a_0=a$，$a_n=f(a_{n-1})$ $(n\geqq1)$ で定められる数列 $\{a_n\}$ は，$x=f(x)$ の解に収束することを証明せよ． （三重大）

標問 48　速度・加速度

動点Pの座標 $(x,\ y)$ が時刻 t の関数として

$x=e^t\cos t,\ \ y=e^t\sin t$

で表されるとき，次の問いに答えよ．ただし，Oは座標原点である．

(1)　速度ベクトル $\vec{v}$ と $\overrightarrow{\mathrm{OP}}$ とのなす角 θ を求めよ．

(2)　加速度ベクトル $\vec{a}$ と $\overrightarrow{\mathrm{OP}}$ とのなす角 φ を求めよ．　　(武蔵工大)

精講　動点 $\mathrm{P}(x,\ y)$ の位置ベクトルを $\vec{p}$ とします．Pの速度，加速度はそれぞれベクトル

$$\vec{v}=\lim_{\Delta t\to 0}\frac{\vec{p}(t+\Delta t)-\vec{p}(t)}{\Delta t}$$

$$=\lim_{\Delta t\to 0}\left(\frac{x(t+\Delta t)-x(t)}{\Delta t},\ \frac{y(t+\Delta t)-y(t)}{\Delta t}\right)$$

$$=\left(\frac{dx}{dt},\ \frac{dy}{dt}\right)$$

$$\vec{a}=\left(\frac{d^2x}{dt^2},\ \frac{d^2y}{dt^2}\right)$$

によって与えられます．

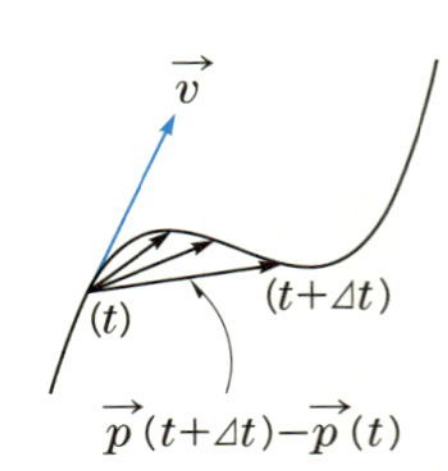

解法のプロセス

$\vec{v}$ を計算する

⇩

内積を用いて $\cos\theta$ を求める

⇩

θ を決定する

したがって，$\vec{v}$ はPの描く軌跡に接し，進行方向を向くことがわかります．

(1)　直接 $\overrightarrow{\mathrm{OP}}=\vec{p}$ と $\vec{v}$ のなす角 θ を求めることができないので，内積を利用して

$$\cos\theta=\frac{\vec{p}\cdot\vec{v}}{|\vec{p}||\vec{v}|}$$

を計算し，次に θ の値を定めます．

(2)　(1)と同様です．

解　答

(1)　$\overrightarrow{\mathrm{OP}}=\vec{p}$ とおく．

$x=e^t\cos t,\ \ y=e^t\sin t$ より

$$\frac{dx}{dt}=e^t(\cos t-\sin t),\ \ \frac{dy}{dt}=e^t(\sin t+\cos t)\quad\cdots\cdots(*)$$

$$\therefore\ \begin{cases}\vec{p}=e^t(\cos t,\ \sin t)\\ \vec{v}=e^t(\cos t-\sin t,\ \sin t+\cos t)\end{cases}$$

ゆえに

$$|\vec{p}|=e^t$$

$$|\vec{v}|=e^t\sqrt{(\cos t-\sin t)^2+(\sin t+\cos t)^2}$$
$$=\sqrt{2}\,e^t$$

$$\vec{p}\cdot\vec{v}=e^{2t}\{\cos t(\cos t-\sin t)+\sin t(\sin t+\cos t)\}$$
$$=e^{2t}$$

したがって，

$$\cos\theta=\frac{\vec{p}\cdot\vec{v}}{|\vec{p}||\vec{v}|}=\frac{e^{2t}}{e^t\sqrt{2}\,e^t}=\frac{1}{\sqrt{2}}\qquad \therefore\quad \theta=\boldsymbol{\frac{\pi}{4}}$$

(2)　$\vec{v}$ の各成分をさらに t で微分する．

$$\frac{d^2x}{dt^2}=e^t(\cos t-\sin t)+e^t(-\sin t-\cos t)$$
$$=-2e^t\sin t$$

$$\frac{d^2y}{dt^2}=e^t(\sin t+\cos t)+e^t(\cos t-\sin t)$$
$$=2e^t\cos t$$

$$\therefore\quad \vec{a}=2e^t(-\sin t,\ \cos t)$$

ゆえに，

$$\vec{p}\cdot\vec{a}=2e^{2t}(-\sin t\cos t+\sin t\cos t)=0\qquad \therefore\quad \varphi=\boldsymbol{\frac{\pi}{2}}$$

研究　**〈別の見方〉**

(1)の計算結果(＊)

$$\frac{dx}{dt}=x-y,\quad \frac{dy}{dt}=x+y$$

を変形すると

$$\frac{dx}{dt}=\sqrt{2}\left(x\cos\frac{\pi}{4}-y\sin\frac{\pi}{4}\right)$$

$$\frac{dy}{dt}=\sqrt{2}\left(x\sin\frac{\pi}{4}+y\cos\frac{\pi}{4}\right)$$

← 複素数平面の演習問題 94-3 を参照

すなわち，$\vec{p}$ を時間微分することは，$\vec{p}$ を原点のまわりに $\frac{\pi}{4}$ 回転して $\sqrt{2}$ 倍することを意味します．したがって，もう一度時間微分して得られる加速度は，$\vec{p}$ を原点のまわりに $\frac{\pi}{2}$ 回転した後 2 倍したものです．

演習問題

48　水面上 30 m の岸壁の頂から，58 m の綱で船を引き寄せる．毎秒 4 m の速さで綱をたぐると，2 秒後の船の速度および加速度はいくらか．　(早　大)

標問 49 加速度の大きさ

xy 平面上の曲線 $y=\sin x$ に沿って，図のように左から右に進む動点Pがある．Pの速さが一定 $V\ (V>0)$ であるとき，Pの加速度ベクトル $\vec{\alpha}$ の大きさの最大値を求めよ．

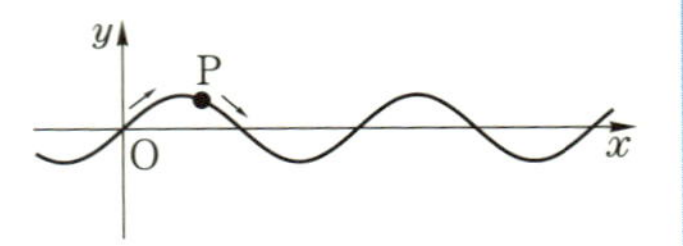

ただし，Pの速さとはPの速度ベクトル $\vec{v}=(v_1,\ v_2)$ の大きさであり，また t を時間として，$\vec{\alpha}=\left(\dfrac{dv_1}{dt},\ \dfrac{dv_2}{dt}\right)$ である．　（東　大）

精講　速さが一定ですから，$\vec{v}$ は向きだけが変化します．よって，$|\vec{\alpha}|$ は $\vec{v}$ の向きの時間に対する変化率の大きさに比例するはずです．　……(＊)

したがって，$|\vec{\alpha}|$ が最大となるのは，曲線 $y=\sin x$ の曲がり方の強度が最大のところ，すなわち，頂上と谷底のところに違いありません．

見当が付いたら，あとはしっかり計算します．

解法のプロセス

$\mathrm{P}(x,\ y)$ の速さが一定

⇩

$\dfrac{dx}{dt}$ が x の式で表せる

⇩

$|\vec{\alpha}|$ が x の式で表せる

〈 解　答 〉

$\mathrm{P}(x,\ y)$，$y=\sin x$ より

$$v_1=\frac{dx}{dt}\ (>0) \quad \cdots\cdots①$$

⬅ Pは左から右へ進む

$$v_2=\frac{dy}{dt}=\frac{dy}{dx}\cdot\frac{dx}{dt}=\cos x\cdot\frac{dx}{dt} \quad \cdots\cdots②$$

ゆえに，$|\vec{v}|=V$ より

⬅ $V=\sqrt{{v_1}^2+{v_2}^2}$

$$\sqrt{1+\cos^2 x}\,\frac{dx}{dt}=V$$

$$\therefore\quad \frac{dx}{dt}=V(1+\cos^2 x)^{-\frac{1}{2}} \quad \cdots\cdots③$$

したがって，①，③より

$$\frac{dv_1}{dt}=\frac{d}{dt}\left(\frac{dx}{dt}\right)$$

$$=-\frac{1}{2}V(1+\cos^2 x)^{-\frac{3}{2}}2\cos x(-\sin x)\frac{dx}{dt}$$

$$=V\sin x\cos x(1+\cos^2 x)^{-\frac{3}{2}}\frac{dx}{dt}$$

$$= V^2 \sin x \cos x (1+\cos^2 x)^{-2} \quad \cdots\cdots ④$$

一方，②，③，④より

$$\frac{dv_2}{dt} = -\sin x \left(\frac{dx}{dt}\right)^2 + \cos x \cdot \frac{d}{dt}\left(\frac{dx}{dt}\right)$$

⬅ 右辺第 2 項には④を代入

$$= -V^2 \sin x (1+\cos^2 x)^{-1} + V^2 \sin x \cos^2 x (1+\cos^2 x)^{-2}$$

$$= -V^2 \sin x (1+\cos^2 x)^{-2} \quad \cdots\cdots ⑤$$

④，⑤より

$$|\vec{\alpha}|^2 = V^4 \sin^2 x \cos^2 x (1+\cos^2 x)^{-4} + V^4 \sin^2 x (1+\cos^2 x)^{-4}$$

⬅ $|\vec{\alpha}|^2 = \left(\frac{dv_1}{dt}\right)^2 + \left(\frac{dv_2}{dt}\right)^2$

$$= V^4 \sin^2 x (1+\cos^2 x)^{-3}$$

$$= V^4 \frac{1-\cos^2 x}{(1+\cos^2 x)^3}$$

$|\vec{\alpha}|^2$ は $\cos^2 x$ $(0 \leqq \cos^2 x \leqq 1)$ の減少関数であるから，$\cos^2 x = 0$，すなわち，$\cos x = 0$ のとき $|\vec{\alpha}|$ は最大で

⬅ $x = \frac{\pi}{2} + n\pi$（n は整数）

$$(|\vec{\alpha}| \text{の最大値}) = \boldsymbol{V^2}$$

となる．

研究 〈別解〉

精講，(*) に従って，$\vec{v}$ の向きをそれが x 軸の正の向きとなす角 θ $\left(-\frac{\pi}{2} < \theta < \frac{\pi}{2}\right)$ で表すと，計算量を軽減することができます．

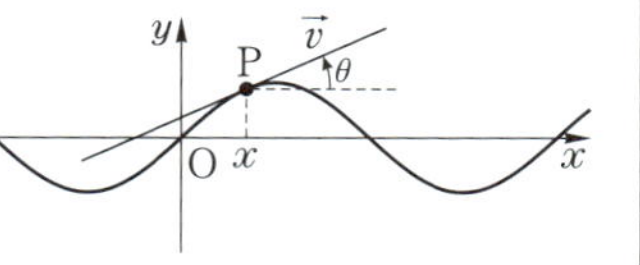

$\vec{v} = (V\cos\theta,\ V\sin\theta)$ を時間 t で微分すると

$$\vec{\alpha} = \left(-V\sin\theta \cdot \frac{d\theta}{dt},\ V\cos\theta \cdot \frac{d\theta}{dt}\right)$$

$$\therefore \quad |\vec{\alpha}|^2 = V^2 \left(\frac{d\theta}{dt}\right)^2 \quad \cdots\cdots ⑥$$

⬅ 確かに $|\vec{\alpha}|$ は $\left|\frac{d\theta}{dt}\right|$ に比例する

一方，点 $\mathrm{P}(x,\ \sin x)$ における $\vec{v}$ の傾き $\tan\theta$ と接線の傾き $\cos x$ は等しいから

$$\tan\theta = \cos x \quad \cdots\cdots ⑦$$

⑦を t で微分すると

$$\frac{1}{\cos^2\theta} \cdot \frac{d\theta}{dt} = -\sin x \cdot \frac{dx}{dt}$$

よって

$$\left(\frac{d\theta}{dt}\right)^2 = \cos^4\theta (1-\cos^2 x) \left(\frac{dx}{dt}\right)^2$$

⬅ $\frac{dx}{dt} = V\cos\theta$ と⑦

$$=\cos^4\theta(1-\tan^2\theta)(V\cos\theta)^2$$
$$=V^2(1-\tan^2\theta)(\cos^2\theta)^3$$
⬅ $\cos^2\theta=\dfrac{1}{1+\tan^2\theta}$
$$=V^2\frac{1-\tan^2\theta}{(1+\tan^2\theta)^3}$$

これを⑥に代入すると
$$|\vec{\alpha}|^2=V^4\frac{1-\tan^2\theta}{(1+\tan^2\theta)^3}$$
⬅ ⑦より，$0\leqq\tan^2\theta\leqq1$

右辺は $\tan^2\theta$ の減少関数であるから，$\tan\theta=0$ のとき
⬅ すなわち，$\cos x=0$ のとき
$$(|\vec{\alpha}|\text{ の最大値})=V^2$$

〈$\sin x$ と $|\vec{\alpha}|$ のグラフ〉

右図は，$y=\sin x$ と，
$$|\vec{\alpha}|=V^2\sqrt{\frac{1-\cos^2x}{(1+\cos^2x)^3}}\quad(\text{青線})$$
のグラフを同時に描いたものです．
ただし，$V=1$ としてあります．

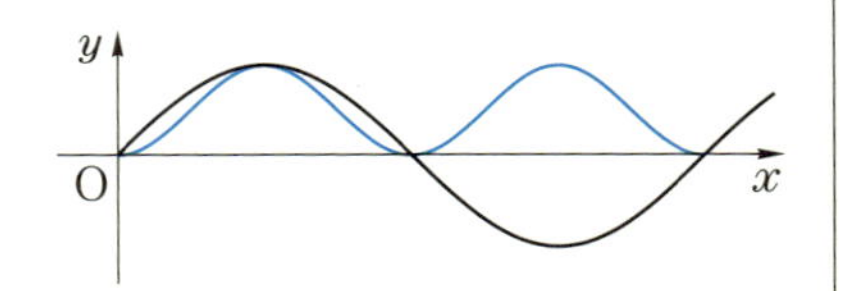

演習問題

49 点Pが曲線 $y=\dfrac{e^x+e^{-x}}{2}$ の上を運動している．その速さはつねに毎秒1であり，速度ベクトルの x 成分はつねに正である．

(1) 点Pが点 $(0,\ 1)$ を通過してからの時間を t 秒とするとき，$\dfrac{d}{dt}\left(\dfrac{e^x-e^{-x}}{2}\right)$ の値を求めよ．また，点Pの x 座標を t で表せ．

(2) 点Pにおけるこの曲線の接線と x 軸との交点をQとする．点Pが点 $(0,\ 1)$ を通過してから2秒後の点Qの速さを求めよ．（北　大）

第3章 積分法とその応用

標問 50 微分積分法の基本定理

$f(t)$ を連続関数とする．区間 $a \leqq t \leqq b$ を n 個の小区間

$$a = t_0 < t_1 < t_2 < \cdots < t_{n-1} < t_n = b$$

に分け，$t_{k-1} \leqq s_k \leqq t_k$ を満たす s_k ($k=1,\ 2,\ \cdots,\ n$) を任意にとる．これらを用いてつくられる和

$$\sum_{k=1}^{n} f(s_k)(t_k - t_{k-1})$$

は，すべての小区間の幅が0に近づくように $n \to \infty$ として分割を限りなく細かくすれば，一定の値に近づくことが知られている．この極限値を

$$\int_a^b f(t)\,dt$$

と書く．

このとき，$f(t)$ の原始関数を $F(t)$ とすれば

$$\int_a^b f(t)\,dt = F(b) - F(a)$$

が成り立つ．

$F(t)$ を数直線上を運動する点Pの時刻 t における位置，$f(t)$ $(=F'(t))$ を速度とみてこのことを説明せよ．

精講 等式

$$\int_a^b \boldsymbol{f(x)\,dx = F(b) - F(a)}$$

を**微分積分法の基本定理**といいます．細かく分けたものの総和の極限が，単に原始関数の値の差として計算できることを保証するからです．面積や体積，あるいは速度から変位を簡単に求めることができるのはこの定理のおかげです．問題ごとにいちいち極限値

$$\lim_{n \to \infty} \sum_{k=1}^{n} f(s_k)(t_k - t_{k-1})$$

を計算する煩わしさを考えれば実に有難い定理です．

17 世紀後半，西欧には 2 人の巨人がそびえ立っていました．

ニュートン（英，1642～1727）は地上の落体の運動と天界の惑星の運行が同じ種類の力から引き起こされることを見抜いて，これらを統一的に説明しました．一方大陸では，万能の人ライプニッツ（独，1646～1716）が普遍記号学を提唱し，人間の思考一般を記号化して計算可能にする夢のような理論を構想していたのです．

← Newton

← 万有引力の法則

← Leibniz

← 人工知能の起源

基本定理はこの 2 人によってほとんど同時に発見され，これを契機として近代数学は爆発的な勢いで発展することになります．

本問では，基本定理を運動学的に解釈して，直感的に理解することが目標です．

滑らかな運動は，微小時間に限れば，等速度運動すると考えられます．したがって，速度が $f(t)$ のとき，微小時間 Δt 内に $f(t)\Delta t$ だけ移動するとみてよいでしょう．これらを次々に加えると，$a \leqq t \leqq b$ での位置の変化 $F(b)-F(a)$ に等しくなるはずです．

解法のプロセス

微小時間 Δt 内では等速運動

⇩

$f(t)\Delta t$ だけ移動

⇩

総和は $F(b)-F(a)$

解　答

点 P は各微小区間 $t_{k-1} \leqq t \leqq t_k$ 内でほぼ等速度 $f(s_k)$ で動くから

$$f(s_k)(t_k-t_{k-1})$$

だけ移動すると考えられる．

$$\therefore\quad F(t_k)-F(t_{k-1}) \fallingdotseq f(s_k)(t_k-t_{k-1}) \quad \cdots\cdots ①$$

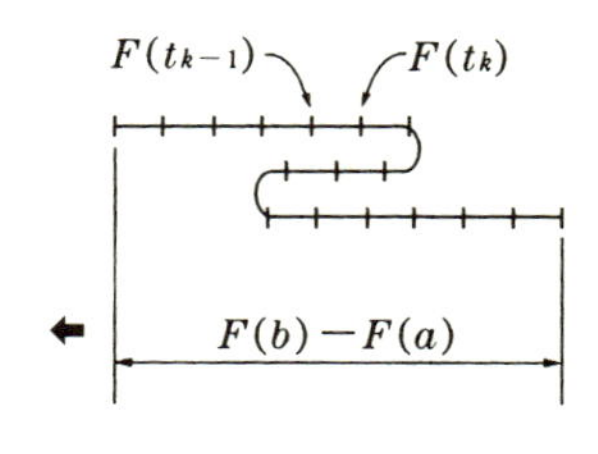

①を $k=1,\ 2,\ \cdots,\ n$ について加えると

$$F(b)-F(a) \fallingdotseq \sum_{k=1}^{n} f(s_k)(t_k-t_{k-1}) \quad \cdots\cdots ②$$

← $\sum_{k=1}^{n}\{F(t_k)-F(t_{k-1})\}$
$=F(t_n)-F(t_0)$
$=F(b)-F(a)$

$n \to \infty$ として各微小時間の幅を 0 に近づければ，極限において①の等号が成立するから，②の等号も成立して

$$F(b)-F(a)=\lim_{n\to\infty}\sum_{k=1}^{n} f(s_k)(t_k-t_{k-1})$$
$$=\int_a^b f(t)\,dt$$

研究 **〈微分と積分の関係〉**

$a<b$ の場合をもとにして

$$\begin{cases} a=b \text{ のとき，} \displaystyle\int_a^b f(t)\,dt=0 \\ a>b \text{ のとき，} \displaystyle\int_a^b f(t)\,dt=-\int_b^a f(t)\,dt \end{cases}$$

と定めれば，定積分がすべての場合に定義され数学Ⅱで学んだ計算法則がそのまま成り立ちます．

本問において，積分の上端 b を変数 x に変えて微分すると

$$\boldsymbol{\frac{d}{dx}\int_a^x f(t)\,dt=\frac{d}{dx}\{F(x)-F(a)\}=F'(x)=f(x)}$$

すなわち，微分と積分は互いに逆演算の関係にあることがわかります．

こちらの方を基本定理ということもあります．

〈定積分のイメージ〉

定積分 $\displaystyle\int_a^b f(t)\,dt$ の定義は標問に示した通りですが，もっと大らかに分割を限りなく細かくするとき，t_k-t_{k-1} と $\sum$ がそれぞれ dt と $\displaystyle\int$ に変化するとみて

$f(t)$ と dt を掛けた微小量 $f(t)\,dt$ を
a から b まで滑らかに足したものが積分

だと考えてよいでしょう．

直感的な理解は積分を応用していく上でとても大切です．たとえば

$f(t)$ が高さのとき，$f(t)\,dt$ は微小面積

$f(t)$ が断面積のとき，$f(t)\,dt$ は微小体積

を表すので，それを a から b まで滑らかに加えた

$$\int_a^b f(t)\,dt$$

はそれぞれ面積，体積になります．このような考え方を**区分求積**といいます．

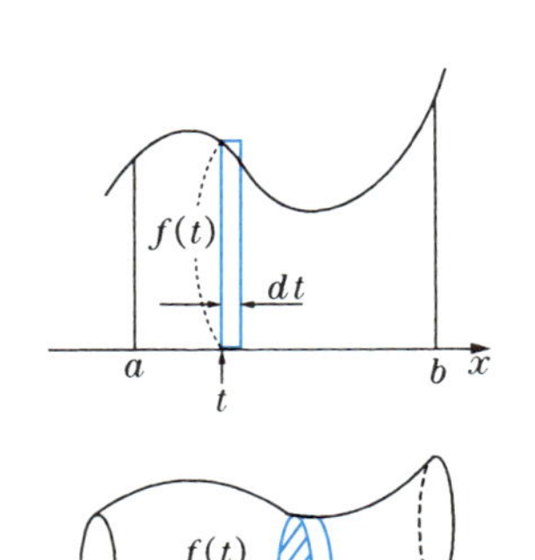

そして，$f(t)$ の原始関数 $F(t)$ がわかれば，基本定理によってその値

$F(b)-F(a)$

が求まります．

標問 51　基本的な積分 (1)

次の不定積分を求めよ．

(1) $\displaystyle\int\frac{2-4x}{\sqrt[3]{x}}dx$　　(2) $\displaystyle\int\frac{x}{\sqrt{x+2}-\sqrt{2}}dx$

(3) $\displaystyle\int\frac{1}{3-2x}dx$　　(4) $\displaystyle\int(e^{3x}+2^x)dx$

(5) $\displaystyle\int\tan^2 x\,dx$　　(6) $\displaystyle\int\sin^2 x\,dx$

(7) $\displaystyle\int\cos^4 x\,dx$　　(8) $\displaystyle\int\sin 3x\cos x\,dx$

精講　微分の公式（標問 **21**）を逆さ読みすることで以下の積分の基本公式が得られます．

① $\displaystyle\int x^r dx=\frac{x^{r+1}}{r+1}+C\ (r\neq -1)$

② $\displaystyle\int\frac{1}{x}dx=\log|x|+C$

③ $\displaystyle\int e^x dx=e^x+C$

④ $\displaystyle\int a^x dx=\frac{a^x}{\log a}+C\ (a>0,\ a\neq 1)$

⑤ $\displaystyle\int\cos x\,dx=\sin x+C$

⑥ $\displaystyle\int\sin x\,dx=-\cos x+C$

⑦ $\displaystyle\int\frac{1}{\cos^2 x}dx=\tan x+C$

②は説明が必要でしょう．$x<0$ のとき

$$(\log|x|)'=\{\log(-x)\}'=\frac{1}{-x}(-x)'=\frac{1}{x}$$

となるので，$x>0$ のときと合わせて②が成立します．

本問では，$F'(x)=f(x)$ のとき

$$\int f(ax+b)dx=\frac{1}{a}F(ax+b)+C$$

であることを使えば直ちに基本公式に帰着するものだけを扱います．

解法のプロセス

(1) ①による

(2) 分母を有理化

(3) ②による

(4) ③，④による

(5) $1+\tan^2 x=\dfrac{1}{\cos^2 x}$ と⑦による

(6) 次数下げ

(7) 次数下げをくり返す

(8) 積を和に直して，次数を下げる

なお,

三角関数の積分は次数を下げる

のが原則です.

〈 解　答 〉

(1) $\displaystyle\int\frac{2-4x}{\sqrt[3]{x}}dx=\int(2x^{-\frac{1}{3}}-4x^{\frac{2}{3}})dx$

$\displaystyle=\boldsymbol{3x^{\frac{2}{3}}-\frac{12}{5}x^{\frac{5}{3}}+C}$

(2) $\displaystyle\int\frac{x}{\sqrt{x+2}-\sqrt{2}}dx=\int\frac{x(\sqrt{x+2}+\sqrt{2})}{(x+2)-2}dx$ 　← 分母を有理化

$\displaystyle=\int\{(x+2)^{\frac{1}{2}}+\sqrt{2}\}dx$

$\displaystyle=\boldsymbol{\frac{2}{3}(x+2)^{\frac{3}{2}}+\sqrt{2}x+C}$

(3) $\displaystyle\int\frac{1}{3-2x}dx$ 　← $3-2x$ をかたまりとみる

$\displaystyle=\boldsymbol{-\frac{1}{2}\log|3-2x|+C}$

(4) $\displaystyle\int(e^{3x}+2^x)dx$ 　← $\displaystyle\int 2^x dx=\int e^{x\log 2}dx$ と直してもよい

$\displaystyle=\boldsymbol{\frac{1}{3}e^{3x}+\frac{2^x}{\log 2}+C}$

(5) $\displaystyle\int\tan^2 x\,dx=\int\left(\frac{1}{\cos^2 x}-1\right)dx$ 　← $1+\tan^2 x=\dfrac{1}{\cos^2 x}$

$=\boldsymbol{\tan x-x+C}$

(6) $\displaystyle\int\sin^2 x\,dx=\int\frac{1-\cos 2x}{2}dx$ 　← 半角の公式

$\displaystyle=\boldsymbol{\frac{1}{2}x-\frac{1}{4}\sin 2x+C}$

(7) $\displaystyle\int\cos^4 x\,dx=\int\left(\frac{1+\cos 2x}{2}\right)^2dx$ 　← 半角の公式

$\displaystyle=\frac{1}{4}\int(1+2\cos 2x+\cos^2 2x)dx$ 　← 再び半角の公式

$\displaystyle=\frac{1}{4}\int\left(1+2\cos 2x+\frac{1+\cos 4x}{2}\right)dx$

$\displaystyle=\int\left(\frac{3}{8}+\frac{1}{2}\cos 2x+\frac{\cos 4x}{8}\right)dx$

$\displaystyle=\boldsymbol{\frac{3}{8}x+\frac{1}{4}\sin 2x+\frac{1}{32}\sin 4x+C}$

(8) $\int \sin 3x \cos x\, dx$

$=\frac{1}{2}\int(\sin 4x+\sin 2x)\,dx$

$=-\frac{1}{8}\cos 4x-\frac{1}{4}\cos 2x+C$

← $\sin\alpha\cos\beta=\frac{1}{2}\{\sin(\alpha+\beta)+\sin(\alpha-\beta)\}$

研究 〈三角関数の公式〉

以下の諸公式は使えるようにしましょう.

2倍角の公式

$$\begin{cases}\sin 2\alpha=2\sin\alpha\cos\alpha\\ \cos 2\alpha=\cos^2\alpha-\sin^2\alpha\end{cases}$$

$=2\cos^2\alpha-1$ ……(ア)

$=1-2\sin^2\alpha$ ……(イ)

半角の公式

$$\begin{cases}\cos^2\alpha=\frac{1+\cos 2\alpha}{2}\\ \sin^2\alpha=\frac{1-\cos 2\alpha}{2}\end{cases}$$

← (ア)による

← (イ)による

3倍角の公式

$$\begin{cases}\sin 3\alpha=3\sin\alpha-4\sin^3\alpha\\ \cos 3\alpha=4\cos^3\alpha-3\cos\alpha\end{cases}$$

← $\sin(2\alpha+\alpha)$ を展開

← $\cos(2\alpha+\alpha)$ を展開

積を和・差に変える公式

$$\sin\alpha\cos\beta=\frac{1}{2}\{\sin(\alpha+\beta)+\sin(\alpha-\beta)\}$$

etc.

← 右辺を展開

和・差を積に変える公式

$$\sin A+\sin B=2\sin\frac{A+B}{2}\cos\frac{A-B}{2}$$

etc.

← 上式で $\alpha+\beta=A$, $\alpha-\beta=B$ とおく

〈(8)の別解〉

標問 **52** の方法を先取りして次のようにしてもよい.

$$\int \sin 3x\cos x\, dx$$

$$=\int(3\sin x-4\sin^3 x)(\sin x)'\,dx$$

$$=\frac{3}{2}\sin^2 x-\sin^4 x+C$$

標問 52 基本的な積分（2）

次の不定積分を求めよ．

(1) $\displaystyle\int\frac{x^2}{\sqrt{x^3+2}}dx$　　(2) $\displaystyle\int\frac{e^x}{\sqrt{e^x+1}}dx$

(3) $\displaystyle\int\sin^3 x\,dx$　　(4) $\displaystyle\int\sin^2 x\cos^3 x\,dx$

(5) $\displaystyle\int\tan x\,dx$　　(6) $\displaystyle\int\frac{1}{x\log x}dx$

精講　本問では，次の 2 つの公式で計算できる積分の練習をします．

① $\displaystyle\int \boldsymbol{f(x)^r f'(x)\,dx=\frac{f(x)^{r+1}}{r+1}+C\ (r\neq -1)}$

② $\displaystyle\int \boldsymbol{\frac{f'(x)}{f(x)}dx=\log|f(x)|+C}$

いずれも右辺を微分すると左辺の被積分関数と一致します．

公式を適用する際には

被積分関数を $f(x)$ と $f'(x)$ に分ける

と考えればよいでしょう．ある部分を $f(x)$ とみたとき，残りの部分が $f'(x)$ になるように $f(x)$ を選びます．

解法のプロセス

(1)，(2)　①による

(3)，(4)　奇数乗に注目して，①を使う

(5)　$\cos x$，$\sin x$ で表して，②を使う

(6)　②による

〈 解　答 〉

(1) $\displaystyle\int\frac{x^2}{\sqrt{x^3+2}}dx$　　← $x^2=\frac{1}{3}(x^3+2)'$

$\displaystyle=\frac{1}{3}\int(x^3+2)^{-\frac{1}{2}}(x^3+2)'\,dx$

$\displaystyle=\frac{2}{3}(x^3+2)^{\frac{1}{2}}+C$　　← これを答えにしてもよい

$\displaystyle=\boldsymbol{\frac{2}{3}\sqrt{x^3+2}+C}$　　← 微分して検算する

(2) $\displaystyle\int\frac{e^x}{\sqrt{e^x+1}}dx=\int(e^x+1)^{-\frac{1}{2}}(e^x+1)'\,dx$　　← $e^x=(e^x+1)'$

$=\boldsymbol{2\sqrt{e^x+1}+C}$

(3)　$\int \sin^3 x\,dx = \int (1-\cos^2 x)\sin x\,dx$　　⬅ 奇数乗に注目

$= -\int (1-\cos^2 x)(\cos x)'\,dx$　　⬅ $\sin x = -(\cos x)'$

$= \boldsymbol{\frac{1}{3}\cos^3 x - \cos x + C}$

(4)　$\int \sin^2 x\cos^3 x\,dx$　　⬅ 奇数乗に注目

$= \int \sin^2 x(1-\sin^2 x)\cos x\,dx$　　⬅ $\cos x = (\sin x)'$

$= \int (\sin^2 x - \sin^4 x)(\sin x)'\,dx$

$= \boldsymbol{\frac{1}{3}\sin^3 x - \frac{1}{5}\sin^5 x + C}$

(5)　$\int \tan x\,dx = \int \frac{\sin x}{\cos x}\,dx$

$= -\int \frac{(\cos x)'}{\cos x}\,dx$

$= \boldsymbol{-\log|\cos x| + C}$　　⬅ 公式

(6)　$\int \frac{1}{x\log x}\,dx = \int \frac{(\log x)'}{\log x}\,dx$　　⬅ $\frac{1}{x} = (\log x)'$

$= \boldsymbol{\log|\log x| + C}$

研究　(3)は次数下げの原則から，3倍角の公式

$$\sin 3x = 3\sin x - 4\sin^3 x$$

を利用して

$$\int \sin^3 x\,dx = \int \frac{3\sin x - \sin 3x}{4}\,dx$$

$$= -\frac{3}{4}\cos x + \frac{1}{12}\cos 3x + C$$

とすることもできます．結果が違うようにみえますが

$$\cos 3x = 4\cos^3 x - 3\cos x$$

を代入すれば一致します．

演習問題

52　次の定積分を計算せよ．

(1)　$\int_0^{\frac{\pi}{2}} \frac{\sin x\cos x}{1+\sin^2 x}\,dx$　　(東京電機大)

(2)　$\int_0^1 \frac{x}{1+x^2}\log(1+x^2)\,dx$　　(東海大)

標問 53 分数関数の積分

次の不定積分を求めよ.

(1) $\displaystyle\int\frac{1}{4-x^2}dx$　　(2) $\displaystyle\int\frac{x^3+2x^2-6}{x^2+x-2}dx$

(3) $\displaystyle\int\frac{9x^2}{(x-1)^2(x+2)}dx$　　(4) $\displaystyle\int\frac{x^3+x^2+1}{x^2(x^2+1)}dx$

精講　分数関数を積分するには，必要ならば割り算によって多項式と真分数式（分子が分母より低次の分数式）の和に直し，次にその真分数式を部分分数に分けます.

〈例 1〉　$\dfrac{1}{x(x+1)}$ を部分分数 $\dfrac{1}{x}$ と $\dfrac{1}{x+1}$ に分けて

$$\int\frac{1}{x(x+1)}dx=\int\left(\frac{1}{x}-\frac{1}{x+1}\right)dx$$
$$=\log|x|-\log|x+1|+C$$
$$=\log\left|\frac{x}{x+1}\right|+C$$

数学Ⅲで扱う真分数式は，次のようにして部分分数の和に直すことができます.

分母を実数の範囲で因数分解すると，n を自然数，$a\neq 0$ として

(A)　$(ax+b)^n$

または

(B)　ax^2+bx+c　$(b^2-4ac<0)$

の形をしたいくつかの互いに素な多項式の積になります．このとき，(A)型からは

$$\frac{c_1}{ax+b}+\frac{c_2}{(ax+b)^2}+\cdots\cdots+\frac{c_n}{(ax+b)^n}$$

(B)型からは

$$\frac{px+q}{ax^2+bx+c}$$

という形の部分分数が現れます.

解法のプロセス

(1) 例1と同じ

(2) 割り算して
⇩
部分分数に分ける

(3) $\dfrac{a}{x-1}+\dfrac{b}{(x-1)^2}+\dfrac{c}{x+2}$ とおく

(4) $\dfrac{a}{x}+\dfrac{b}{x^2}+\dfrac{cx+d}{x^2+1}$ とおく

← (A)型に対する分数の分子は定数

← (B)型に対する分数の分子は高々1次式

〈例 2〉

$$\frac{x^7+1}{x^2(x-2)^3(x^2+1)(x^2+2x+2)}$$
$$=\frac{a}{x}+\frac{b}{x^2}+\frac{c}{x-2}+\frac{d}{(x-2)^2}+\frac{e}{(x-2)^3}+\frac{px+q}{x^2+1}+\frac{rx+s}{x^2+2x+2}$$

とおいてすべての係数を決定できる．

〈 解　答 〉

(1) $\displaystyle\int\frac{1}{4-x^2}dx=\int\frac{1}{(2+x)(2-x)}dx$

$\displaystyle=\frac{1}{4}\int\left(\frac{1}{2+x}+\frac{1}{2-x}\right)dx$

$\displaystyle=\frac{1}{4}(\log|2+x|-\log|2-x|)+C$　　← $(\log|2-x|)'=\dfrac{-1}{2-x}$ に注意

$\displaystyle=\boldsymbol{\frac{1}{4}\log\left|\frac{2+x}{2-x}\right|+C}$

(2) $\displaystyle\frac{x^3+2x^2-6}{x^2+x-2}=x+1+\frac{x-4}{x^2+x-2}$　　← 割り算して真分数式に直す

$\displaystyle=x+1+\frac{x-4}{(x+2)(x-1)}$

$$\frac{x-4}{(x+2)(x-1)}=\frac{a}{x+2}+\frac{b}{x-1}$$

とおくと

$x-4=a(x-1)+b(x+2)$
$\quad=(a+b)x-a+2b$
$\therefore\quad a+b=1,\ -a+2b=-4$
$\therefore\quad a=2,\ b=-1$

← (3), (4)ではこの計算を省略し，結果のみを示す

ゆえに

$\displaystyle\int\frac{x^3+2x^2-6}{x^2+x-2}dx=\int\left(x+1+\frac{2}{x+2}-\frac{1}{x-1}\right)dx$

$\displaystyle=\frac{1}{2}x^2+x+2\log|x+2|-\log|x-1|+C$

$\displaystyle=\boldsymbol{\frac{1}{2}x^2+x+\log\frac{(x+2)^2}{|x-1|}+C}$

(3) $\displaystyle\frac{9x^2}{(x-1)^2(x+2)}=\frac{a}{x-1}+\frac{b}{(x-1)^2}+\frac{c}{x+2}$　　← 分子はすべて定数

とおく．

係数比較により

$a=5,\ b=3,\ c=4$

ゆえに

$$\int\frac{9x^2}{(x-1)^2(x+2)}dx$$

$$=\int\left\{\frac{5}{x-1}+\frac{3}{(x-1)^2}+\frac{4}{x+2}\right\}dx$$

$$=5\log|x-1|-\frac{3}{x-1}+4\log|x+2|+C$$

$$=\log(x+2)^4|x-1|^5-\frac{3}{x-1}+C$$

(4) $\dfrac{x^3+x^2+1}{x^2(x^2+1)}=\dfrac{a}{x}+\dfrac{b}{x^2}+\dfrac{cx+d}{x^2+1}$

← x^2+1 に対する分数の分子は高々 1 次式

とおく．係数比較により

$a=0,\ b=1,\ c=1,\ d=0$

ゆえに

$$\int\frac{x^3+x^2+1}{x^2(x^2+1)}dx=\int\left(\frac{1}{x^2}+\frac{x}{x^2+1}\right)dx$$

$$=\int\left\{\frac{1}{x^2}+\frac{1}{2}\cdot\frac{(x^2+1)'}{x^2+1}\right\}dx$$

← $\displaystyle\int\frac{f'(x)}{f(x)}dx=\log|f(x)|+C$

$$=-\frac{1}{x}+\frac{1}{2}\log(x^2+1)+C$$

研究 $\left\langle I=\displaystyle\int\frac{px+q}{ax^2+bx+c}dx\ (b^2-4ac<0)\ \text{について}\right\rangle$

不定積分 I は，分子が分母の導関数の定数倍，すなわち

$px+q=k(2ax+b)$

と表せる場合には次のようになります．

$$I=k\int\frac{2ax+b}{ax^2+bx+c}dx=k\log|ax^2+bx+c|+C$$

これ以外のときは高校数学の範囲内では計算できません．しかし，定積分ならば値を知ることができることもあります．(標問 **57**)

演習問題

53 次の定積分の値を求めよ．

(1) $\displaystyle\int_{-1}^{0}\frac{1}{(x-1)(x-2)^2}dx$ （小樽商大）

(2) $\displaystyle\int_{0}^{1}\frac{x^2-2x+3}{(x+1)(x^2+1)}dx$ （日本大）

第3章

標問 54 置換積分

次の不定積分を求めよ.

(1) $\displaystyle\int \frac{x}{\sqrt{2x+1}}dx$　　(2) $\displaystyle\int \frac{x^3}{\sqrt{1+x^2}}dx$

(3) $\displaystyle\int \frac{1}{e^x+1}dx$　　(4) $\displaystyle\int \tan^3 x\,dx$

精講 $t=g(x)$ のとき，合成関数の微分法により

$$\frac{d}{dx}\int f(t)\,dt=\left(\frac{d}{dt}\int f(t)\,dt\right)\frac{dt}{dx}$$
$$=f(t)g'(x)$$
$$=f(g(x))g'(x)$$

両辺を積分すると置換積分の公式

$$\boldsymbol{\int f(g(x))g'(x)dx=\int f(t)dt \quad (g(x)=t)}$$

が得られます.

右辺の積分がやさしくなるように，うまく $g(x)$ を選びます.

解法のプロセス

(1) $\sqrt{2x+1}=t$ とおく

(2) $\sqrt{1+x^2}=t$ とおく

(3) $e^x=t$ とおく

(4) $\tan x=t$ とおく

〈解 答〉

(1) $\sqrt{2x+1}=t$ とおくと，$x=\dfrac{t^2-1}{2}$

$\dfrac{dx}{dt}=t$ より $dx=t\,dt$ となるので　← 便宜的に分数式とみてよい

$$\int \frac{x}{\sqrt{2x+1}}dx=\int \frac{t^2-1}{2t}\cdot t\,dt$$

$$=\frac{1}{2}\int (t^2-1)\,dt=\frac{1}{6}t^3-\frac{1}{2}t+C$$

$$=\boldsymbol{\frac{1}{3}(x-1)\sqrt{2x+1}+C}$$　← 最後は x の式に直す

(2) $\sqrt{1+x^2}=t$ とおくと，$x^2=t^2-1$

$\dfrac{dt}{dx}=\dfrac{x}{\sqrt{1+x^2}}$ より $\dfrac{x}{\sqrt{1+x^2}}dx=dt$

となるから

$$\int \frac{x^3}{\sqrt{1+x^2}}dx=\int x^2\cdot\frac{x}{\sqrt{1+x^2}}dx$$

$$=\int(t^2-1)\,dt=\frac{1}{3}t^3-t+C$$

$$=\boldsymbol{\frac{1}{3}(x^2-2)\sqrt{x^2+1}+C}$$

(3)　$e^x=t$ とおくと，$x=\log t$ より

$$\frac{dx}{dt}=\frac{1}{t}\qquad\therefore\quad dx=\frac{1}{t}dt$$

ゆえに

$$\int\frac{1}{e^x+1}dx=\int\frac{1}{t(t+1)}dt$$

$$=\int\left(\frac{1}{t}-\frac{1}{t+1}\right)dt$$

⬅ 部分分数に分ける

$$=\log t-\log(t+1)+C$$

⬅ $t=e^x>0$

$$=\boldsymbol{\log\frac{e^x}{e^x+1}+C}$$

(4)　$\tan x=t$ とおくと，

$$\frac{dt}{dx}=\frac{1}{\cos^2 x}=1+\tan^2 x=1+t^2$$ より

$$dx=\frac{dt}{1+t^2}$$

ゆえに

$$\int\tan^3 x\,dx=\int\frac{t^3}{1+t^2}dt$$

⬅ 割り算

$$=\int\left(t-\frac{t}{1+t^2}\right)dt$$

$$=\frac{1}{2}t^2-\frac{1}{2}\log(1+t^2)+C$$

⬅ $\int\frac{f'(x)}{f(x)}dx$
$=\log|f(x)|+C$

$$=\frac{1}{2}\tan^2 x-\frac{1}{2}\log(1+\tan^2 x)+C$$

⬅ これを答えにしてもよい

$$=\boldsymbol{\frac{1}{2}\tan^2 x+\log|\cos x|+C}$$

研究　$g(x)$ の選び方はいろいろあるのが普通です．本問では，それぞれ
(1)　$2x+1=t$　　(2)　$1+x^2=t$　　(3)　$e^x+1=t$
とおいても計算することができます．

演習問題

54　$\displaystyle\int\frac{1}{2+3e^x+e^{2x}}dx$ を求めよ．　　（東京理大）

標問 55 部分積分

次の不定積分を求めよ．

(1) $\int xe^x dx$ (2) $\int x^2 e^{-x} dx$

(3) $\int x\cos^2 x\,dx$ (4) $\int x^2 \sin x\,dx$

(5) $\int \log x\,dx$ (6) $\int \log(x+3)\,dx$

(7) $\int (\log x)^2 dx$ (8) $\int \frac{\log(1+x)}{x^2}dx$

精講 置換積分は合成関数の微分法の読み替えでしたが，積の微分法を読み替えると部分積分法になります．

$$(f(x)g(x))' = f'(x)g(x) + f(x)g'(x)$$

を積分して

$$f(x)g(x) = \int f'(x)g(x)dx + \int f(x)g'(x)dx$$

これから部分積分の公式

$$\boldsymbol{\int f'(x)g(x)\,dx = f(x)g(x) - \int f(x)g'(x)\,dx}$$

（$f'(x)$ → $f(x)$：積分，$g(x)$ → $g'(x)$：微分）

が従います．この積分法が役立つのは，主に被積分関数の形が

$$x^n \times \begin{cases} \text{指数関数} \\ \text{三角関数} \\ \text{対数関数} \end{cases}$$

のいずれかのときであり，

指数関数と三角関数は $f'(x)$ とみて積分する
対数関数は $g(x)$ とみて微分する

方針で適用します．

解法のプロセス

(1) $x(e^x)'$ とみる

(2) $x^2(-e^{-x})'$ とみて始め，2回くり返す

(3) $\cos^2 x$ の次数を下げてから計算

(4) $x^2(-\cos x)'$ とみて始め，2回くり返す

(5) $(x)'\log x$ とみる

(6) $(x+3)'\log(x+3)$ とみる

(7) $(x)'(\log x)^2$ とみて始め，2回くり返す

(8) $\left(-\frac{1}{x}\right)'\log(1+x)$ とみる

〈 解　答 〉

(1) $\int xe^x\,dx=\int x(e^x)'\,dx$

$=xe^x-\int e^x\,dx=\boldsymbol{(x-1)e^x+C}$

(2) $\int x^2e^{-x}\,dx=\int x^2(-e^{-x})'\,dx$

$=x^2(-e^{-x})-\int 2x(-e^{-x})\,dx$ 　← もう一度部分積分

$=-x^2e^{-x}-2\int x(e^{-x})'\,dx$

$=-x^2e^{-x}-2\left(xe^{-x}-\int e^{-x}\,dx\right)$

$=\boldsymbol{-(x^2+2x+2)e^{-x}+C}$

(3) $\int x\cos^2 x\,dx=\int x\cdot\dfrac{1+\cos 2x}{2}\,dx$ 　← 初めに次数を下げる

$=\dfrac{1}{2}\left\{\int x\,dx+\int x\left(\dfrac{1}{2}\sin 2x\right)'dx\right\}$

$=\dfrac{1}{2}\left(\dfrac{1}{2}x^2+x\cdot\dfrac{1}{2}\sin 2x-\int\dfrac{1}{2}\sin 2x\,dx\right)$

$=\boldsymbol{\dfrac{1}{4}x^2+\dfrac{1}{4}x\sin 2x+\dfrac{1}{8}\cos 2x+C}$

(4) $\int x^2\sin x\,dx=\int x^2(-\cos x)'\,dx$

$=x^2(-\cos x)-\int 2x(-\cos x)\,dx$

$=-x^2\cos x+2\int x(\sin x)'\,dx$ 　← もう一度部分積分

$=-x^2\cos x+2\left(x\sin x-\int\sin x\,dx\right)$

$=\boldsymbol{-x^2\cos x+2x\sin x+2\cos x+C}$

(5) $\int\log x\,dx=\int(x)'\log x\,dx$

$=x\log x-\int x\cdot\dfrac{1}{x}\,dx=\boldsymbol{x\log x-x+C}$ 　← 公式として覚える

(6) $\int\log(x+3)\,dx=\int(x+3)'\log(x+3)\,dx$

$=(x+3)\log(x+3)-\int(x+3)\cdot\dfrac{1}{x+3}\,dx$

$=\boldsymbol{(x+3)\log(x+3)-x+C}$

(7) $\displaystyle\int(\log x)^2\,dx=\int(x)'(\log x)^2\,dx$

$\displaystyle=x(\log x)^2-\int x\cdot 2\log x\cdot\frac{1}{x}\,dx$

$\displaystyle=x(\log x)^2-2\int\log x\,dx$　　⬅ 2回目は(5)を使う

$=x(\log x)^2-2(x\log x-x)+C$

$\boldsymbol{=x(\log x)^2-2x\log x+2x+C}$

(8) $\displaystyle\int\frac{\log(1+x)}{x^2}\,dx=\int\left(-\frac{1}{x}\right)'\log(1+x)\,dx$

$\displaystyle=-\frac{1}{x}\log(1+x)-\int\left(-\frac{1}{x}\right)\frac{1}{1+x}\,dx$　　⬅ 部分分数に分ける

$\displaystyle=-\frac{1}{x}\log(1+x)+\int\left(\frac{1}{x}-\frac{1}{1+x}\right)dx$

$\displaystyle=-\frac{1}{x}\log(1+x)+\log|x|-\log|1+x|+C$

$\displaystyle\boldsymbol{=-\frac{1}{x}\log(1+x)+\log\left|\frac{x}{1+x}\right|+C}$

研究　(6)は次のように計算することもできます．

$$\int\log(x+3)\,dx=\int(x)'\log(x+3)\,dx$$

$\displaystyle=x\log(x+3)-\int\frac{x}{x+3}\,dx$　　⬅ 割って真分数式に直す

$\displaystyle=x\log(x+3)-\int\left(1-\frac{3}{x+3}\right)dx$

$=x\log(x+3)-x+3\log(x+3)+C$

しかし，割らないですむ分だけ**解答**の仕方の方が楽です．

演習問題

55　次の定積分を計算せよ．

(1) $\displaystyle\int_0^{\frac{\pi}{2}}x^2\cos^2 x\,dx$　　(立教大)

(2) $\displaystyle\int_0^1\log(x+\sqrt{1+x^2})\,dx$　　(明治大)

標問 56 $e^{ax}\cos bx$, $e^{ax}\sin bx$ の積分

$ab \neq 0$ のとき，次の不定積分を求めよ．

$$I=\int e^{ax}\cos bx\,dx$$

精講 e^{ax} は何回微分しても定数倍しか変化しません．一方，$\cos bx$ は2回微分すると定数倍の違いを除いてもとにもどります：

$$(\cos bx)''=(-b\sin bx)'=-b^2\cos bx$$

このことから，部分積分を2度くり返すと I の1次方程式が導かれます．

ただし，部分積分の公式の $f'(x)$ とみなす関数（e^{ax} または $\cos bx$）は，2回とも同じものを選択しないと意味のある方程式を得ることができません．

解法のプロセス

部分積分を2回くり返す

⇩

I の1次方程式

〈解答〉

$$I=\int e^{ax}\cos bx\,dx$$

$$=\int\left(\frac{1}{a}e^{ax}\right)'\cos bx\,dx$$

← $\int e^{ax}\left(\frac{1}{b}\sin bx\right)'dx$ から出発してもよい

$$=\frac{1}{a}e^{ax}\cos bx-\int\frac{1}{a}e^{ax}(-b\sin bx)\,dx$$

$$=\frac{1}{a}e^{ax}\cos bx+\frac{b}{a}\int e^{ax}\sin bx\,dx \quad \cdots\cdots(*)$$

$$=\frac{1}{a}e^{ax}\cos bx+\frac{b}{a}\int\left(\frac{1}{a}e^{ax}\right)'\sin bx\,dx$$

← $\int e^{ax}\left(-\frac{1}{b}\cos bx\right)'dx$ とすると何も得られない

$$=\frac{1}{a}e^{ax}\cos bx$$

$$+\frac{b}{a}\left\{\frac{1}{a}e^{ax}\sin bx-\int\frac{1}{a}e^{ax}\cdot b\cos bx\,dx\right\}$$

$$=\frac{1}{a}e^{ax}\cos bx+\frac{b}{a^2}e^{ax}\sin bx-\frac{b^2}{a^2}\int e^{ax}\cos bx\,dx$$

$$=\frac{1}{a^2}e^{ax}(a\cos bx+b\sin bx)-\frac{b^2}{a^2}I$$

$$\therefore\quad \boldsymbol{I=\frac{e^{ax}}{a^2+b^2}(a\cos bx+b\sin bx)+C}$$

研究 $\left\langle J=\int e^{ax}\sin bx\,dx\right.$ と組にして計算する$\left.\right\rangle$

解答中の(＊)より，

$$I=\frac{1}{a}e^{ax}\cos bx+\frac{b}{a}J \qquad \cdots\cdots①$$

一方，J から始めると，

$$J=\int\left(\frac{1}{a}e^{ax}\right)'\sin bx\,dx$$

← I に合わせる

$$=\frac{1}{a}e^{ax}\sin bx-\int\frac{1}{a}e^{ax}\cdot b\cos bx\,dx$$

$$=\frac{1}{a}e^{ax}\sin bx-\frac{b}{a}I \qquad \cdots\cdots②$$

①，②より J を消去すると，

$$I=\frac{1}{a}e^{ax}\cos bx+\frac{b}{a}\left(\frac{1}{a}e^{ax}\sin bx-\frac{b}{a}I\right)$$

$$\therefore\quad \frac{a^2+b^2}{a^2}I=\frac{e^{ax}}{a^2}(a\cos bx+b\sin bx)$$

$$\therefore\quad I=\frac{e^{ax}}{a^2+b^2}(a\cos bx+b\sin bx)+C$$

この方法も 2 回部分積分することに変わりありません．

〈演習問題 56 (2)の考え方〉

(1)から $e^{\pi}>21$ を示せばよいことがわかります．そこで与えられた近似値を使って安直に評価すると

$$e^{\pi}>(2.71)^3=19.90\cdots$$

うまくいきません．したがって，π の小数点以下が関与しているはずです．では

$$e^{\pi}=e^{3.14\cdots}=e^3\cdot e^{0.14\cdots}$$

としたとき，$e^{0.14\cdots}$ の部分を計算するにはどうすればよいのでしょうか．出題者は「接線を使って小さな工夫ができますか」と聞いています．

演習問題

56 次の各問いに答えよ．ただし，$\pi=3.14\cdots$ は円周率，$e=2.71\cdots$ は自然対数の底である．

(1) 定積分 $\int_0^{\pi}e^x\sin^2 x\,dx$ の値を求めよ．

(2) $\int_0^{\pi}e^x\sin^2 x\,dx>8$ を示せ． （東 大）

標問 57 置換定積分

次の定積分を求めよ．

(1) $\displaystyle\int_0^2 \frac{1}{\sqrt{16-x^2}}\,dx$　　(2) $\displaystyle\int_{-2}^1 \sqrt{4-x^2}\,dx$

(3) $\displaystyle\int_0^4 x\sqrt{4x-x^2}\,dx$　　(4) $\displaystyle\int_0^2 \frac{1}{x^2+4}\,dx$

(5) $\displaystyle\int_0^1 \frac{1}{x^3+1}\,dx$　　(6) $\displaystyle\int_{\frac{\pi}{3}}^{\frac{\pi}{2}} \frac{1}{\sin\theta}\,d\theta$

精講　$F(x)=\int f(x)\,dx$ において
$x=g(t)$ とおくと，置換積分法により

$$F(g(t))=\int f(g(t))g'(t)\,dt$$

となるのでした．したがって

$$a=g(\alpha),\quad b=g(\beta)$$

のとき，

$$\int_\alpha^\beta f(g(t))g'(t)\,dt=\Big[F(g(t))\Big]_\alpha^\beta$$
$$=F(g(\beta))-F(g(\alpha))$$
$$=F(b)-F(a)=\int_a^b f(x)\,dx$$

が成り立ちます．まとめると

$x=g(t)$ とおくとき，
$a=g(\alpha)$，$b=g(\beta)$
ならば

$$\int_a^b f(x)\,dx=\int_\alpha^\beta f(g(t))g'(t)\,dt \qquad \cdots\cdots(*)$$

この計算法を**置換定積分**といいます．

もちろん，(*) の右辺の方が左辺よりも積分が容易になるように $g(t)$ を選びます．その代表的な方針として次の2つが知られています．

$\sqrt{a^2-x^2}$ を含む積分では

$$x=a\sin\theta\ \left(|\theta|\leqq\frac{\pi}{2}\right)\ \text{とおく}$$

解法のプロセス

(1)　$x=4\sin\theta$ とおく

(2)　$x=2\sin\theta$ とおく

(3)　$x\sqrt{4x-x^2}$
$=x\sqrt{4-(x-2)^2}$
⇩
$x-2=2\sin\theta$ とおく

(4)　$x=2\tan\theta$ とおく

(5)　部分分数に分解
⇩
次の3積分に帰着

$\displaystyle\int_0^1 \frac{1}{x+1}\,dx$

$\displaystyle\int_0^1 \frac{2x-1}{x^2-x+1}\,dx$

$\displaystyle\int_0^1 \frac{1}{x^2-x+1}\,dx$

(6)　分母，分子に $\sin\theta$ を掛けて
⇩
$\cos\theta=t$ とおく

$\dfrac{1}{x^2+a^2}$ を含む積分では

$x=a\tan\theta\ \left(|\theta|<\dfrac{\pi}{2}\right)$ とおく

〈 解　答 〉

(1) $x=4\sin\theta$ とおくと

← $|\theta|\leqq\dfrac{\pi}{2}$

$x:0\to 2$ のとき $\theta:0\to\dfrac{\pi}{6}$, $dx=4\cos\theta\,d\theta$

$$\int_0^2\frac{1}{\sqrt{16-x^2}}dx=\int_0^{\frac{\pi}{6}}\frac{1}{4\cos\theta}\cdot 4\cos\theta\,d\theta$$

$$=\int_0^{\frac{\pi}{6}}d\theta=\boldsymbol{\frac{\pi}{6}}$$

(2) $x=2\sin\theta$ とおくと

← $|\theta|\leqq\dfrac{\pi}{2}$

$x:-2\to 1$ のとき $\theta:-\dfrac{\pi}{2}\to\dfrac{\pi}{6}$, $dx=2\cos\theta\,d\theta$

$$\int_{-2}^1\sqrt{4-x^2}\,dx=\int_{-\frac{\pi}{2}}^{\frac{\pi}{6}}4\cos^2\theta\,d\theta$$

← 次数を下げる

$$=\int_{-\frac{\pi}{2}}^{\frac{\pi}{6}}2(1+\cos 2\theta)\,d\theta$$

$$=\Big[2\theta+\sin 2\theta\Big]_{-\frac{\pi}{2}}^{\frac{\pi}{6}}=\boldsymbol{\frac{4\pi}{3}+\frac{\sqrt{3}}{2}}$$

(3) $\displaystyle\int_0^4 x\sqrt{4x-x^2}\,dx=\int_0^4 x\sqrt{4-(x-2)^2}\,dx$

$x-2=2\sin\theta$ とおくと

← $|\theta|\leqq\dfrac{\pi}{2}$

$x:0\to 4$ のとき $\theta:-\dfrac{\pi}{2}\to\dfrac{\pi}{2}$, $dx=2\cos\theta\,d\theta$

$$\int_0^4 x\sqrt{4x-x^2}\,dx$$

$$=\int_{-\frac{\pi}{2}}^{\frac{\pi}{2}}(2+2\sin\theta)\cdot 4\cos^2\theta\,d\theta$$

← $\sin\theta\cos^2\theta$ は奇関数ゆえ, $\displaystyle\int_{-\frac{\pi}{2}}^{\frac{\pi}{2}}\sin\theta\cos^2\theta\,d\theta=0$

$$=8\int_{-\frac{\pi}{2}}^{\frac{\pi}{2}}\cos^2\theta\,d\theta$$

$$=8\int_0^{\frac{\pi}{2}}(1+\cos 2\theta)\,d\theta$$

← $f(x)$ が偶関数のとき $\displaystyle\int_{-a}^a f(x)\,dx=2\int_0^a f(x)\,dx$

$$=\Big[8\theta+4\sin 2\theta\Big]_0^{\frac{\pi}{2}}$$

$$=\boldsymbol{4\pi}$$

(4)　$x=2\tan\theta$ とおくと

← $|\theta|<\dfrac{\pi}{2}$

$x:0\to 2$ のとき $\theta:0\to\dfrac{\pi}{4}$，$dx=\dfrac{2}{\cos^2\theta}d\theta$

$$\int_0^2\frac{1}{x^2+4}dx=\int_0^{\frac{\pi}{4}}\frac{1}{4(1+\tan^2\theta)}\cdot\frac{2}{\cos^2\theta}d\theta$$

$$=\frac{1}{2}\int_0^{\frac{\pi}{4}}d\theta=\boldsymbol{\frac{\pi}{8}}$$

(5)　$\dfrac{1}{x^3+1}=\dfrac{a}{x+1}+\dfrac{bx+c}{x^2-x+1}$ とおくと

← x^2-x+1 の分子は，高々1次式

$a=\dfrac{1}{3}$，$b=-\dfrac{1}{3}$，$c=\dfrac{2}{3}$

← 係数を比較して求める

$$\int_0^1\frac{1}{x^3+1}dx=\frac{1}{3}\int_0^1\left(\frac{1}{x+1}+\frac{-x+2}{x^2-x+1}\right)dx$$

$$=\frac{1}{3}\int_0^1\left\{\frac{1}{x+1}+\frac{1}{2}\cdot\frac{(-2x+1)+3}{x^2-x+1}\right\}dx$$

← 分子から $(x^2-x+1)'=2x-1$ を引き出す

$$=\frac{1}{3}\int_0^1\left\{\frac{1}{x+1}-\frac{1}{2}\cdot\frac{(x^2-x+1)'}{x^2-x+1}\right\}dx$$

$$+\frac{1}{2}\int_0^1\frac{1}{x^2-x+1}dx$$

$$=\frac{1}{3}\left[\log(x+1)-\frac{1}{2}\log(x^2-x+1)\right]_0^1$$

← $\displaystyle\int\frac{f'(x)}{f(x)}dx=\log|f(x)|+C$

$$+\frac{1}{2}\int_0^1\frac{1}{\left(x-\frac{1}{2}\right)^2+\frac{3}{4}}dx$$

← $\dfrac{1}{x^2+a^2}$ を含む積分は $x=a\tan\theta$ とおく

$x-\dfrac{1}{2}=\dfrac{\sqrt{3}}{2}\tan\theta$ とおくと

← $|\theta|<\dfrac{\pi}{2}$

$x:0\to 1$ のとき $\theta:-\dfrac{\pi}{6}\to\dfrac{\pi}{6}$，$dx=\dfrac{\sqrt{3}}{2}\cdot\dfrac{1}{\cos^2\theta}d\theta$

$$\int_0^1\frac{1}{x^3+1}dx$$

$$=\frac{1}{3}\log 2+\frac{1}{2}\int_{-\frac{\pi}{6}}^{\frac{\pi}{6}}\frac{4}{3}\cdot\frac{1}{1+\tan^2\theta}\cdot\frac{\sqrt{3}}{2\cos^2\theta}d\theta$$

$$=\frac{1}{3}\log 2+\frac{\sqrt{3}}{3}\int_{-\frac{\pi}{6}}^{\frac{\pi}{6}}d\theta$$

$$=\boldsymbol{\frac{1}{3}\log 2+\frac{\sqrt{3}\,\pi}{9}}$$

(6)　$\displaystyle\int_{\frac{\pi}{3}}^{\frac{\pi}{2}}\frac{1}{\sin\theta}d\theta=\int_{\frac{\pi}{3}}^{\frac{\pi}{2}}\frac{\sin\theta}{1-\cos^2\theta}d\theta$

← 分母，分子に $\sin\theta$ を掛ける

$\cos\theta=t$ とおくと

第3章

$\theta:\dfrac{\pi}{3}\to\dfrac{\pi}{2}$ のとき $t:\dfrac{1}{2}\to 0$, $-\sin\theta d\theta=dt$

$$\int_{\frac{\pi}{3}}^{\frac{\pi}{2}}\frac{1}{\sin\theta}d\theta=\int_{\frac{1}{2}}^{0}\frac{1}{1-t^2}(-dt)$$

$$=\int_0^{\frac{1}{2}}\frac{1}{(1+t)(1-t)}dt$$

← 部分分数に分ける

$$=\frac{1}{2}\int_0^{\frac{1}{2}}\left(\frac{1}{1+t}+\frac{1}{1-t}\right)dt$$

← $\displaystyle\int\frac{1}{1-t}dt=-\log|1-t|+C$ に注意

$$=\frac{1}{2}\left[\log\left|\frac{1+t}{1-t}\right|\right]_0^{\frac{1}{2}}$$

$$=\boldsymbol{\frac{1}{2}\log 3}$$

研究　**〈円の積分〉**

(2)の被積分関数は

$$y=\sqrt{4-x^2}\iff x^2+y^2=4,\ y\geqq 0$$

ゆえ，上半円を表します．そこで積分を斜線部分の面積とみて計算すると

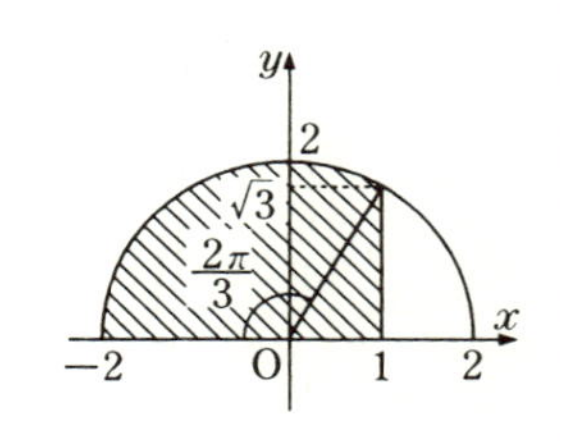

$$\int_{-2}^{1}\sqrt{4-x^2}\,dx=(\text{扇形})+(\text{三角形})$$

$$=\frac{4\pi}{3}+\frac{\sqrt{3}}{2}$$

〈$\cos\theta$，$\sin\theta$ の分数式の積分〉

$\tan\dfrac{\theta}{2}=t$ とおくと，$\cos\theta=\dfrac{1-t^2}{1+t^2}$，$\sin\theta=\dfrac{2t}{1+t^2}$

← $\begin{cases}\cos\theta=\dfrac{\cos^2\frac{\theta}{2}-\sin^2\frac{\theta}{2}}{\cos^2\frac{\theta}{2}+\sin^2\frac{\theta}{2}}\\[2ex]\sin\theta=\dfrac{2\sin\frac{\theta}{2}\cos\frac{\theta}{2}}{\cos^2\frac{\theta}{2}+\sin^2\frac{\theta}{2}}\end{cases}$

また $dt=\dfrac{1}{2\cos^2\frac{\theta}{2}}d\theta=\dfrac{1+t^2}{2}d\theta$ より，$d\theta=\dfrac{2}{1+t^2}dt$

となるので，t の分数関数の積分に帰着します．

演習問題

57-1　$\tan\dfrac{\theta}{2}=t$ とおいて，標問 **57** (6)の定積分の値を求めよ．

57-2　$x=\dfrac{\pi}{2}-t$ とおいて，定積分 $I=\displaystyle\int_0^{\frac{\pi}{2}}\frac{\sin x}{\sin x+\cos x}dx$ の値を求めよ．

（弘前大）

標問 58 $\sin^n x$ の定積分

n を 0 または正の整数とし，$a_n=\int_0^{\frac{\pi}{2}}\sin^n x\,dx$ とおくとき，

(1) 等式 $a_n=\dfrac{n-1}{n}a_{n-2}$ $(n\geqq 2)$ が成り立つことを示せ．

(2) a_n を n の式で表せ．

（関西医大）

精講 (1) a_n を標問 **51** のような仕方で次々に次数を下げて求めることはとてもできません．そこで，隣接 2 項の関係を調べる方針に切り換えて

$$a_n=\int_0^{\frac{\pi}{2}}\sin^{n-1}x(-\cos x)'\,dx$$

とみて部分積分すると，隣接ではなく隔接 2 項の関係が得られます．

(2) したがって，n が奇数，偶数の場合に分けて答えなければなりません．結果は公式です．

解法のプロセス

$\sin^n x=\sin^{n-1}x(-\cos x)'$ とみて

⇩

部分積分

⇩

漸化式を導く

〈 解　答 〉

(1) $a_n=\int_0^{\frac{\pi}{2}}\sin^{n-1}x(-\cos x)'\,dx$ ⬅ 出だしを覚える

$$=\Big[\sin^{n-1}x(-\cos x)\Big]_0^{\frac{\pi}{2}}-\int_0^{\frac{\pi}{2}}(n-1)\sin^{n-2}x\cos x(-\cos x)\,dx$$

$$=(n-1)\int_0^{\frac{\pi}{2}}\sin^{n-2}x(1-\sin^2 x)\,dx$$

$$=(n-1)\int_0^{\frac{\pi}{2}}(\sin^{n-2}x-\sin^n x)\,dx$$

$$=(n-1)\left\{\int_0^{\frac{\pi}{2}}\sin^{n-2}x\,dx-\int_0^{\frac{\pi}{2}}\sin^n x\,dx\right\}$$

$$=(n-1)(a_{n-2}-a_n)$$

$$\therefore\quad a_n=\frac{n-1}{n}a_{n-2}\ (n\geqq 2)$$

(2) $\boldsymbol{a_1}=\int_0^{\frac{\pi}{2}}\sin x\,dx=\Big[-\cos x\Big]_0^{\frac{\pi}{2}}=\mathbf{1}.$

n が 3 以上の奇数のとき

$$a_n=\frac{n-1}{n}a_{n-2}=\frac{n-1}{n}\cdot\frac{n-3}{n-2}a_{n-4}$$

$$=\frac{n-1}{n}\cdot\frac{n-3}{n-2}\cdot\cdots\cdot\frac{4}{5}\cdot\frac{2}{3}\cdot a_1$$

$$=\boldsymbol{\frac{n-1}{n}\cdot\frac{n-3}{n-2}\cdot\cdots\cdot\frac{4}{5}\cdot\frac{2}{3}\cdot 1}$$

n が偶数のとき

$$a_n=\frac{n-1}{n}\cdot\frac{n-3}{n-2}\cdot\cdots\cdot\frac{3}{4}\cdot\frac{1}{2}\cdot a_0$$

$$=\boldsymbol{\frac{n-1}{n}\cdot\frac{n-3}{n-2}\cdot\cdots\cdot\frac{3}{4}\cdot\frac{1}{2}\cdot\frac{\pi}{2}}$$

⬅ $a_0=\int_0^{\frac{\pi}{2}}dx=\frac{\pi}{2}$

研究 **〈$a_n\to 0$ となる速さ〉**

$0\leqq x<\frac{\pi}{2}$ のとき $\lim_{n\to\infty}\sin^n x=0$ であることから，$\lim_{n\to\infty}a_n=0$ となりそうです．そこで a_n が 0 に近づく速さを見積もってみましょう．

(1)より $na_n=(n-1)a_{n-2}$．この式の両辺に a_{n-1} を掛けて

$$na_na_{n-1}=(n-1)a_{n-1}a_{n-2}=\cdots\cdots=1\cdot a_1\cdot a_0=\frac{\pi}{2} \qquad \cdots\cdots①$$

一方，標問 **78**，精講 の不等式と積分の関係を先取りすれば，$n\geqq 2$ のとき $0<\sin^n x<\sin^{n-1}x<\sin^{n-2}x\ \left(0<x<\frac{\pi}{2}\right)$ であることより

$$0<a_n<a_{n-1}<a_{n-2}=\frac{n}{n-1}a_n$$

⬅ 等号は(1)による

$$\therefore\quad \frac{n-1}{n}<\frac{a_n}{a_{n-1}}<1$$

⬅ $\lim_{n\to\infty}\frac{n-1}{n}=1$

$$\therefore\quad \lim_{n\to\infty}\frac{a_n}{a_{n-1}}=1 \qquad \cdots\cdots②$$

①，②より $\lim_{n\to\infty}na_n{}^2=\lim_{n\to\infty}na_na_{n-1}\cdot\frac{a_n}{a_{n-1}}=\frac{\pi}{2}$ となるから

$$\lim_{n\to\infty}\sqrt{n}\,a_n=\sqrt{\frac{\pi}{2}}$$

したがって，$n\to\infty$ のとき，a_n は $\frac{1}{\sqrt{n}}$ 程度の速さで 0 に近づきます．

演習問題

58-1 n を 0 または正の整数とし，$b_n=\int_0^{\frac{\pi}{2}}\cos^n x\,dx$ とおくとき，b_n を n の式で表せ．

58-2 負でない整数 n に対して，$I_n=\int_0^{\frac{\pi}{4}}\tan^n x\,dx$ とおく．

(1) $I_{n+2}+I_n$ を計算せよ． (2) I_5，I_6 を求めよ． (新潟大)

標問 59 ベータ関数

自然数 p, q に対し，$B(p,\ q)=\int_0^1 x^{p-1}(1-x)^{q-1}dx$ と定義する．

(1) $q>1$ のとき，部分積分により次の等式を証明せよ．

$$B(p,\ q)=\frac{q-1}{p}B(p+1,\ q-1)$$

(2) (1)の結果を用いて，次の等式を証明せよ．

$$B(p,\ q)=\frac{(p-1)!(q-1)!}{(p+q-1)!}$$

（大阪工大）

精講

(1) $B(p,\ q)$ が $B(p+1,\ q-1)$ に変化するとき，p は増え，q は減ることから部分積分の仕方が決まります．

もちろん，x^{p-1} を積分し，$(1-x)^{q-1}$ を微分します．

(2) (1)を用いてどんどん q を減らしていくと，最後にはある n に対して

$$B(n,\ 1)=\int_0^1 x^{n-1}dx=\frac{1}{n}$$

となります．

解法のプロセス

(1) $\int_0^1\left(\frac{x^p}{p}\right)'(1-x)^{q-1}dx$ として部分積分

(2) (1)をくり返し使って q を1まで減らす

解答

(1) $B(p,\ q)=\int_0^1\left(\frac{x^p}{p}\right)'(1-x)^{q-1}dx$ ← p を増やし q を減らす

$$=\left[\frac{x^p}{p}(1-x)^{q-1}\right]_0^1-\int_0^1\frac{x^p}{p}\cdot(q-1)(1-x)^{q-2}(-1)\,dx$$ ← $q>1$ に注意

$$=\frac{q-1}{p}\int_0^1 x^p(1-x)^{q-2}dx$$

$$=\frac{q-1}{p}B(p+1,\ q-1)$$

(2) (1)をくり返し用いると

$$B(p,\ q)=\frac{q-1}{p}B(p+1,\ q-1)$$

$$=\frac{q-1}{p}\cdot\frac{q-2}{p+1}B(p+2,\ q-2)$$

$$=\frac{q-1}{p}\cdot\frac{q-2}{p+1}\cdot\cdots\cdot\frac{1}{p+q-2}\cdot B(p+q-1,\ 1)$$

← $\frac{b}{a}B(c,\ b)$ においてつねに
$a+b=p+q-1$
$c+b=p+q$

$$=\frac{(q-1)!(p-1)!}{(p+q-2)!}\int_0^1 x^{p+q-2}dx$$

← $\int_0^1 x^{p+q-2}dx=\frac{1}{p+q-1}$

$$=\frac{(q-1)!(p-1)!}{(p+q-1)!}$$

研究 $\left\langle I=\int_\alpha^\beta (x-\alpha)^m(x-\beta)^n\,dx\right\rangle$

← m, n は自然数

応用として I を計算してみましょう．

$B(p,\ q)$ と積分区間をそろえるために，$t=\frac{x-\alpha}{\beta-\alpha}$ とおくと

$$x-\alpha=(\beta-\alpha)t$$
$$x-\beta=(\beta-\alpha)t+\alpha-\beta=-(\beta-\alpha)(1-t)$$
$$dx=(\beta-\alpha)dt$$

↖ xt 平面で $(\alpha,\ 0)$ と $(\beta,\ 1)$ を結ぶ直線

よって

$$I=\int_0^1\{(\beta-\alpha)t\}^m\{-(\beta-\alpha)(1-t)\}^n\cdot(\beta-\alpha)\,dt$$
$$=(-1)^n(\beta-\alpha)^{m+n+1}\int_0^1 t^m(1-t)^n\,dt$$
$$=(-1)^n(\beta-\alpha)^{m+n+1}B(m+1,\ n+1)$$
$$=(-1)^n\frac{m!\,n!}{(m+n+1)!}(\beta-\alpha)^{m+n+1}$$

とくに $m=n=1$ のときは，数学Ⅱでお馴染みの公式

$$\int_\alpha^\beta(x-\alpha)(x-\beta)\,dx=-\frac{(\beta-\alpha)^3}{6}$$

と一致します．また，$B(p,\ q)$ と演習問題 59 の $F(n)$ は

$$B(p,\ q)=\frac{F(p)F(q)}{F(p+q)}$$

という関係で結ばれます．

← $B(p,\ q)$ をベータ関数 $F(n)$ をガンマ関数という

演習問題

59 $0\leqq x<\infty$ で定義された連続関数 $f(x)$ に対して，$\lim_{m\to\infty}\int_0^m f(x)\,dx$ が存在するとき，$\int_0^\infty f(x)\,dx$ と書くことにする．

n を自然数とするとき，次の等式が成り立つことを証明せよ．
ただし，$\lim_{x\to\infty}e^{-x}x^n=0$ は既知とする．

(1) $F(n)=\int_0^\infty e^{-x}x^{n-1}\,dx$ とするとき，$F(n+1)=nF(n)$

(2) (1)の $F(n)$ について，$F(n+1)=n!$ （大阪教育大）

標問 60 絶対値記号，周期と定積分

(1) $\displaystyle\int_0^{\frac{2\pi}{3}}|\sin 3x+\cos 3x-1|dx$ を求めよ．　（東京水産大（現・東京海洋大））

(2) n は正の整数，a と b は 0 でない実数とする．次の積分を求めよ．

$$I=\int_0^{\pi}|a\cos nx+b\sin nx|dx$$

（青山学院大）

精講 (1) 絶対値記号を含む定積分は，これを外さないと計算できないので，中身を合成して符号の変化を調べます．

> **解法のプロセス**
> 中身を合成して
> ⇩
> 絶対値記号を外す

(2) (1)と同じ方針で計算すれば

$$I=\sqrt{a^2+b^2}\int_0^{\pi}|\sin(nx+\alpha)|dx$$

しかし，まだ符号の変化を調べるのが面倒です．

そこで

$$nx+\alpha=t$$

とおくと，

$$I=\frac{\sqrt{a^2+b^2}}{n}\int_{\alpha}^{n\pi+\alpha}|\sin t|dt$$

さらに

積分区間の幅が被積分関数の周期の倍数であるとき，定積分の値は積分区間を平行移動しても変わらない（演習問題 60 ）

ことから，

$$I=\frac{\sqrt{a^2+b^2}}{n}\int_0^{n\pi}|\sin t|dt$$

ここまで変形できれば解決したようなものです．

> **解法のプロセス**
> $a\cos nx+b\sin nx$
> $=\sqrt{a^2+b^2}\sin(nx+\alpha)$
> ⇩
> $nx+\alpha=t$ とおく
> ⇩
> 積分区間を $0\leqq t\leqq n\pi$ に移動する
> ⇩
> $I=\dfrac{\sqrt{a^2+b^2}}{n}\displaystyle\int_0^{n\pi}|\sin t|dt$

〈 解　答 〉

(1) $\sin 3x+\cos 3x-1$

$$=\sqrt{2}\left\{\sin\left(3x+\frac{\pi}{4}\right)-\frac{1}{\sqrt{2}}\right\}$$

となるので，右図より

$$\sin 3x+\cos 3x-1>0 \quad \left(0<x<\frac{\pi}{6}\right)$$

$$\sin 3x+\cos 3x-1<0 \quad \left(\frac{\pi}{6}<x<\frac{2\pi}{3}\right)$$

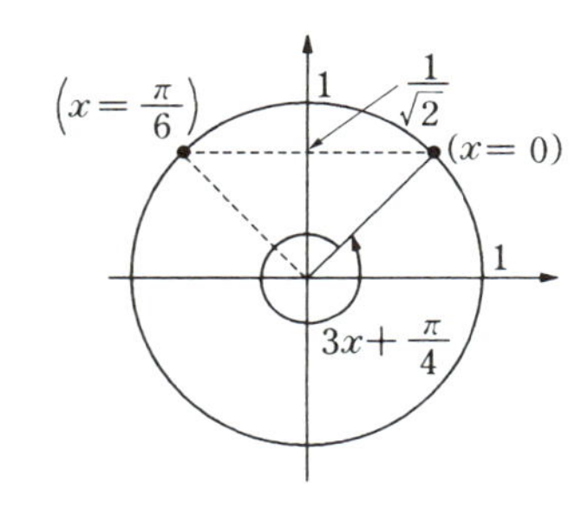

ゆえに

$$\int_0^{\frac{2\pi}{3}}|\sin 3x+\cos 3x-1|\,dx$$

$$=\int_0^{\frac{\pi}{6}}(\sin 3x+\cos 3x-1)\,dx-\int_{\frac{\pi}{6}}^{\frac{2\pi}{3}}(\sin 3x+\cos 3x-1)\,dx$$

$$=\left[-\frac{\cos 3x}{3}+\frac{\sin 3x}{3}-x\right]_0^{\frac{\pi}{6}}-\left[-\frac{\cos 3x}{3}+\frac{\sin 3x}{3}-x\right]_{\frac{\pi}{6}}^{\frac{2\pi}{3}}$$

$$=2\left(\frac{1}{3}-\frac{\pi}{6}\right)+\frac{1}{3}-\left(-\frac{1}{3}-\frac{2\pi}{3}\right)$$

$$=\boldsymbol{\frac{\pi+4}{3}}$$

(2)　ベクトル $(b,\ a)$ が x 軸の正の向きとなす角を α とすると

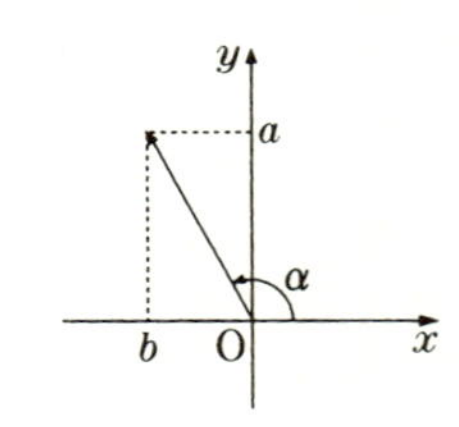

$$I=\int_0^{\pi}|a\cos nx+b\sin nx|\,dx$$

$$=\sqrt{a^2+b^2}\int_0^{\pi}|\sin(nx+\alpha)|\,dx$$

←コサインに合成してもよい

次に　$nx+\alpha=t$　とおくと

$$I=\sqrt{a^2+b^2}\int_{\alpha}^{n\pi+\alpha}|\sin t|\cdot\frac{1}{n}\,dt$$

$$=\frac{\sqrt{a^2+b^2}}{n}\int_{\alpha}^{n\pi+\alpha}|\sin t|\,dt$$

$|\sin t|$ の周期は π だから

←
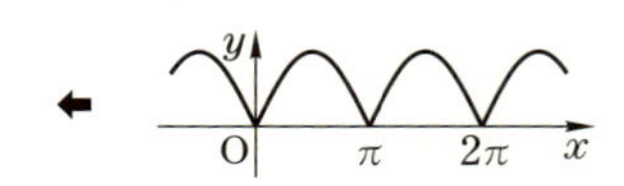

$$I=\frac{\sqrt{a^2+b^2}}{n}\int_0^{n\pi}|\sin t|\,dt$$

$$=\frac{\sqrt{a^2+b^2}}{n}\cdot n\int_0^{\pi}|\sin t|\,dt$$

$$=\sqrt{a^2+b^2}\int_0^{\pi}\sin t\,dt$$

$$=\boldsymbol{2\sqrt{a^2+b^2}}$$

演習問題

60　n を整数，$f(x)$ を周期が p の連続関数とするとき，任意の実数 α に対して，次の式が成り立つことを証明せよ．

$$\int_{\alpha}^{np+\alpha}f(x)\,dx=\int_0^{np}f(x)\,dx$$

標問 61 接する2曲線と面積

曲線 $C：y=\sqrt{3}e\log x$ がある．ここで，対数は自然対数で，e はその底とする．

(1) 原点Oから曲線 C に引いた接線の方程式を求めよ．

(2) (1)における接線の接点をAとする．曲線 C の下側にあって，x 軸と点Bで接し，かつAで曲線 C と共通の接線をもつ円の中心をPとする．

曲線 C と x 軸および円の劣弧（短い方の弧）ABで囲まれた図形の面積を求めよ．

（東北大）

精講　区分求積で定義された積分を使って面積を表す方法は標問 **50** の 研究 で説明しました．

(1) 接点の座標をおき，接線の公式を適用して原点を通ることから座標を決定します．

(2) 境界の一部が円弧からなる図形の面積は，それに対する中心角がわからないと計算できません．

本問の場合 $\angle\mathrm{OAP}=\angle\mathrm{OBP}=90°$ であり，(1)より $\angle\mathrm{AOB}=60°$ がわかるので，$\angle\mathrm{APB}=120°$ となります．

あとは問題の図形を面積が計算しやすいいくつかの図形に分解すれば解決します．

解法のプロセス

扇形が関係する面積
⇩
中心角を求める
⇩
できるだけ簡単な図形の組合せに直す

〈解　答〉

(1) 点 $\mathrm{A}(t,\ \sqrt{3}e\log t)$ での接線の方程式は

← 接点の座標をおく

$$y=\frac{\sqrt{3}e}{t}(x-t)+\sqrt{3}e\log t$$

$$=\frac{\sqrt{3}e}{t}x+\sqrt{3}e(\log t-1)$$

これが原点を通ることから

$$\log t=1$$

$$\therefore\quad t=e$$

$\mathrm{A}(e,\ \sqrt{3}e)$ ゆえ接線の方程式は

$$\boldsymbol{y=\sqrt{3}x}$$

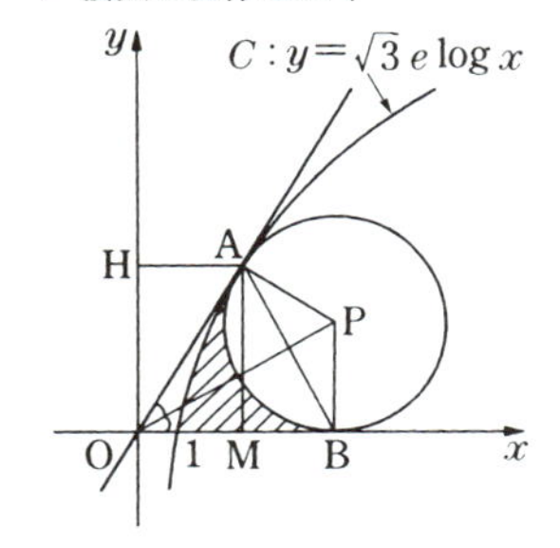

(2) (1)より $\angle AOB=60^\circ$ であるから，$\triangle OAB$ は1辺の長さが $2e$ の正三角形である．

← $OA=OB$

OB の中点をMとし，線分 AM，曲線 C，x 軸が囲む図形の面積を S_1 とすると

← $S_1=$(長方形 OMAH) $-\int_0^{\sqrt{3}e} e^{\frac{y}{\sqrt{3}e}}dy$ でもよい

$$S_1=\int_1^e \sqrt{3}\,e\log x\,dx$$
$$=\sqrt{3}\,e\Big[x\log x-x\Big]_1^e$$
$$=\sqrt{3}\,e$$

また，$\angle POB=30^\circ$ より $PB=2e\tan 30^\circ=\dfrac{2e}{\sqrt{3}}$

となるので，台形 AMBP の面積を S_2 とすると

$$S_2=\frac{1}{2}(AM+PB)MB$$
$$=\frac{e}{2}\left(\sqrt{3}\,e+\frac{2e}{\sqrt{3}}\right)$$
$$=\frac{5\sqrt{3}}{6}e^2$$

さらに，扇形 PAB の面積 S_3 は $\angle APB=120^\circ$ であるから

$$S_3=\frac{1}{3}\pi PB^2=\frac{4\pi e^2}{9}$$

← どんな方法でも，この扇形の面積計算は避けられない

ゆえに，求める面積 S は

$$S=S_1+S_2-S_3$$
$$=\boldsymbol{\sqrt{3}\,e+\left(\frac{5\sqrt{3}}{6}-\frac{4\pi}{9}\right)e^2}$$

演習問題

61-1 2つの曲線 $y=2\log x$ と $y=ax^2$ がある点で共通の接線をもつとする．

(1) 定数 a の値，および接点の座標を求めよ．

(2) この2つの曲線と x 軸で囲まれた図形の面積を求めよ． (学習院大)

61-2 曲線 $y=-\log(ax)$ $(a>0)$ と，原点を中心とするある円とが x 座標が1となる点で接している．このとき，次の問いに答えよ．ただし，対数は自然対数とする．

(1) a の値を求めよ．

(2) 曲線，円および x 軸の正の部分で囲まれる部分の面積 S を求めよ．

(日本大)

標問 62 減衰曲線が囲む図形の面積

曲線 $y=e^{-x}\sin x$ と x 軸との交点を原点Oから正の方向に順に $\mathrm{P}_0=\mathrm{O}$, P_1, P_2, …とする.

(1) この曲線と線分 $\mathrm{P}_n\mathrm{P}_{n+1}$ とで囲まれた部分の面積 S_n を求めよ.

(2) $\displaystyle\sum_{n=0}^{\infty}S_n$ を求めよ. (東京女大)

精講 減衰曲線と x 軸が囲む図形の面積 S_n は等比数列をなします.

$$S_n=\left|\int_{n\pi}^{(n+1)\pi}e^{-x}\sin x\,dx\right|$$

は直接計算することもできますが, $x-n\pi=t$ とおいて **$0\leqq t\leqq\pi$ での積分に直す**方が簡単です.

解法のプロセス

$$S_n=\left|\int_{n\pi}^{(n+1)\pi}e^{-x}\sin x\,dx\right|$$

⇩

$0\leqq x\leqq\pi$ での積分に直す

y, S_0, S_1, S_2, ……, S_n, O, π, 2π, 3π, $n\pi$, x, $(n+1)\pi$

⇐ グラフは誇張してある
(標問 **27**)

解答

(1)
$$S_n=\left|\int_{n\pi}^{(n+1)\pi}e^{-x}\sin x\,dx\right|$$
$$=\int_{n\pi}^{(n+1)\pi}e^{-x}|\sin x|dx$$

$x-n\pi=t$ とおくと

$$S_n=\int_0^{\pi}e^{-n\pi-t}|\sin(t+n\pi)|dt$$
$$=e^{-n\pi}\int_0^{\pi}e^{-t}\sin t\,dt$$

⇐ $\begin{cases}\sin(n\pi+t)=(-1)^n\sin t\\ \sin t\geqq 0 \quad (0\leqq t\leqq\pi)\end{cases}$

ここで

$$S_0=\int_0^{\pi}e^{-t}\sin t\,dt$$
$$=\int_0^{\pi}(-e^{-t})'\sin t\,dt$$
$$=\Big[-e^{-t}\sin t\Big]_0^{\pi}+\int_0^{\pi}e^{-t}\cos t\,dt$$
$$=\int_0^{\pi}(-e^{-t})'\cos t\,dt$$

$$=\left[-e^{-t}\cos t\right]_0^{\pi}-\int_0^{\pi}e^{-t}\sin t\,dt$$
$$=e^{-\pi}+1-S_0$$
$$\therefore\quad S_0=\frac{e^{-\pi}+1}{2}$$

ゆえに

$$S_n=e^{-n\pi}S_0=\boldsymbol{\frac{e^{-\pi}+1}{2}e^{-n\pi}}$$

(2) $0<e^{-\pi}<1$ ゆえ，無限等比級数は収束して

$$\sum_{n=0}^{\infty}S_n=\frac{e^{-\pi}+1}{2}\cdot\frac{1}{1-e^{-\pi}}=\boldsymbol{\frac{e^{\pi}+1}{2(e^{\pi}-1)}}$$

研究 〈S_n を直接計算する〉

$I_n=\int_{n\pi}^{(n+1)\pi}e^{-x}\sin x\,dx$ を置換せずに積分して**解答**と比較してみましょう．$\cos k\pi=(-1)^k$ に注意して

$$I_n=\left[e^{-x}(-\cos x)\right]_{n\pi}^{(n+1)\pi}-\int_{n\pi}^{(n+1)\pi}(-e^{-x})(-\cos x)dx$$
$$=-e^{-(n+1)\pi}(-1)^{n+1}+e^{-n\pi}(-1)^n-\int_{n\pi}^{(n+1)\pi}e^{-x}\cos x\,dx$$
$$=(-1)^ne^{-n\pi}(e^{-\pi}+1)-\left\{\left[e^{-x}\sin x\right]_{n\pi}^{(n+1)\pi}-\int_{n\pi}^{(n+1)\pi}(-e^{-x})\sin x\,dx\right\}$$
$$=(-1)^n(e^{-\pi}+1)e^{-n\pi}-I_n$$
$$\therefore\quad I_n=(-1)^n\frac{e^{-\pi}+1}{2}e^{-n\pi}$$
$$\therefore\quad S_n=|I_n|=\frac{e^{-\pi}+1}{2}e^{-n\pi}$$

$(-1)^n$ が早い段階で取れる分だけ**解答**の方がスッキリしています．

演習問題

62 関数 $f(x)$ は，$0\leqq x\leqq 2$ の範囲で $f(x)=1-|x-1|$ と表され，すべての実数 x に対して $f(x+2)=f(x)$ を満たしている．

(1) $y=f(x)$ のグラフの概形を描け．

(2) 曲線 $y=e^{-2x}f(x)$ の $2n-2\leqq x\leqq 2n$ $(n=1,\ 2,\ \cdots)$ と x 軸が囲む部分の面積 S_n を求めよ．

(3) $\sum_{n=1}^{\infty}S_n$ を求めよ． (東北大)

標問 63 面積の2等分

曲線 $y=\sin x$ $(0\leqq x\leqq\pi)$ と x 軸とで囲まれる部分の面積を，曲線 $y=a\sin\dfrac{x}{2}$ $(a>0)$ によって2等分するためには，定数 a の値をいくらにすればよいか．

（青山学院大）

精講　どんな解法でも両曲線の交点，すなわち $\sin x=a\sin\dfrac{x}{2}$ の解を知る必要があります．ところがこの方程式は解けません．それは方程式の解 α が，私達の知っている関数だけを使って，a の式で表すことができないという意味です．

しかし，解 α は

$$\boldsymbol{\sin\alpha=a\sin\frac{\alpha}{2}}$$

によって完全に特徴付けられます．したがって，問題が解けるものならば，この情報だけで処理できるはずです．

解法のプロセス

方程式が解けない
⇩
解をおく

解答

2曲線の交点の x 座標を α $(0<\alpha<\pi)$ とおくと

← 交点の x 座標をおく

$$a\sin\frac{\alpha}{2}=\sin\alpha$$

$$=2\sin\frac{\alpha}{2}\cos\frac{\alpha}{2}$$

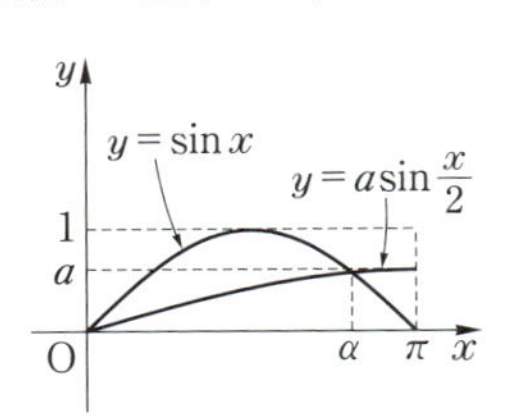

$$\therefore\quad \cos\frac{\alpha}{2}=\frac{a}{2} \qquad \cdots\cdots①$$

面積が2等分される条件は

$$\int_0^{\alpha}\left(\sin x-a\sin\frac{x}{2}\right)dx=\frac{1}{2}\int_0^{\pi}\sin x\,dx$$

$$1-\cos\alpha+2a\left(\cos\frac{\alpha}{2}-1\right)=1$$

$$\therefore\quad 2\left(1-\cos^2\frac{\alpha}{2}\right)+2a\left(\cos\frac{\alpha}{2}-1\right)=1$$

← $\cos\alpha=2\cos^2\dfrac{\alpha}{2}-1$

①を代入して

$$2\left(1-\frac{a^2}{4}\right)+2a\left(\frac{a}{2}-1\right)=1$$

← $\cos\dfrac{\alpha}{2}$ を消去

$a^2-4a+2=0 \quad \therefore \quad a=2\pm\sqrt{2}$

①より $\dfrac{a}{2}=\cos\dfrac{\alpha}{2}<1$，すなわち $a<2$ であるから ⬅ 不適な解を除く

$a=2-\sqrt{2}$

研究 〈念のため〉

問題を改変します．2曲線

$$C_1 : y=\sin x \ (0\leqq x\leqq \pi),\ C_2 : y=a\sin\frac{x}{2} \ (0\leqq x\leqq \pi)$$

に対して，C_1 と C_2 が囲む部分の面積を S_1 とし，C_1，C_2 と直線 $x=\pi$ が囲む部分の面積を S_2 とするとき，いつ $S_1=S_2$ となるかを考えます．

$$\int_0^{\alpha}\left(\sin x-a\sin\frac{x}{2}\right)dx=\int_{\alpha}^{\pi}\left(a\sin\frac{x}{2}-\sin x\right)dx \quad \cdots\cdots ②$$

上式の両辺を計算しても解けますが，ずいぶん遠回りです．計算過程で α の関与する部分が消えてしまいますが，それは計算しないでも予めわかることです．

実際，②を変形すると

$$\int_0^{\alpha}\left(\sin x-a\sin\frac{x}{2}\right)dx+\int_{\alpha}^{\pi}\left(\sin x-a\sin\frac{x}{2}\right)dx=0$$

$$\therefore \quad \int_0^{\pi}\left(\sin x-a\sin\frac{x}{2}\right)dx=0 \quad \cdots\cdots ③$$

となるからです．しかし，③の被積分関数の符号が $x=\alpha$ の前後で逆転することを考えると，②を経由しなくとも，③が $S_1=S_2$ と同値であることは明らかです．

したがって，普通は③から始めて

$$\left[-\cos x+2a\cos\frac{x}{2}\right]_0^{\pi}=2-2a=0 \qquad \therefore \quad a=1$$

とします．

演習問題

63 直線 $y=k$（k は定数で $-1<k<1$）と曲線 $y=\cos x$（$0\leqq x\leqq 4\pi$）とで囲まれる3つの図形の面積の和が最小となるように，k の値を定めよ．

（福岡教育大）

標問 64 サイクロイドが囲む図形の面積

座標平面において，

$x=\theta-\sin\theta,\ y=1-\cos\theta\ (0\leqq\theta\leqq\pi)$

が定める曲線を C とする．a を $0\leqq a\leqq\pi$ なる実数とし，2 直線 $x=a,\ y=0$，および曲線 C で囲まれた部分の面積と，2 直線 $x=a,\ y=2$ および曲線 C で囲まれた部分の面積の和（図の斜線部分）を S とする．a の関数 S の最小値およびそのときの a の値を求めよ． （琉球大）

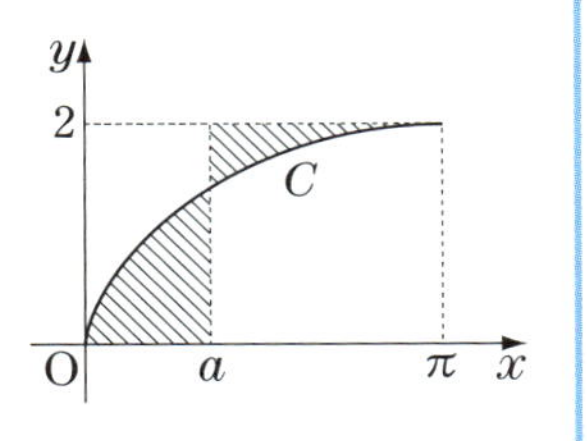

精講 区分求積の考え方から

$$S=\int_0^a y\,dx+\int_a^\pi(2-y)\,dx$$

となりますが，困ったことに y を x の式で表すことができません．つまり，このままでは計算できないわけです．

そこで，**θ に関する積分に置換**します．

$$S=\int_0^{\square} y\frac{dx}{d\theta}d\theta+\int_{\square}^\pi(2-y)\frac{dx}{d\theta}d\theta$$

このとき，$\dfrac{dx}{d\theta}=1-\cos\theta\geqq 0$ より x は単調に増加するので，$x=0,\ x=\pi$ にそれぞれ $\theta=0,\ \theta=\pi$ が対応することは明らかです．しかし，

$x=\theta-\sin\theta=a$

を満たす θ を求めることはできません．このようなときは前問で学んだように解をおくのでした．

なお，媒介変数が消去できる場合には消去した方が簡単なこともあります．

解法のプロセス

媒介変数表示された曲線が囲む図形の面積

⇩

媒介変数が消去できない

⇩

媒介変数の積分に置換

媒介変数が消去できる

⇩

消去した方が楽なこともある

〈 解　答 〉

$$S=\int_0^a y\,dx+\int_a^\pi(2-y)\,dx$$

$\dfrac{dx}{d\theta}=1-\cos\theta\geqq 0$ より x は単調に増加するから

$$x=\alpha-\sin\alpha=a\ (0\leqq\alpha\leqq\pi) \quad \cdots\cdots ①$$

を満たす α がただ 1 つ存在する．ゆえに，

$$S=\int_0^{\alpha} y\frac{dx}{d\theta}d\theta+\int_{\alpha}^{\pi}(2-y)\frac{dx}{d\theta}d\theta$$

$$=\int_0^{\alpha}(1-\cos\theta)(1-\cos\theta)d\theta$$

$$+\int_{\alpha}^{\pi}(1+\cos\theta)(1-\cos\theta)d\theta$$

$$=\int_0^{\alpha}\left(1-2\cos\theta+\frac{1+\cos2\theta}{2}\right)d\theta$$

$$+\int_{\alpha}^{\pi}\left(1-\frac{1+\cos2\theta}{2}\right)d\theta$$

$$=\left[\frac{3\theta}{2}-2\sin\theta+\frac{\sin2\theta}{4}\right]_0^{\alpha}+\left[\frac{\theta}{2}-\frac{\sin2\theta}{4}\right]_{\alpha}^{\pi}$$

$$=\alpha-2\sin\alpha+\frac{\sin2\alpha}{2}+\frac{\pi}{2} \quad\cdots\cdots ②$$

⬅ $\begin{array}{c|c} x & 0\to a \\ \hline \theta & 0\to\alpha \end{array}$, $\begin{array}{c|c} x & a\to\pi \\ \hline \theta & \alpha\to\pi \end{array}$

⬅ 次数下げ

したがって

$$\frac{dS}{d\alpha}=1-2\cos\alpha+\cos2\alpha$$

$$=2\cos\alpha(\cos\alpha-1)$$

となり，S は次表のように増減する．

α	0	$\cdots$	$\frac{\pi}{2}$	$\cdots$	π
$\frac{dS}{d\alpha}$		$-$	0	$+$	
S		↘		↗	

S は $\alpha=\frac{\pi}{2}$ で最小となる．このとき①，②より

$$a=\boldsymbol{\frac{\pi}{2}-1},\ (S\text{の最小値})=\boldsymbol{\pi-2}$$

演習問題

64-1 t が $-1\leqq t\leqq 1$ の範囲で変化するとき，$x=t^2-1$，$y=t(t^2-1)$ で表される xy 平面上の曲線の概形を描け．また，この曲線によって囲まれる部分の面積を求めよ． （電通大）

64-2 平面上で $x=\cos^3 t$，$y=\sin^3 t$ $(0\leqq t\leqq 2\pi)$ によって定まる閉曲線によって囲まれる部分の面積を求めよ． （島根医大（現・島根大））

標問 65 カージオイドが囲む図形の面積

O-xy 平面上の点 A$(-1,\ 0)$ を中心とする半径1の円 C 上の点Pにおける接線へ，原点Oから下ろした垂線の足をQとする．点Pが，Oを出発点とし，C 上を角速度1ラジアン/秒で反時計回りに回転するとき，

(1) t 秒後のQの位置 $(x(t),\ y(t))$ を求めよ．

(2) Pが C 上を1周するとき，Qの描く曲線の概形をかき，この曲線が囲む図形の面積を求めよ．

(大阪工大)

精講

(2) (1)より

$$\begin{cases} x=(1-\cos t)\cos t \\ y=(1-\cos t)\sin t \end{cases}$$

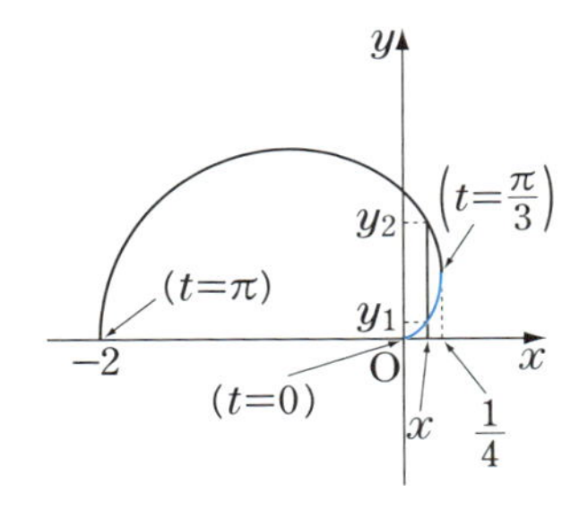

となります．t を消去することはできますが，複雑で使いものになりません．したがって，面積 S は t の積分として計算します．

Qの描く図形は x 軸に関して対称なので，その上方にある部分の面積を求めて2倍することにしましょう．

曲線上の点 $(x,\ y)$ について，y を x の関数とみると，$0\leqq x\leqq\frac{1}{4}$ のとき x に対して y が2つ対応します．そこで図のように y_1，y_2 とおいて区別します．ところが y_1 と y_2 を t の関数とみると，それらは同じ式 $(1-\cos t)\sin t$ で表され，変域だけが異なることに注目しましょう．すなわち，媒介変数 t からみた場合，変域の違いが y_1 と y_2 を区別する根拠になるわけです．

解法のプロセス

x に2つの y が対応する
⇩
区別して立式
⇩
媒介変数に関する積分に置換する

したがって

$$\frac{S}{2}=\int_{-2}^{\frac{1}{4}}y_2\,dx-\int_{0}^{\frac{1}{4}}y_1\,dx$$

$$=\int_{\pi}^{\frac{\pi}{3}}y_2\frac{dx}{dt}dt-\int_{0}^{\frac{\pi}{3}}y_1\frac{dx}{dt}dt$$

← t の式として，$y_1=y_2=y$

$$=-\left\{\int_{0}^{\frac{\pi}{3}}y\frac{dx}{dt}dt+\int_{\frac{\pi}{3}}^{\pi}y\frac{dx}{dt}dt\right\}$$

← 積分区間がつながる

$$=-\int_{0}^{\pi}y\frac{dx}{dt}dt$$

解答はここから始めます．

〈解 答〉

(1) Aから直線OQに下ろした垂線の足をHとすると，$\angle\text{OAH}=t-\dfrac{\pi}{2}$ であるから

$$\text{OH}=\text{OA}\sin\left(t-\frac{\pi}{2}\right)=-\cos t$$

ただし，OHは符号も考えた長さである．

$\therefore\quad \text{OQ}=\text{OH}+\text{QH}=\text{AP}+\text{OH}=1-\cos t$

$\overrightarrow{\text{OQ}}$ が x 軸方向となす角は t であるから

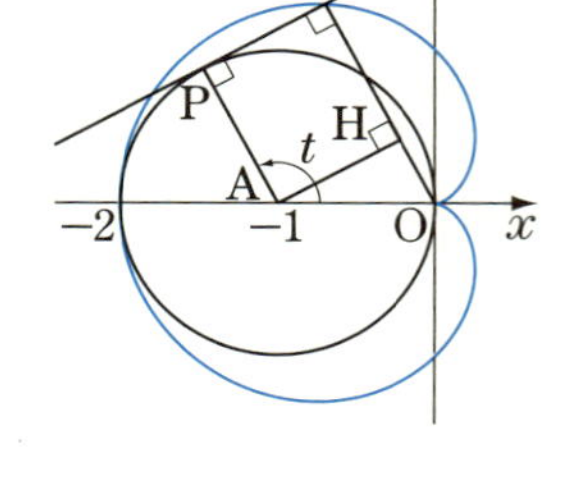

$$\left.\begin{aligned}\boldsymbol{x(t)=(1-\cos t)\cos t}\\ \boldsymbol{y(t)=(1-\cos t)\sin t}\end{aligned}\right\}$$

⬅ 接線と直線OQの方程式を連立してもよい

(2) 求める面積を S とする．

$x(-t)=x(t)$，$y(-t)=-y(t)$ であるから，この曲線は x 軸に関して対称である．そこで，その上方にある部分に注目すると

⬅ 概形は上図

$$\begin{aligned}\frac{S}{2}&=-\int_0^{\pi}y\frac{dx}{dt}dt\\ &=-\int_0^{\pi}(1-\cos t)\sin t(-\sin t+2\cos t\sin t)dt\\ &=-\int_0^{\pi}\sin^2 t(-2\cos^2 t+3\cos t-1)dt\\ &=\int_0^{\pi}\left(\frac{1}{2}\sin^2 2t-3\sin^2 t\cos t+\sin^2 t\right)dt\\ &=\int_0^{\pi}\left(\frac{1-\cos 4t}{4}-3\sin^2 t(\sin t)'+\frac{1-\cos 2t}{2}\right)dt\\ &=\left[\frac{3t}{4}-\frac{\sin 4t}{16}-\sin^3 t-\frac{\sin 2t}{4}\right]_0^{\pi}=\frac{3\pi}{4}\end{aligned}$$

$\therefore\quad S=\boldsymbol{\dfrac{3\pi}{2}}$

研究 $\left\langle \dfrac{S}{2}=-\displaystyle\int_0^{\pi}y\frac{dx}{dt}dt\right.$ の直感的説明$\Big\rangle$

斜線部分の面積を T とします．t が0から π まで単調に増加するとき，

$$\frac{dx}{dt}dt=dx\begin{cases}\geqq 0 & \left(0\leqq t\leqq\dfrac{\pi}{3}\right)\\ \leqq 0 & \left(\dfrac{\pi}{3}\leqq t\leqq\pi\right)\end{cases}$$

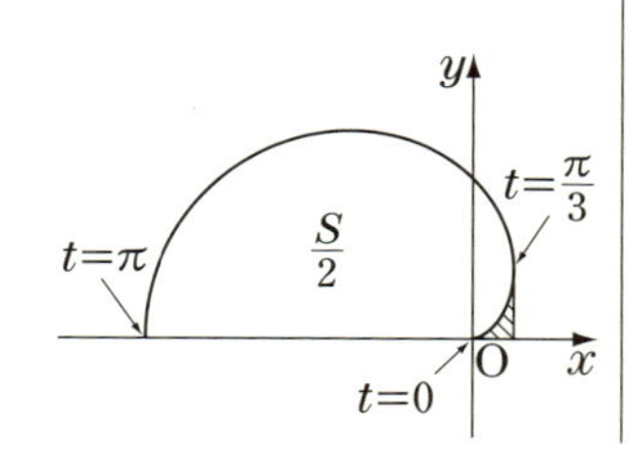

よって

$$\int_0^{\frac{\pi}{3}} y\frac{dx}{dt}dt = T,\ \int_{\frac{\pi}{3}}^{\pi} y\frac{dx}{dt}dt = -\left(\frac{S}{2}+T\right)$$

ゆえに,

$$\int_0^{\pi} y\frac{dx}{dt}dt = \int_0^{\frac{\pi}{3}} y\frac{dx}{dt}dt + \int_{\frac{\pi}{3}}^{\pi} y\frac{dx}{dt}dt = -\frac{S}{2}$$

このことがよくわかっていれば,(2)は 精講 の計算を省略して**解答**の部分から書き始めることができます.

〈扇形による区分求積〉

(2)を**解答**とはまったく別の方法で計算してみましょう.

t が Δt だけ変化したときの S の微小変化量を,半径 $OQ=1-\cos t$,中心角 Δt の扇形で近似すると

$$\Delta S = \frac{1}{2}(1-\cos t)^2 \Delta t$$

ゆえに

$$\frac{S}{2} = \frac{1}{2}\int_0^{\pi}(1-\cos t)^2 dt$$

$$\therefore\quad S = \int_0^{\pi}\left(1-2\cos t+\frac{1+\cos 2t}{2}\right)dt$$

$$= \left[\frac{3t}{2}-2\sin t+\frac{\sin 2t}{4}\right]_0^{\pi} = \frac{3\pi}{2}$$

← 計算量を軽減できる

この方法は,曲線が

$x=r(t)\cos t,\ y=r(t)\sin t$

という形に媒介変数表示されるとき有効です.

演習問題

65 原点をOとし,平面上の2点 A(0, 1), B(0, 2) をとる.OB を直径とし点 (1, 1) を通る半円を Γ とする.長さ π の糸が一端をOに固定して,Γ に巻きつけてある.この糸の他端Pを引き,それが x 軸に到達するまで,ゆるむことなくほどいてゆく.糸と半円との接点をQとし,$\angle$BAQ の大きさを t とする.

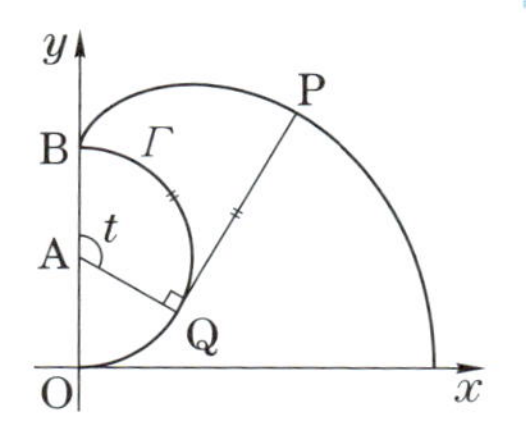

(1) ベクトル $\overrightarrow{OP}$ を t を用いて表せ.

(2) P が描く曲線と,x 軸および y 軸で囲まれた図形の面積を求めよ.

(早　大)

標問 66　楕円が囲む図形の面積

方程式 $x^2-xy+y^2=3$ の表す曲線を C とする．

(1)　曲線 C を原点のまわりに $-45°$ 回転した曲線の方程式を求め，それを利用して曲線 C の概形をかけ．

(2)　曲線 C の第1象限にある部分が，x 軸，y 軸と囲む図形の面積を求めよ．

（東　大）

精講

(1)　点 $(x,\ y)$ を原点のまわりに角 θ だけ回転した点が $(X,\ Y)$ のとき

$$\begin{cases} \boldsymbol{X=x\cos\theta-y\sin\theta} \\ \boldsymbol{Y=x\sin\theta+y\cos\theta} \end{cases}$$

という関係が成立します．(演習問題 94-3)

(2)　直線 $y=\pm x$ を新しい座標軸にとり，(1)を活用するか，あるいは(1)を曲線の概形を知るために利用するに止め，方程式を y について解きます．

解法のプロセス

2次曲線 $f(x,\ y)=0$ の囲む面積

⇩

標準形に直す

⇩

または y について解く

解答

$$x^2-xy+y^2=3 \quad \cdots\cdots ①$$

(1)　点 $(x,\ y)$ を原点のまわりに $-45°$ 回転した点を $(X,\ Y)$ とすると

$$\begin{cases} x=X\cos 45°-Y\sin 45° \\ y=X\sin 45°+Y\cos 45° \end{cases}$$

$$\therefore\quad x=\frac{X-Y}{\sqrt{2}},\ y=\frac{X+Y}{\sqrt{2}}$$

これらを ①：$(x+y)^2-3xy=3$ に代入して

$$2X^2-3\frac{X^2-Y^2}{2}=3$$

$$\therefore\quad \boldsymbol{\frac{X^2}{6}+\frac{Y^2}{2}=1} \quad \cdots\cdots ②$$

楕円②を原点のまわりに $45°$ 回転してもとにもどすと曲線 C の概形は右図のようになる．

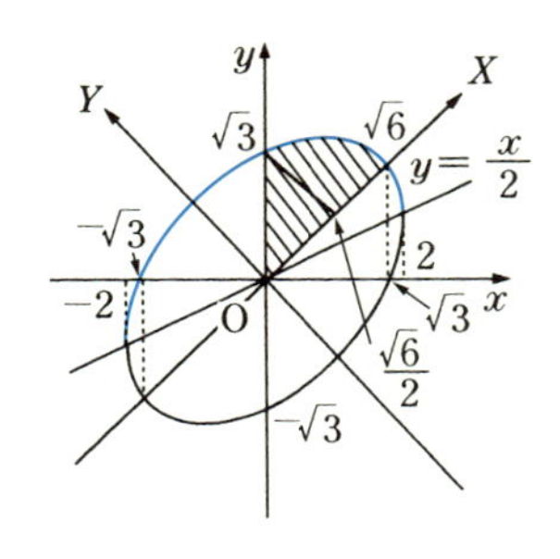

(2)　直線 $y=\pm x$ をそれぞれ $X,\ Y$ 軸にとると，曲線 C の方程式は②で与えられる．

$$\therefore\quad Y=\sqrt{2-\frac{X^2}{3}}=\frac{1}{\sqrt{3}}\sqrt{6-X^2}$$

求める面積 S は，図の斜線部分の2倍だから

$$S=2\left\{\frac{1}{2}\left(\frac{\sqrt{6}}{2}\right)^2+\frac{1}{\sqrt{3}}\int_{\frac{\sqrt{6}}{2}}^{\sqrt{6}}\sqrt{6-X^2}\,dX\right\}$$

$$=\frac{3}{2}+\frac{2}{\sqrt{3}}\int_{\frac{\pi}{6}}^{\frac{\pi}{2}}\sqrt{6}\cos\theta\cdot\sqrt{6}\cos\theta\,d\theta$$ ⬅ $X=\sqrt{6}\sin\theta$ とおいた

$$=\frac{3}{2}+2\sqrt{3}\int_{\frac{\pi}{6}}^{\frac{\pi}{2}}(1+\cos 2\theta)\,d\theta$$ ⬅ 次数下げ

$$=\frac{3}{2}+2\sqrt{3}\left[\theta+\frac{\sin 2\theta}{2}\right]_{\frac{\pi}{6}}^{\frac{\pi}{2}}=\frac{3}{2}+2\sqrt{3}\left(\frac{\pi}{3}-\frac{\sqrt{3}}{4}\right)=\boldsymbol{\frac{2\sqrt{3}}{3}\pi}$$

研究 **〈y について解く〉**

①を y について解くと

$$y=\frac{x\pm\sqrt{x^2-4(x^2-3)}}{2}=\frac{x}{2}\pm\frac{\sqrt{3}}{2}\sqrt{4-x^2}$$

両者は直線 $y=\dfrac{x}{2}$ を境として，それぞれ上半分と下半分を表します．

$$\therefore\quad S=2\int_0^{\sqrt{3}}\left\{\left(\frac{x}{2}+\frac{\sqrt{3}}{2}\sqrt{4-x^2}\right)-x\right\}dx$$

計算量は**解答**の方法と大差ありません．

〈楕円を円に変換する方法（標問 106 研究）〉

図形を Y 軸方向に $\sqrt{3}$ 倍すると，楕円 C は半径 $\sqrt{6}$ の円に移され，同時に斜線部分は青線で囲まれた扇形に移されます．よって

$$\sqrt{3}\left(\frac{S}{2}\right)=\frac{1}{6}\cdot\pi(\sqrt{6})^2=\pi$$

$$\therefore\quad S=\frac{2\sqrt{3}}{3}\pi$$

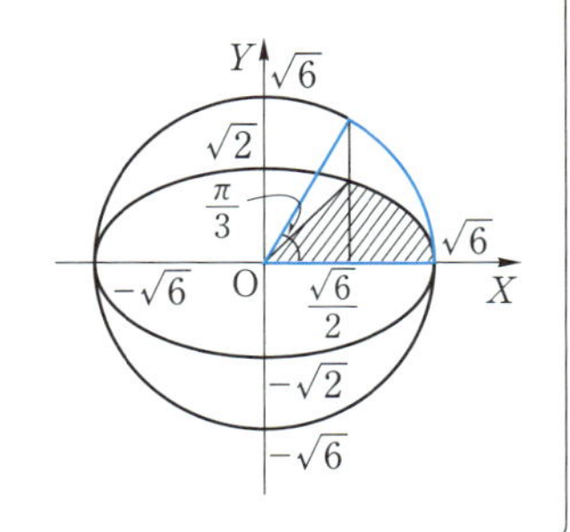

演習問題

66-1 連立不等式 $\dfrac{x^2}{4}+y^2\leqq 1$，$\left(1+\dfrac{\sqrt{3}}{2}\right)x+y\leqq 1$ の表す領域の面積を求めよ．

（早　大）

66-2 不等式 $\dfrac{x^2}{12}+\dfrac{y^2}{4}\leqq 1$ で定まる領域を D とする．原点を中心とし D を正の向きに 45° 回転させるとき，D の点が通る点全体は平面上の 1 つの領域をつくる．この領域の第 1 象限にある部分の面積を求めよ．（東京工大）

標問 67　双曲線関数と面積

双曲線 $x^2-y^2=1$ の上に点 $\mathrm{P}(p,\ q)$（ただし，$p \geqq 1$，$q \geqq 0$）をとり

$p=\dfrac{e^{\theta}+e^{-\theta}}{2}$ $(\theta \geqq 0)$ とおけば，

(1)　$q=\dfrac{e^{\theta}-e^{-\theta}}{2}$ となることを示せ．

(2)　原点 $\mathrm{O}(0,\ 0)$ と $\mathrm{P}(p,\ q)$ とを結ぶ直線，x 軸，および双曲線によって囲まれる図形の面積が $\dfrac{1}{2}\theta$ であることを証明せよ．　（青山学院大）

精講

(2)　標問 **37** で，双曲線 $x^2-y^2=1$ 上の点 $(p,\ q)$ は，双曲線関数

$$p=\frac{e^{\theta}+e^{-\theta}}{2},\quad q=\frac{e^{\theta}-e^{-\theta}}{2}$$

によって媒介変数表示されることを学びました．本問は媒介変数 θ の図形的意味を明らかにします．

積分計算では(1)を活用します．

解法のプロセス

面積 S を x の積分で立式

⇩

$x=\dfrac{e^t+e^{-t}}{2}$ とおいて，t の積分に置換する

解　答

(1)　$p^2-q^2=1$ より

$$q^2=p^2-1=\left(\frac{e^{\theta}+e^{-\theta}}{2}\right)^2-1=\left(\frac{e^{\theta}-e^{-\theta}}{2}\right)^2$$

$q \geqq 0$ であるから

$$q=\frac{e^{\theta}-e^{-\theta}}{2}$$

(2)　問題の面積を S とすると

$$S=\frac{1}{2}pq-\int_1^p y\,dx \qquad \cdots\cdots(*)$$

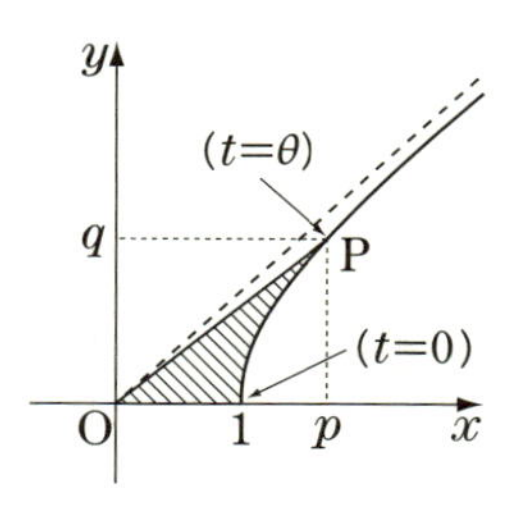

$x=\dfrac{e^t+e^{-t}}{2}$ とおくと，$x:1 \to p$ のとき $t:0 \to \theta$ であるから

$$S=\frac{1}{2}pq-\int_0^{\theta} y\frac{dx}{dt}dt$$

$$=\frac{1}{2}\cdot\frac{e^{\theta}+e^{-\theta}}{2}\cdot\frac{e^{\theta}-e^{-\theta}}{2}-\int_0^{\theta}\frac{e^t-e^{-t}}{2}\cdot\frac{e^t-e^{-t}}{2}dt$$

$$=\frac{e^{2\theta}-e^{-2\theta}}{8}-\frac{1}{4}\int_0^{\theta}(e^{2t}+e^{-2t}-2)dt$$
$$=\frac{e^{2\theta}-e^{-2\theta}}{8}-\frac{1}{4}\left[\frac{e^{2t}-e^{-2t}}{2}-2t\right]_0^{\theta}$$
$$=\frac{\theta}{2}$$

研究 **〈三角関数との類似〉**

単位円 $x^2+y^2=1$ 上の点 $\mathrm{P}(p,\ q)$ に対して，斜線を引いた扇形の面積を $\dfrac{\theta}{2}$ とすると，

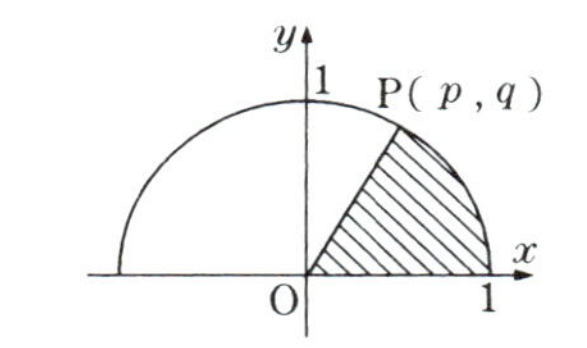

中心角は θ だから

$p=\cos\theta,\quad q=\sin\theta$

となります．本問との類似性は明らかでしょう．

したがって，三角関数は円関数というべきかもしれません．

$\left\langle \int\sqrt{x^2-1}\,dx\right.$ を求める$\rangle$

(*)より，

$$\int_1^p\sqrt{x^2-1}\,dx=\frac{1}{2}p\sqrt{p^2-1}-\frac{\theta}{2}\qquad\cdots\cdots ①$$

ここで，

$$p=\frac{e^{\theta}+e^{-\theta}}{2},\qquad q=\sqrt{p^2-1}=\frac{e^{\theta}-e^{-\theta}}{2}$$

の辺々を加えて

$$p+\sqrt{p^2-1}=e^{\theta}$$
$$\therefore\quad \theta=\log(p+\sqrt{p^2-1})\qquad\cdots\cdots ②$$

②を①に代入して，p を x に置きかえると

$$\int\sqrt{x^2-1}\,dx=\frac{1}{2}\left(x\sqrt{x^2-1}-\log(x+\sqrt{x^2-1})\right)+C$$

これも双曲線関数の効用の１つです．

ただし，結果を覚える必要はありません．

演習問題

67 $x=\dfrac{e^t-e^{-t}}{2}$ と置きかえることにより，$\displaystyle\int\sqrt{x^2+1}\,dx$ を求めよ．（北　大）

標問 68 面積と極限

n は2以上の自然数とする．関数 $y=e^x$ ……(ア)，$y=e^{nx}-1$ ……(イ) について以下の問いに答えよ．

(1) (ア)と(イ)のグラフは第1象限においてただ1つの交点をもつことを示せ．

(2) (1)で得られた交点の x 座標を a_n としたとき $\lim_{n\to\infty} a_n$ と $\lim_{n\to\infty} na_n$ を求めよ．

(3) 第1象限内で(ア)と(イ)のグラフおよび y 軸で囲まれた部分の面積を S_n とする．このとき $\lim_{n\to\infty} nS_n$ を求めよ． (東京工大)

精講

(2) グラフをかくと $a_n\to 0$ となることが容易にわかります．これを証明するには

$0\leqq a_n\leqq b_n$ ……(＊)，

$b_n\to 0$

となる b_n を見つければよいのですが，最も簡単な $\dfrac{1}{n}$ でどうかと山を張るのが1つの方法です．ただし，(＊)はすべての自然数について成り立つ必要はありません．十分大きな n について成り立てば十分です．

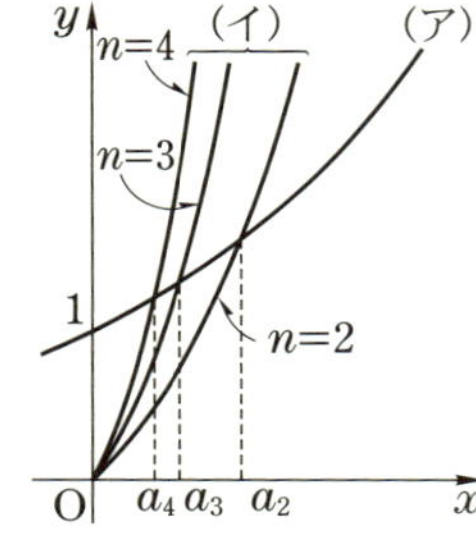

(3) nS_n を計算すると，$\infty\times 0$ 型の不定形

$n(e^{a_n}-1)$

が現れます．これを解消するには，e の定義

$\lim_{h\to 0}\dfrac{e^h-1}{h}=1$ を利用します．

解法のプロセス

(2) $a_n\to 0$ と予想

⇩

a_n と，たとえば $\dfrac{1}{n}$ を比較

⇩

na_n と a_n の関係を使う

(3) nS_n の不定形の部分に注目

⇩

標問 20 研究 の e の定義：

$$\lim_{h\to 0}\frac{e^h-1}{h}=1$$

を思い出す

〈 解 答 〉

(1) $f(x)=e^x-(e^{nx}-1)$ とおく．$x>0$ において

$$f'(x)=e^x-ne^{nx}=e^x\{1-ne^{(n-1)x}\}<0$$

← $n\geqq 2$ より，$x>0$ で $ne^{(n-1)x}>1$

よって，$f(x)$ は $x>0$ で単調に減少し，かつ

$f(0)=1$,

$f(1)=e-e^n+1\leqq 1+e-e^2=1-e(e-1)<0$

ゆえに，(ア)と(イ)のグラフは第1象限でただ1つの交点をもつ．

(2)　$f\left(\dfrac{1}{n}\right)=e^{\frac{1}{n}}+1-e$，かつ $\displaystyle\lim_{n\to\infty}e^{\frac{1}{n}}=1$ より，十分大きい n に対して $f\left(\dfrac{1}{n}\right)<0$ であるから

←

$$0<a_n<\frac{1}{n}$$

$$\therefore\quad a_n\to\mathbf{0}\quad(n\to\infty)$$

このとき，$f(a_n)=0$ より

$$e^{na_n}=e^{a_n}+1\qquad\cdots\cdots①$$

← この式の利用が急所

であるから

$$na_n=\log(e^{a_n}+1)\to\mathbf{\log 2}\quad(n\to\infty)$$

(3)　$S_n=\displaystyle\int_0^{a_n}\{e^x-(e^{nx}-1)\}dx=\left[e^x-\frac{e^{nx}}{n}+x\right]_0^{a_n}$

$$=e^{a_n}-1-\frac{e^{na_n}-1}{n}+a_n$$

したがって

$$nS_n=n(e^{a_n}-1)-e^{na_n}+1+na_n$$

$$=na_n\frac{e^{a_n}-1}{a_n}-e^{na_n}+1+na_n$$

$$\to\log 2-2+1+\log 2=\mathbf{2\log 2-1}$$

$$(n\to\infty)$$

← $a_n\to 0$ ゆえ $\dfrac{e^{a_n}-1}{a_n}\to 1$

研究　**〈$a_n\to 0$ の別証〉**

演習問題 56 で近似計算に利用した不等式

$$e^x\geqq 1+x$$

を用いて $a_n\to 0$ を示してみます．**解答**の①より

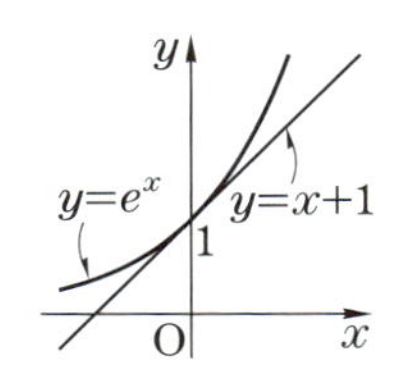

$$e^{a_n}+1=e^{na_n}\geqq na_n+1$$

$$\therefore\quad a_n\leqq\frac{e^{a_n}}{n}$$

一方，(1)より $0<a_n<1$ であるから，$e^{a_n}<e$.

$$\therefore\quad 0<a_n<\frac{e}{n}$$

したがって，$a_n\to 0$ $(n\to\infty)$ となります．

標問 69　回転体の体積 (1)

a, b を正の実数とする．空間内の2点 A$(a,\ 0,\ 0)$, B$(0,\ b,\ 1)$ を通る直線を l とする．直線 l を z 軸のまわりに1回転して得られる図形を M とする．

(1)　z 座標の値が t であるような直線 l 上の点Pの座標を求めよ．

(2)　図形Mと yz 平面が交わって得られる図形の方程式を求め図示せよ．

(3)　図形Mと2つの平面 $z=0$ と $z=1$ で囲まれた立体の体積Vを求めよ．

（北　大）

精講　回転体を回転軸に直交する平面で切ると，断面は円あるいは同心円で囲まれた図形になります．

体積はこの面積に微小な厚さを掛けたものを回転軸に沿って足すと求まります．

回転体の体積を計算するためには

断面の外径と内径

がわかれば十分で，回転体の概形をまえもって知る必要はありません．

解法のプロセス

回転体の体積

⇩

回転軸に直交する平面で切る

⇩

断面は円の囲む図形

〈 解　答 〉

(1)　直線 l 上の点 $(x,\ y,\ z)$ は s を媒介変数として

$$(x,\ y,\ z)=\overrightarrow{\mathrm{OA}}+s\overrightarrow{\mathrm{AB}}$$
$$=(a,\ 0,\ 0)+s(-a,\ b,\ 1)$$
$$=(a(1-s),\ bs,\ s)$$

とおける．$z=t$ のとき，$s=t$ であるから

P$(a(1-t),\ bt,\ t)$

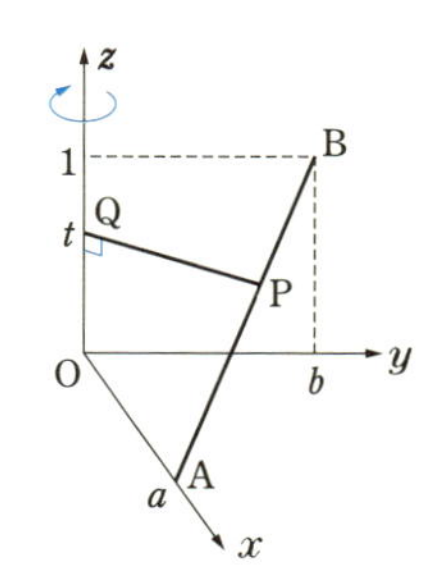

(2)　Q$(0,\ 0,\ t)$ とする．Mの平面 $z=t$ による切り口は，Q を中心とする半径 QP の円だから，M の t による媒介変数表示は

$$\begin{cases} z=t \\ x^2+y^2=\mathrm{QP}^2=a^2(1-t)^2+b^2t^2 \end{cases} \quad \cdots\cdots①$$

⬅ t を動かしてできるアニメーションがM

t を消去して M の方程式は

$$x^2+y^2=a^2(1-z)^2+b^2z^2$$
$$=(a^2+b^2)z^2-2a^2z+a^2$$

ゆえに，M と yz 平面との交わりは，$x=0$ とおいて

$$\boldsymbol{y^2}=(a^2+b^2)z^2-2a^2z+a^2$$
$$=(\boldsymbol{a}^2+\boldsymbol{b}^2)\left(\boldsymbol{z}-\frac{\boldsymbol{a}^2}{\boldsymbol{a}^2+\boldsymbol{b}^2}\right)^2+\frac{\boldsymbol{a}^2\boldsymbol{b}^2}{\boldsymbol{a}^2+\boldsymbol{b}^2}$$

図示すると右図の双曲線である．

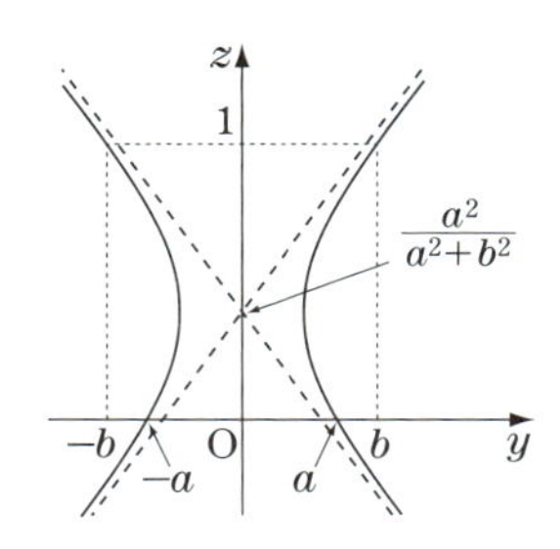

(3)　①より

$$V=\pi\int_0^1\{a^2(1-t)^2+b^2t^2\}dt$$
$$=\frac{\boldsymbol{\pi}}{\boldsymbol{3}}(\boldsymbol{a}^2+\boldsymbol{b}^2)$$

研究　〈回転体の形〉

　M は(2)の双曲線を z 軸のまわりに回転してできる右図のような曲面です．この曲面を一葉双曲面といいます．M と 2 平面 $z=0$，$z=1$ が囲む立体は，能楽で用いられる「つづみ」という楽器によく似ています．

　Bの座標を $(b\cos\theta,\ b\sin\theta,\ h)$　$(h>0)$ とし，2 平面を $z=0$，$z=h$ として一般化すると

$$V=\frac{\pi}{3}(a^2+b^2+ab\cos\theta)h$$

となります．とくに $\theta=0$ のときは円錐台の体積

$$V=\frac{\pi}{3}(a^2+b^2+ab)h$$

を表します．

演習問題

69　長さ 4 の線分が第 1 象限内にあり，その両端はそれぞれ x 軸と y 軸上にあるものとする．この線分を含む直線 l を回転軸として，原点に中心をもつ半径 1 の円 C を回転させた立体の体積を V とする．ただし，l と C は共有点をもたないものとする．

　V を最大にするような線分の位置とそのときの V の値を求めよ．　(上智大)

第3章

標問 70　回転体の体積 (2)

(1)　$\displaystyle\int_0^{\pi} x^2\cos x\,dx$ の値を求めよ．

(2)　曲線 $y=\sin x$ $(0\leqq x\leqq\pi)$ と x 軸で囲まれた部分 F を，y 軸のまわりに回転したとき得られる立体の体積を求めよ．　　　　（武蔵工大）

精講

本問の場合，**解答**の図の x_1，x_2 は y の関数として具体的に表せないので

$$V=\pi\int_0^1(x_2{}^2-x_1{}^2)dy$$

を直接計算することができません．そこで x の積分に置換して，標問 **65** の方法で計算します．

研究 ではまったく違った求積の仕方を紹介しましょう．

解法のプロセス

回転体の体積
⇩
回転軸に垂直な平面で切る
⇩
x の積分に置換する

年輪法

解答

(1)　$\displaystyle\int_0^{\pi} x^2\cos x\,dx$　　　← 2 回部分積分する

$\displaystyle=\Big[x^2\sin x\Big]_0^{\pi}-2\int_0^{\pi}x\sin x\,dx$

$\displaystyle=2\Big\{\Big[x\cos x\Big]_0^{\pi}-\int_0^{\pi}\cos x\,dx\Big\}$

$=\boldsymbol{-2\pi}$

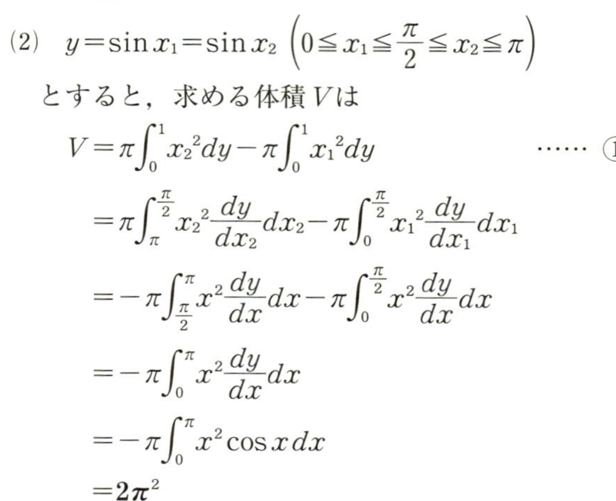

(2)　$y=\sin x_1=\sin x_2$ $\left(0\leqq x_1\leqq\dfrac{\pi}{2}\leqq x_2\leqq\pi\right)$

とすると，求める体積 V は

$\displaystyle V=\pi\int_0^1 x_2{}^2dy-\pi\int_0^1 x_1{}^2dy$　　……①

$\displaystyle=\pi\int_{\pi}^{\frac{\pi}{2}} x_2{}^2\frac{dy}{dx_2}dx_2-\pi\int_0^{\frac{\pi}{2}} x_1{}^2\frac{dy}{dx_1}dx_1$

$\displaystyle=-\pi\int_{\frac{\pi}{2}}^{\pi} x^2\frac{dy}{dx}dx-\pi\int_0^{\frac{\pi}{2}} x^2\frac{dy}{dx}dx$

$\displaystyle=-\pi\int_0^{\pi} x^2\frac{dy}{dx}dx$　　　← ここから始めてもよい

$\displaystyle=-\pi\int_0^{\pi} x^2\cos x\,dx$　　　← (1)

$=\boldsymbol{2\pi^2}$

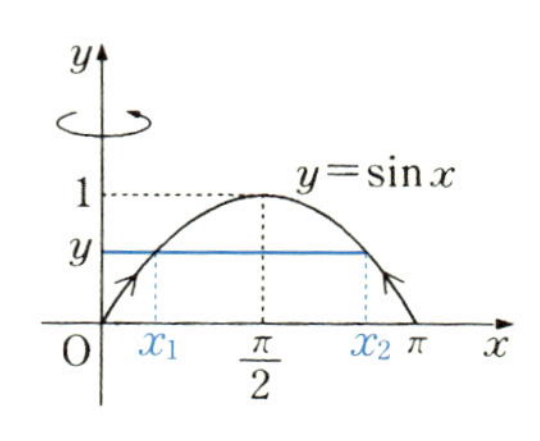

研究 〈年輪法による別解〉

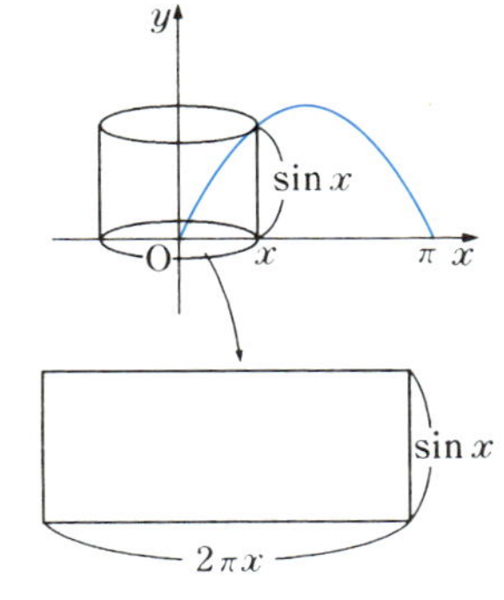

樹木の年輪のように，薄い皮を重ねることによって求積してみましょう．

半径 x，高さ $\sin x$，厚さ Δx の薄い皮を y 軸に平行に切り開いて長方形の板にすると，その体積は

$$2\pi x\cdot\sin x\cdot\Delta x$$

です．そこで，これらを回転軸に近い方から滑らかに足すと，回転体の体積 V が求められます．

$$V=\int_0^\pi 2\pi x\sin x\,dx$$

$$=2\pi\left\{\Big[x(-\cos x)\Big]_0^\pi+\int_0^\pi\cos x\,dx\right\}=2\pi^2$$ ⬅ 部分積分が1回だけですむ

〈対称軸に注目する〉

F が回転軸に平行な直線 $x=\dfrac{\pi}{2}$ に関して対称であることに注目すると，**解答**の①から

$$V=2\pi\int_0^1\frac{x_1+x_2}{2}\cdot(x_2-x_1)\,dy$$ ⬅ $\dfrac{x_1+x_2}{2}=\dfrac{\pi}{2}$

$$=\pi^2\int_0^1(x_2-x_1)\,dy$$ ⬅ 積分は F の面積を表す

$$=\pi^2\int_0^\pi\sin x\,dx=2\pi^2$$

とすることができます．一般化してみましょう：

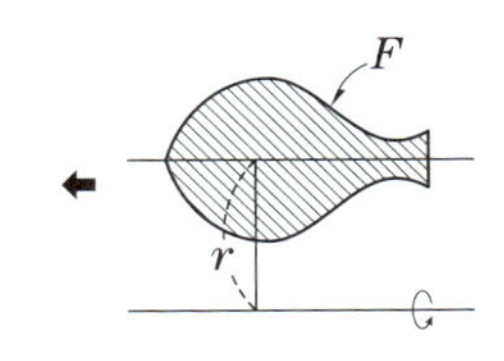

面積 S の図形 F が，回転軸と平行で回転軸との距離が r の対称軸をもち，F が回転軸と共有点をもたないとき，回転体の体積は $V=2\pi rS$ となります（パップス・ギュルダンの定理）．

演習問題

70-1 曲線 $y=\dfrac{\log x}{x}$ と直線 $x=e$ および x 軸で囲まれた図形を x 軸のまわりに1回転してできる立体の体積を求めよ．（中央大）

70-2 $0\leqq x\leqq\dfrac{\pi}{4}$ のとき，2つの曲線 $y=\sin x$，$y=\cos x$ および y 軸で囲まれる部分を y 軸のまわりに回転してできる立体の体積を求めよ．（宮崎大）

70-3 研究 のパップス・ギュルダンの定理を証明せよ．

標問 71　斜回転体の体積

Oを原点とし，点Aの座標を(1, 1)とする．放物線 $y=x^2$ のグラフと線分OAで囲まれた部分を，線分OAのまわりに回転させて得られる回転体の体積を求めよ．

（東京女大）

精講　回転軸を座標軸に重ねるのも1つの考え方です．

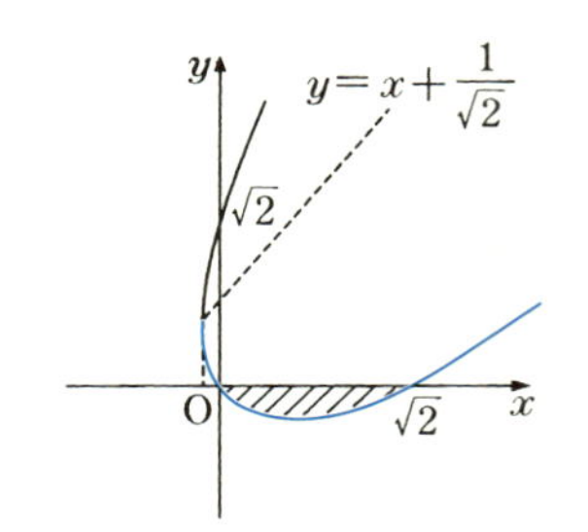

放物線を原点のまわりに $-45°$ 回転すると

$$y^2-(2x+\sqrt{2})y+x^2-\sqrt{2}x=0$$

$$\therefore\quad y=x+\frac{1}{\sqrt{2}}\pm\sqrt{2\sqrt{2}x+\frac{1}{2}}$$

問題の部分は直線 $y=x+\frac{1}{\sqrt{2}}$ の下方にあるので

$$V=\pi\int_0^{\sqrt{2}}\left(x+\frac{1}{\sqrt{2}}-\sqrt{2\sqrt{2}x+\frac{1}{2}}\right)^2dx$$

となりますが，計算はかなり大変です．

そこで，とりあえず**解答**の図のように

$$V=\pi\int_0^{\sqrt{2}}Y^2dX$$

と立式することにしましょう．

Y を X で表す方針は結局上で説明したことと同じです．しかし

Qの x 座標の積分に置換する

と計算がずいぶん楽になります．

解法のプロセス

斜回転体の体積
⇩
回転軸を座標軸に重ねる
⇩
回転軸を座標軸にとる
⇩
半径の終点の x 座標の積分に置換する

〈 解　答 〉

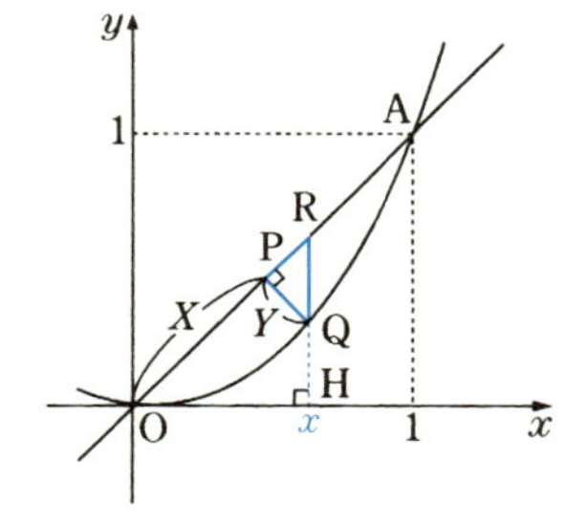

図のように，P, Q, R, Hをとり

$\mathrm{OP}=X$, $\mathrm{PQ}=Y$, $\mathrm{OH}=x$

とすると，体積 V は

$$V=\pi\int_0^{\sqrt{2}}Y^2dX$$

2つの三角形PQR，HROは直角二等辺三角形であるから

$$Y=\frac{\mathrm{QR}}{\sqrt{2}}=\frac{x-x^2}{\sqrt{2}}$$

$$X=\mathrm{OR}-Y=\sqrt{2}\,x-\frac{x-x^2}{\sqrt{2}}=\frac{x+x^2}{\sqrt{2}}$$

さらに，$X:0\to\sqrt{2}$ のとき $x:0\to1$ であるから

$$V=\pi\int_0^1 Y^2\frac{dX}{dx}dx=\pi\int_0^1\left(\frac{x-x^2}{\sqrt{2}}\right)^2\frac{1+2x}{\sqrt{2}}dx$$
$$=\frac{\sqrt{2}\,\pi}{4}\int_0^1(2x^5-3x^4+x^2)dx$$
$$=\frac{\sqrt{2}\,\pi}{4}\left(\frac{1}{3}-\frac{3}{5}+\frac{1}{3}\right)$$
$$=\boldsymbol{\frac{\sqrt{2}\,\pi}{60}}$$

研究 **〈解法の一般化〉**

図のように，曲線 $y=f(x)$ と直線 $y=mx$ ($m=\tan\theta$) が囲む図形を，直線 $y=mx$ のまわりに回転して得られる立体の体積 V を計算してみることにします．

$$V=\pi\int_a^b Y^2\frac{dX}{dx}dx$$

において

$$Y=(mx-f(x))\cos\theta,\qquad X=\frac{x}{\cos\theta}-(mx-f(x))\sin\theta$$

であるから

$$V=\pi\int_a^b(mx-f(x))^2\cos^2\theta\left\{\frac{1}{\cos\theta}-(mx-f(x))'\sin\theta\right\}dx$$
$$=\pi\int_a^b(mx-f(x))^2\cos\theta\,dx-\pi\left[\frac{(mx-f(x))^3}{3}\cos^2\theta\sin\theta\right]_a^b$$
$$=\pi\int_a^b(mx-f(x))^2\cos\theta\,dx$$

$$\therefore\quad \boldsymbol{V=\left\{\pi\int_a^b(mx-f(x))^2dx\right\}\cos\theta}\quad\left(0<\theta<\frac{\pi}{2}\right)$$

この結果は検算に役立ちます．

演習問題

71 曲線 $\sqrt{x}+\sqrt{y}=1$ と x 軸，y 軸で囲まれた部分を，直線 $y=x$ のまわりに回転してできる回転体の体積を求めよ． (電通大)

標問 72 非回転体の体積 (1)

座標空間において，2点 P(2, 0, 0)，Q(2, 0, 9) を結ぶ線分 PQ を z 軸のまわりに回転して得られる曲面を S とする.

(1) 曲面 S と平面 $z=0$ および，平面 $z=3-3x$ で囲まれる立体の体積を求めよ.

(2) 曲面 S のうち，平面 $z=3-3x$ の下側にある部分の面積を求めよ.

(大阪市大)

精講 (1) 立体が回転体ではないので，断面がなるべく簡単な図形になるような切り方を探します.

どの座標軸に直交する平面で切っても計算できますが，x 軸に直交する平面による断面はつねに長方形ですから，これが最も やさしそうです.

切り方が決まったら問題の立体を式で表して

$$\begin{cases} \text{円柱の内部：} \quad x^2+y^2 \leqq 4 \\ xy \text{ 平面の上方：} \quad z \geqq 0 \\ \text{平面 } z=3-3x \text{ の下方：} \quad z \leqq 3-3x \end{cases}$$

あとは式の操作だけで処理します.

(2) 図において，弧 $\overset{\frown}{\mathrm{PH}}$ の長さを s とおいて，HK を s の関数で表し，それを積分するという方法もあります.

しかし，**解答**では $\angle\mathrm{POH}=\theta$ が $\Delta\theta$ だけ変化したとき，線分 HK が描く図形を面積

$\mathrm{HK}\cdot 2\Delta\theta$

の長方形で近似して，それを滑らかに加えて計算することにします.

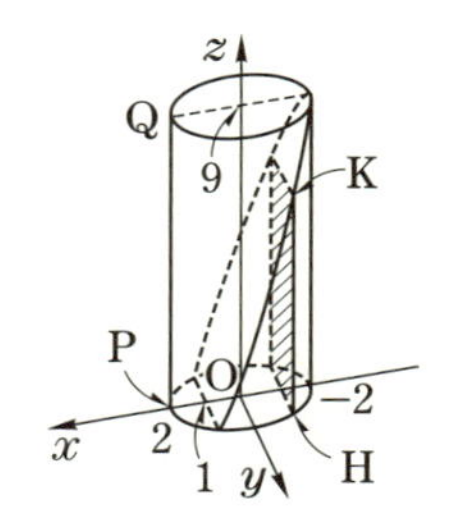

解法のプロセス

非回転体の体積

⇩

単純な断面が出る切り方を探す

⇩

立体をできるだけ式で表し，それを使って考える

〈 解 答 〉

(1) 立体は

$$x^2+y^2 \leqq 4, \quad 0 \leqq z \leqq 3-3x$$

と表せる. 平面 $x=t$ $(-2 \leqq t \leqq 1)$ による断面は

$$t^2+y^2 \leqq 4, \quad 0 \leqq z \leqq 3-3t$$

$$\therefore \quad |y| \leqq \sqrt{4-t^2}, \quad 0 \leqq z \leqq 3-3t$$

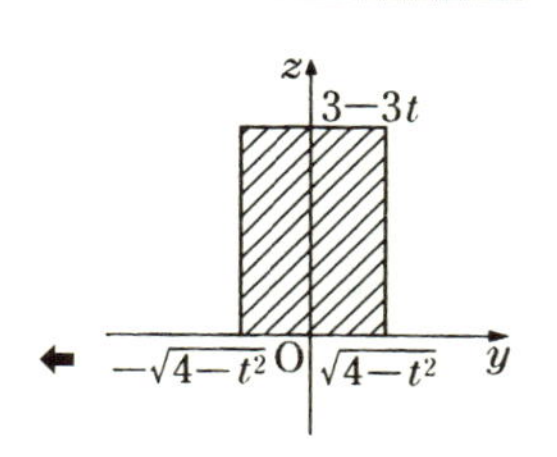

断面積は $6(1-t)\sqrt{4-t^2}$ であるから，求める体積は

$$V=6\int_{-2}^{1}(1-t)\sqrt{4-t^2}\,dt$$

$t=2\sin\theta$ とおくと，$t:-2\to 1$ のとき

$\theta:-\dfrac{\pi}{2}\to\dfrac{\pi}{6}$ であるから

$$V=6\int_{-\frac{\pi}{2}}^{\frac{\pi}{6}}(1-2\sin\theta)\cdot 2\cos\theta\cdot 2\cos\theta\,d\theta$$

$$=\int_{-\frac{\pi}{2}}^{\frac{\pi}{6}}\{12(1+\cos 2\theta)-48\cos^2\theta\sin\theta\}\,d\theta$$

$$=\Big[12\theta+6\sin 2\theta+16\cos^3\theta\Big]_{-\frac{\pi}{2}}^{\frac{\pi}{6}}$$

$$=\boldsymbol{8\pi+9\sqrt{3}}$$

← $V=6\int_{-2}^{1}\sqrt{4-t^2}\,dt$
$-6\int_{-2}^{1}t\sqrt{4-t^2}\,dt$
第 1 項は，標問 **57**，➡研究
第 2 項は，$\Big[2(4-t^2)^{\frac{3}{2}}\Big]_{-2}^{1}$
としてもよい

(2) 平面 $z=3-3x$ ……① の下側にある円周上の点Hに対して，$\angle\mathrm{POH}=\theta$ とおくと

$\mathrm{H}(2\cos\theta,\ 2\sin\theta,\ 0)$

Hでの xy 平面の垂線と平面①の交点をKとすると

$$\mathrm{HK}=3-6\cos\theta\left(\frac{\pi}{3}\leqq\theta\leqq\frac{5\pi}{3}\right)$$

θ が $\varDelta\theta$ だけ変化するとき，Hは長さ $2\varDelta\theta$ の円弧を描くので，線分 HK が描く図形は，面積

$\mathrm{HK}\cdot 2\varDelta\theta=(3-6\cos\theta)\cdot 2\varDelta\theta$

の長方形で近似される．ゆえに，求める面積は

$$\int_{\frac{\pi}{3}}^{\frac{5\pi}{3}}(3-6\cos\theta)\cdot 2\,d\theta$$

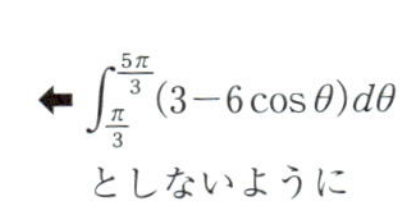
← $\int_{\frac{\pi}{3}}^{\frac{5\pi}{3}}(3-6\cos\theta)\,d\theta$
としないように

$$=6\Big[\theta-2\sin\theta\Big]_{\frac{\pi}{3}}^{\frac{5\pi}{3}}$$

$$=\boldsymbol{8\pi+12\sqrt{3}}$$

演習問題

72 xyz 空間において，不等式

$$0\leqq z\leqq 1+x+y-3(x-y)y,\ 0\leqq y\leqq 1,\ y\leqq x\leqq y+1$$

のすべてを満足する $x,\ y,\ z$ を座標にもつ点全体がつくる立体の体積を求めよ．

（東　大）

標問 73 非回転体の体積 (2)

xz 平面上の放物線 $z=1-x^2$ を A とする．次に yz 平面上の放物線 $z=1-2y^2$ を B とする．B を，その頂点が曲線 A 上を動くように空間内で平行移動させる．そのとき B が描く曲面を S とする．

S と xy 平面とで囲まれる部分の体積 V を求めよ． (津田塾大)

精講 x 軸に直交する平面で切るのが自然なようです．

平面 $x=t$ による曲面 S の切り口を yz 平面上に正射影したものは，B と合同で頂点の z 座標が $1-t^2$ の放物線ですから，方程式は

$$z=-2y^2+1-t^2$$

となります．

体積 V は，この放物線と y 軸が囲む図形の面積 $S(t)$ を求め，$S(t)dt$ を -1 から 1 まで滑らかに足せばよいわけです．

しかし，z 軸に直交する平面で切れば楕円になりそうだ，と気づけばもっと簡単です．

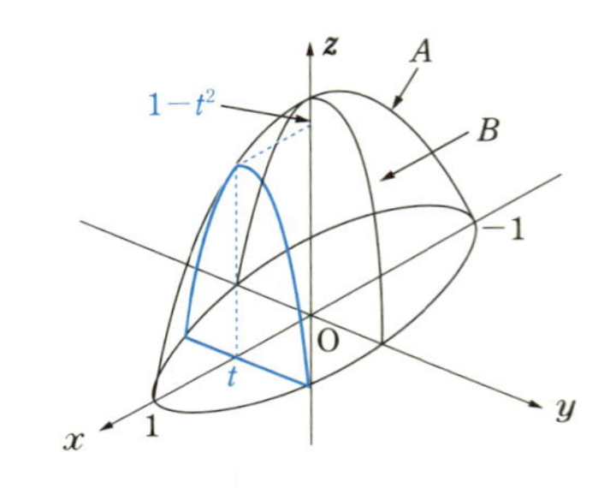

解法のプロセス

いろいろな切り方を試す

⇩

$x=t$ で切ると放物線

⇩

$z=t$ で切ると楕円

解 答

S と xy 平面が囲む立体を平面 $x=t$ $(|t|\leqq 1)$ で切ると，断面は放物線

$$z=-2y^2+1-t^2$$

と y 軸が囲む図形である．その面積を $S(t)$ とすると $\sqrt{\dfrac{1-t^2}{2}}=\alpha$ として，

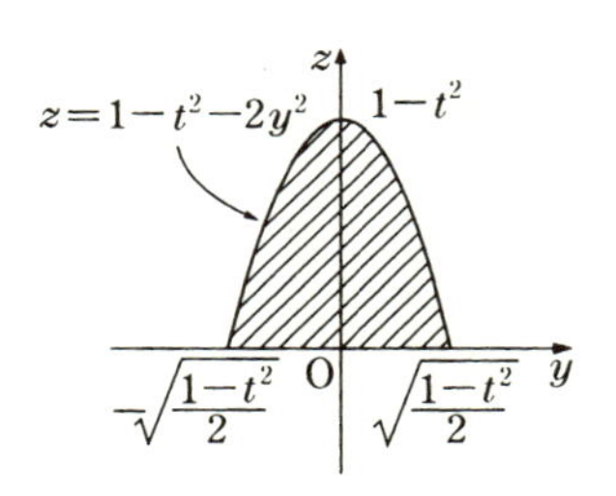

$$\begin{aligned}S(t)&=\int_{-\alpha}^{\alpha}(-2y^2+1-t^2)dy\\&=2\int_0^{\alpha}(-2y^2+1-t^2)dy\\&=-\frac{4}{3}\alpha^3+2(1-t^2)\alpha\\&=\frac{2\sqrt{2}}{3}(\sqrt{1-t^2})^3\end{aligned}$$

ゆえに

$$V=\int_{-1}^{1}S(t)\,dt=\frac{4\sqrt{2}}{3}\int_0^1(\sqrt{1-t^2})^3dt$$

$t=\sin\theta$ とおくと，$t:0\to1$ のとき

$\theta:0\to\dfrac{\pi}{2}$，$dt=\cos\theta\,d\theta$ であるから

$$V=\frac{4\sqrt{2}}{3}\int_0^{\frac{\pi}{2}}\cos^4\theta\,d\theta$$

$$=\frac{4\sqrt{2}}{3}\left(\frac{3\cdot1}{4\cdot2}\cdot\frac{\pi}{2}\right)$$

$$=\boldsymbol{\frac{\sqrt{2}}{4}\pi}$$

← $\sqrt{a^2-x^2}$ を含む積分は $x=a\sin\theta$ とおく

← 演習問題 58-1

研究　**〈z 軸に直交する平面で切る〉**

曲面 S は，平面 $x=t$ による断面としての放物線

$$\begin{cases}x=t\\ z=-2y^2+1-t^2\end{cases}\quad(\text{曲面})$$

の描く軌跡です．したがって，その方程式は媒介変数 t を消去することにより

$$z=1-x^2-2y^2\qquad\therefore\quad x^2+2y^2=1-z$$

この曲面を平面 $z=t$ $(0\leqq t<1)$ で切り，断面を xy 平面上に正射影すると

$$x^2+2y^2=1-t$$

この楕円が囲む図形の面積は

$$\pi\sqrt{1-t}\cdot\sqrt{\frac{1-t}{2}}=\frac{\pi}{\sqrt{2}}(1-t)$$

ゆえに，求める体積は

$$V=\frac{\pi}{\sqrt{2}}\int_0^1(1-t)\,dt=\frac{\sqrt{2}}{4}\pi$$

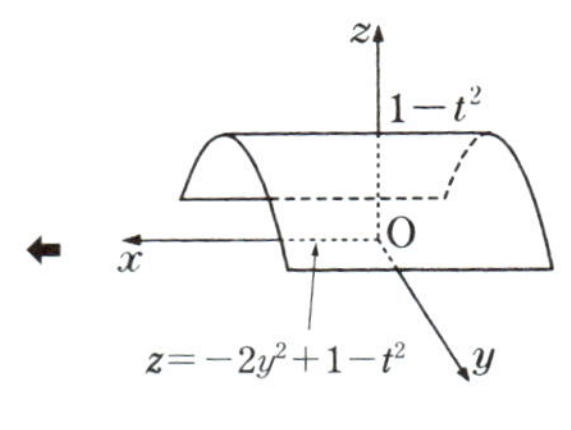

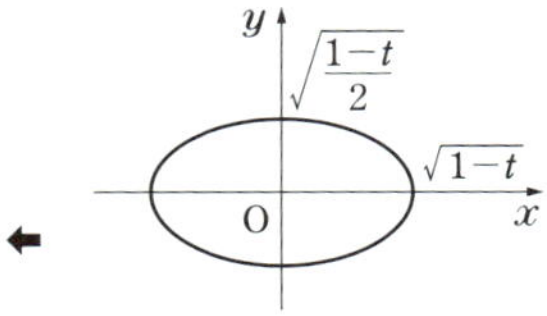

← 楕円 $\dfrac{x^2}{a^2}+\dfrac{y^2}{b^2}=1$ の囲む面積は，πab

演習問題

73　xyz 空間の2点 A(0，1，1)，B(0，-1，1) を結ぶ線分を L とし，xy 平面における円板 $x^2+y^2\leqq1$ を D とする．点Pが L 上を動き，点Qが D 上を動くとき，線分 PQ が動いてできる立体を K とする．平面 $z=t$ $(0\leqq t\leqq1)$ による立体 K の切り口の面積 $S(t)$ と，K の体積 V を求めよ．　　（東北大）

標問 74　断面が円弧を含む立体の体積

D を半径1の円板，C を yz 平面の原点を中心とする半径1の円周とする．D が次の条件(a)，(b)を共に満たしながら xyz 空間を動くとき，D が通過する部分の体積 V を求めよ．

(a)　D の中心は C 上にある．

(b)　D が乗っている平面はつねに z 軸と直交する．　　　　（東京工大）

精講　x 軸に直交する平面で切る方法も考えられますが，条件(b)を見ると z 軸に直交する平面で切る方が簡単そうです．このとき切り口は2円を重ねた形をしているので，断面積を求めるためには，扇形の面積を知らなければなりません．したがって，**中心角を設定する**ことが必要です．

解法のプロセス

断面積を計算する

⇩

扇形の面積が必要

⇩

中心角をおく

〈 解　答 〉

D の描く立体は xy 平面に関して対称だから，$z \geqq 0$ の部分を考える．

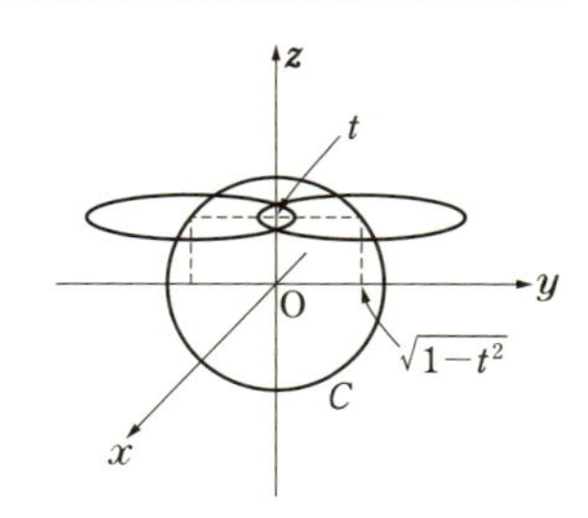

平面 $z=t$ $(0 \leqq t \leqq 1)$ による切り口の面積 $S(t)$ は，図の P，Q に対して $\angle\mathrm{OPQ}=\theta$ $\left(0 \leqq \theta \leqq \dfrac{\pi}{2}\right)$ とおくと

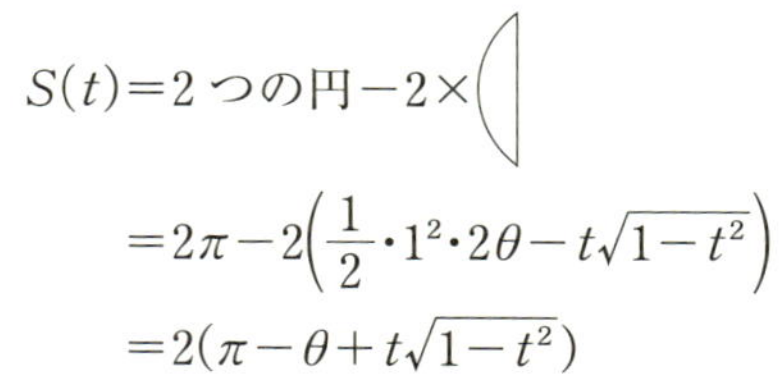

$$S(t)=2\text{つの円}-2\times(\text{図形})$$

$$=2\pi-2\left(\frac{1}{2}\cdot 1^2\cdot 2\theta-t\sqrt{1-t^2}\right)$$

$$=2(\pi-\theta+t\sqrt{1-t^2})$$

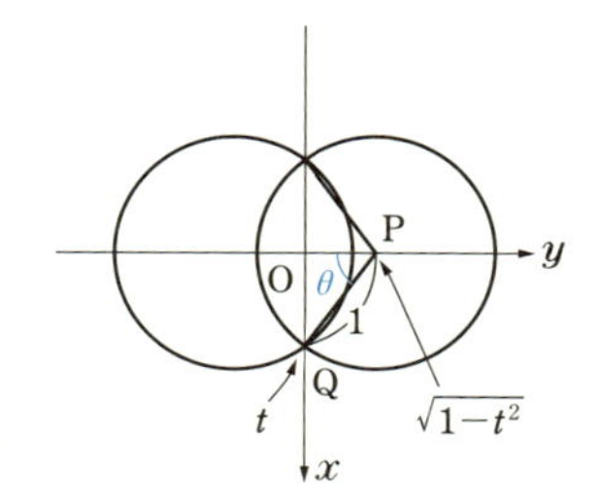

$t=\sin\theta$ であるから

$$S(t)=2(\pi-\theta+\sin\theta\cos\theta)$$

ゆえに

$$\frac{V}{2}=\int_0^1 S(t)\,dt=\int_0^{\frac{\pi}{2}} 2(\pi-\theta+\sin\theta\cos\theta)\cos\theta\,d\theta$$

$$=2\int_0^{\frac{\pi}{2}}\{(\pi-\theta)\cos\theta+\sin\theta\cos^2\theta\}\,d\theta$$

ここで

$$\int_0^{\frac{\pi}{2}}(\pi-\theta)\cos\theta\,d\theta=\Big[(\pi-\theta)\sin\theta\Big]_0^{\frac{\pi}{2}}-\int_0^{\frac{\pi}{2}}(-\sin\theta)\,d\theta=\frac{\pi}{2}+1$$

$$\int_0^{\frac{\pi}{2}}\sin\theta\cos^2\theta\,d\theta=\left[\frac{-\cos^3\theta}{3}\right]_0^{\frac{\pi}{2}}=\frac{1}{3}$$

となるから

$$V=4\left(\frac{\pi}{2}+1+\frac{1}{3}\right)=\boldsymbol{2\pi+\frac{16}{3}}$$

研究 **〈x 軸に直交する平面で切る〉**

平面 $x=u$ $(0\leqq u\leqq 1)$ による断面は長さ $2\sqrt{1-u^2}$ の y 軸に平行な線分が，その中点を単位円に沿って1周させるときに描く図形です．

図のように θ をとると，断面積 $T(u)$ は

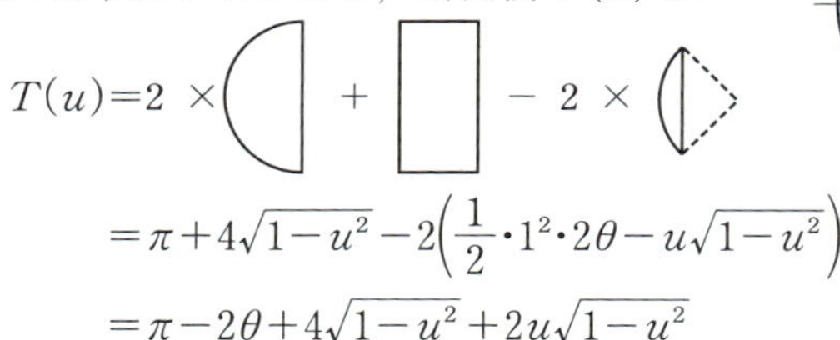

$$=\pi+4\sqrt{1-u^2}-2\left(\frac{1}{2}\cdot 1^2\cdot 2\theta-u\sqrt{1-u^2}\right)$$

$$=\pi-2\theta+4\sqrt{1-u^2}+2u\sqrt{1-u^2}$$

$u=\sin\theta$ に注意すると

$$T(u)=\pi-2\theta+4\cos\theta+2\sin\theta\cos\theta$$

これらを

$$\frac{V}{2}=\int_0^1 T(u)\,du=\int_0^{\frac{\pi}{2}}T(u)\frac{du}{d\theta}d\theta$$

に代入して V を求めることができます．

演習問題

74 xyz 空間において，平面 $z=0$ 上の原点を中心とする半径2の円を底面とし，点 $(0,\ 0,\ 1)$ を頂点とする円錐を A とする．次に，平面 $z=0$ 上の点 $(1,\ 0,\ 0)$ を中心とする半径1の円を H，平面 $z=1$ 上の点 $(1,\ 0,\ 1)$ を中心とする半径1の円を K とする．H と K を2つの底面とする円柱を B とする．円錐 A と円柱 B の共通部分を C とする．$0\leqq t\leqq 1$ を満たす実数 t に対し，平面 $z=t$ による C の切り口の面積を $S(t)$ とする．

(1) $0\leqq\theta\leqq\frac{\pi}{2}$ とする．$t=1-\cos\theta$ のとき，$S(t)$ を θ で表せ．

(2) C の体積 $\int_0^1 S(t)\,dt$ を求めよ．（東　大）

標問 75 媒介変数表示された曲線の長さ

平面上に座標 $(2\cos t+\cos 2t,\ 2\sin t-\sin 2t)$ で表される点Pがある．t が $0\leqq t\leqq 2\pi$ の範囲で変わるとき，点Pの描く曲線の長さを求めよ． （千葉大）

精講

曲線の長さについては，次の2つの公式が基本的です．

$$\begin{cases} l=\displaystyle\int_\alpha^\beta\sqrt{\left(\frac{dx}{dt}\right)^2+\left(\frac{dy}{dt}\right)^2}\,dt \\ l=\displaystyle\int_a^b\sqrt{1+\left(\frac{dy}{dx}\right)^2}\,dx \end{cases}$$

本問の場合

$$\left(\frac{dx}{dt}\right)^2+\left(\frac{dy}{dt}\right)^2=16\sin^2\frac{3t}{2}$$

となりますが，うっかり

$$l=\int_0^{2\pi}\sqrt{\left(\frac{dx}{dt}\right)^2+\left(\frac{dy}{dt}\right)^2}\,dt$$
$$=4\int_0^{2\pi}\sin\frac{3t}{2}dt$$

としないように注意しましょう．実は

$$\sin\frac{3t}{2}<0\quad\left(\frac{2\pi}{3}<t<\frac{4\pi}{3}\right)$$

です．

解法のプロセス

$$l=\int_0^{2\pi}\sqrt{\left(\frac{dx}{dt}\right)^2+\left(\frac{dy}{dt}\right)^2}\,dt$$

⇩

$$\left(\frac{dx}{dt}\right)^2+\left(\frac{dy}{dt}\right)^2=16\sin^2\frac{3t}{2}$$

⇩

$\sin\dfrac{3t}{2}$ の符号の変化に注意

$\left|\sin\dfrac{3t}{2}\right|$ の周期に注目できればもっと簡単

〈解 答〉

$$\frac{dx}{dt}=-2\sin t-2\sin 2t=-2(\sin t+\sin 2t)$$

$$\frac{dy}{dt}=2\cos t-2\cos 2t=2(\cos t-\cos 2t)$$

よって

$$\left(\frac{dx}{dt}\right)^2+\left(\frac{dy}{dt}\right)^2=4\{2-2(\cos 2t\cos t-\sin 2t\sin t)\}$$
$$=8\{1-\cos(2t+t)\}$$ ⬅ 加法定理の逆さ読み
$$=16\sin^2\frac{3t}{2}$$

ゆえに，求める長さ l は

$$l=\int_0^{2\pi}\sqrt{\left(\frac{dx}{dt}\right)^2+\left(\frac{dy}{dt}\right)^2}\,dt=4\int_0^{2\pi}\left|\sin\frac{3t}{2}\right|dt$$

$\left|\sin\dfrac{3t}{2}\right|$ の周期は $\dfrac{2\pi}{3}$ であるから，l は

$0\leqq t\leqq\dfrac{2\pi}{3}$ に対応する部分の長さの 3 倍である．

← $|\sin x|$ の周期は π

したがって

$$l=12\int_0^{\frac{2\pi}{3}}\left|\sin\frac{3t}{2}\right|dt$$
$$=12\int_0^{\frac{2\pi}{3}}\sin\frac{3t}{2}dt$$
$$=12\left[-\frac{2}{3}\cos\frac{3t}{2}\right]_0^{\frac{2\pi}{3}}$$
$$=12\left(\frac{2}{3}+\frac{2}{3}\right)=\mathbf{16}$$

← $0\leqq t\leqq\dfrac{2\pi}{3}$ において $\sin\dfrac{3t}{2}\geqq 0$

研究 **〈曲線の長さの公式〉**

曲線 $C: x=x(t),\ y=y(t)\ \ (\alpha\leqq t\leqq\beta)$ の長さを l とします．

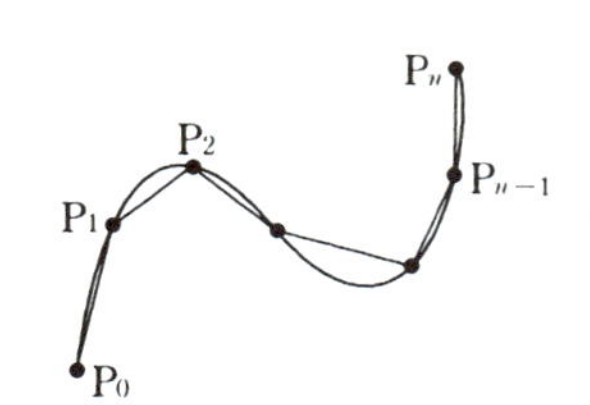

$\alpha\leqq t\leqq\beta$ を n 個の小区間

$\alpha=t_0<t_1<t_2<\cdots<t_{n-1}<t_n=\beta$

に分割し

$P_k(x(t_k),\ y(t_k))\ \ (k=0,\ 1,\ \cdots,\ n)$

とおくと

$$P_kP_{k+1}=\sqrt{(x(t_{k+1})-x(t_k))^2+(y(t_{k+1})-y(t_k))^2}$$

平均値の定理により

$$x(t_{k+1})-x(t_k)=x'(s_k)(t_{k+1}-t_k)$$
$$y(t_{k+1})-y(t_k)=y'(s_k)(t_{k+1}-t_k)$$

を満たす $s_k\ (t_k<s_k<t_{k+1})$ が存在するから

← 不備な点があるが気にしないこと

$$P_kP_{k+1}=\sqrt{x'(s_k)^2+y'(s_k)^2}\ (t_{k+1}-t_k)$$

となります．

次に，すべての小区間の幅が 0 に近づくように $n\to\infty$ とすると，折れ線 $P_0P_1P_2\cdots P_{n-1}P_n$ の長さは l に限りなく近づくと考えられるので，定積分の定義により次の式が成立します．

$$l=\lim_{n\to\infty}\sum_{k=0}^{n-1}\sqrt{x'(s_k)^2+y'(s_k)^2}\ (t_{k+1}-t_k)$$
$$=\int_\alpha^\beta\sqrt{\left(\frac{dx}{dt}\right)^2+\left(\frac{dy}{dt}\right)^2}\,dt$$

肝心なのは，

曲線の長さは内接折れ線の長さの極限として求められる

ということです．

曲線の方程式が $y=f(x)$ $(a \leqq x \leqq b)$ で与えられたときは

$$x=t, \quad y=f(t)$$

と考えれば

$$l=\int_a^b \sqrt{1+\left(\frac{dy}{dx}\right)^2}\,dx$$

となります．

〈本問の曲線の概形〉

本問の曲線は，半径3の円に内接する半径1の円が滑らないように転がるとき，初めに点 $(3,\ 0)$ にあった動円上の定点が描く軌跡です．

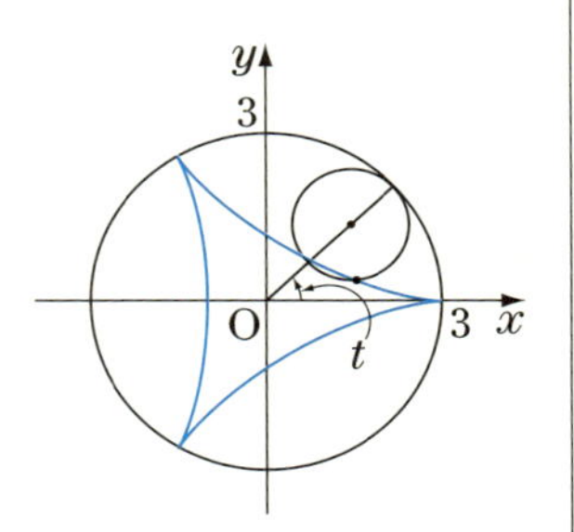

図のような媒介変数 t に対して

$$\begin{cases} x=2\cos t+\cos 2t \\ y=2\sin t-\sin 2t \end{cases}$$

← 標問 33 参照

が成り立つことを確かめて下さい．

この図を見ると，l の計算過程で周期 $\dfrac{2\pi}{3}$ の現れる理由がよくわかります．

演習問題

75-1 次の曲線の長さを求めよ．ただし，$0 \leqq \theta \leqq 2\pi$ とする．

(1) $x=\theta-\sin\theta$, $y=1-\cos\theta$ （サイクロイド）

(2) $x=\cos^3\theta$, $y=\sin^3\theta$ （アステロイド）

75-2 xy 平面で原点を中心とする半径2の円を A，点 $(3,\ 0)$ を中心とする半径1の円を B とする．B が A の周上を，反時計まわりに，滑らずに転がって，もとの位置にもどるとき，初めに $(2,\ 0)$ にあった B 上の点Pの描く曲線を C とする．原点と円 B の中心を結ぶ半直線が x 軸となす角を θ とするとき，点Pの座標を θ で表し曲線 C の長さを求めよ．（エピサイクロイド） （東京工大）

標問 76 カテナリーとその伸開線の長さ

$f(x)=\dfrac{e^x+e^{-x}}{2}$ とする．曲線 $y=f(x)$ 上の点 $\mathrm{P}(t,\ f(t))$ $(t \geqq 0)$ における接線に点 $\mathrm{H}(t,\ 0)$ から下ろした垂線の足を Q とする．

(1) 曲線 $y=f(x)$ 上の点 $\mathrm{A}(0,\ f(0))$ から P までの弧の長さ $\overset{\frown}{\mathrm{AP}}$ は $f'(t)$ に等しいことを示せ．

(2) P と Q の距離 $\overline{\mathrm{PQ}}$ は $\overset{\frown}{\mathrm{AP}}$ に等しいことを示せ．

(3) t が $0 \leqq t \leqq 1$ の範囲を変化するとき，Q の描く曲線の長さを求めよ．

（室蘭工大）

精講 $f(x)=\dfrac{e^x+e^{-x}}{2}$ と $f'(x)=\dfrac{e^x-e^{-x}}{2}$

の間には

$$\begin{cases} \boldsymbol{f(x)^2-f'(x)^2=1} \quad (\text{標問 } \mathbf{37}) \\ \boldsymbol{f''(x)=f(x) \iff \int f(x)\,dx=f'(x)+C} \end{cases}$$

← $\begin{cases} \cos^2 x+\sin^2 x=1 \\ (\cos x)''=-\cos x \end{cases}$ の類似

という関係があります．カテナリーの計量問題では，これらの関係式を使って計算量を軽減することができます．

(1), (2)の趣旨は，カテナリーにまきつけた糸の端が初めにAにあるとして，糸がたるまないようにほぐしていくとき，糸の先端の描く軌跡がQの軌跡と一致することを示すことです．

このようにして得られる曲線を**伸開線**といいます．

解法のプロセス

$f(x)=\dfrac{e^x+e^{-x}}{2}$

⇩

$\begin{cases} f(x)^2-f'(x)^2=1 \\ f''(x)=f(x) \end{cases}$

を利用して計算を簡略化

〈 解 答 〉

(1) $\overset{\frown}{\mathrm{AP}}=\displaystyle\int_0^t \sqrt{1+f'(x)^2}\,dx$ ← 曲線の長さの公式

$=\displaystyle\int_0^t f(x)\,dx$ ← $f(x)^2-f'(x)^2=1$

$=\Big[f'(x)\Big]_0^t$ ← $\int f(x)\,dx=f'(x)+C$

$=f'(t)$ ← $f'(0)=0$

(2) 直線 QH の方程式は

$$y=-\frac{1}{f'(t)}(x-t)$$

$\therefore \quad x-t+f'(t)y=0$ ……①

$\mathrm{P}(t,\ f(t))$ ゆえ，点と直線の公式により

$$\overline{\mathrm{PQ}}=\frac{|t-t+f'(t)f(t)|}{\sqrt{1+f'(t)^2}}=\frac{f(t)f'(t)}{f(t)}=f'(t)$$

$\therefore \quad \overset{\frown}{\mathrm{AP}}=\overline{\mathrm{PQ}}$

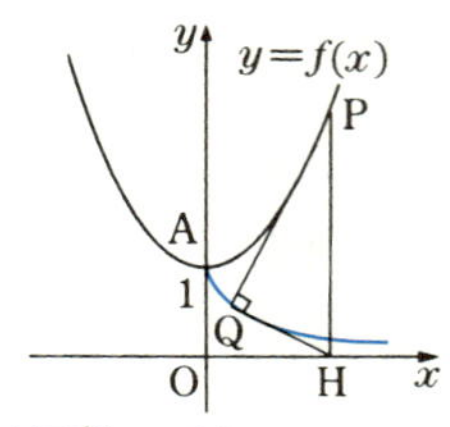

(3)　Pでの接線の方程式は

$y=f'(t)(x-t)+f(t)$ ……②

①，②を連立して解くと

$$x=t-\frac{f'(t)}{f(t)},\qquad y=\frac{1}{f(t)}$$

← $\begin{cases}|\overrightarrow{\mathrm{PQ}}|=f'(t)\\ \overrightarrow{\mathrm{PQ}}\,/\!/\,-(1,\ f'(t))\end{cases}$ より $\overrightarrow{\mathrm{OQ}}=\overrightarrow{\mathrm{OP}}+\overrightarrow{\mathrm{PQ}}$ を計算してもよい

ゆえに，

$$\left(\frac{dx}{dt}\right)^2+\left(\frac{dy}{dt}\right)^2$$

$$=\left(1-\frac{f(t)^2-f'(t)^2}{f(t)^2}\right)^2+\left(-\frac{f'(t)}{f(t)^2}\right)^2$$

← 第1項分子，$f''(t)=f(t)$

$$=\left(\frac{f'(t)^2}{f(t)^2}\right)^2+\left(\frac{f'(t)}{f(t)^2}\right)^2$$

$$=\frac{f'(t)^2(f'(t)^2+1)}{f(t)^4}=\frac{f'(t)^2f(t)^2}{f(t)^4}$$

← $f(t)^2-f'(t)^2=1$

$$=\left(\frac{f'(t)}{f(t)}\right)^2$$

したがって，求める長さは

$$\int_0^1\sqrt{\left(\frac{dx}{dt}\right)^2+\left(\frac{dy}{dt}\right)^2}\,dt=\int_0^1\frac{f'(t)}{f(t)}dt$$

← 曲線の長さの公式

$$=\Big[\log f(t)\Big]_0^1=\left[\log\frac{e^t+e^{-t}}{2}\right]_0^1$$

$$=\boldsymbol{\log\frac{e+e^{-1}}{2}}$$

演習問題

76-1　曲線 $y=\log(2\sin x)$ $(0<x<\pi)$ の概形をかき，この曲線の $y\geqq 0$ の部分の長さを求めよ．
（岡山大）

76-2　曲線 $y=1-x^2$ $(0\leqq x\leqq 1)$ を C とする．C を y 軸のまわりに1回転したとき C が通過する曲面を S とする．C の微小部分（長さ ds）が通過する S の微小部分 dS の面積は $2\pi x ds$ であるとして，S の面積を計算せよ．
（宇都宮大）

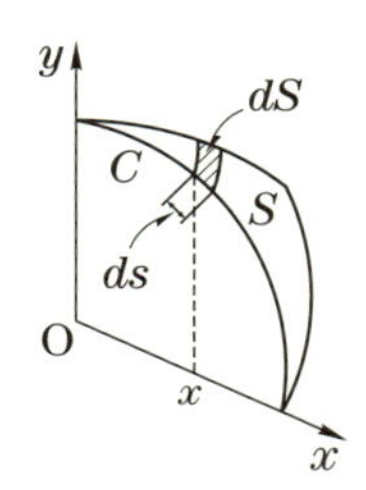

標問 77 定積分と無限級数 (1)

n 個の自然数 n, $n+1$, $n+2$, $\cdots$, $n+(n-1)$ の相加平均を A_n, 相乗平均を B_n, 調和平均を C_n とする．すなわち，

$$A_n=\frac{n+(n+1)+\cdots+(2n-1)}{n}$$

$$B_n=\sqrt[n]{n(n+1)(n+2)\cdots(2n-1)}$$

$$C_n=\frac{n}{\frac{1}{n}+\frac{1}{n+1}+\cdots+\frac{1}{2n-1}}$$

であるとき，

(1) $\lim_{n\to\infty}\frac{n}{C_n}$, $\lim_{n\to\infty}\frac{B_n}{n}$ を求めよ．

(2) $\lim_{n\to\infty}\frac{A_n}{B_n}$, $\lim_{n\to\infty}\frac{A_n}{C_n}$ を求めよ．　　(上智大)

精講　区分求積による定積分の定義を用いて極限値を計算する問題です．標問 **50** では定積分を最も一般的に定義しましたが，ここではそこまで必要ありません．

区間 $a\leqq x\leqq b$ をとくに n 等分することにして，s_k を t_{k-1} または t_k に等しくとれば，次式が成立します．

$$\lim_{n\to\infty}\frac{b-a}{n}\sum_{k=0}^{n-1}f\left(a+k\frac{b-a}{n}\right)$$

$$=\lim_{n\to\infty}\frac{b-a}{n}\sum_{k=1}^{n}f\left(a+k\frac{b-a}{n}\right)=\int_a^b f(x)dx$$

さらに，$a=0$, $b=1$ に限定すると

$$\boldsymbol{\lim_{n\to\infty}\frac{1}{n}\sum_{k=0}^{n-1}f\left(\frac{k}{n}\right)=\lim_{n\to\infty}\frac{1}{n}\sum_{k=1}^{n}f\left(\frac{k}{n}\right)=\int_0^1 f(x)dx}$$

原理的にはこれで十分です．

← 何故なら積分区間 $[a, b]$ は置換して $[0, 1]$ に直せる

(1) $\lim_{n\to\infty}\frac{B_n}{n}$ を直接定積分で表すことはできません．初めに自然対数をとり，和の形に直します．

(2) (1)は B_n, C_n の増大速度を n を基準にして測っているので，これを利用して

解法のプロセス

$\lim_{n\to\infty}\frac{n}{C_n}$
⇩
直接定積分で表す

$\lim_{n\to\infty}\frac{B_n}{n}$
⇩
積の形なので
⇩
自然対数をとり，和の形に直して定積分で表す

$$\frac{A_n}{B_n}=\frac{A_n}{n}\cdot\frac{n}{B_n},\quad \frac{A_n}{C_n}=\frac{A_n}{n}\cdot\frac{n}{C_n}$$

とします.

〈 解 答 〉

(1) $$\lim_{n\to\infty}\frac{n}{C_n}=\lim_{n\to\infty}\left(\frac{1}{n}+\frac{1}{n+1}+\cdots+\frac{1}{2n-1}\right)$$

$$=\lim_{n\to\infty}\sum_{k=0}^{n-1}\frac{1}{n+k}$$

⬅ $\frac{1}{n}$ をとり出す

$$=\lim_{n\to\infty}\frac{1}{n}\sum_{k=0}^{n-1}\frac{1}{1+\frac{k}{n}}$$

⬅ $f\left(\frac{k}{n}\right)=\frac{1}{1+\frac{k}{n}}$ とみる

$$=\int_0^1\frac{1}{1+x}dx=\Big[\log(1+x)\Big]_0^1$$

$$=\mathbf{log\,2}$$

⬅ C_n は $\frac{n}{\log 2}$ と同じ速さで増加することを意味する

$$\frac{B_n}{n}=\sqrt[n]{1\cdot\left(1+\frac{1}{n}\right)\cdot\left(1+\frac{2}{n}\right)\cdot\cdots\cdot\left(1+\frac{n-1}{n}\right)}$$

より

$$\lim_{n\to\infty}\log\frac{B_n}{n}=\lim_{n\to\infty}\frac{1}{n}\sum_{k=0}^{n-1}\log\left(1+\frac{k}{n}\right)$$

⬅ $f\left(\frac{k}{n}\right)=\log\left(1+\frac{k}{n}\right)$ とみる

$$=\int_0^1\log(1+x)dx$$

$$=\Big[(1+x)\log(1+x)-x\Big]_0^1$$

⬅ $\int(1+x)'\log(1+x)dx$ として部分積分

$$=2\log 2-1=\log\frac{4}{e}$$

$$\therefore\quad \lim_{n\to\infty}\frac{B_n}{n}=\boldsymbol{\frac{4}{e}}$$

⬅ B_n は $\frac{4}{e}n$ と同じ速さで増加することを意味する

(2) $$A_n=\frac{1}{n}\cdot\frac{n\{n+(2n-1)\}}{2}=\frac{3n-1}{2}$$

⬅ 等差数列の和の公式

より

$$\lim_{n\to\infty}\frac{A_n}{n}=\frac{3}{2}$$

ゆえに,

$$\lim_{n\to\infty}\frac{A_n}{B_n}=\lim_{n\to\infty}\frac{A_n}{n}\cdot\frac{n}{B_n}=\frac{3}{2}\cdot\frac{e}{4}=\boldsymbol{\frac{3}{8}e}$$

$$\lim_{n\to\infty}\frac{A_n}{C_n}=\lim_{n\to\infty}\frac{A_n}{n}\cdot\frac{n}{C_n}=\boldsymbol{\frac{3}{2}\log 2}$$

研究 〈調和平均について〉

いま，AB=BC=1 なる点 A，B，C があり，動点Pは AB 間，BC 間をそれぞれ速さ v_1，v_2 で動くものとします．このとき，AC 間を移動するのに要する時間は，

$$\frac{1}{v_1}+\frac{1}{v_2}$$

これが AC 間を一定の速さ v で動いたときの所要時間に等しいとすると

$$\frac{1}{v_1}+\frac{1}{v_2}=\frac{2}{v} \qquad \therefore \quad v=\frac{2}{\dfrac{1}{v_1}+\dfrac{1}{v_2}}$$

v を v_1 と v_2 の調和平均といいます．本問の調和平均はこれを n 個の場合に拡張したものです．

2 つの正数 a，b に対する 3 種類の平均の間には，不等式

$$\boldsymbol{\frac{a+b}{2} \geqq \sqrt{ab} \geqq \frac{2}{\dfrac{1}{a}+\dfrac{1}{b}}}$$

が成り立ち，2 つの等号はいずれも $a=b$ のときに限り成立することが確かめられます．したがって，$\lim_{n\to\infty}\frac{A_n}{B_n}>1$，$\lim_{n\to\infty}\frac{A_n}{C_n}>1$ は初めから予想されることですが，本問によって，n が十分大きいとき

$$A_n : B_n : C_n \fallingdotseq 1 : \frac{8}{3e} : \frac{2}{3\log 2} \fallingdotseq 1 : 0.98 : 0.96$$

となることがわかったことになります．

演習問題

77-1 次の極限値を求めよ．

(1) $\displaystyle\lim_{n\to\infty}\sum_{k=1}^{n}\frac{k}{n^2}\cos\left(\frac{k^2\pi}{2n^2}\right)$ （日本女大）

(2) $\displaystyle\lim_{n\to\infty}\left(\frac{{}_{3n}\mathrm{C}_n}{{}_{2n}\mathrm{C}_n}\right)^{\frac{1}{n}}$ （東京工大）

77-2 Oを原点とする xyz 空間に点 $\mathrm{P}_k\left(\dfrac{k}{n},\ 1-\dfrac{k}{n},\ 0\right)$，$k=0,\ 1,\ \cdots,\ n$ をとる．また，z 軸上 $z\geqq 0$ の部分に，点 Q_k を線分 $\mathrm{P}_k\mathrm{Q}_k$ の長さが 1 になるようにとる．三角錐 $\mathrm{OP}_k\mathrm{P}_{k+1}\mathrm{Q}_k$ の体積を V_k とおいて，極限 $\displaystyle\lim_{n\to\infty}\sum_{k=0}^{n-1}V_k$ を求めよ．

（東　大）

標問 78　定積分と無限級数 (2)

(1)　自然数 n に対して

$$R_n(x)=\frac{1}{1+x}-\{1-x+x^2-\cdots+(-1)^n x^n\}$$

とするとき，$\displaystyle\lim_{n\to\infty}\int_0^1 R_n(x)dx$ と $\displaystyle\lim_{n\to\infty}\int_0^1 R_n(x^2)dx$ を求めよ．

(2)　(1)を利用して，次の無限級数の和を求めよ．

(i)　$1-\dfrac{1}{2}+\dfrac{1}{3}-\dfrac{1}{4}+\cdots+(-1)^n\dfrac{1}{n+1}+\cdots$

(ii)　$1-\dfrac{1}{3}+\dfrac{1}{5}-\dfrac{1}{7}+\cdots+(-1)^n\dfrac{1}{2n+1}+\cdots$　　（札幌医大）

精講

(1)　とりあえず等比数列の和の公式でまとめると

$$R_n(x)=\frac{1}{1+x}-\frac{1-(-x)^{n+1}}{1+x}$$
$$=\frac{(-x)^{n+1}}{1+x}$$

積分区間 $0\leqq x\leqq 1$ から $x=1$ を除いた範囲で

$\displaystyle\lim_{n\to\infty}x^{n+1}=0$，すなわち，$\displaystyle\lim_{n\to\infty}R_n(x)=0$

これから $\displaystyle\lim_{n\to\infty}\int_0^1 R_n(x)dx=0$ が成り立つと予想されます．しかし，

$$\lim_{n\to\infty}\int_0^1 R_n(x)dx=\int_0^1\lim_{n\to\infty}R_n(x)dx=0$$

とすることは許されません．一般に

積分と極限の順序は交換できない

からです．

そこで，不等式と定積分の関係

$f(x)\leqq g(x)$ $(a\leqq x\leqq b)$ のとき

$$\int_a^b f(x)dx\leqq\int_a^b g(x)dx$$

を利用して，はさみ打ちにしてみましょう．その際

0に近づくもとを引き出す

ように評価するのが1つの方針です．

(2)　$R_n(x)$ を0から1まで積分した値は，無限

解法のプロセス

$R_n(x)=\dfrac{(-x)^{n+1}}{1+x}$ と変形

⇩

$x^{n+1}\to 0$ $(0\leqq x<1)$

より，極限$=0$ と予想

⇩

$\displaystyle\int_0^1 R_n(x)dx$ から，x^{n+1} の積分を引き出して，はさみ打ちにする

級数(i)の部分和と極限の誤差であることがわかります．$\lim_{n\to\infty}\int_0^1 R_n(x^2)dx$ と無限級数(ii)についてもまったく同様です．

〈 解 答 〉

(1) 等比数列の和の公式により

$$R_n(x)=\frac{1}{1+x}-\frac{1-(-x)^{n+1}}{1+x}=(-1)^{n+1}\frac{x^{n+1}}{1+x}$$

ゆえに

$$\left|\int_0^1 R_n(x)dx\right|=\int_0^1\frac{x^{n+1}}{1+x}dx$$

$$\leqq\int_0^1 x^{n+1}dx=\frac{1}{n+2}$$

← $x\geqq0$ より，$\frac{x^{n+1}}{1+x}\leqq x^{n+1}$

$$\therefore\quad 0\leqq\left|\int_0^1 R_n(x)dx\right|\leqq\frac{1}{n+2}$$

$\lim_{n\to\infty}\frac{1}{n+2}=0$ であるから

$$\boldsymbol{\lim_{n\to\infty}\int_0^1 R_n(x)dx=0}$$

$R_n(x^2)=(-1)^{n+1}\frac{x^{2n+2}}{1+x^2}$ より

$$0\leqq\left|\int_0^1 R_n(x^2)dx\right|=\int_0^1\frac{x^{2n+2}}{1+x^2}dx$$

$$\leqq\int_0^1 x^{2n+2}dx=\frac{1}{2n+3}$$

$\lim_{n\to\infty}\frac{1}{2n+3}=0$ であるから

$$\boldsymbol{\lim_{n\to\infty}\int_0^1 R_n(x^2)dx=0}$$

(2) (i) $\int_0^1 R_n(x)dx$

$$=\int_0^1\left\{\frac{1}{1+x}-(1-x+x^2-\cdots+(-1)^n x^n)\right\}dx$$

$$=\left[\log(1+x)-\left\{x-\frac{x^2}{2}+\frac{x^3}{3}-\cdots+\frac{(-1)^n x^{n+1}}{n+1}\right\}\right]_0^1$$

$$=\log 2-\left\{1-\frac{1}{2}+\frac{1}{3}-\cdots+\frac{(-1)^n}{n+1}\right\}$$

← 括弧の中は部分和 S_{n+1}

$n\to\infty$ とすると，(1)より

$$\sum_{n=0}^{\infty}\frac{(-1)^n}{n+1}=\boldsymbol{\log 2}$$

← メルカトール級数という

(ii)　同様に，$R_n(x^2)=\dfrac{1}{1+x^2}-\{1-x^2+x^4-\cdots+(-1)^n x^{2n}\}$

の両辺を 0 から 1 まで積分した後，$n\to\infty$ とすると，(1)より

$$\sum_{n=0}^{\infty}\frac{(-1)^n}{2n+1}=\int_0^1\frac{dx}{1+x^2}$$

← $x=\tan\theta$ とおく

$$=\int_0^{\frac{\pi}{4}}\frac{1}{1+\tan^2\theta}\cdot\frac{1}{\cos^2\theta}d\theta$$

$$=\int_0^{\frac{\pi}{4}}d\theta=\boldsymbol{\frac{\pi}{4}}$$

← ライプニッツ級数という

研 究　**〈(i)の和を求めるもう 1 つの方法〉**

前問の区分求積を利用して和を求めることもできます．

$$S_{2n}=1-\frac{1}{2}+\frac{1}{3}-\frac{1}{4}+\cdots-\frac{1}{2n}$$

$$=1+\frac{1}{2}+\frac{1}{3}+\cdots+\frac{1}{2n}-2\left(\frac{1}{2}+\frac{1}{4}+\cdots+\frac{1}{2n}\right)$$

$$=1+\frac{1}{2}+\frac{1}{3}+\cdots+\frac{1}{2n}-\left(1+\frac{1}{2}+\cdots+\frac{1}{n}\right)$$

$$=\frac{1}{n+1}+\frac{1}{n+2}+\cdots+\frac{1}{2n}=\sum_{k=1}^{n}\frac{1}{n+k}=\frac{1}{n}\sum_{k=1}^{n}\frac{1}{1+\frac{k}{n}}$$

$S_{2n+1}=S_{2n}+\dfrac{1}{2n+1}$ だから

$$\lim_{n\to\infty}S_{2n}=\lim_{n\to\infty}S_{2n+1}=\int_0^1\frac{1}{1+x}dx=\log 2$$

演習問題

78　n を負でない整数とし，$I_n=\displaystyle\int_0^{\frac{\pi}{4}}\tan^n x\,dx$ とおくと，$I_n+I_{n+2}=\dfrac{1}{n+1}$ が成り立つ．(演習問題 58-2)

(1)　$\displaystyle\lim_{n\to\infty}I_n=0$ であることを示せ．

(2)　2 つの無限級数 $\displaystyle\sum_{n=0}^{\infty}\frac{(-1)^n}{2n+1}$，および $\displaystyle\sum_{n=0}^{\infty}\frac{(-1)^n}{n+1}$ の和をそれぞれ求めよ．

(千葉工大)

標問 79 定積分と無限級数 (3)

$$a_n=\int_0^1 \frac{(1-x)^{n-1}}{(n-1)!}e^x dx \quad (n=1,\ 2,\ 3,\ \cdots)$$ とおくとき，

(1) $0<a_n<\dfrac{e}{n!}$ $(n\geqq 1)$ であることを示せ．

(2) $a_n=e-\left\{1+\dfrac{1}{1!}+\dfrac{1}{2!}+\cdots+\dfrac{1}{(n-1)!}\right\}$ $(n\geqq 1)$ であることを示せ．

(3) (1)と(2)により，次の無限級数の和を求めよ．

$$1+\frac{1}{1!}+\frac{1}{2!}+\frac{1}{3!}+\cdots$$

（新潟大）

第3章

精講 (1) $e^x\leqq e\ (0\leqq x\leqq 1)$ に気が付けば解決します．

(2) 自然数 n に関する命題の証明だから，数学的帰納法を使いましょう．a_{n+1} と a_n の関係は部分積分によって導かれます．

(3) (1)と(2)の結果を合わせます．

解法のプロセス

数学的帰納法

⇩

部分積分によって

a_{n+1} を a_n で表す

解 答

(1) $e^x\leqq e\ (0\leqq x\leqq 1)$ より

$$0\leqq\frac{(1-x)^{n-1}}{(n-1)!}e^x\leqq\frac{(1-x)^{n-1}}{(n-1)!}e \quad (0\leqq x\leqq 1)$$

← 2つの等号は $x=1$ のときに限り成立

ゆえに

$$0<\int_0^1\frac{(1-x)^{n-1}}{(n-1)!}e^x dx<e\int_0^1\frac{(1-x)^{n-1}}{(n-1)!}dx$$

$$=e\left[-\frac{(1-x)^n}{n!}\right]_0^1=\frac{e}{n!}$$

← 上述の注意から，積分すると等号はとれる

$$\therefore\quad 0<a_n<\frac{e}{n!}$$

(2) 数学的帰納法で証明する．

$n=1$ のとき，$a_1=\displaystyle\int_0^1 e^x dx=e-1$，右辺$=e-1$

より成立する．

次に，ある n での成立を仮定すると

$$a_{n+1}=\int_0^1\frac{(1-x)^n}{n!}(e^x)'dx$$

$$=\left[\frac{(1-x)^n}{n!}e^x\right]_0^1-\int_0^1\left\{-\frac{(1-x)^{n-1}}{(n-1)!}\right\}e^x dx$$

← 部分積分して a_n と連絡をつける

$$=-\frac{1}{n!}+a_n$$

$$=e-\left\{1+\frac{1}{1!}+\frac{1}{2!}+\cdots+\frac{1}{(n-1)!}+\frac{1}{n!}\right\}$$ ⬅ 仮定を用いた

よって，$n+1$ のときも成立する．

ゆえに，すべての自然数 n について成立することが示された．

(3)　(1)より，$a_n \to 0\ (n\to\infty)$ であるから，(2)において $n\to\infty$ とすると

$$1+\frac{1}{1!}+\frac{1}{2!}+\frac{1}{3!}+\cdots+\frac{1}{n!}+\cdots=e$$ ⬅ e の近似値が求められる

研究　**〈e は無理数〉**

本問を用いると e は無理数であることが証明されます．

e が有理数だと仮定して $e=\dfrac{q}{p}$（p，q は自然数）とおきます．

$(n-1)!\,a_n=b_n$ とすると，$n-1\geqq p$ のとき

$$b_n=(n-1)!\left\{\frac{q}{p}-\left(1+\frac{1}{1!}+\frac{1}{2!}+\cdots+\frac{1}{(n-1)!}\right)\right\}$$

は整数です．

ところが，$0<a_n<\dfrac{e}{n!}$ の辺々に $(n-1)!$ を掛けると

$$0<b_n<\frac{e}{n}$$

したがって $n\to\infty$ とするとき，b_n は正の整数であるにもかかわらず $b_n\to 0$ となるから矛盾です．

よって，e は無理数です．

演習問題

79　自然数 n について $a_n=\dfrac{1}{n!}\displaystyle\int_1^e(\log x)^n dx$ とする．

(1)　$0\leqq a_n\leqq \dfrac{e-1}{n!}$ となることを示せ．

(2)　$n\geqq 2$ について $a_n=\dfrac{e}{n!}-a_{n-1}$ が成り立つことを示せ．

(3)　$n\geqq 2$ について $S_n=\displaystyle\sum_{k=2}^{n}\frac{(-1)^k}{k!}$ とする．S_n を a_n を用いて表し，$\displaystyle\lim_{n\to\infty}S_n$ を求めよ．

（和歌山大）

標問 80 定積分と不等式 (1)

次の不等式を証明せよ.

(1) $\log\cos x<-\dfrac{x^2}{2}\quad\left(0<x<\dfrac{\pi}{2}\right)$

(2) $-\dfrac{\pi\log 2}{8}+\dfrac{\pi^3}{192}<\displaystyle\int_0^{\frac{\pi}{4}}\log\cos x\,dx<-\dfrac{\pi^3}{384}$ (富山医薬大(現・富山大))

精講 (1) $f(x)=-\dfrac{x^2}{2}-\log\cos x>0$ を示します. $0<x<\dfrac{\pi}{2}$ の範囲で成り立つ不等式

$x<\tan x$ (標問 **19** 研究) ……(*)

を思い出しましょう.

(2) 左側の不等式が難関です. 部分積分して不等式(*)をもう一度利用します.

解法のプロセス
左側の不等式
⇩
部分積分
⇩
不等式(*)の利用

〈 解 答 〉

(1) $f(x)=-\dfrac{x^2}{2}-\log\cos x$ とおく.

$$f'(x)=-x-\frac{-\sin x}{\cos x}=\tan x-x$$

$x<\tan x\quad\left(0<x<\dfrac{\pi}{2}\right)$ ……① であるから ← $f''(x)$ を考えてもよい

$f'(x)>0$

すなわち $f(x)$ は増加し $f(0)=0$ となるので

$f(x)>0$

$\therefore\ \log\cos x<-\dfrac{x^2}{2}\quad\left(0<x<\dfrac{\pi}{2}\right)$

(2) (1)より,

$$\int_0^{\frac{\pi}{4}}\log\cos x\,dx<\int_0^{\frac{\pi}{4}}\left(-\frac{x^2}{2}\right)dx=-\frac{\pi^3}{384}$$ ← (1)の不等式を直接使う

一方, 部分積分により ← 第1の急所

$$\int_0^{\frac{\pi}{4}}\log\cos x\,dx=\Big[x\log\cos x\Big]_0^{\frac{\pi}{4}}-\int_0^{\frac{\pi}{4}}x\frac{-\sin x}{\cos x}dx$$

$$=\frac{\pi}{4}\log\frac{1}{\sqrt{2}}+\int_0^{\frac{\pi}{4}}x\tan x\,dx$$

$$>-\frac{\pi\log 2}{8}+\int_0^{\frac{\pi}{4}}x^2dx \quad (\because \ ①)$$

← 第2の急所

$$=-\frac{\pi\log 2}{8}+\frac{\pi^3}{192}$$

ゆえに，

$$-\frac{\pi\log 2}{8}+\frac{\pi^3}{192}<\int_0^{\frac{\pi}{4}}\log\cos x\,dx<-\frac{\pi^3}{384}$$

研究 〈評価をグラフで見る〉

小数第3位を四捨五入すれば

$$\begin{cases} -\dfrac{\pi\log 2}{8}+\dfrac{\pi^3}{192}\fallingdotseq -0.11 \\ -\dfrac{\pi^3}{384}\fallingdotseq -0.08 \end{cases}$$

となります．

ここで，部分積分の効果を調べてみましょう．単純な方法よりも精度が高いはずです．

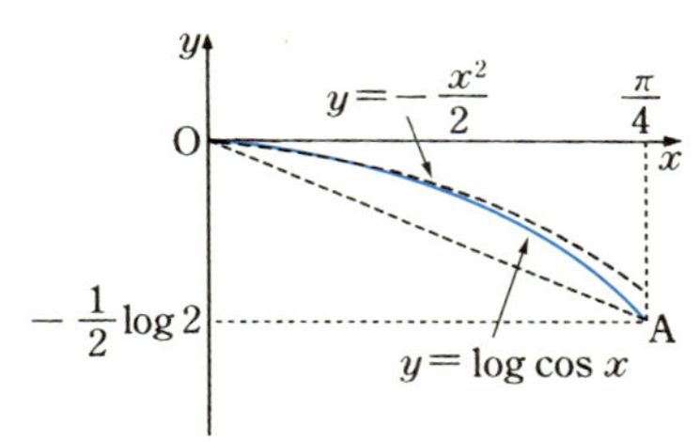

$y=\log\cos x$ を直線 OA：$y=-\dfrac{2\log 2}{\pi}x$ で下から押さえると

$$\int_0^{\frac{\pi}{4}}\log\cos x\,dx>-\frac{2\log 2}{\pi}\int_0^{\frac{\pi}{4}}x\,dx=-\frac{\pi\log 2}{16}$$

だれでも気づく評価の仕方ですが，その結果得られる値

$$-\frac{\pi\log 2}{16}\fallingdotseq -0.14$$

は部分積分による評価よりも甘くなっています．

演習問題

80 $\dfrac{2}{\pi}x\leqq\sin x\left(0\leqq x\leqq\dfrac{\pi}{2}\right)$ (標問 **40** (3)) を利用して，次の不等式を証明せよ．

$$1-\frac{1}{e}\leqq\int_0^{\frac{\pi}{2}}e^{-\sin x}dx\leqq\frac{\pi}{2}\left(1-\frac{1}{e}\right)$$

(立教大)

標問 81 定積分と不等式 (2)

(1) 関数 $f(x)$ が $0 \leqq x \leqq 1$ で連続でつねに正であるとき，任意の実数 t に対して

$$F(t)=\int_0^1\left(t\sqrt{f(x)}+\frac{1}{\sqrt{f(x)}}\right)^2 dx \geqq 0$$

が成立することを用いて次の不等式を証明せよ．

$$\int_0^1 f(x)dx \cdot \int_0^1 \frac{1}{f(x)}dx \geqq 1$$

(2) 次の不等式を証明せよ．

$$\frac{1}{e-1} \leqq \int_0^1 \frac{1}{1+x^2e^x}dx < \frac{\pi}{4}$$

(宮崎医大 (現・宮崎大))

精講 (1) $a>0$ のとき，任意の実数 t に対して

$$F(t)=at^2+2bt+c \geqq 0$$

が成り立つための条件は，放物線 $y=F(t)$ が t 軸と接するかまたは共有点をもたないこと，すなわち $F(t)=0$ の判別式が

$$b^2-ac \leqq 0$$

を満たすことです．

(2) 定積分の値を求めることができないので，被積分関数を評価する必要があります．右側の不等式は

$$\int_0^1 \frac{1}{1+x^2e^x}dx < \int_0^1 \frac{1}{1+x^2}dx = \frac{\pi}{4}$$

とします．左側は $f(x)=1+x^2e^x$ とおいて(1)を適用してみましょう．

解法のプロセス

(1) $F(t)=0$ の判別式を D とすると，

$$D \leqq 0$$

(2) 右側は，$e^x \geqq 1$ として評価する．

左側は，(1)の不等式で，$f(x)=1+x^2e^x$ とおく

〈 解　答 〉

(1) 任意の実数 t に対して

$$F(t)=t^2\int_0^1 f(x)dx+2t+\int_0^1 \frac{1}{f(x)}dx \geqq 0$$

が成立し，$\int_0^1 f(x)dx>0$ であるから，$F(t)=0$ の判別式を D とすると

$$\frac{D}{4}=1-\int_0^1 f(x)dx \cdot \int_0^1 \frac{1}{f(x)}dx \leqq 0$$

$$\therefore \quad \int_0^1 f(x)dx \cdot \int_0^1 \frac{1}{f(x)}dx \geqq 1$$

(2) $0 \leqq x \leqq 1$ において $e^x \geqq 1$ であるから，$1+x^2e^x \geqq 1+x^2$

$$\therefore \quad \int_0^1 \frac{1}{1+x^2e^x}dx < \int_0^1 \frac{1}{1+x^2}dx = \frac{\pi}{4}$$

⬅ $x=\tan\theta$ とおいて置換積分

次に，(1)の不等式で $f(x)=1+x^2e^x$ とおくと

$$\int_0^1 \frac{1}{1+x^2e^x}dx = \int_0^1 \frac{1}{f(x)}dx \geqq \frac{1}{\int_0^1 f(x)dx} = \frac{1}{\int_0^1 (1+x^2e^x)dx}$$

ここで

$$\int_0^1 (1+x^2e^x)dx = \Big[x+(x^2-2x+2)e^x\Big]_0^1$$
$$= e-1$$

⬅ 第2項は2回部分積分する

したがって

$$\int_0^1 \frac{1}{1+x^2e^x}dx \geqq \frac{1}{e-1}$$

⬅ $\begin{cases} \dfrac{1}{e-1} \fallingdotseq 0.582 \\ \dfrac{\pi}{4} \fallingdotseq 0.785 \end{cases}$

以上で証明された．

研究 **〈(1)の別証：定数を変数とみる〉**

$g(t)=\int_0^t f(x)dx \cdot \int_0^t \frac{1}{f(x)}dx \quad (0 \leqq t \leqq 1)$ とおきます．

$$g'(t) = f(t)\int_0^t \frac{1}{f(x)}dx + \frac{1}{f(t)}\int_0^t f(x)dx$$
$$= \int_0^t \left\{\frac{f(t)}{f(x)} + \frac{f(x)}{f(t)}\right\}dx$$
$$\geqq \int_0^t 2\sqrt{\frac{f(t)}{f(x)} \cdot \frac{f(x)}{f(t)}}\,dx = 2t$$

⬅ 相加平均と相乗平均の不等式

この不等式を t について 0 から $x\ (0 \leqq x \leqq 1)$ まで積分すれば

$$g(x)-g(0) \geqq x^2$$
$$\therefore \quad g(x) \geqq x^2 + g(0) = x^2$$

上式で $x=1$ とおくと

$$g(1) = \int_0^1 f(x)dx \cdot \int_0^1 \frac{1}{f(x)}dx \geqq 1$$

演習問題

81 $f(x)$ を区間 $a \leqq x \leqq b$ で単調に増加する連続な関数とするとき，次の不等式を証明せよ．

$$\int_a^b xf(x)dx \geqq \frac{a+b}{2}\int_a^b f(x)dx$$

（愛知教育大）

標問 82 定積分と不等式 (3)

$S=1+\dfrac{1}{\sqrt{2}}+\dfrac{1}{\sqrt{3}}+\cdots+\dfrac{1}{\sqrt{100}}$ の整数部分を求めよ．

（姫路工大（現・兵庫県大））

精講 $\dfrac{1}{\sqrt{n}}$ $(n=1,\ 2,\ \cdots,\ 100)$ を順次計算して加える方法は，電卓でも使わないかぎり大変です．

解法のプロセス
級数の評価
⇩
各項を長方形の柱の面積とみる
⇩
積分を利用する

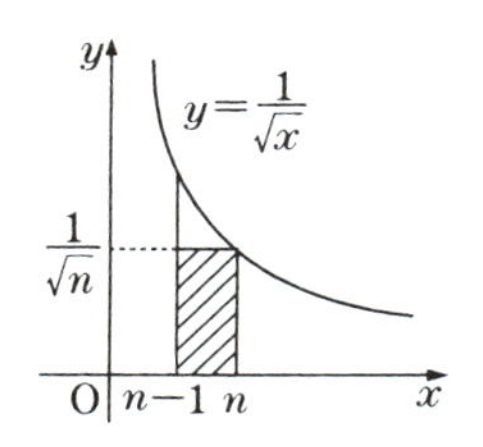

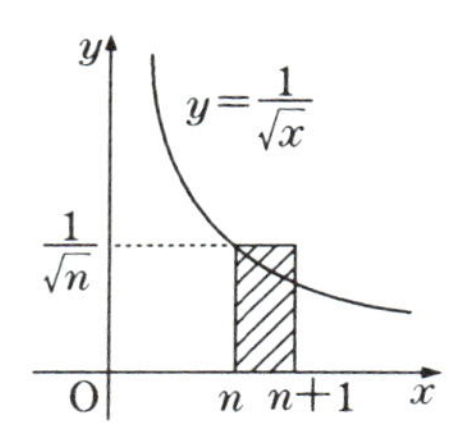

そこで，図のように

級数の各項を長方形の面積と解釈し
積分を用いて評価する

方法で考えます．これは定石の１つです．

〈 解　答 〉

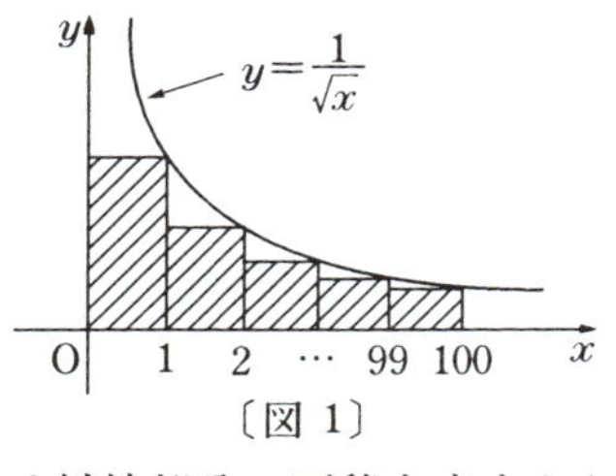

〔図 1〕

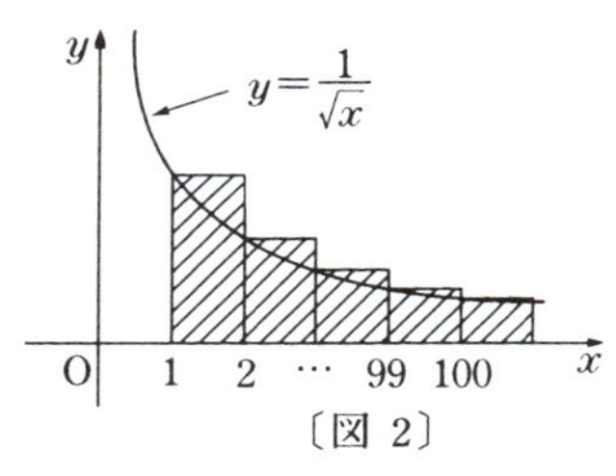

〔図 2〕

S は斜線部分の面積を表すから，図１より

$$S<1+\int_1^{100}\frac{1}{\sqrt{x}}dx=1+\Big[2\sqrt{x}\Big]_1^{100}=19 \quad \cdots\cdots①$$

一方，図２より

$$S>\int_1^{100}\frac{1}{\sqrt{x}}dx=\Big[2\sqrt{x}\Big]_1^{100}=18 \quad \cdots\cdots②$$

⬅ $S>\displaystyle\int_1^{100}\frac{1}{\sqrt{x}}dx+\frac{1}{\sqrt{100}}$ とすると 研究 の評価と同じになる

①，②より

$$18<S<19 \quad \cdots\cdots③$$

第３章

ゆえに

$(S\text{の整数部分})=18$

研究　**〈図のかわりに式でやると〉**

自然数 n に対して，$n \leqq x \leqq n+1$ のとき

$$\frac{1}{\sqrt{n+1}} \leqq \frac{1}{\sqrt{x}} \leqq \frac{1}{\sqrt{n}}$$

上式の各辺を x について n から $n+1$ まで積分すると

$$\frac{1}{\sqrt{n+1}} < \int_n^{n+1} \frac{1}{\sqrt{x}}dx < \frac{1}{\sqrt{n}}$$

⬅ $\int_n^{n+1} dx=1$

この不等式を $n=1,\ 2,\ \cdots,\ 99$ について加えれば

$$\frac{1}{\sqrt{2}}+\frac{1}{\sqrt{3}}+\cdots+\frac{1}{\sqrt{100}} < \sum_{n=1}^{99}\int_n^{n+1}\frac{1}{\sqrt{x}}dx < 1+\frac{1}{\sqrt{2}}+\cdots+\frac{1}{\sqrt{99}}$$

$$\therefore\quad S-1 < \int_1^{100}\frac{1}{\sqrt{x}}dx < S-\frac{1}{10}$$

$\int_1^{100}\frac{1}{\sqrt{x}}dx=18$ だから

$$18+\frac{1}{10} < S < 19$$

もっともらしく見えますが，厳密さは**解答**と同等です．

演習問題

(82-1)　標問 **82** において，

$$S=\frac{1}{2}+\left\{\frac{1}{2}\left(1+\frac{1}{\sqrt{2}}\right)+\frac{1}{2}\left(\frac{1}{\sqrt{2}}+\frac{1}{\sqrt{3}}\right)+\cdots+\frac{1}{2}\left(\frac{1}{\sqrt{99}}+\frac{1}{\sqrt{100}}\right)\right\}+\frac{1}{2\sqrt{100}}$$

と変形し，中括弧の中の各項を台形の面積とみて評価することにより**解答**の不等式③を改良せよ．

(82-2)　無限級数 $\sum_{n=1}^{\infty}\frac{1}{n}$ が発散することを，関数 $y=\frac{1}{x}$ のグラフを利用して証明せよ．

標問 83 定積分と不等式 (4)

(1) $0<x<a$ を満たす実数 x, a に対し，次を示せ．

$$\frac{2x}{a}<\int_{a-x}^{a+x}\frac{1}{t}dt<x\left(\frac{1}{a+x}+\frac{1}{a-x}\right)\quad\cdots\cdots①$$

(2) 不等式①を利用して，$0.68<\log 2<0.71$ を示せ．ただし，$\log 2$ は 2 の自然対数を表す．

（東　大）

精講 (1) 前問およびその演習問題を学んだら，不等式の各項を面積とみることは難しくありません．とくに第 3 項が台形の面積と解釈できることは演習問題 82-1 から推測できます．

(2) $\log 2=\int_1^2\frac{1}{t}dt$ であることに注目して，(1)で $a=\frac{3}{2}$，$x=\frac{1}{2}$ とおくと

$$\log 2>\frac{2}{3}=0.\dot{6},$$

$$\log 2<\frac{1}{2}\left(\frac{1}{2}+1\right)=\frac{3}{4}=0.75$$

評価が甘く失敗です．そこで，(1)の証明に用いた図をよく見ると，不等式の近似精度を上げるためには，積分区間の幅を狭くすればよいことに気付きます．

解法のプロセス

(1) 不等式の証明
⇩
各項を面積とみる
⇩
演習問題 82-1

差をとる
⇩
演習問題 81

(2) 近似精度を上げる
⇩
積分区間の幅を狭める

〈解　答〉

(1)

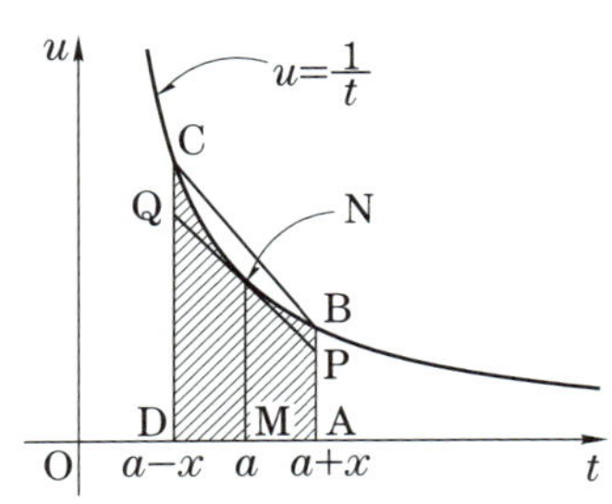

図において，直線 PQ は $N\left(a,\ \dfrac{1}{a}\right)$ における

$u=\dfrac{1}{t}$ の接線である．

台形 APQD，斜線部分，台形 ABCD の面積をそれぞれ S_1，S_2，S_3 とすると，曲線は下に凸であるから

$$S_1<S_2<S_3$$

ここで

$$\begin{cases} S_1=\dfrac{\mathrm{AP}+\mathrm{DQ}}{2}\cdot\mathrm{AD}=\mathrm{MN}\cdot\mathrm{AD}=\dfrac{2x}{a} \\ S_2=\displaystyle\int_{a-x}^{a+x}\dfrac{1}{t}dt \\ S_3=\dfrac{\mathrm{AB}+\mathrm{DC}}{2}\cdot\mathrm{AD}=x\left(\dfrac{1}{a+x}+\dfrac{1}{a-x}\right) \end{cases}$$

⬅ 中点連結定理より $\dfrac{\mathrm{AP}+\mathrm{DQ}}{2}=\mathrm{MN}$

⬅ $\dfrac{\mathrm{AD}}{2}=\dfrac{2x}{2}=x$

したがって，不等式①が成り立つ．

(2)　$\log 2=\displaystyle\int_1^{\frac{3}{2}}\dfrac{1}{t}dt+\int_{\frac{3}{2}}^{2}\dfrac{1}{t}dt$　と考える．$(a,\ x)$ を右辺第 1 項では $\left(\dfrac{5}{4},\ \dfrac{1}{4}\right)$，第 2 項では $\left(\dfrac{7}{4},\ \dfrac{1}{4}\right)$ として不等式①を適用すると

⬅ 積分区間を狭める 1 つの方法

$$\log 2>\dfrac{4}{5}\cdot\dfrac{1}{2}+\dfrac{4}{7}\cdot\dfrac{1}{2}=\dfrac{24}{35}=0.685\cdots$$

$$\log 2<\dfrac{1}{4}\left(\dfrac{2}{3}+1\right)+\dfrac{1}{4}\left(\dfrac{1}{2}+\dfrac{2}{3}\right)$$

$$=\dfrac{5}{12}+\dfrac{7}{24}=\dfrac{17}{24}=0.708\cdots$$

$\therefore$　$0.68<\log 2<0.71$

研究　**〈(1)の別解〉**

$$f(x)=\int_{a-x}^{a+x}\dfrac{1}{t}dt-\dfrac{2x}{a}\quad とおくと$$

⬅ x の動く範囲は $0<x<a$

$$f'(x)=\dfrac{1}{a+x}-\dfrac{-1}{a-x}-\dfrac{2}{a}=\dfrac{2x^2}{a(a^2-x^2)}>0$$

⬅ 導関数の求め方は標問 **85**

よって $f(x)$ は $0<x<a$ で増加し，$f(0)=0$ だから

$$f(x)>0\quad(0<x<a)$$

となります．もう一方も同様です．しかし，この方法では(2)で精度の上げ方が分からず困るかもしれません．

〈(2)の別解〉

$\displaystyle\int_1^{\sqrt{2}}\frac{1}{t}dt=\log\sqrt{2}=\frac{1}{2}\log 2$　としても積分区間は狭くなります．

不等式①で $(a,\ x)=\left(\dfrac{\sqrt{2}+1}{2},\ \dfrac{\sqrt{2}-1}{2}\right)$ とおくと，左側の不等式より

$$\frac{1}{2}\log 2>\frac{2}{\sqrt{2}+1}(\sqrt{2}-1)$$

$$\therefore\quad \log 2>4(\sqrt{2}-1)^2=4(3-2\sqrt{2})$$

$$>4(3-2\times 1.415)$$

$$=0.68$$

⬅ ここが少しツライ

一方，右側の不等式より

$$\frac{1}{2}\log 2<\frac{\sqrt{2}-1}{2}\left(\frac{1}{\sqrt{2}}+1\right)=\frac{\sqrt{2}}{4}$$

$$\therefore\quad \log 2<\frac{\sqrt{2}}{2}<\frac{1.42}{2}=0.71$$

〈演習問題 83 の考え方〉

前問にならって，第 n 部分和 $S_n=\displaystyle\sum_{k=1}^{n}\frac{1}{k^2}$ の各項を長方形の面積とみて評価します．n が十分大きいとき

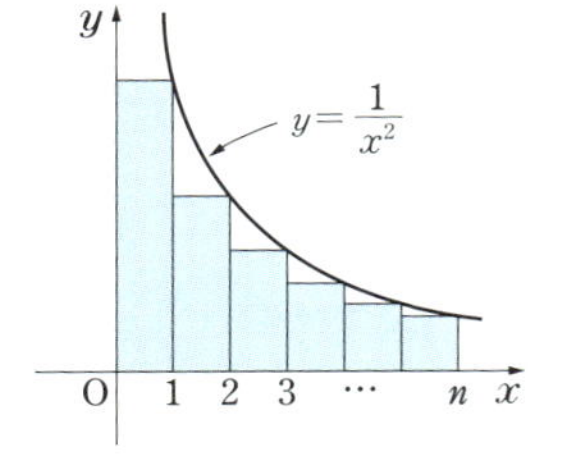

$$S_n<S_1+\int_1^n\frac{1}{x^2}dx=\frac{1}{1^2}+\left[-\frac{1}{x}\right]_1^n$$

$$=2-\frac{1}{n}<2$$

これでは甘すぎます．そこで $\dfrac{1}{x^2}$ の変化が大きい 0 の近くでは，評価せずに実際に部分和を計算して誤差を小さくします．

$$S_n<S_2+\int_2^n\frac{1}{x^2}dx=\frac{1}{1^2}+\frac{1}{2^2}+\left(\frac{1}{2}-\frac{1}{n}\right)$$

$$=\frac{7}{4}-\frac{1}{n}<\frac{7}{4}=1.75$$

まだ不十分です．この操作をうまくいくまでくり返します．

演習問題

83　次の不等式を証明せよ．

$$1.6<\sum_{n=1}^{\infty}\frac{1}{n^2}<1.7$$

（慶　大）

標問 84　定積分で定義された関数 (1)

関数 $f(x)=\int_1^e |\log t-x|dt$ の最小値を求めよ．ただし，e は自然対数の底である．

（京都工繊大）

精講　x とともに被積分関数が変化する問題です．

積分される関数が絶対値記号を含むときは，それを外してから積分します．

$\log t-x$ の符号は，$y=\log t$ と $y=x$ のグラフを使って視覚的にとらえるのがわかりやすいでしょう．積分区間の中で符号の変化が起こる場合は，積分区間を分割します．

解法のプロセス

絶対値記号を外す

⇩

中身の符号の変化をみる

⇩

積分区間内で符号が変化するときは，区間を分割

〈 解　答 〉

(i)　$x\leqq 0$ のとき，

$\log t\geqq x$ $(1\leqq t\leqq e)$ であるから

$$f(x)=\int_1^e(\log t-x)dt$$
$$=\Big[t(\log t-1)-xt\Big]_1^e$$
$$=-(e-1)x+1$$

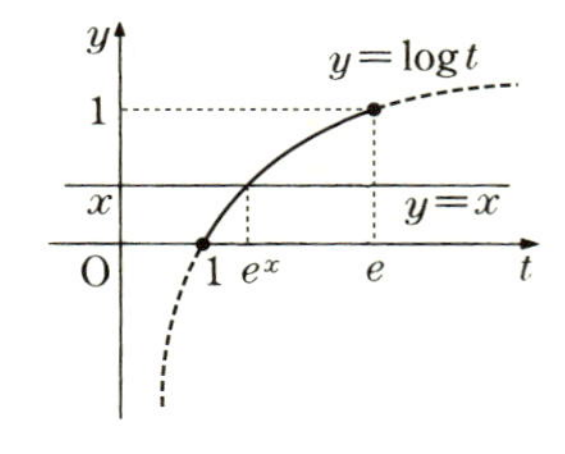

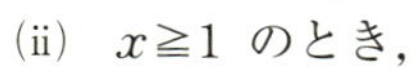
(ii)　$x\geqq 1$ のとき，

$\log t\leqq x$ $(1\leqq t\leqq e)$ であるから

$$f(x)=-\int_1^e(\log t-x)dt$$
$$=(e-1)x-1$$

← (i)の場合と異符号

(iii)　$0\leqq x\leqq 1$ のとき，

$$\begin{cases}\log t\leqq x & (1\leqq t\leqq e^x)\\ \log t\geqq x & (e^x\leqq t\leqq e)\end{cases}$$

であるから

← 積分区間内で，$t=e^x$ を境にして $\log t-x$ の符号が変化する

$$f(x)=-\int_1^{e^x}(\log t-x)dt+\int_{e^x}^e(\log t-x)dt$$

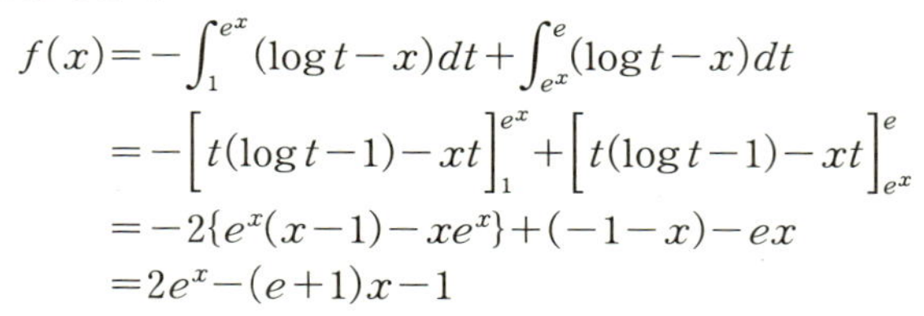
$$=-\Big[t(\log t-1)-xt\Big]_1^{e^x}+\Big[t(\log t-1)-xt\Big]_{e^x}^e$$
$$=-2\{e^x(x-1)-xe^x\}+(-1-x)-ex$$
$$=2e^x-(e+1)x-1$$

$f(x)$ は $x \leqq 0$ で減少し，$x \geqq 1$ で増加するから，最小値を求めるためには $0 \leqq x \leqq 1$ で考えれば十分である．このとき

$$f'(x)=2e^x-(e+1)$$
$$=2(e^x-e^{\log\frac{e+1}{2}})$$

となるので，$f(x)$ は表のように増減して

x	0	$\cdots$	$\log\frac{e+1}{2}$	$\cdots$	1
$f'(x)$		$-$	0	$+$	
$f(x)$		↘		↗	

$x=\log\dfrac{e+1}{2}$ で最小となる．求める最小値は

$$f\left(\log\frac{e+1}{2}\right)=\boldsymbol{e-(e+1)\log\frac{e+1}{2}}$$

研究 〈図形的説明〉

$f(x)$ が $y=\log t$，$y=x$，$t=1$，$t=e$ が囲む図形の面積を表すことに注目すると，$x=\log\dfrac{e+1}{2}$（$=\alpha$ とおく）で最小になることは次のように説明されます．

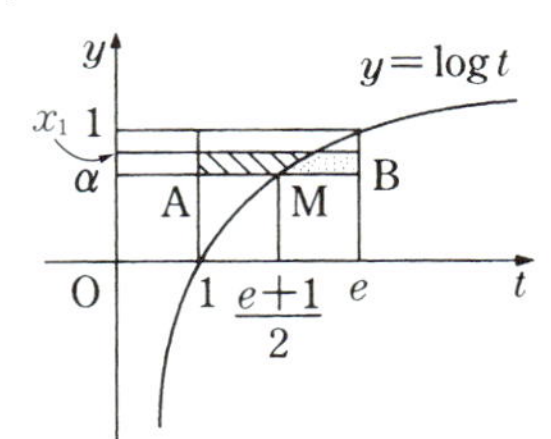

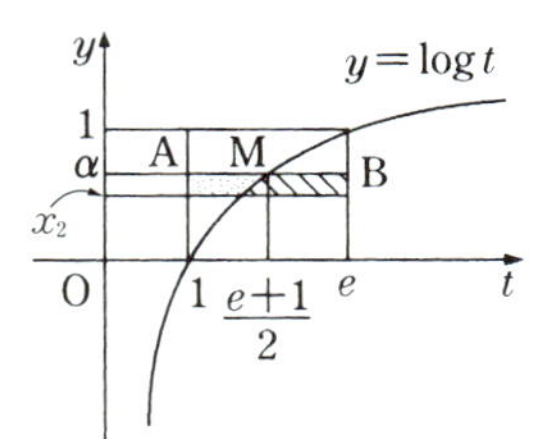

x が α から x_1，x_2 に変化すると，$f(x)$ は斜線部分だけ増え打点部分だけ減ります．ところが，M は AB の中点なのでいずれの場合も

（斜線部分の面積）$>$（打点部分の面積）

したがって，$f(\alpha)$ はつねに $f(x_1)$，$f(x_2)$ よりも小さく最小値とわかります．

演習問題

84 次の関数の最小値を求めよ．

(1) $F(a)=\displaystyle\int_0^1 e^x|x-a|dx$ （東京工大）

(2) $g(a)=\displaystyle\int_0^{\frac{\pi}{2}}|a\cos x-\sin x|dx$ $(a>0)$ （宮崎医大（現・宮崎大））

標問 85 定積分で定義された関数 (2)

$0 \leqq t \leqq 2$ において，

$$f(t)=\int_{t-3}^{2t} 2^{x^2}dx$$

を最大にする t と最小にする t を求めよ．　　（大阪市大）

精講　前問は被積分関数が変化しましたが，本問は積分区間の方が動きます．しかし，一番大きな違いは積分計算ができない，つまり 2^{x^2} の原始関数が求められないことです．

そこで，直接 $f'(t)$ を計算します．

$\int 2^{x^2}dx=F(x)+C$ とおいて考えてもできますが，次の公式を覚えておくのが便利でしょう．これは微積分の基本定理（標問 50 研究）の拡張です．

解法のプロセス

積分できない

⇩

直接 $f'(t)$ を計算

⇩

$y=2^{x^2}$ のグラフを利用して，極値および端点値を比べる

$f(x)$ を連続関数，$a(x)$，$b(x)$ を微分可能な関数とするとき，

$$\boldsymbol{\frac{d}{dx}\int_{a(x)}^{b(x)} f(t)dt=f(b(x))b'(x)-f(a(x))a'(x)}$$

$\int f(x)dx=F(x)+C$ とおくと，合成関数の微分法により次のように証明されます．

$$\begin{aligned}
\text{左辺}&=\frac{d}{dx}\Big[F(t)\Big]_{a(x)}^{b(x)}\\
&=\frac{d}{dx}\{F(b(x))-F(a(x))\}\\
&=F'(b(x))b'(x)-F'(a(x))a'(x) \quad &\Leftarrow \text{合成関数の微分法}\\
&=f(b(x))b'(x)-f(a(x))a'(x) \quad &\Leftarrow F'(x)=f(x)
\end{aligned}$$

$f(t)$ の増減がわかれば，極値と端点値の比較が問題になります．しかし $f(t)$ を具体的な関数として表せない以上，$y=2^{x^2}$ のグラフの性質：

　$y>0$，　偶関数，　etc.

を使って図形的に考えることになります．

〈解　答〉

$f(t)=\int_{t-3}^{2t} 2^{x^2}dx$ より

$f'(t)=2^{(2t)^2}(2t)'-2^{(t-3)^2}(t-3)'$

$=2^{4t^2+1}-2^{(t-3)^2}$

← 精講 の公式による

2^x は単調増加であるから，$f'(t)$ の符号は

← 符号だけに注目

$4t^2+1-(t-3)^2$

$=3t^2+6t-8$

$=3\left(t-\dfrac{-3-\sqrt{33}}{3}\right)\left(t-\dfrac{-3+\sqrt{33}}{3}\right)$

の符号と一致する．$\alpha=\dfrac{-3+\sqrt{33}}{3}$ とおくと

$0<\alpha<\dfrac{-3+6}{3}=1$

であるから，$f(t)$ は右表のように増減し，$t=\alpha$ で最小となる．

t	0	$\cdots$	α	$\cdots$	2
$f'(t)$		$-$	0	$+$	
$f(t)$		↘		↗	

次に，$y=2^{x^2}$ は偶関数であるから

← グラフは y 軸に関して対称

$f(0)=\int_{-3}^{0} 2^{x^2}dx=\int_{0}^{3} 2^{x^2}dx$

$\therefore\quad f(2)=\int_{-1}^{4} 2^{x^2}dx>\int_{0}^{3} 2^{x^2}dx=f(0)$

← $2^{x^2}>0$

ゆえに，$f(t)$ は $t=2$ で最大となる．

以上から，

$\begin{cases} f(t) \text{ を最大にする } t \text{ は，} t=2 \\ f(t) \text{ を最小にする } t \text{ は，} t=\dfrac{-3+\sqrt{33}}{3} \end{cases}$

演習問題

85　次の関数 $F(a)$ が極大になるような a の値を求めよ．

$F(a)=\int_{a}^{a+1} e^{x^3-7x}dx$　　（岩手大）

第3章

標問 86 定積分で定義された関数 (3)

(1) 自然数 m，n に対して，次の式が成り立つことを示せ．

$$\int_{-\pi}^{\pi}\sin mx\sin nx\,dx=\begin{cases}0 & (m\neq n\ のとき)\\ \pi & (m=n\ のとき)\end{cases}$$

(2) n を自然数とするとき，$\displaystyle\int_{-\pi}^{\pi}x\sin nx\,dx$ の値を求めよ．

(3) n 個の実数 a_1，a_2，…，a_n に対して，

$$I_n=\int_{-\pi}^{\pi}\{x-(a_1\sin x+a_2\sin 2x+\cdots+a_n\sin nx)\}^2dx$$

とおく．I_n を最小にするような a_k $(k=1,\ 2,\ \cdots,\ n)$ の値を求めよ．

（横浜国大）

精講

(3) $a_k\sin kx=b_k$ とおくと，被積分関数は

$$\left(x-\sum_{k=1}^{n}b_k\right)^2$$
$$=x^2-2\sum_{k=1}^{n}xb_k+\left(\sum_{k=1}^{n}b_k\right)^2$$

さらに $\left(\displaystyle\sum_{k=1}^{n}b_k\right)^2$ を展開します．たとえば $n=4$ のとき，下図のようになります．

$b_ib_j\rightarrow$ $(i>j)$ ／ $\leftarrow b_ib_j$ $(i<j)$

b_1^2	b_1b_2	b_1b_3	b_1b_4
b_2b_1	b_2^2	b_2b_3	b_2b_4
b_3b_1	b_3b_2	b_3^2	b_3b_4
b_4b_1	b_4b_2	b_4b_3	b_4^2

したがって，一般に

$$\left(\sum_{k=1}^{n}b_k\right)^2=\sum_{k=1}^{n}b_k^2+\sum_{i\neq j}b_ib_j$$

次に，(1)と(2)を利用して積分します．

←1，2，…，n からできる組 $(i,\ j)$ $(i\neq j)$ について b_ib_j の総和をとると読む

解法のプロセス

$\left(\displaystyle\sum_{k=1}^{n}a_k\sin kx\right)^2$
$=\displaystyle\sum_{k=1}^{n}a_k^2\sin^2 kx+\sum_{i\neq j}a_ia_j\sin ix\sin jx$

⇩

(1)，(2)を用いて積分

⇩

I_n は a_1，a_2，…，a_n の2次関数

⇩

平方完成して I_n が最小となる a_k を求める

〈 解 答 〉

(1) $A_{m,n}=\displaystyle\int_{-\pi}^{\pi}\sin mx\sin nx\,dx$ とおくと

←積を和に直して次数下げ

$$A_{m,n}=\frac{1}{2}\int_{-\pi}^{\pi}\{\cos(m-n)x-\cos(m+n)x\}dx$$

(i)　$m \neq n$ のとき，

$$A_{m,n}=\frac{1}{2}\left[\frac{\sin(m-n)x}{m-n}-\frac{\sin(m+n)x}{m+n}\right]_{-\pi}^{\pi}=0$$

⬅ 覚えておく．同様に
$\int_{-\pi}^{\pi}\cos mx\cos nx\,dx=0$
$(m \neq n)$

(ii)　$m=n$ のとき，

$$A_{m,n}=\frac{1}{2}\int_{-\pi}^{\pi}(1-\cos 2nx)\,dx=\frac{1}{2}\left[x-\frac{\sin 2nx}{2n}\right]_{-\pi}^{\pi}=\pi$$

(2)　$\displaystyle\int_{-\pi}^{\pi}x\sin nx\,dx=2\int_{0}^{\pi}x\left(-\frac{\cos nx}{n}\right)'dx$

⬅ $x\sin nx$ は偶関数

$$=2\left\{\left[-\frac{x\cos nx}{n}\right]_0^{\pi}+\int_0^{\pi}\frac{\cos nx}{n}dx\right\}$$

$$=-\frac{2\pi}{n}\cos n\pi+2\left[\frac{\sin nx}{n^2}\right]_0^{\pi}$$

⬅ $\cos n\pi=(-1)^n$

$$=\boldsymbol{(-1)^{n+1}\frac{2\pi}{n}}$$

(3)　$\displaystyle\left(x-\sum_{k=1}^{n}a_k\sin kx\right)^2$

$$=x^2-2x\sum_{k=1}^{n}a_k\sin kx+\left(\sum_{k=1}^{n}a_k\sin kx\right)^2$$

$$=x^2-2\sum_{k=1}^{n}a_kx\sin kx+\sum_{k=1}^{n}a_k{}^2\sin^2 kx+\sum_{i\neq j}a_ia_j\sin ix\sin jx$$

となるから，(1)と(2)により，

$$I_n=\int_{-\pi}^{\pi}x^2dx-2\sum_{k=1}^{n}(-1)^{k+1}\frac{2\pi}{k}a_k+\sum_{k=1}^{n}\pi a_k{}^2$$

$$=\pi\sum_{k=1}^{n}\left\{a_k{}^2-(-1)^{k+1}\frac{4}{k}a_k\right\}+\frac{2\pi^3}{3}$$

⬅ 各 a_k について平方完成

$$=\pi\sum_{k=1}^{n}\left[\left\{a_k-(-1)^{k+1}\frac{2}{k}\right\}^2-\frac{4}{k^2}\right]+\frac{2\pi^3}{3}$$

$$=\pi\sum_{k=1}^{n}\left\{a_k-(-1)^{k+1}\frac{2}{k}\right\}^2+\frac{2\pi^3}{3}-4\pi\sum_{k=1}^{n}\frac{1}{k^2}$$

ゆえに，I_n は

$$\boldsymbol{a_k=(-1)^{k+1}\frac{2}{k}}\quad(\boldsymbol{k=1,\ 2,\ \cdots,\ n})$$

のとき最小となる．

演習問題

86　次の定積分の値を最小にするような定数 a，b の値を求めよ．

$$\int_{-\frac{\pi}{2}}^{\frac{\pi}{2}}\{(\sin x+\cos x)-(ax+b)\}^2dx$$

(信州大)

標問 87 定積分と極限 (1)

関数 $f(x)=\int_{-x}^{x}\left(1-\frac{|t|}{x}\right)\cos t\,dt$ $(x>0)$ について，

(1) $f(x)$ を求めよ．

(2) $\lim_{a\to\infty}\int_{\pi a}^{\pi a+1} f\left(\frac{x}{a}\right)dx$ の値を求めよ． (新潟大)

精講 (1) 被積分関数は t の偶関数だから

$$f(x)=2\int_0^x\left(1-\frac{t}{x}\right)\cos t\,dt$$

これを部分積分すると $f(x)$ が求められます：

$$f(x)=\frac{2(1-\cos x)}{x}$$

(2) $g(a)=\int_{\pi a}^{\pi a+1} f\left(\frac{x}{a}\right)dx$ とおきます．まず，$\frac{x}{a}=t$ と置換して，a を被積分関数から追い出すと

$$g(a)=a\int_{\pi}^{\pi+\frac{1}{a}} f(t)dt$$

しかし，$\frac{\cos x}{x}$ の原始関数がわからないので積分できません．ところが，a が十分大きいとき，積分の値を右図の斜線部分の面積で近似すれば，

$$g(a)\fallingdotseq a\left(\frac{1}{a}\cdot\frac{4}{\pi}\right)=\frac{4}{\pi} \quad \cdots\cdots(*)$$

したがって

$$\lim_{a\to\infty} g(a)=\frac{4}{\pi}$$

となるはずです．

近似式(*)を等式に直すには，積分に関する

平均値の定理

$a\leqq x\leqq b$ で $f(x)$ が連続のとき，

$$\int_a^b f(x)dx=(b-a)f(c) \quad (a<c<b)$$

を満たす c が存在する．

を使います．

確認は演習問題としましょう．

解法のプロセス

積分できない

⇩

a を被積分関数の外に出す

⇩

平均値の定理

⇩

微分係数の定義に帰着

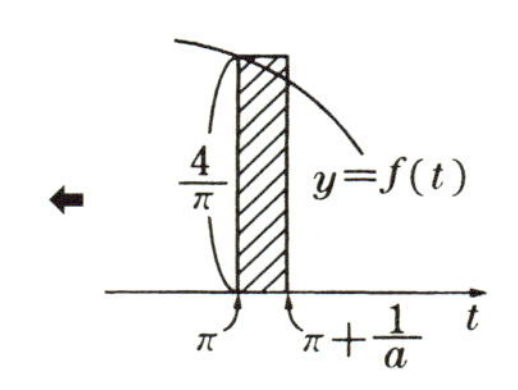

〈解　答〉

(1) $f(x)=\int_{-x}^{x}\left(1-\frac{|t|}{x}\right)\cos t\,dt$　　← 被積分関数は偶関数

$=2\int_{0}^{x}\left(1-\frac{t}{x}\right)\cos t\,dt$　　← $|t|=t$　$(0\leqq t\leqq x)$

$=2\left\{\left[\left(1-\frac{t}{x}\right)\sin t\right]_0^x-\int_0^x\left(-\frac{1}{x}\right)\sin t\,dt\right\}$

$=\frac{2}{x}\int_0^x\sin t\,dt=\boldsymbol{\frac{2(1-\cos x)}{x}}$

(2) $g(a)=\int_{\pi a}^{\pi a+1}f\left(\frac{x}{a}\right)dx$ とする．

$\frac{x}{a}=t$ とおくと，$x:\pi a\to\pi a+1$ のとき $t:\pi\to\pi+\frac{1}{a}$ であるから

$$g(a)=\int_{\pi}^{\pi+\frac{1}{a}}f(t)\cdot a\,dt=a\int_{\pi}^{\pi+\frac{1}{a}}f(t)\,dt$$

積分の平均値の定理により　　← 精講

$$g(a)=a\cdot\frac{1}{a}f(s)\quad\left(\pi<s<\pi+\frac{1}{a}\right)$$　　← s の範囲をおさえる

を満たす s が存在する．$a\to\infty$ のとき $s\to\pi$ であるから

$$\lim_{a\to\infty}g(a)=\lim_{s\to\pi}f(s)=f(\pi)=\boldsymbol{\frac{4}{\pi}}$$

研究　**〈(2)の別解〉**

$F(x)=\int_{\pi}^{x}f(t)dt$ とおいて，微分係数の定義を利用します．

$$\lim_{a\to\infty}g(a)=\lim_{a\to\infty}aF\left(\pi+\frac{1}{a}\right)=\lim_{a\to\infty}\frac{F\left(\pi+\frac{1}{a}\right)-F(\pi)}{\frac{1}{a}}$$

$$=F'(\pi)=f(\pi)$$

演習問題

87-1　積分の平均値の定理を説明せよ．

87-2　$0<a<\frac{1}{2}$ のとき，$f_a(x)=\begin{cases}\dfrac{2a-|x|}{2a^2} & (|x|\leqq 2a)\\ 0 & (2a<|x|\leqq\pi)\end{cases}$ とする．

極限値 $\lim_{a\to 0}\int_{-\pi}^{\pi}f_a(x)|\cos ax|dx$ を求めよ．　　（東北大）

第3章

標問 88　定積分と極限 (2)

a を正の実数とし，n を正の整数とする．

(1) $\dfrac{na}{\pi}$ をこえない最大の整数を m とするとき，次の不等式を証明せよ．

$$2m \leqq \int_0^{na} |\sin x|\,dx < 2(m+1)$$

(2) $\displaystyle\lim_{n\to\infty}\int_0^{a}|\sin nx|\,dx$ を求めよ．　　(東北大)

精講　(1) m が $\dfrac{na}{\pi}$ をこえない最大の整数であることから

$$\frac{na}{\pi}-1 < m \leqq \frac{na}{\pi}$$

したがって

$$m\pi \leqq na < (m+1)\pi \quad \cdots\cdots(*)$$

が成り立ちます．次に $\displaystyle\int_0^{na}|\sin x|\,dx$ を面積とみて，不等式を図形的に考えます．

(2) (1)は $nx=t$ と置換することを誘導しています．後は(1)の不等式を利用して，はさみ打ちにしましょう．その際，m と n の関係は(*)から導かれます．

解法のプロセス

(1) $\dfrac{na}{\pi}-1 < m \leqq \dfrac{na}{\pi}$

⇩

図形的に考える

(2) $nx=t$ とおく

⇩

(1)を用いてはさみ打ち

〈 解　答 〉

(1) m の定義から，

$$\frac{na}{\pi}-1 < m \leqq \frac{na}{\pi} \quad \cdots\cdots①$$

$$\therefore \quad m\pi \leqq na < (m+1)\pi$$

$\displaystyle\int_0^{na}|\sin x|\,dx$ を $y=|\sin x|$，x 軸，$x=na$ が囲む図形の面積と考えると

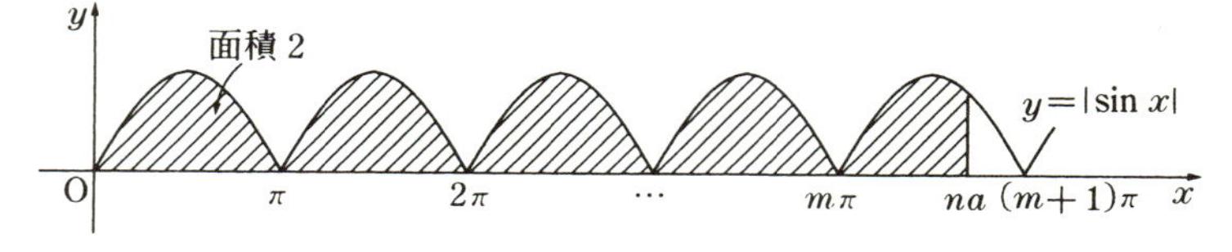

それは図の斜線部分の面積を表し，$\displaystyle\int_0^{\pi}\sin x\,dx=2$ であるから，

$$2m \leqq \int_0^{na} |\sin x|\,dx < 2(m+1) \qquad \cdots\cdots②$$

(2) $I_n = \int_0^a |\sin nx|\,dx$ において，$nx = t$ とおくと

$$I_n = \frac{1}{n}\int_0^{na} |\sin t|\,dt$$

したがって，②より

$$2\cdot\frac{m}{n} \leqq I_n < 2\left(\frac{m}{n} + \frac{1}{n}\right) \qquad \cdots\cdots③$$

①より $\frac{a}{\pi} - \frac{1}{n} < \frac{m}{n} \leqq \frac{a}{\pi}$ であるから　　⬅ ①の各辺を n で割る

$$\lim_{n\to\infty} \frac{m}{n} = \frac{a}{\pi} \qquad \cdots\cdots④$$

③，④より，$\lim_{n\to\infty} I_n = \boldsymbol{\frac{2a}{\pi}}$

研究　**〈(2)の一般化〉**

任意の連続関数 $f(x)$ に対して

$$\lim_{n\to\infty} \int_0^a f(x)|\sin nx|\,dx = \frac{2}{\pi}\int_0^a f(x)\,dx$$

が成り立ちます．直感を交えて説明しましょう．

自然数 n に対して

$$\frac{m\pi}{n} \leqq a < \frac{(m+1)\pi}{n}$$

⬅ 区間の幅 $\frac{\pi}{n} \to 0$　$(n \to \infty)$

を満たす m をとります．n を十分大きくとれば，
$f(x)$ は各区間

$$\frac{(k-1)\pi}{n} \leqq x \leqq \frac{k\pi}{n} \quad (k=1,\ 2,\ \cdots,\ m)$$

で一定値 $f\left(\frac{k\pi}{n}\right)$ をとるとみることができます．よって

$$\int_0^a f(x)|\sin nx|\,dx$$

$$= \int_0^{\frac{m\pi}{n}} f(x)|\sin nx|\,dx + \int_{\frac{m\pi}{n}}^a f(x)|\sin nx|\,dx$$

⬅ 第 2 項を R_n とおく

$$= \sum_{k=1}^m \int_{\frac{(k-1)\pi}{n}}^{\frac{k\pi}{n}} f(x)|\sin nx|\,dx + R_n$$

⬅ 各積分区間で $f(x) = f\left(\frac{k\pi}{n}\right)$ とみなせる

$$= \sum_{k=1}^m f\left(\frac{k\pi}{n}\right)\int_{\frac{(k-1)\pi}{n}}^{\frac{k\pi}{n}} |\sin nx|\,dx + R_n$$

⬅ 後で $n \to \infty$ とするから等号で大丈夫

定積分において，$nx - (k-1)\pi = t$ とおくと

第3章

$$\int_{\frac{(k-1)}{n}\pi}^{\frac{k\pi}{n}}|\sin nx|\,dx=\int_0^{\pi}|\sin(t+(k-1)\pi)|\cdot\frac{1}{n}\,dt$$
$$=\frac{1}{n}\int_0^{\pi}\sin t\,dt=\frac{2}{n}$$

ゆえに

$$\int_0^{a}f(x)|\sin nx|\,dx=\sum_{k=1}^{m}f\left(\frac{k\pi}{n}\right)\frac{2}{n}+R_n$$
$$=\frac{2}{\pi}\sum_{k=1}^{m}\frac{\pi}{n}f\left(\frac{k\pi}{n}\right)+R_n$$

⬅

k	$1\to m$
$\frac{k\pi}{n}$	$\frac{\pi}{n}\to\frac{m\pi}{n}$

$n\to\infty$ のとき

$$\frac{\pi}{n}\to 0,\quad \frac{m\pi}{n}\to a\ ;\ R_n\to 0$$

であるから

$$\lim_{n\to\infty}\int_0^{a}f(x)|\sin nx|\,dx=\frac{2}{\pi}\int_0^{a}f(x)\,dx$$

ここまでは $a>0$ でしたが，$a<0$ のときは $-x=t$ と置換すると，$a>0$ の場合に帰着します．

さらに，任意の実数 a，b に対して

$$\lim_{n\to\infty}\int_a^{b}f(x)|\sin nx|\,dx=\frac{2}{\pi}\int_a^{b}f(x)\,dx$$

が成り立ちます．実際，積分区間を 0 を端点とする区間に分割

$$\int_a^{b}=\int_0^{b}-\int_0^{a}$$

⬅ $\int_0^{a}+\int_a^{b}=\int_0^{b}$ による

すれば，前半の結果から従います．

次の演習問題は計算する前に答を予想してみましょう．

演習問題

88-1　極限値 $\displaystyle\lim_{n\to\infty}\int_0^{\pi}x^2|\sin nx|\,dx$ を求めよ．　（東京工大）

88-2　$\displaystyle I_n=\int_{\pi}^{n\pi}\frac{|\sin x|}{x}\,dx$　$(n=1,\ 2,\ 3,\ \cdots)$ とおく．

(1)　$\displaystyle\frac{2}{(k+1)\pi}\leqq I_{k+1}-I_k\leqq\frac{2}{k\pi}$　$(k=1,\ 2,\ 3,\ \cdots)$ を示せ．

(2)　$\displaystyle\log n\leqq\sum_{k=1}^{n}\frac{1}{k}\leqq 1+\log n$　$(n=1,\ 2,\ \cdots)$ を示せ．

(3)　極限値 $\displaystyle\lim_{n\to\infty}\frac{I_n}{\log n}$ を求めよ．　（千葉大）

標問 89 関数方程式 (1)

任意の x に対して，

$$f(x)=\sin x+\int_{-\frac{\pi}{2}}^{\frac{\pi}{2}} x f'(t)\,dt+\int_{-\frac{\pi}{2}}^{\frac{\pi}{2}} x^2 f''(t)\,dt+1$$

を満たすとき，$f(x)$ を求めよ．ただし，$f'(x)$，$f''(x)$ は連続である．

（東京女子医大）

精講 未知関数を含む等式を関数方程式といい，その等式を満たす未知関数を求めることを関数方程式を解くといいます．

$f(x)$ が未知なので $f'(t)$，$f''(t)$ も正体不明ですが，これらを $-\frac{\pi}{2}$ から $\frac{\pi}{2}$ まで積分したものが一定の値になることは確かです．そこで，

$$\int_{-\frac{\pi}{2}}^{\frac{\pi}{2}} f'(t)\,dt=a,\quad \int_{-\frac{\pi}{2}}^{\frac{\pi}{2}} f''(t)\,dt=b$$

とおいて

$$f(x)=\sin x+ax+bx^2+1$$

と合わせたものを，a，b，$f(x)$ に関する連立方程式とみます．

初めに未知関数 $f(x)$ を消去します．

解法のプロセス

$$\int_{-\frac{\pi}{2}}^{\frac{\pi}{2}} f'(t)\,dt=a$$

$$\int_{-\frac{\pi}{2}}^{\frac{\pi}{2}} f''(t)\,dt=b$$

とおくと，

$f(x)=\sin x+ax+bx^2+1$

⇩

a，b，$f(x)$ の連立方程式とみる

⇩

$f(x)$ を消去して，a，b を定める

〈解答〉

$$f(x)=\sin x+x\int_{-\frac{\pi}{2}}^{\frac{\pi}{2}} f'(t)\,dt+x^2\int_{-\frac{\pi}{2}}^{\frac{\pi}{2}} f''(t)\,dt+1$$

ここで，

$$\int_{-\frac{\pi}{2}}^{\frac{\pi}{2}} f'(t)\,dt=a \quad \cdots\cdots①$$

$$\int_{-\frac{\pi}{2}}^{\frac{\pi}{2}} f''(t)\,dt=b \quad \cdots\cdots②$$

とおくと

$$f(x)=\sin x+ax+bx^2+1 \quad \cdots\cdots③$$

← ①，②，③は連立方程式

$$\therefore\ f'(x)=\cos x+a+2bx \quad \cdots\cdots④$$

← $f(x)$ を消去する準備

$$\therefore\ f''(x)=-\sin x+2b \quad \cdots\cdots⑤$$

①，④より

$$a=\int_{-\frac{\pi}{2}}^{\frac{\pi}{2}}(\cos t+a+2bt)dt$$　← $2bt$ は奇関数

$$=2\int_{0}^{\frac{\pi}{2}}(\cos t+a)dt=2\left(1+\frac{\pi}{2}\cdot a\right)$$

$$\therefore\quad a=\frac{2}{1-\pi}\quad\cdots\cdots⑥$$

次に，②，⑤より

$$b=\int_{-\frac{\pi}{2}}^{\frac{\pi}{2}}(-\sin t+2b)dt=2b\pi$$　← $\sin t$ は奇関数

$$\therefore\quad b=0\quad\cdots\cdots⑦$$

⑥，⑦を③に代入して

$$\boldsymbol{f(x)=\sin x+\frac{2}{1-\pi}x+1}$$

研究　**〈演習問題 89-2 の考え方〉**

$\int_{0}^{\frac{\pi}{2}}f_{n-1}(t)\sin t\,dt$ を定数と考えて

$$\int_{0}^{\frac{\pi}{2}}f_{n-1}(t)\sin t\,dt=a$$

とおくことはできません．a の値は n に依存するからです．

各自然数に対してその値が定まるのは数列ですから

$$\int_{0}^{\frac{\pi}{2}}f_{n}(t)\sin t\,dt=a_n$$

とおきます．

演習問題

89-1　次の 2 つの式を満たす連続関数 $f(x)$ と $g(x)$ を求めよ．

$$f(x)=\cos \pi x+\int_{0}^{x}g(t)dt,\quad g(x)=\int_{0}^{1}\left(t+\frac{e^x}{e-2}\right)f(t)dt$$　（筑波大）

89-2　$f_0(x)=\cos x$，$f_n(x)=\cos x+\dfrac{x}{4}\displaystyle\int_{0}^{\frac{\pi}{2}}f_{n-1}(t)\sin t\,dt$　$(n\geqq 1)$

で定義される関数列 $\{f_n(x)\}$ の一般項を求めよ．　（信州大）

標問 90 関数方程式 (2)

次の等式を満たす連続な関数 $f(x)$ を求めよ．

$$f(x)=(x^2+1)e^{-x}+\int_0^x f(x-t)e^{-t}dt$$

（金沢大）

精講 前問と異なり積分の端点に変数を含むので，標問 **50** の微積分の基本定理

$$\frac{d}{dx}\int_a^x f(t)\,dt=f(x) \qquad \cdots\cdots(*)$$

によって積分記号を取り去ります．このとき，$f(t)$ は変数 x を含んではならないことに注意しましょう．実際，$f(t)=t-x$ のとき，形式的に(*)を使うと

$$\frac{d}{dx}\int_a^x f(t)\,dt=f(x)=0$$

しかし，正しくは

$$\frac{d}{dx}\int_a^x f(t)\,dt=\frac{d}{dx}\left\{-\frac{(a-x)^2}{2}\right\}=a-x$$

となります．

　したがって，本問では，$f(x-t)e^{-t}$ に含まれる x を

　　$x-t=u$ と置換する

ことによって積分記号の外に追い出してから微分します．

　なお，一般に $f(x)$，$g(x)$ が微分可能のとき，

$$\boldsymbol{f(x)=g(x)} \iff \begin{cases} \boldsymbol{f'(x)=g'(x)} \\ \boldsymbol{f(a)=g(a)} \end{cases}$$

　したがって，与えられた式を微分しただけでは問題は解決しません．$f(a)=g(a)$ に相当する条件も考慮する必要があります．

解法のプロセス

x を積分記号の外に出すために

⇩

$x-t=u$ と置換

⇩

微分して

$f'(x)=$□

を導く

⇩

$f(0)=1$ と合わせて

⇩

$f(x)$ が求まる

〈 解　答 〉

　$x-t=u$ とおくと

　$dt=-du$，　$t:0\to x$ のとき $u:x\to 0$

$$\therefore \quad \int_0^x f(x-t)e^{-t}dt=\int_x^0 f(u)e^{u-x}(-du)$$

$$=e^{-x}\int_0^x f(u)e^u du$$　⬅ x を追い出す

ゆえに，与式は

$$f(x)=(x^2+1)e^{-x}+e^{-x}\int_0^x f(u)e^u du \quad \cdots\cdots①$$

x で微分すると

$$f'(x)=2xe^{-x}-(x^2+1)e^{-x}-e^{-x}\int_0^x f(u)e^u du+e^{-x}f(x)e^x$$

$$=f(x)+(2x-x^2-1)e^{-x}-e^{-x}\int_0^x f(u)e^u du \quad \cdots\cdots②$$

⬅ ①と②を連立して積分記号を消す

①＋②より

$$f(x)+f'(x)=f(x)+2xe^{-x}$$

$$\therefore \quad f'(x)=2xe^{-x}$$

ゆえに

$$f(x)=\int 2xe^{-x}dx=-2xe^{-x}+2\int e^{-x}dx$$

$$=-2(x+1)e^{-x}+C$$

一方，①で $x=0$ とおくと

$$f(0)=1$$

⬅ $① \Longleftrightarrow \begin{cases} f'(x)=2xe^{-x} \\ f(0)=1 \end{cases}$

であるから

$$f(0)=-2+C=1$$

$$\therefore \quad C=3$$

$$\therefore \quad f(x)=\mathbf{3-2(x+1)e^{-x}}$$

研究　**〈微分するだけで積分記号を消す方法〉**

①$\times e^x$ として積分記号の前の関数を取り去り：

$$e^x f(x)=x^2+1+\int_0^x f(u)e^u du$$

次に x で微分します．

$$e^x f(x)+e^x f'(x)=2x+f(x)e^x$$

$$\therefore \quad f'(x)=2xe^{-x}$$

演習問題

90　第2次導関数をもつ関数 $f(x)$ が次の等式を満たしている．

$$f(x)=\sin x+\int_0^x f(x-t)\sin t\,dt$$

(1)　$f(0)$ および $f'(0)$ を求めよ．

(2)　$f''(x)$ を求めよ．

(3)　$f(x)$ を求めよ．　　　　　　　　　　　　（東京理大）

第4章 複素数平面

標問 91 複素数平面と共役複素数

(1) a を実数とする．3次方程式 $x^3-2(a-1)x^2-4(a-1)x+8=0$ は虚数解をもつという．この方程式の実数解を求めよ．また，この方程式の3つの解が複素数平面上で正三角形となるように a の値を定めよ．（中部大）

(2) $f(z)=z^3+bz^2+cz+d=0$ を実数係数の3次多項式とする．複素数 α が方程式 $f(z)=0$ の解ならば，α と共役な複素数 $\overline{\alpha}$ も解であることを示せ．（広島大）

精講 (1) 実数解は目の子で探します．そのためには a または $a-1$ でまとめてみるのがよいでしょう．残りの2解は実数係数の2次方程式の解となるので，この方程式は虚数解をもつことが必要です．

(2) (1)を真似ることにして，$f(z)=0$ が実数解をもつことを示すのが1つの方法です．実数の範囲で $z\to\pm\infty$ とすれば簡単に示せます．もう1つは，自分で思いつくのは難しいかもしれませんが，共役複素数の性質を活用する方法があります．

解法のプロセス

(2)

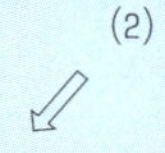

(1)を真似る ⇩ 実数解をもつことを示す

共役複素数の性質を使う

解答

(1) 方程式の左辺を $a-1$ についてまとめると

$$x^3+8-2(a-1)x(x+2)=0$$

$$\therefore\quad (x+2)(x^2-2ax+4)=0$$

よって，実数解は $x=\mathbf{-2}$ である．題意が成り立つためには，2次方程式

$$x^2-2ax+4=0 \quad \cdots\cdots①$$

が虚数解をもつことが必要だから，判別式を考えて

$$a^2-4<0$$

$$\therefore\quad -2<a<2 \quad \cdots\cdots②$$

このとき，①の虚数解は

$$x=a\pm\sqrt{4-a^2}\,i$$

ゆえに，もとの方程式の 3 解が正三角形をなす条件は，右図より

$$\mathrm{AM}:\mathrm{BM}=a+2:\sqrt{4-a^2}=\sqrt{3}:1$$

$\therefore\ \ 3(4-a^2)=(a+2)^2$

$\therefore\ \ (a+2)(a-1)=0$

②に注意して求める値は　$\boldsymbol{a=1}$

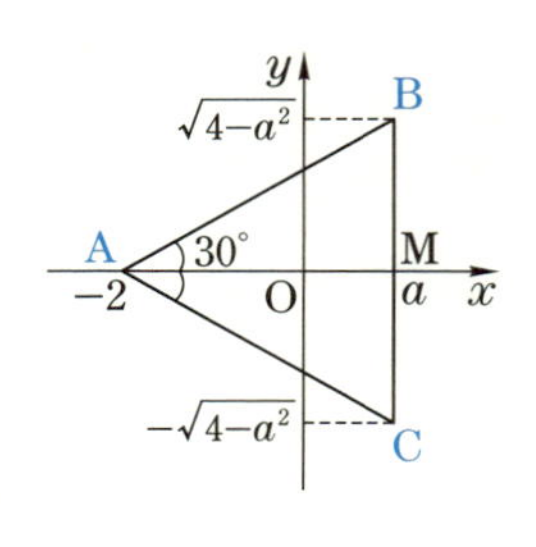

(2)　z を実数の範囲で考えると

$$\lim_{x\to\pm\infty}f(x)=\lim_{x\to\pm\infty}x^3\left(1+\frac{b}{x}+\frac{c}{x^2}+\frac{d}{x^3}\right)$$
$$=\pm\infty\quad(\text{複号同順})$$

よって，$f(z)=0$ は実数解をもつ．それを $z=k$ とすると　← $f(x)$ は連続である

$$f(z)=(z-k)(z^2+pz+q)$$

と表せる．ただし，p，q は実数である．　← 実際に $f(z)$ を $z-k$ で割ってみればよい

ゆえに，$f(z)=0$ が虚数解 α をもてば，それは　← α が実数のときは $\alpha=\overline{\alpha}$ だから証明すべきことは何もない

$$z^2+pz+q=0 \quad\cdots\cdots③$$

の解であるから，$D=p^2-4q<0$．このとき，③の解は

$$z=\frac{-p\pm\sqrt{4q-p^2}\,i}{2}$$

となるので，$\overline{\alpha}$ も解である．

研究 〈高次方程式と複素数〉

2 次方程式がいつも解けるように，$\boldsymbol{i^2=-1}$ を満たす虚数単位と呼ばれる新しい数を考えました．これからつくられる複素数

$$\boldsymbol{a+bi}\quad(a,\ b\text{ は実数})$$

全体の範囲において，2 次方程式はつねに解をもつのでした．

それでは，3 次方程式，4 次方程式，…と方程式の次数を上げるたびに新しい数を発明する必要があるのでしょうか？実はその心配はありません．しばしば数学史上最高の天才といわれるガウスが，弱冠 22 歳のときに次の結果を示したからです．　← ドイツ，1777〜1855

代数学の基本定理：複素数を係数にもつ n 次方程式は複素数の範囲にちょうど n 個の解をもつ．　← k 重解は k 個と数える

〈**共役複素数**〉

座標平面上の点 $(a,\ b)$ が複素数 $a+bi$ を表すと考えたとき，この平面を**複素数平面**といいます．

複素数 $z=a+bi$ に対して $a-bi$ を z と**共役な複素数**といい $\overline{z}$ で表します．このとき

← z と $\overline{z}$ は x 軸に関して対称

$$a=\frac{z+\overline{z}}{2},\quad b=\frac{z-\overline{z}}{2i}$$

← a，b をそれぞれ z の実部，虚部といい，記号 $\mathrm{Re}(z)$，$\mathrm{Im}(z)$ で表す

となるので，次のことが成り立ちます．

$$z\text{ が実数} \iff b=0 \iff \overline{z}=z$$

$$z\text{ が純虚数} \iff \begin{cases} a=0 \\ z\neq 0 \end{cases} \iff \begin{cases} \overline{z}=-z \\ z\neq 0 \end{cases}$$

また，複素数 α, β について，次のことが成り立ちます．

← $\alpha=a+bi$，$\beta=c+di$ とおくと簡単な計算で確かめられる

(1) $\overline{\alpha+\beta}=\overline{\alpha}+\overline{\beta}$　　(2) $\overline{\alpha-\beta}=\overline{\alpha}-\overline{\beta}$

(3) $\overline{\alpha\beta}=\overline{\alpha}\,\overline{\beta}$　　(4) $\overline{\left(\dfrac{\alpha}{\beta}\right)}=\dfrac{\overline{\alpha}}{\overline{\beta}}$

(3)でとくに $\beta=\alpha$ とすると，$\overline{\alpha^2}=(\overline{\alpha})^2$，よって $\overline{\alpha^3}=\overline{\alpha\cdot\alpha^2}=\overline{\alpha}\cdot\overline{\alpha^2}=(\overline{\alpha})^3$，くり返すと任意の自然数 n に対して

$$\overline{\alpha^n}=(\overline{\alpha})^n$$

となります．

〈**(2)の別解**〉

共役複素数を使って(2)の別証を与えます．$f(\alpha)=0$ より

$$0=\overline{0}=\overline{f(\alpha)}=\overline{\alpha^3+b\alpha^2+c\alpha+d}$$

← 0 は実数

$$=\overline{\alpha^3}+\overline{b}\cdot\overline{\alpha^2}+\overline{c}\cdot\overline{\alpha}+\overline{d}$$

← 共役複素数の性質

$$=(\overline{\alpha})^3+b(\overline{\alpha})^2+c\overline{\alpha}+d$$

← b，c，d は実数

$$=f(\overline{\alpha})$$

したがって $\overline{\alpha}$ も解です．容易にわかるように，この結果は方程式の次数によりません．

演習問題

91-1　a を実数とする．x の 3 次方程式 $x^3-ax-2a+8=0$ の 3 つの解が複素数平面において面積 6 の三角形の頂点となるとき，a の値を求めよ．

（大阪教育大）

91-2　複素数 $z=x+yi$ (x，y は実数) は不等式 $1\leqq z+\dfrac{1}{z}\leqq 4$ を満たしている．このとき，z の存在する範囲を複素数平面上に図示せよ．（香川医大）

第4章

標問 92　複素数の絶対値

k を実数として，2次方程式 $x^2+2kx+3k=0$ の2つの解を α, β $(\alpha \neq \beta)$ とする．i を虚数単位として次の問いに答えよ．

(1) $|\alpha-i|^2+|\beta-i|^2$ の値を k を用いて表せ．

(2) 複素数平面において，複素数 α, β, i を表す点をそれぞれ A, B, P とする．$\angle$APB が直角になるような k の値を求めよ．　（九州大）

精講　点 $z=a+bi$ と原点Oの距離を複素数 z の**絶対値**といい，$|z|$ で表します：

$$|z|=|a+bi|=\sqrt{a^2+b^2}$$

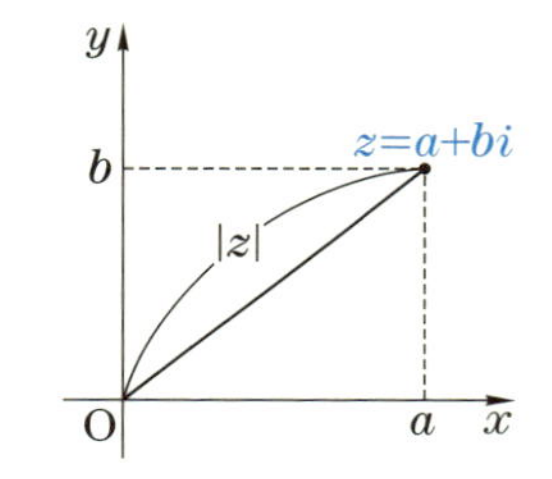

標問 **91** の共役複素数を使うと，等式

$$|z|^2=z\overline{z}$$

が成り立ちます．この関係式は $|z|$ を z のままで計算しようとするときに役立ちます．本問はその典型例です．また，2点 z と w の距離は $|z-w|$ で与えられます．

(1) 判別式 D の符号で α, β の状態が変化します．

$$\begin{cases} D>0 \text{ のとき，異なる実数} \\ D<0 \text{ のとき，共役な虚数} \end{cases}$$

この違いをしっかり理解した上で，解と係数の関係を利用しましょう．

(2) (1)は三平方の定理の利用を誘導しているので，$|\alpha-\beta|^2$ を計算します．

解法のプロセス
D の符号で場合分け
⇩
三平方の定理
⇩
$|\alpha-\beta|^2$ を求める

〈 解　答 〉

(1) $L=|\alpha-i|^2+|\beta-i|^2$ とおく．

$x^2+2kx+3k=0$ の判別式 D は

$$D=k^2-3k=k(k-3)$$

(i) $D>0$，すなわち，$k<0$ または $k>3$ のとき

$$\begin{aligned} L&=(\alpha-i)\overline{(\alpha-i)}+(\beta-i)\overline{(\beta-i)} \\ &=(\alpha-i)(\overline{\alpha}+i)+(\beta-i)(\overline{\beta}+i) \\ &=(\alpha-i)(\alpha+i)+(\beta-i)(\beta+i) \\ &=\alpha^2+\beta^2+2 \\ &=(\alpha+\beta)^2-2\alpha\beta+2 \end{aligned}$$

← ここまでは D の符号によらず成り立つ

$\alpha+\beta=-2k$，$\alpha\beta=3k$ であるから

$L=\boldsymbol{4k^2-6k+2}$

⬅ 解と係数の関係

(ii) $D<0$，すなわち，$0<k<3$ のとき

$$L=(\alpha-i)(\overline{\alpha}+i)+(\beta-i)(\overline{\beta}+i)$$
$$=(\alpha-i)(\beta+i)+(\beta-i)(\alpha+i)$$
$$=2\alpha\beta+2$$
$$=\boldsymbol{6k+2}$$

⬅ $\beta=\overline{\alpha} \iff \overline{\beta}=\alpha$

(2) k は実数であるから，i はこの 2 次方程式の解ではない．よって，∠APB が直角となるための必要十分条件は

$$L=|\alpha-\beta|^2$$

⬅ 三平方の定理

(i) $k<0$ または $k>3$ のとき

$$|\alpha-\beta|^2=(\alpha-\beta)^2$$
$$=(\alpha+\beta)^2-4\alpha\beta$$
$$=4k^2-12k$$

よって，(1)より

$$4k^2-6k+2=4k^2-12k$$

∴ $6k+2=0$

∴ $k=-\dfrac{1}{3}$

⬅ $k<0$ または $k>3$ を満たす

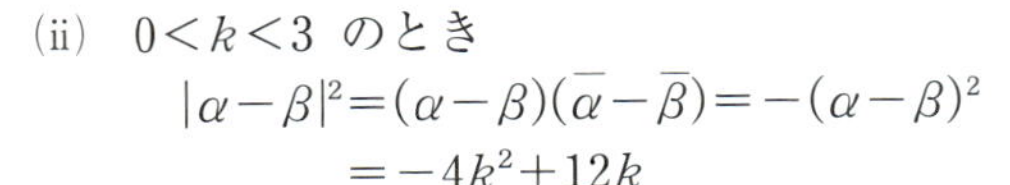

(ii) $0<k<3$ のとき

$$|\alpha-\beta|^2=(\alpha-\beta)(\overline{\alpha}-\overline{\beta})=-(\alpha-\beta)^2$$
$$=-4k^2+12k$$

よって，(1)より

$$6k+2=-4k^2+12k$$

∴ $4k^2-6k+2=2(2k-1)(k-1)=0$

∴ $k=\dfrac{1}{2}$，1

⬅ いずれも $0<k<3$ を満たす

(i)，(ii)より

$$\boldsymbol{k=-\frac{1}{3},\ \frac{1}{2},\ 1}$$

研究 **〈(1)によらない別解〉**

標問 **99** の内容を先取りすれば，(1)を使わずに(2)を解くことができます．

∠APB が直角

$\iff \dfrac{\beta-i}{\alpha-i}$ が純虚数

$$\iff \frac{\beta-i}{\alpha-i}+\overline{\left(\frac{\beta-i}{\alpha-i}\right)}=0 \qquad \cdots\cdots①$$ ⬅ 標問 91

ここで

$$①の左辺=\frac{\beta-i}{\alpha-i}+\frac{\overline{\beta}+i}{\overline{\alpha}+i}$$

$$=\frac{(\beta-i)(\overline{\alpha}+i)+(\overline{\beta}+i)(\alpha-i)}{(\alpha-i)(\overline{\alpha}+i)}$$

よって，上式の分子を F とおくと

$\angle \mathrm{APB}$ が直角 $\iff F=0$

(i) $k<0$ または $k>3$ のとき

$$F=(\beta-i)(\alpha+i)+(\beta+i)(\alpha-i)$$
$$=2\alpha\beta+2$$
$$=6k+2$$

$F=0$ より

$$k=-\frac{1}{3}$$

(ii) $0<k<3$ のとき

$$F=(\beta-i)(\beta+i)+(\alpha+i)(\alpha-i)$$
$$=\alpha^2+\beta^2+2$$
$$=4k^2-6k+2$$

$F=0$ より

$$k=\frac{1}{2},\ 1$$

したがって，**解答**と同じ結果が得られます．

なお，本問は解の公式を使って解いてから考えても，大変な計算にはなりません．

演習問題

92-1 p，q を実数とする．2次方程式 $x^2-2px+q=0$ は虚数解 z をもち $|z-1|<2$ となるとき，点 $(p,\ q)$ がどのような範囲にあるかを座標平面上に図示せよ．

(三重大)

92-2 α を0でない複素数とする．複素数平面において，α を通り原点と α を結ぶ直線に垂直な直線を l とする．l 上の点 z は方程式

$$\overline{\alpha}z+\alpha\overline{z}=2|\alpha|^2$$

を満たすことを示せ．

(東北大)

標問 93 三角不等式

(1) 2つの複素数 α, β に対して，不等式

$$||\alpha|-|\beta|| \leqq |\alpha+\beta| \leqq |\alpha|+|\beta|$$

が成り立つことを示せ．（奈良女子大）

(2) 複素数 a, b が $|a|+|b|<1$ を満たすとき，2次方程式

$$z^2+az+b=0$$

の2根の絶対値はともに1より小さいことを示せ．（新潟大）

精講 (1) いわゆる三角不等式の証明問題です．各辺を2乗して差をとり，$|z|^2=z\overline{z}$ を用いて変形するのが1つの方法です．しかし，複素数平面上で図形的に考える方がわかりやすいでしょう．

(2) 正面から証明するのは意外と難しいかもしれません．そんなときは背理法を使うのが定石です．

$$z^2=-(az+b)$$

として a, b だけを1辺に集め，さらに両辺を z^2 で割って“1”をつくり出します．

解法のプロセス

(1) 図形的に考える

(2) 背理法

⇩

$1=-\dfrac{a}{z}-\dfrac{b}{z^2}$ と変形

⇩

(1)を適用

〈解 答〉

(1) α, β のうち少なくとも一方が0のとき，不等式が成り立つことは明らかであるから，α, β はいずれも0でないとする．複素数平面の原点をOとして，α, β を表す点をそれぞれ A, B, $\alpha+\beta$ を表す点をCとする．

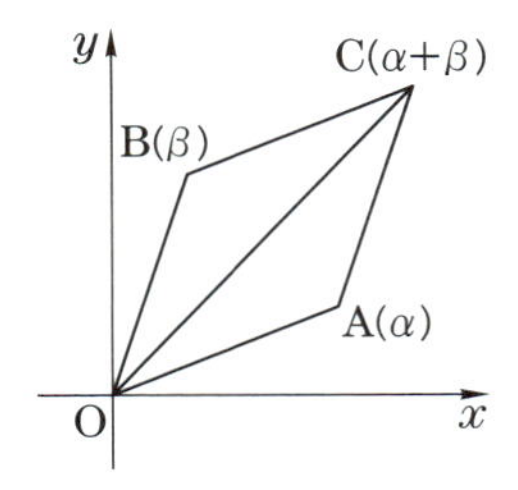

(i) O, A, B が1直線上にないとき，OACB は平行四辺形をなす．△OAC において2辺の和は他の1辺より大で，2辺の差は他の1辺より小であるから

$$|\mathrm{OA}-\mathrm{AC}|<\mathrm{OC}<\mathrm{OA}+\mathrm{AC}$$

ここで，$\mathrm{AC}=\mathrm{OB}=|\beta|$ であるから

$$||\alpha|-|\beta||<|\alpha+\beta|<|\alpha|+|\beta|$$

が成り立つ．

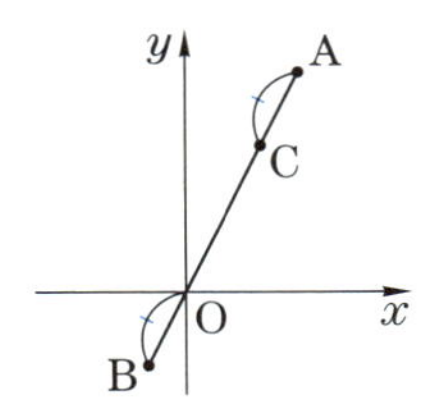

(ii) O, A, B が1直線上にあるとき，O に関して

A，B が同じ側にあれば

$$|\alpha+\beta|=|\alpha|+|\beta|$$

反対側にあれば

$$|\alpha+\beta|=||\alpha|-|\beta||$$

(i)，(ii)より，不等式

$$||\alpha|-|\beta||\leqq|\alpha+\beta|\leqq|\alpha|+|\beta|$$

が等号の成立条件も含めて証明された．

(2) $z^2+az+b=0$ ……① の解 z が

$$|z|\geqq 1 \quad \cdots\cdots②$$

を満たすと仮定する．①の両辺を z^2 で割ると　⬅ 背理法

$$1+\frac{a}{z}+\frac{b}{z^2}=0 \qquad \therefore \quad 1=-\left(\frac{a}{z}+\frac{b}{z^2}\right)$$

両辺の絶対値をとって，(1)の不等式を用いると

$$1=\left|\frac{a}{z}+\frac{b}{z^2}\right|\leqq\frac{|a|}{|z|}+\frac{|b|}{|z|^2}$$

②より，$\dfrac{|a|}{|z|}\leqq|a|$，$\dfrac{|b|}{|z|^2}\leqq|b|$ であるから

$$1\leqq\frac{|a|}{|z|}+\frac{|b|}{|z|^2}\leqq|a|+|b|$$

これは条件 $|a|+|b|<1$ に反する．よって，
$|z|<1$ である．

研究 〈(1)の別証〉

初めに右側の不等式を証明します．

$$\begin{aligned}&(|\alpha|+|\beta|)^2-|\alpha+\beta|^2\\&=|\alpha|^2+|\beta|^2+2|\alpha||\beta|-(\alpha+\beta)(\overline{\alpha}+\overline{\beta})\\&=2|\alpha||\beta|-(\alpha\overline{\beta}+\overline{\alpha}\beta)\\&=2|\alpha\overline{\beta}|-(\alpha\overline{\beta}+\overline{\alpha\overline{\beta}})\\&=2\{|\alpha\overline{\beta}|-\mathrm{Re}(\alpha\overline{\beta})\}\geqq 0\end{aligned}$$

⬅ $z+\overline{z}=2\mathrm{Re}(z)$

⬅ $|z|\geqq\mathrm{Re}(z)$

$$\therefore \quad |\alpha+\beta|\leqq|\alpha|+|\beta| \quad \cdots\cdots③$$

左側の不等式は③を用いて

$$\begin{aligned}|\alpha|&=|\alpha+\beta+(-\beta)|\\&\leqq|\alpha+\beta|+|\beta|\end{aligned}$$

⬅ $|-\beta|=|\beta|$

$$\therefore \quad |\alpha|-|\beta|\leqq|\alpha+\beta|$$

同様にして

$$|\beta|-|\alpha|\leqq|\alpha+\beta|$$

が示せるので

$$||\alpha|-|\beta||\leqq|\alpha+\beta|$$

が成り立ちます．

ただし，等号の成立条件を調べるのは，**解答**の方法の方がやさしいでしょう．

〈(2)の別証〉

複素数αに対して，$z^2=\alpha$ の解は2つあります．一方を$\sqrt{\alpha}$で表せば，他方は$-\sqrt{\alpha}$です．

← $\alpha=0$ のときは，ともに0

標問 **94** の極形式を用いて

$$\alpha=r(\cos\theta+i\sin\theta)$$

← $r=|\alpha|\geqq 0$

と表すと，標問 **95** のド・モアブルの定理から

$$\sqrt{\alpha}=\sqrt{r}\left(\cos\frac{\theta}{2}+i\sin\frac{\theta}{2}\right)$$

としてよいことが分かります．したがって

$$|\sqrt{\alpha}|=\sqrt{r}=\sqrt{|\alpha|} \qquad \cdots\cdots④$$

が成り立ちます．

複素数まで根号を拡張すると，

$z^2+az+b=0$ にも解の公式が使えて

← a，b は複素数

$$z=\frac{-a\pm\sqrt{a^2-4b}}{2}$$

← 三角不等式と④

ゆえに

$$|z|\leqq\frac{|a|+|\sqrt{a^2-4b}|}{2}=\frac{|a|+\sqrt{|a^2-4b|}}{2}$$

← 再び三角不等式

$$\leqq\frac{|a|+\sqrt{|a^2|+4|b|}}{2}$$

← $|a|+|b|<1$ より $|b|<1-|a|$

$$<\frac{|a|+\sqrt{|a|^2+4(1-|a|)}}{2}$$

$$=\frac{|a|+\sqrt{(2-|a|)^2}}{2}$$

← $|a|\leqq|a|+|b|<1$

$$=\frac{|a|+(2-|a|)}{2}=1$$

演習問題

93 複素数平面上に凸四角形 $\mathrm{O}\alpha\gamma\beta$ がある．このとき，次の不等式を証明せよ．

$$|\alpha-\beta||\gamma|\leqq|\beta||\alpha-\gamma|+|\alpha||\gamma-\beta|$$

標問 94 極形式

$e(\theta)=\cos\theta+i\sin\theta$ とおく．複素数 $z=a+bi$ (a，b は実数) について次の各問いに答えよ．

(1) 点 z を原点Oを中心に $\dfrac{\pi}{2}$ だけ回転した点は iz であることを示せ．

(2) 点 z を原点Oを中心に θ だけ回転した点は $e(\theta)z$ であることを示せ．

(3) (2)を用いて，正弦と余弦の加法定理を証明せよ．

精講

複素数の和・差を複素数平面でみると，**平面ベクトルと同様に振舞う**ので，新しいことは何もありません．ところが，積・商を複素数平面でみると，**回転**（と拡大あるいは縮小の合成）**を表す**ことがわかります．複素数平面を考える利点はここにあります．

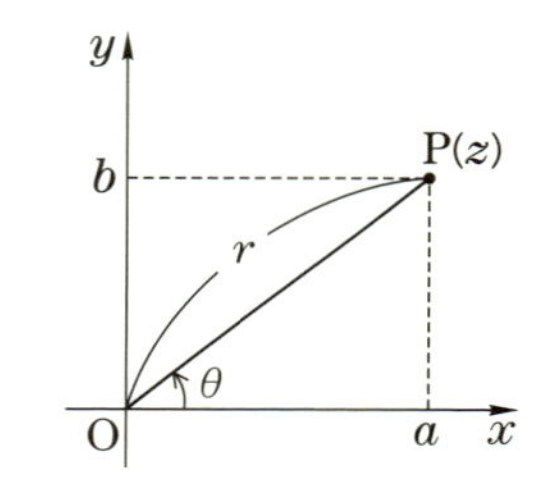

0でない複素数 $z=a+bi$ が表す点をPとします．$|z|=r$，実軸の正の部分を始線としたとき動径OPの表す角を θ とすると，$a=r\cos\theta$，$b=r\sin\theta$ より

$$\boldsymbol{z=r(\cos\theta+i\sin\theta)} \quad \cdots\cdots(*)$$

と表されます．これを z の**極形式**といいます．極形式は複素数の積・商と相性のいい表現方法です．

本問は教科書と逆の構成になっていることに注目しましょう．簡単な(1)から始めて逆に加法定理を証明します．

(1) 2点 a と bi を，原点を中心に $\dfrac{\pi}{2}$ だけ回転してみます．

(2) (1)で，z を $e(\theta)$ とした結果を利用します．

(3) (2)より，$e(\beta)(e(\alpha)\cdot 1)$ は点1を原点Oを中心に $\alpha+\beta$ だけ回転した点を表します．

解法のプロセス

(1) 2点 a と bi を $\dfrac{\pi}{2}$ 回転した点を求める

⇩

(2) (1)で $z=e(\theta)$ とする

⇩

(3) $e(\beta)(e(\alpha)\cdot 1)$ の意味を考える

解答

(1) 原点を中心とする $\dfrac{\pi}{2}$ の回転によって，$\mathrm{P}(z)$ が $\mathrm{Q}(w_1)$ に移るとする．

← $w_1=iz$ を示す

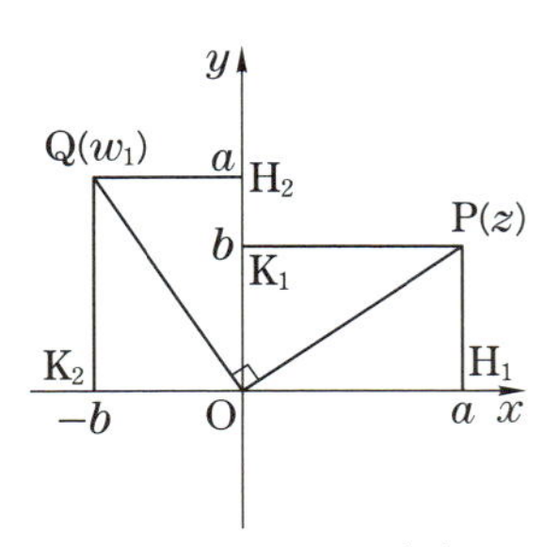

← 図は $a>0$，$b>0$ の場合であるが，これ以外の場合も同様

同じ回転によって，2 点 $H_1(a)$ と $K_1(bi)$ はそれぞれ $H_2(ai)$ と $K_2(-b)$ に移る．したがって，長方形 OH_1PK_1 は長方形 OH_2QK_2 に移る．ゆえに

$$w_1=-b+ai=i(a+bi)=iz$$

(2) 原点を中心とする角 θ の回転によって，P(z) が R(w_2) に移るとする．

← $w_2=e(\theta)z$ を示す

(1)で，とくに $z=e(\theta)$ とおくと，$ie(\theta)$ は $e(\theta)$ を原点を中心に $\dfrac{\pi}{2}$ だけ回転した点である．

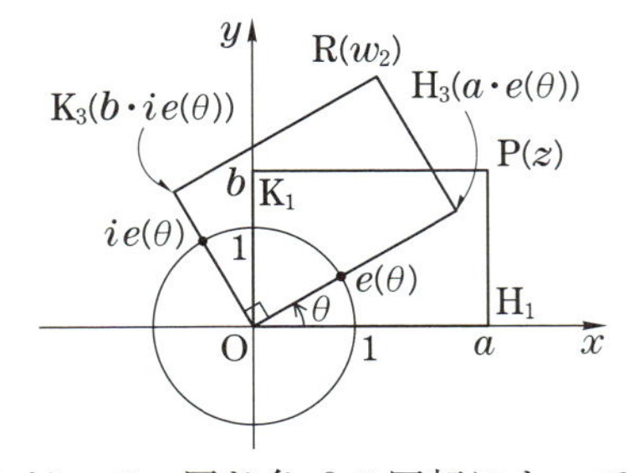

← 図は $a>0$，$b>0$ の場合であるが，これ以外の場合も同様

したがって，同じ角 θ の回転によって，長方形 OH_1PK_1 は長方形 OH_3RK_3 に移る．ゆえに

$$w_2=a\cdot e(\theta)+b\cdot ie(\theta)=e(\theta)(a+bi)$$
$$=e(\theta)z$$

(3) (2)より，$e(\beta)(e(\alpha)\cdot 1)$ は点 1 を原点を中心に $\alpha+\beta$ だけ回転した点を表すから

$$e(\beta)(e(\alpha)\cdot 1)=e(\alpha+\beta)\cdot 1$$

$$\therefore\quad e(\alpha+\beta)=e(\alpha)e(\beta) \quad \cdots\cdots①$$

← 複素数の世界からみた加法定理

$$\therefore\quad \cos(\alpha+\beta)+i\sin(\alpha+\beta)$$
$$=(\cos\alpha+i\sin\alpha)(\cos\beta+i\sin\beta)$$
$$=\cos\alpha\cos\beta-\sin\alpha\sin\beta$$
$$+i(\sin\alpha\cos\beta+\cos\alpha\sin\beta)$$

第 1 式と第 3 式を比較して，加法定理を得る．

研究 〈複素数の積・商と，絶対値および偏角との関係〉

精講 (*)の θ を複素数 z の**偏角**といい

$$\boldsymbol{\theta=\arg z}$$

← 偏角を意味する英語 argument に由来する

で表します．偏角は一般角ですから，z の1つの偏角を θ_0 とすると

$$\boldsymbol{\arg z=\theta_0+2n\pi}\quad(\boldsymbol{n}\text{ **は整数**})$$

となりますが，しばしば右辺の $2n\pi$ を省略します．(標問 **95** 参照)

← arg を含む等式は 2π の整数倍の違いを無視したものと考える

0でない2つの複素数 z_1，z_2 を極形式でそれぞれ

$$z_1=r_1e(\theta_1),\ z_2=r_2e(\theta_2)$$

と表すと，**解答**の①より

$$z_1z_2=r_1r_2e(\theta_1+\theta_2)$$

となるので，書き直せば次のことが成り立ちます．

(1) $\boldsymbol{|z_1z_2|=|z_1||z_2|}$

(2) $\boldsymbol{\arg(z_1z_2)=\arg z_1+\arg z_2}$

したがって，商との関係は

(3) $\boldsymbol{\left|\dfrac{z_1}{z_2}\right|=\dfrac{|z_1|}{|z_2|}}$

(4) $\boldsymbol{\arg\left(\dfrac{z_1}{z_2}\right)=\arg z_1-\arg z_2}$

となります．

← $|z_1|=\left|\dfrac{z_1}{z_2}\cdot z_2\right|=\left|\dfrac{z_1}{z_2}\right||z_2|$

$\arg z_1=\arg\left(\dfrac{z_1}{z_2}\cdot z_2\right)=\arg\left(\dfrac{z_1}{z_2}\right)+\arg z_2$

(1)で，とくに $z_1=z_2=z$ とすると

$$|z^2|=|z|^2$$

$$\therefore\quad |z^3|=|z^2\cdot z|=|z^2||z|=|z|^3$$

この操作をくり返せば，任意の自然数 n に対して

(5) $\boldsymbol{|z^n|=|z|^n}$

← $n=0$ でも成り立つ

同様に，偏角についても等式

(6) $\boldsymbol{\arg z^n=n\arg z}$

← $e(\theta)^n=e(n\theta)$ と書くこともできる

が成り立ちます．

演習問題

94-1 研究の(6)を用いて，$\cos3\theta$，$\sin3\theta$ をそれぞれ $\cos\theta$，$\sin\theta$ の多項式で表せ．(京都教育大)

94-2 研究の(5)と(6)は，n が負の整数でも成り立つことを示せ．

94-3 点 $(x,\ y)$ を原点を中心に角 θ だけ回転した点の座標を求めよ．

標問 95 ド・モアブルの定理

複素数 $z=\dfrac{1-i}{\sqrt{3}-i}$ に対して，$|z^n|=\dfrac{1}{16}$ となる整数 n の値を求めよ．また，そのとき z^n を求めよ．（大阪工大）

精講 まず，標問 94 研究 で述べたことを使って $|z|$，n，および $\arg z$ を求めると，z を極形式で表すことができます．

z^n を計算するには，標問 94 研究 の(6)，あるいはこれを書き直した**ド・モアブルの定理**と呼ばれる等式

$$(\cos\theta+i\sin\theta)^n=\cos n\theta+i\sin n\theta$$

を使います．ここに，n は任意の整数です．

解法のプロセス

$$z=\frac{(1-i)(\sqrt{3}+i)}{(\sqrt{3}-i)(\sqrt{3}+i)}=\frac{1+\sqrt{3}}{4}+\frac{1-\sqrt{3}}{4}i$$

と直すと $\arg z$ が不明

⇩

標問 94 研究 (4)を用いて $\arg z$ を求める

〈 解 答 〉

$$|z|=\frac{|1-i|}{|\sqrt{3}-i|}=\frac{\sqrt{2}}{2}=\frac{1}{\sqrt{2}}$$ より

$$|z^n|=|z|^n=\left(\frac{1}{\sqrt{2}}\right)^n=\frac{1}{16}$$

$\therefore\quad n=8$

$$\arg z=\arg(1-i)-\arg(\sqrt{3}-i)$$
$$=-\frac{\pi}{4}-\left(-\frac{\pi}{6}\right)=-\frac{\pi}{12}$$

$$\therefore\quad z=\frac{1}{\sqrt{2}}\left\{\cos\left(-\frac{\pi}{12}\right)+i\sin\left(-\frac{\pi}{12}\right)\right\}$$

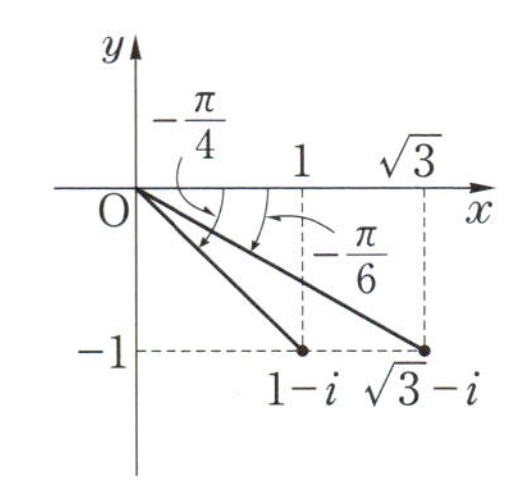

ゆえに

$$z^8=\frac{1}{16}\left\{\cos\left(-\frac{2\pi}{3}\right)+i\sin\left(-\frac{2\pi}{3}\right)\right\}$$ ⬅ ド・モアブルの定理

$$=\frac{1}{16}\left(-\frac{1}{2}-\frac{\sqrt{3}}{2}i\right)=\boldsymbol{-\frac{1}{32}-\frac{\sqrt{3}}{32}i}$$

演習問題

95-1 i を虚数単位とし，複素数 $z=\cos\theta+i\sin\theta$ を考える．

(1) $z+\dfrac{1}{z}$ を $\cos\theta$ を用いて表せ．

(2) $\cos^6\theta$ を $\cos 2\theta$，$\cos 4\theta$，$\cos 6\theta$ を用いて表せ．（成城大）

95-2 $z^3-3z\bar{z}+4=0$ を満たす複素数 z をすべて求めよ．（九州工大）

標問 96　1の n 乗根 (1)

(1)　$z^5=1$ のすべての解を複素数平面上に図示せよ．

(2)　(1)で，$z^5=1$ の解のうち第1象限にある虚数解を α とする．このとき，$t=\alpha+\overline{\alpha}$ は $t^2+t-1=0$ を満たすことを示せ．

(3)　(2)を利用して $\cos\dfrac{2\pi}{5}$ の値を求めよ．　（金沢大）

精講

(1)　解の絶対値を求めたら，ド・モアブルの定理を使って偏角を決めます．解の実部と虚部の値がわからなくとも，これだけで図示することができます．

(2)　$\alpha \neq 1$ と，$|\alpha|=1 \iff \overline{\alpha}=\dfrac{1}{\alpha}$ に注意しましょう．

(3)　演習問題 (95-1)(1)と同じことです．

解法のプロセス

ド・モアブルの定理を使って解を求める

⇩

$\overline{\alpha}=\dfrac{1}{\alpha}$ に注意

⇩

演習問題 (95-1) を参照

〈 解　答 〉

(1)　$z^5=1$　……①　より，$|z^5|=|z|^5=1$ であるから

$$|z|=1$$

したがって，①の解は

$$z=\cos\theta+i\sin\theta \quad (0\leqq\theta<2\pi)$$

とおける．①に代入すると，ド・モアブルの定理より

← z の偏角が一意的に決まるように θ を制限

$$\cos 5\theta+i\sin 5\theta=1$$

← $\arg 1=0$

$$\therefore\quad 5\theta=2\pi\cdot k \quad (k \text{ は整数})$$

← 代数学の基本定理より解は5個あるはず

$$\therefore\quad \theta=\frac{2\pi}{5}k$$

ただし，$0\leqq\theta<2\pi$ より，$k=0,\ 1,\ 2,\ 3,\ 4$ である．

ゆえに

$$z_k=\cos\frac{2\pi}{5}k+i\sin\frac{2\pi}{5}k$$

とおくと，①の解は

$$z=z_0,\ z_1,\ z_2,\ z_3,\ z_4$$

である．これを図示すれば，右図の正5角形の頂点となる．

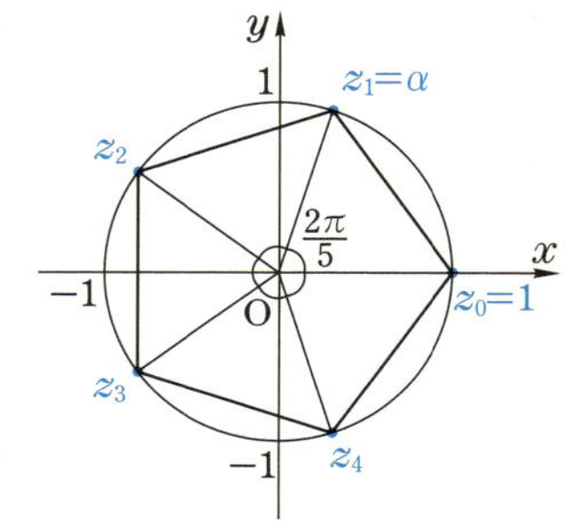

(2) $\alpha=z_1$ であり，次式が成り立つ．

$$t=\alpha+\overline{\alpha}=\alpha+\frac{1}{\alpha} \quad \cdots\cdots②$$

$\alpha^5-1=(\alpha-1)(\alpha^4+\alpha^3+\alpha^2+\alpha+1)=0$，$\alpha\neq1$ より

$$\alpha^4+\alpha^3+\alpha^2+\alpha+1=0$$

⬅ 両辺を α^2 で割る

$$\therefore \quad \alpha^2+\frac{1}{\alpha^2}+\left(\alpha+\frac{1}{\alpha}\right)+1=0$$

⬅ $\alpha^2+\frac{1}{\alpha^2}=\left(\alpha+\frac{1}{\alpha}\right)^2-2$

$$\therefore \quad t^2+t-1=0 \quad \cdots\cdots③$$

(3) ②より $t=2\cos\frac{2\pi}{5}>0$，かつ t は③を満たす．

$$\therefore \quad \cos\frac{2\pi}{5}=\frac{1}{2}\cdot\frac{-1+\sqrt{5}}{2}=\boldsymbol{\frac{\sqrt{5}-1}{4}}$$

研究 **〈解全体はただ1つの解 α で表せる〉**

$$\alpha=\cos\frac{2\pi}{5}+i\sin\frac{2\pi}{5}$$

を使うと，$z_k=\alpha^k$ となるので，$z^5=1$ の解全体の集合は

$$\{\boldsymbol{\alpha^0(=1),\ \alpha,\ \alpha^2,\ \alpha^3,\ \alpha^4}\}$$

となります．

〈$z^n=1$ への一般化〉

標問 **96** (1)が一般化できることは明らかです．n を任意の自然数とするとき

$$\alpha=\cos\frac{2\pi}{n}+i\sin\frac{2\pi}{n}$$

とおくと，$z^n=1$ の解全体の集合は

$$\{\boldsymbol{\alpha^0(=1),\ \alpha,\ \alpha^2,\ \cdots,\ \alpha^{n-1}}\}$$

⬅ このことは，$z^n=1$ の解が関係する問題を解くことを容易にする

と表せます．そして，これらを複素数平面上に図示すると，単位円に内接する**正 n 角形の頂点**となります．この事実は重要ですからしっかり覚えておきましょう．

演習問題

96-1 $z^4=-8+8\sqrt{3}\,i$ を満たす複素数 z のうち，実数部分が最大であるものを求めよ．（日本医大）

96-2 $z^6+z^3+1=0$ を満たす複素数 z の偏角 θ をすべて求めよ．ただし，$0°\leqq\theta<360°$ とする．（武蔵工大）

標問 97 1のn乗根(2)

nを3以上の自然数とするとき次を示せ．ただし，$\alpha=\cos\dfrac{2\pi}{n}+i\sin\dfrac{2\pi}{n}$ とし，iを虚数単位とする．

(1) $\alpha^k+\overline{\alpha}^k=2\cos\dfrac{2\pi k}{n}$ (kは自然数)

(2) $n=(1-\alpha)(1-\alpha^2)\cdots(1-\alpha^{n-1})$

(3) $\dfrac{n}{2^{n-1}}=\sin\dfrac{\pi}{n}\sin\dfrac{2\pi}{n}\cdots\sin\dfrac{n-1}{n}\pi$ (北 大)

精講 (1) ド・モアブルの定理を適用するだけです．

(2) αは $z^n=1$ の1つの解であり，解全体は

$\boldsymbol{1,\ \alpha,\ \alpha^2,\ \cdots,\ \alpha^{n-1}}$

で与えられることを思い出しましょう．当然ですが，$\alpha\neq1$ であることに注意が必要です．

(3) 受験数学では，(3)**を解くときは**(1)**と**(2)**をしっかり見よ**，というのが大原則です．そして，(2)の両辺の絶対値をとる気になれば，解決に向けて大きく前進したことになります．後は(1)を使って計算だけで済ますか，あるいは $z^n=1$ の解の図形的性質を利用します．

解法のプロセス

(1) ド・モアブルの定理

(2) $z^n=1$ の解全体はαで表せる

(3) (2)の式の絶対値をとる

⇩

(1)の利用

$z^n=1$ の解全体は正n角形の頂点

〈 解 答 〉

(1) $\alpha^k=\cos\dfrac{2\pi k}{n}+i\sin\dfrac{2\pi k}{n}$ であるから

$$\alpha^k+\overline{\alpha}^k=\alpha^k+\overline{\alpha^k}=2\cos\frac{2\pi k}{n}$$

(2) 方程式 $z^n=1$ の解は $1,\ \alpha,\ \alpha^2,\ \cdots,\ \alpha^{n-1}$ であり

$$z^n-1=(z-1)(z^{n-1}+z^{n-2}+\cdots+z+1)$$

であるから，$z^{n-1}+z^{n-2}+\cdots+z+1=0$ の解は α, α^2, $\cdots$, α^{n-1} である．よって

$$z^{n-1}+z^{n-2}+\cdots+z+1$$
$$=(z-\alpha)(z-\alpha^2)\cdots(z-\alpha^{n-1})$$

が成り立つ．この式に $z=1$ を代入して

← 初めてだとビックリする

$$n=(1-\alpha)(1-\alpha^2)\cdots(1-\alpha^{n-1})$$

(3) (2)より

$$n=|1-\alpha||1-\alpha^2|\cdots|1-\alpha^{n-1}| \quad \cdots\cdots①$$

ここで，$k=1,\ 2,\ \cdots,\ n-1$ に対して

$$|1-\alpha^k|^2=(1-\alpha^k)(1-\overline{\alpha}^k)$$ ⬅ $|z|^2=z\overline{z}$

$$=1-(\alpha^k+\overline{\alpha}^k)+|\alpha|^{2k}$$ ⬅ (1)，$|\alpha|=1$

$$=2\left(1-\cos\frac{2k\pi}{n}\right)=2\cdot 2\sin^2\frac{k\pi}{n}$$ ⬅ 半角の公式

$$\therefore\quad |1-\alpha^k|=2\left|\sin\frac{k\pi}{n}\right|=2\sin\frac{k\pi}{n} \quad \cdots\cdots②$$ ⬅ $0<\frac{k\pi}{n}<\pi$

①，②より

$$\frac{n}{2^{n-1}}=\sin\frac{\pi}{n}\sin\frac{2\pi}{n}\cdots\sin\frac{n-1}{n}\pi$$

研究 〈(3)の別解〉

$\{1,\ \alpha,\ \alpha^2,\ \cdots,\ \alpha^{n-1}\}$ は正 n 角形の頂点をなすから，右図より

$$|1-\alpha^k|=P_0P_k=2P_0M=2\sin\frac{k\pi}{n}$$

となる．

演習問題

97-1 n を自然数とし，複素数 $z=\cos\theta+i\sin\theta$ は $z^n=1$ を満たすとして以下の和 S_1，S_2，S_3 の値を求めよ．

(1) $S_1=1+z+z^2+\cdots+z^{n-1}$

(2) $S_2=1+\cos\theta+\cos 2\theta+\cdots+\cos(n-1)\theta$

(3) $S_3=1+\cos^2\theta+\cos^2 2\theta+\cdots+\cos^2(n-1)\theta$ （名古屋大）

97-2 n を 2 以上の自然数とする．

(1) $\displaystyle\sum_{k=0}^{n-1}\left(\cos\frac{2k\pi}{n}+i\sin\frac{2k\pi}{n}\right)=0$ を示せ．

(2) 原点を中心とする半径 1 の円周上に，円周を n 等分する点 A_0，A_1，$\cdots$，A_{n-1} をとる．さらに，原点を中心とする半径 $\frac{1}{2}$ の円周上に点 P をとり，線分 A_kP の長さを $l_k(P)$ とおく．このとき

$$\sum_{k=0}^{n-1}l_k(P)^2$$

は P の位置によらず一定の値になることを示せ．また，その値を求めよ．

（千葉大）

標問 98　ド・モアブルの定理の応用

絶対値が1である複素数zと正の整数nが，$z^n-z+1=0$ を満たしているとする．iを虚数単位とする．以下の問いに答えよ．

(1)　$|z-1|$ を求めよ．

(2)　zは $z=\dfrac{1+\sqrt{3}i}{2}$ または $z=\dfrac{1-\sqrt{3}i}{2}$ に限られることを証明せよ．

(3)　nを6で割ったときの余りは2に限られることを証明せよ．　　(岐阜大)

精講　(1)　$z-1=z^n$ として両辺の絶対値をとります．

(2)　2円 $|z|=1$ と $|z-1|=1$ の交点を求めることに帰着します．

(3)　(2)の結果から，ド・モアブルの定理を用いて z^n を計算して，$z-1$ と比較します．

解法のプロセス

$|z-1|=|z|^n$ とする

‖

(2)

⇓

ド・モアブルの定理を使って

z^n を計算

〈解　答〉

(1)　$|z|=1$　……①．$z^n-z+1=0$ より

$$z-1=z^n \quad ……②$$

②の両辺の絶対値をとると，①より

$$|z-1|=|z^n|=|z|^n=\mathbf{1}$$

(2)　(1)より，zは2円 $|z|=1$ と $|z-1|=1$ の交点でなければならないから

$$z=\frac{1+\sqrt{3}i}{2},\quad \frac{1-\sqrt{3}i}{2}$$

に限られる．

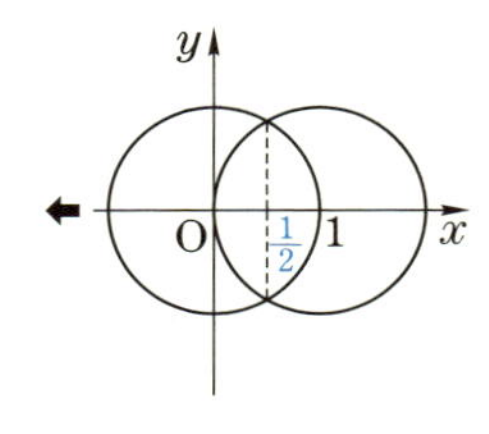

(3)　(2)より，複号はすべて同順として

$$z=\cos(\pm 60^\circ)+i\sin(\pm 60^\circ)$$

$$\therefore\quad z^n=\cos(\pm 60^\circ\times n)+i\sin(\pm 60^\circ\times n)$$

$$z-1=\frac{-1\pm\sqrt{3}i}{2}=\cos(\pm 120^\circ)+i\sin(\pm 120^\circ)$$

したがって，②より

$$\pm 60^\circ\times n=\pm 120^\circ+360^\circ\times k \quad (k\text{ は整数})$$

$$\therefore\quad n=2\pm 6k$$

ゆえに，nを6で割った余りは2に限られる．

研究 〈(2)の反転による別解〉

$w=\dfrac{1}{\overline{z}}$ で定まる変換 $z \to w$ を，円 $|z|=1$ に関する**反転**といいます．$\arg w=-\arg\overline{z}=\arg z$ より z と w は原点を始点とする半直線上にあり，

$|z|>1$ のとき $|w|<1$,

$|z|<1$ のとき $|w|>1$

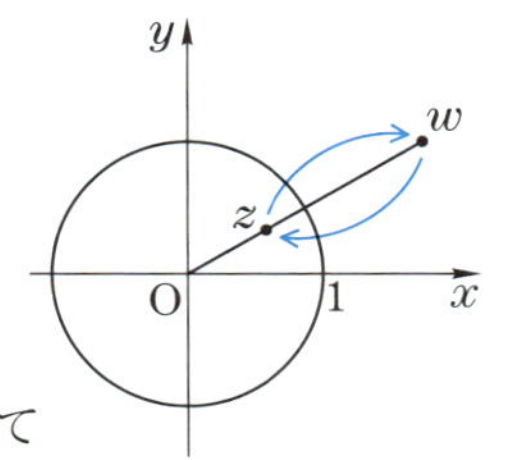

となるので，**円の内部と外部が入れ変わります**．そして

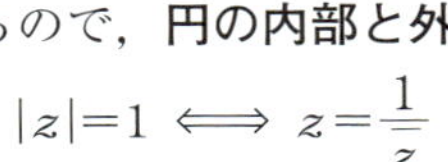

$$|z|=1 \iff z=\frac{1}{\overline{z}}$$

だから，**円周 $|z|=1$ 上の点は動きません．**

②の表す図形（n 個の点）を反転すると

$$\left(\frac{1}{\overline{z}}\right)^n-\frac{1}{\overline{z}}+1=\overline{\frac{1}{z^n}-\frac{1}{z}+1}=0$$

$\therefore\ z-z^n+z^{n+1}=0$ ……③

← $\dfrac{1}{z^n}-\dfrac{1}{z}+1=0$ より $1-z^{n-1}+z^n=0$ さらに両辺に z を掛ける

上記の説明から，②と③を同時に満たす点が求めるものです．

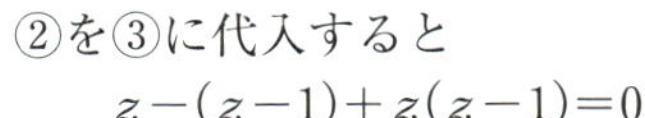

②を③に代入すると

$$z-(z-1)+z(z-1)=0$$

$\therefore\ z^2-z+1=0$

$\therefore\ z=\dfrac{1\pm\sqrt{3}\,i}{2}$

← 十分であることを示すには，(3)と同様にする．

演習問題 98-2 でも反転が使えます．

演習問題

98-1 n を 2 以上の自然数とする．z を未知数とする方程式 $z^n=(z-i)^n$ について，次の問いに答えよ．

(1) α をこの方程式の解とするとき，α の虚数部分は $\dfrac{1}{2}$ であることを示せ．

(2) この方程式が絶対値 1 の解をもつための，n についての条件を求めよ．またこのときの絶対値 1 の解を求めよ．（旭川医大）

98-2 次式を満たす複素数 z，w をすべて求めよ．

$$|z|=|w|=1,\ z^2+w^2=z+w$$

（一橋大）

第4章

標問 99 複素数と三角形

原点をOとする複素数平面上において，複素数 α，β の表す点をそれぞれA，Bとする．α，β が条件

$$|\alpha|=\sqrt{2},\quad 2(1+i)\alpha-(\sqrt{3}-i)\beta=0$$

を満たすとき，次の問いに答えよ．ただし，i は虚数単位である．

(1) $|\beta|$ の値を求めよ．

(2) $\dfrac{\beta}{\alpha}$ の偏角を $-180°$ より大きく $180°$ 以下の範囲で求めよ．

(3) △OABの面積を求めよ．　(静岡大)

精講　△OABの形は，$\dfrac{\beta}{\alpha}$ の値がわかれば

$$\angle\mathrm{AOB}=\left|\arg\frac{\beta}{\alpha}\right|,\quad \frac{\mathrm{OB}}{\mathrm{OA}}=\left|\frac{\beta}{\alpha}\right|$$

もわかるので，相似変換の違いを除いて決まってしまいます．

本問では $|\alpha|$ が与えられているので，大きさまで完全に決まります．

解法のプロセス

(2) $\arg\left(\dfrac{\beta}{\alpha}\right)=\arg\beta-\arg\alpha$

(3) $\sin\angle\mathrm{AOB}$ を加法定理を使って求める

解答

(1) $\dfrac{\beta}{\alpha}=\dfrac{2(1+i)}{\sqrt{3}-i}$ ……① より

$$|\beta|=\frac{2|1+i|}{|\sqrt{3}-i|}|\alpha|=\frac{2\sqrt{2}}{2}\cdot\sqrt{2}=\mathbf{2}$$

← $\dfrac{\beta}{\alpha}=\dfrac{\sqrt{3}-1}{2}+\dfrac{\sqrt{3}+1}{2}i$ と直すと(2)で困る

(2) ①より

$$\arg\frac{\beta}{\alpha}=\arg(1+i)-\arg(\sqrt{3}-i)$$
$$=45°-(-30°)=\mathbf{75°}$$

← $\arg 2(1+i)=\arg(1+i)$

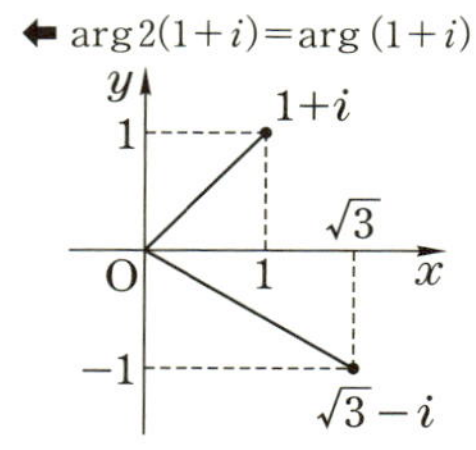

(3) (2)より

$$\sin\angle\mathrm{AOB}=\sin(45°+30°)$$
$$=\frac{1}{\sqrt{2}}\cdot\frac{\sqrt{3}}{2}+\frac{1}{\sqrt{2}}\cdot\frac{1}{2}=\frac{\sqrt{6}+\sqrt{2}}{4}$$

ゆえに，△OABの面積は

$$\frac{1}{2}\cdot\sqrt{2}\cdot2\cdot\frac{\sqrt{6}+\sqrt{2}}{4}=\mathbf{\frac{\sqrt{3}+1}{2}}$$

←

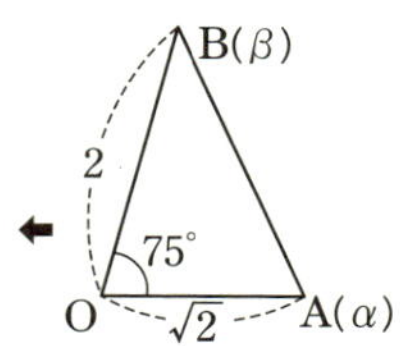

研究 〈正三角形を表す条件〉

$A(\alpha)$, $B(\beta)$ として，$\triangle OAB$ が正三角形をなすための条件を考えましょう．

本問と同様に考えると，その条件は ω を 1 の虚立方根として

$$\frac{\beta}{\alpha}=-\omega$$

← $-\omega=\dfrac{1\pm\sqrt{3}i}{2}$
$=\cos(\pm60^\circ)\pm i\sin(\pm60^\circ)$

で与えられます．これを $\omega^2+\omega+1=0$ に代入して ω を消去すれば，別の表現

$\left(\dfrac{\beta}{\alpha}\right)^2-\dfrac{\beta}{\alpha}+1=0$，すなわち

$$\alpha^2+\beta^2-\alpha\beta=0 \quad \cdots\cdots①$$

が得られます．

さらに，3 頂点を $A(\alpha)$，$B(\beta)$，$C(\gamma)$ とするとき，$\triangle ABC$ が正三角形であるための条件は，①で α，β をそれぞれ $\alpha-\gamma$，$\beta-\gamma$ で置きかえればよく

← C が原点と重なるように平行移動する

$$(\alpha-\gamma)^2+(\beta-\gamma)^2-(\alpha-\gamma)(\beta-\gamma)=0$$

$$\therefore \quad \boldsymbol{\alpha^2+\beta^2+\gamma^2-\alpha\beta-\beta\gamma-\gamma\alpha=0}$$

となります．

演習問題

99-1 複素数 α，β は，$\alpha^2-2\alpha\beta+4\beta^2=0$，$|\alpha-2\beta|=4$ の関係を満たす．複素数平面上に，原点O，$A(\alpha)$，$B(\beta)$ の 3 点をとる．$\angle AOB$ の値を求めよ．また，$\triangle AOB$ の面積の値を求めよ．（岐阜薬大）

99-2 異なる複素数 α，β，γ が $2\alpha^2+\beta^2+\gamma^2-2\alpha\beta-2\alpha\gamma=0$ を満たすとき，次の問いに答えよ．

(1) $\dfrac{\gamma-\alpha}{\beta-\alpha}$ の値を求めよ．また，複素数平面上で，3 点 $A(\alpha)$，$B(\beta)$，$C(\gamma)$ を頂点とする $\triangle ABC$ はどのような三角形か．

(2) α，β，γ が x の 3 次方程式 $x^3+kx+20=0$（k は実数の定数）の解であるとき，α，β，γ および k を求めよ．（横浜国大）

99-3 z は複素数で，$|z|=1$，$0<\arg z<\pi$ とする．複素数平面上の四角形Qの 4 つの頂点を表す複素数がそれぞれ 1，z，z^2，z^3 であるという．

(1) Qは 2 頂点 1 と z^3 がとなり合う台形であることを示せ．

(2) Qの 2 つの対角線が直交するときの z をすべて求めよ．（旭川医大）

標問 100 図形の回転

複素数平面上に三角形ABCがある．三角形ABCの重心Gを中心とし，点B，Cをそれぞれ $-120°$，$120°$ 回転して得られる点をそれぞれB′，C′とする．三角形AB′C′は正三角形であることを示せ．（東京医大）

精講 点 z を点 α を中心に角 θ だけ回転した点を w とすると

$$\frac{w-\alpha}{z-\alpha}=\cos\theta+i\sin\theta$$

$$\therefore\quad \boldsymbol{w=\alpha+(\cos\theta+i\sin\theta)(z-\alpha)}$$

となります．

解法のプロセス

回転

⇩

できれば回転の中心を原点にとる

解答

Gを原点Oに重ね，A，B，C，B′，C′を表す複素数をそれぞれ α，β，γ，β'，γ' とする．また

$$\omega=\cos 120°+i\sin 120°$$

とおくと，原点を中心とする $-120°$，$60°$ の回転は，それぞれ ω^2，$-\omega^2$ で与えられる．

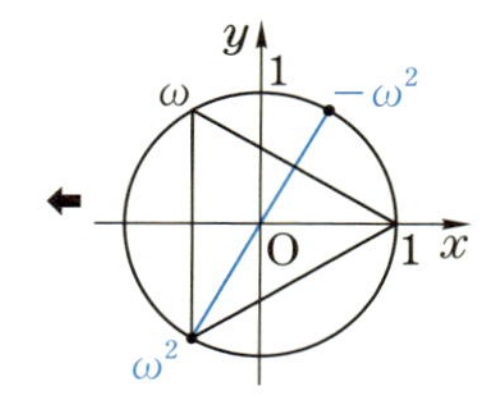

$\gamma'=\omega\gamma$，$\beta'=\omega^2\beta$ より

$$\begin{cases}\gamma'-\alpha=\omega\gamma-\alpha\\ \beta'-\alpha=\omega^2\beta-\alpha\end{cases}$$

ただし，△ABCの重心は原点ゆえ

$$\alpha+\beta+\gamma=0$$

よって

$$\begin{aligned}-\omega^2(\beta'-\alpha)&=-\omega^2(\omega^2\beta-\alpha)\\&=-\omega(-\gamma-\alpha)+\omega^2\alpha\\&=\omega\gamma+(\omega^2+\omega)\alpha\\&=\omega\gamma-\alpha=\gamma'-\alpha\end{aligned}$$

⬅ $\begin{cases}\omega^3=1\\ \beta=-\gamma-\alpha\end{cases}$

⬅ $\omega^2+\omega+1=0$

ゆえに，△AB′C′は正三角形である．

演習問題

100 複素数平面上に三角形ABCと，これと重ならない2つの正三角形ADB，ACEとがある．線分AB，ACの中点をそれぞれK，L，線分DE，KLの中点をそれぞれM，Nとする．このとき，直線MNと直線BCとは垂直であることを示せ．（名古屋工大）

標問 101 アポロニウスの円と１次変換 (1)

複素数zが等式 $\left|\dfrac{z-2}{z-1}\right|=2$ …① を満たすとき

(1) 複素数平面上で点zはどのような図形を描くか.

(2) $w=\dfrac{z-1}{z}$ …② とおく. 点wはどのような図形を描くか.

(3) $\zeta=\dfrac{z}{z-1}$ …③ とおく. 点ζはどのような図形を描くか. (慶 大)

精講 (1) 2定点からの距離の比が一定(1：1を除く)である点の軌跡は円になります. このようにして決まる円を, とくに**アポロニウスの円**といいます. zのまま計算する方法と, $z=x+yi$ とおいてx, yを使って計算する方法があります. どちらの方法でもできるようにしましょう.

(2) zについて解くと $z=\dfrac{-1}{w-1}$. これをzの満たす関係式に代入して, wの満たす関係式を導きます.

(3) (2)と同様にしてもできますが, $\zeta=\dfrac{1}{w}$ に注目して(2)を利用する方が簡単です.

解法のプロセス

(1) $|z|^2=z\bar{z}$ を使うか
　$z=x+yi$ とおく

(2) 逆に解く

(3) $\zeta=\dfrac{1}{w}$ に注目する

〈解　答〉

(1) $|z-2|=2|z-1|$ ……① より

$$|z-2|^2=4|z-1|^2 \quad \text{……②}$$

$z=x+yi$ (x, yは実数) とおくと, ②より

$$(x-2)^2+y^2=4\{(x-1)^2+y^2\}$$

$$\therefore\quad 3x^2+3y^2-4x=0$$

$$\therefore\quad \left(x-\frac{2}{3}\right)^2+y^2=\frac{4}{9} \quad \text{……④}$$

したがって, 点zが描く図形は, 点$\dfrac{2}{3}$を中心とする半径$\dfrac{2}{3}$の円である.

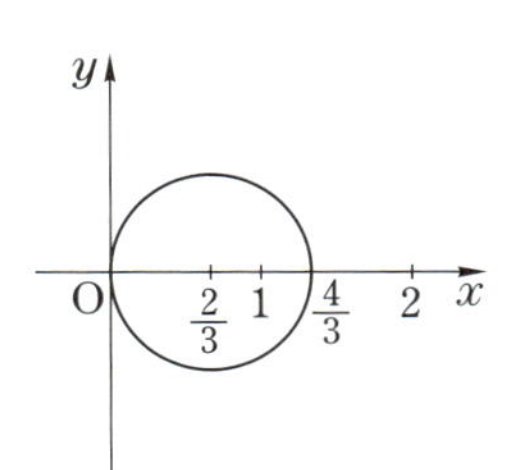

(2)　②より $z=\dfrac{-1}{w-1}$．これを①に代入すると

$$\left|\frac{-1}{w-1}-2\right|=2\left|\frac{-1}{w-1}-1\right|$$

$$\therefore\quad |2w-1|=2|w| \qquad \cdots\cdots⑤$$

$$\therefore\quad \left|w-\frac{1}{2}\right|=|w|$$

すなわち，点 w は原点と点 $\dfrac{1}{2}$ から等距離にある．

ゆえに，点 w が描く図形は，直線 $x=\dfrac{1}{4}$ である．

⬅ 円④上の原点で②の分母＝0

(3)　$\zeta=\dfrac{1}{w}$ より $w=\dfrac{1}{\zeta}$．これを⑤に代入すると

$$\left|\frac{2}{\zeta}-1\right|=2\frac{1}{|\zeta|} \qquad \therefore\quad |\zeta-2|=2$$

ゆえに，点 ζ は点 2 を中心とする半径 2 の円を描く．

⬅ 円④上で③の分母≠0

研究

〈(1)の別解〉

z のまま計算してみます．②より

$$(z-2)(\overline{z}-2)=4(z-1)(\overline{z}-1)$$

$$3z\overline{z}-2(z+\overline{z})=0$$

$$\left(z-\frac{2}{3}\right)\left(\overline{z}-\frac{2}{3}\right)=\frac{4}{9}$$

$$\therefore\quad \left|z-\frac{2}{3}\right|=\frac{2}{3}$$

このようにしても同じ結論が得られます．

〈1次変換〉　複素数 a，b，c，d を用いて

$$\boldsymbol{w=\frac{az+b}{cz+d}\quad (ad-bc\neq 0)} \qquad \cdots\cdots④$$

⬅ $ad-bc=0$ だと $w=$一定 となり逆変換が存在しない

と表される複素数平面の変換を**1次変換**といいます．本問の(2)，(3)はその例です．そこでは，円の像が直線または円となりましたが，このことは一般に成り立ちます．すなわち

1次変換による円の像は，円または直線である ……⑤

⬅ 像が直線となるのは $cz+d=0$ の解 $-\dfrac{d}{c}$ がもとの円周上にあるときである．**本問の(2)と(3)を比較せよ**

ことが簡単にわかります：④の右辺を実際に割ると

$$w=\frac{bc-ad}{c^2\left(z+\dfrac{d}{c}\right)}+\frac{a}{c}$$

したがって，1 次変換は 3 種類の変換

$$\begin{cases} w=z+\beta & \cdots\cdots⑥ \\ w=kz & \cdots\cdots⑦ \\ w=\dfrac{1}{z} & \cdots\cdots⑧ \end{cases}$$

← 平行移動
← 回転と相似変換の合成

を合成したものです．ところが，⑥と⑦が⑤を満たすことは明らかだから，⑧が円

$|z-\alpha|=r$ ……⑨

を円または直線に移すことを示せばよいわけです．⑧，⑨より z を消去すると

$$\left|\frac{1}{w}-\alpha\right|=r \qquad \therefore \quad |1-\alpha w|=r|w|$$

← $\alpha=0$ なら円 $|w|=\dfrac{1}{r}$

$$\therefore \quad \left|w-\frac{1}{\alpha}\right|=\frac{r}{|\alpha|}|w|$$

よって，本問で学んだように，w の描く図形は

(i) $\dfrac{r}{|\alpha|}=1$ のとき，2 点Oと $\dfrac{1}{\alpha}$ を結ぶ線分の垂直 2 等分線

← このとき円⑨は原点を通り，そこで 1 次変換⑧の分母$=0$

(ii) $\dfrac{r}{|\alpha|}\neq 1$ のとき，アポロニウスの円

← このとき円⑨上で 1 次変換⑧の分母$\neq 0$

となります．

したがって直線を円の一種と考えると好都合です．実際，大学レベルでは直線を半径が無限に大きい円とみなし得ることを学びます．すると，⑤の主張は単に

←
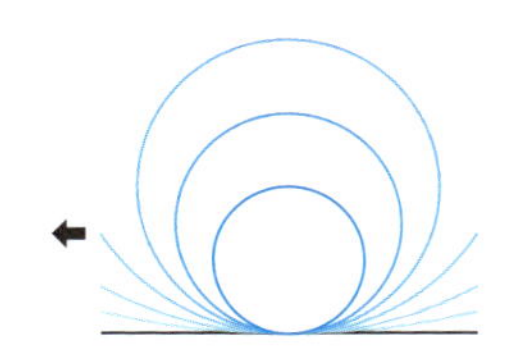

1 次変換は円を円に移す（円々対応である）

と述べることができます．なお，円の代わりに直線を移す場合も同様に考えることができるので各自調べて下さい．

← 任意の直線は適当な α，β を用いて $|z-\alpha|=|z-\beta|$ と表せる

演習問題

101 z を 1 でない複素数とし，$w=\dfrac{iz}{z-1}$ とおく．

(1) w が実数であるような z の全体を複素数平面上に図示せよ．

(2) a を正の実数とする．$|w|\leqq a$ であるような z の全体を複素数平面上に図示せよ．

（一橋大）

注 本問は，$w=\dfrac{iz}{z-1}$ の逆変換 $w=\dfrac{z}{z-i}$ による実軸と円板 $|z|\leqq a$ の像を求める問題と同じである．

標問 102　アポロニウスの円と1次変換 (2)

複素数平面上の点 a_1, a_2, …, a_n, … を

$$\begin{cases} a_1=1,\ a_2=i \\ a_{n+2}=a_{n+1}+a_n \quad (n=1,\ 2,\ \cdots) \end{cases}$$

により定め，$b_n=\dfrac{a_{n+1}}{a_n}$　$(n=1,\ 2,\ \cdots)$ とおく．

(1)　3点 b_1, b_2, b_3 を通る円 C の中心と半径を求めよ．

(2)　すべての点 b_n $(n=1,\ 2,\ \cdots)$ は円 C の周上にあることを示せ．(東　大)

精講

(2)　b_n は1次変換

$w=f(z)=1+\dfrac{1}{z}$ からつくられる漸化式 $b_{n+1}=f(b_n)$ を満たします．したがって $f(C)=C$ が成り立つだろうと予想されます．これを証明するには，円 C の $w=f(z)$ による像を求めればよいだけですから，標問 **101** と変わりありません．ただし，自然数 n に関する命題の証明なので，数学的帰納法を使って形式を調えることにします．

解法のプロセス

$f(z)=z+\dfrac{1}{z}$ に対して

$b_{n+1}=f(b_n)$

⇩

$f(C)=C$ であろう

⇩

標問 **101**

解　答

(1)　$a_{n+2}=a_{n+1}+a_n$　……①

$a_1=1$, $a_2=i$ より，$a_3=1+i$, $a_4=1+2i$ であるから

$$b_1=i,\ b_2=\frac{1+i}{i}=1-i,\ b_3=\frac{1+2i}{1+i}=\frac{3}{2}+\frac{1}{2}i$$

円 C の中心を $a+bi$ (a, b は実数) とおくと

$$|a+bi-i|=|a+bi-(1-i)|$$
$$=\left|a+bi-\left(\frac{3}{2}+\frac{1}{2}i\right)\right|$$

$$\therefore\quad a^2+(b-1)^2=(a-1)^2+(b+1)^2$$
$$=\left(a-\frac{3}{2}\right)^2+\left(b-\frac{1}{2}\right)^2$$

$$\therefore\quad 2a-4b=1,\ 3a-b=\frac{3}{2}$$

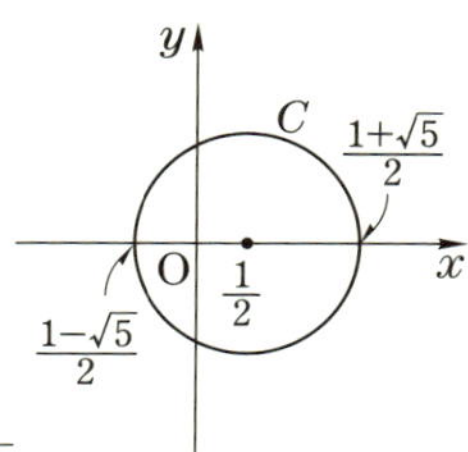

$(a,\ b)=\left(\dfrac{1}{2},\ 0\right)$ ゆえ，**中心は $\dfrac{1}{2}$，半径は** $\left|\dfrac{1}{2}-i\right|=\dfrac{\sqrt{5}}{2}$

(2) ①の両辺を a_{n+1} で割ると

$$\frac{a_{n+2}}{a_{n+1}}=1+\frac{a_n}{a_{n+1}} \quad \therefore \quad b_{n+1}=1+\frac{1}{b_n} \quad \cdots\cdots②$$

そこで，点 b_n が円 C 上にあることを n に関する数学的帰納法で示す．

$n=1$ のとき，明らか．次に，b_n が C 上にあると仮定する：

$$\left|b_n-\frac{1}{2}\right|=\frac{\sqrt{5}}{2} \quad \cdots\cdots③$$

②より $b_n=\dfrac{1}{b_{n+1}-1}$．これを③に代入すると

$$\left|\frac{3-b_{n+1}}{2(b_{n+1}-1)}\right|=\frac{\sqrt{5}}{2}$$

$$\therefore \quad |3-b_{n+1}|=\sqrt{5}\,|b_{n+1}-1|$$

← アポロニウスの円．C と一致するはず

簡単のために $b_{n+1}=z$ とおいて，両辺を 2 乗すると

$$|3-z|^2=5|z-1|^2$$

← ここで $z=x+yi$ とおいてもよい

$$(3-z)(3-\overline{z})=5(z-1)(\overline{z}-1)$$

$$z\overline{z}-\frac{1}{2}z-\frac{1}{2}\overline{z}-1=0$$

$$\left(z-\frac{1}{2}\right)\left(\overline{z}-\frac{1}{2}\right)=\frac{5}{4}$$

← 左辺$=\left|z-\dfrac{1}{2}\right|^2$

$$\therefore \quad \left|b_{n+1}-\frac{1}{2}\right|=\frac{\sqrt{5}}{2}$$

ゆえに，b_{n+1} も円 C 上にある．

研究 **〈直径の両端で定まる円〉**

円の直径の両端が α，β のとき，円周上の α，β を除く任意の点 z に対して $\arg\dfrac{z-\beta}{z-\alpha}=\pm\dfrac{\pi}{2}$ となるので

$$\frac{z-\beta}{z-\alpha}=\text{純虚数}$$

これも α，β を除く円の方程式と考えられます．

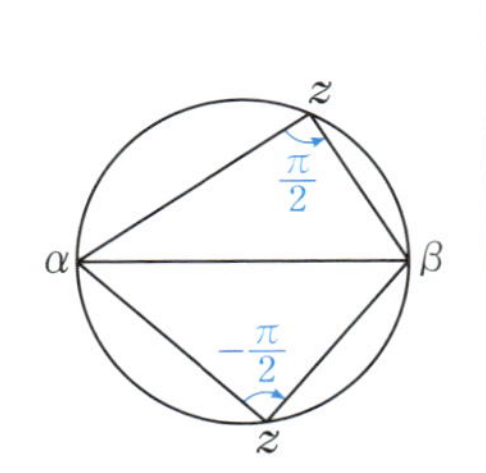

演習問題

102 研究 で説明した円の方程式を用いて，標問 **102** (2)の数学的帰納法第 2 段の別証を与えよ．

標問 103 非調和比

相異なる4つの複素数 z_1, z_2, z_3, z_4 に対して

$$\lambda=\frac{(z_1-z_3)(z_2-z_4)}{(z_1-z_4)(z_2-z_3)}$$

とおく．このとき，以下を証明せよ．

(1) 複素数 z が単位円上にあるための必要十分条件は，$\overline{z}=\dfrac{1}{z}$ である．

(2) z_1, z_2, z_3, z_4 が単位円上にあるとき，λ は実数である．

(3) z_1, z_2, z_3 が単位円上にあり，λ が実数であれば，z_4 は単位円上にある．

(京　大)

精講　(2) (1)を使うとすれば，$\overline{z_k}=\dfrac{1}{z_k}$ $(1\leqq k\leqq 4)$ から $\overline{\lambda}=\lambda$ を示すことになります．

(3) $\overline{z_k}=\dfrac{1}{z_k}$ $(1\leqq k\leqq 3)$ と $\overline{\lambda}=\lambda$ から $\overline{z_4}=\dfrac{1}{z_4}$ を示します．

(2), (3)いずれの場合も，偏角の性質と円周角の定理を使う方法も考えられます．

解法のプロセス

(1)の利用
⇩
(2) $\overline{\lambda}=\lambda$ を示す
(3) $|z_4|=1$ を示す

別解
⇩
円周角の定理の利用

〈解　答〉

(1) $|z|=1 \iff |z|^2=z\overline{z}=1 \iff \overline{z}=\dfrac{1}{z}$

(2) 仮定より $\overline{z_k}=\dfrac{1}{z_k}$ $(k=1, 2, 3, 4)$ であるから

$$\overline{\lambda}=\frac{(\overline{z_1}-\overline{z_3})(\overline{z_2}-\overline{z_4})}{(\overline{z_1}-\overline{z_4})(\overline{z_2}-\overline{z_3})}=\frac{\left(\dfrac{1}{z_1}-\dfrac{1}{z_3}\right)\left(\dfrac{1}{z_2}-\dfrac{1}{z_4}\right)}{\left(\dfrac{1}{z_1}-\dfrac{1}{z_4}\right)\left(\dfrac{1}{z_2}-\dfrac{1}{z_3}\right)}$$

⬅ z_k を $\dfrac{1}{z_k}$ で置きかえた式と同じであることに注意

$$=\frac{(z_3-z_1)(z_4-z_2)}{(z_4-z_1)(z_3-z_2)}$$

$$=\frac{(z_1-z_3)(z_2-z_4)}{(z_1-z_4)(z_2-z_3)}=\lambda$$

ゆえに，λ は実数である．

(3) 仮定より $\overline{z_k}=\dfrac{1}{z_k}$ $(k=1, 2, 3)$ であるから

$$\overline{\lambda}=\frac{\left(\frac{1}{z_1}-\frac{1}{z_3}\right)\left(\frac{1}{z_2}-\overline{z_4}\right)}{\left(\frac{1}{z_1}-\overline{z_4}\right)\left(\frac{1}{z_2}-\frac{1}{z_3}\right)}=\frac{(z_3-z_1)(1-z_2\overline{z_4})}{(1-z_1\overline{z_4})(z_3-z_2)}$$

λ が実数のとき，$\overline{\lambda}=\lambda$ であるから

$$\frac{(z_3-z_1)(1-z_2\overline{z_4})}{(1-z_1\overline{z_4})(z_3-z_2)}=\frac{(z_1-z_3)(z_2-z_4)}{(z_1-z_4)(z_2-z_3)}$$

← z_1，z_2，z_3 は互いに異なる

$$\therefore\quad \frac{1-z_2\overline{z_4}}{1-z_1\overline{z_4}}=\frac{z_2-z_4}{z_1-z_4}$$

$$\therefore\quad (1-z_2\overline{z_4})(z_1-z_4)=(1-z_1\overline{z_4})(z_2-z_4)$$

展開して整理すると

$$(z_1-z_2)(1-|z_4|^2)=0$$

← $z_1 \neq z_2$

$$\therefore\quad |z_4|=1$$

すなわち，z_4 は単位円上にある．

研究 〈λ は 1 次変換で不変〉

λ のことを z_1，z_2，z_3，z_4 の**非調和比**とよんで

$$(z_1,\ z_2,\ z_3,\ z_4)$$

と表します．非調和比の特徴は，4 点を 1 次変換 f で移しても値が変化しないことです：

$$(f(z_1),\ f(z_2),\ f(z_3),\ f(z_4))=(z_1,\ z_2,\ z_3,\ z_4)$$

← 不変量は大切．たとえば線分の長さは回転の不変量だが，このことから加法定理が導かれた

実際，標問 **101** の **研究** で説明したように，f は 3 種類の変換

$$w=z+\beta,\quad w=kz,\quad w=\frac{1}{z}$$

を合成したものですが，前二者で λ が不変なことは明らかであり，最後の変換で不変なことは**解答**で注意しておきました．

非調和比が 1 次変換で不変なことは，z_1，z_2，z_3 をそれぞれ w_1，w_2，w_3 に移す 1 次変換 $w=f(z)$ は

$$(w_1,\ w_2,\ w_3,\ w)=(z_1,\ z_2,\ z_3,\ z)$$

← 3 点の像を指定すると 1 次変換が一意的に決まる

を満たすことを意味します．この式を w について解くと，f の具体的な形が決まります．

〈標問 103, (2), (3)の主張は任意の円 $C: |z-\alpha|=r$ に対して成り立つ〉

円 C は1次変換 $w=f(z)=\dfrac{1}{r}(z-\alpha)$ によって単位円に移されます.

このとき, 非調和比は変化しませんから, 一般の円 C の場合の主張が単位円の場合から従います.

〈非調和比の出所と別解〉

3点 z_1, z_2, z_3 で定まる円を C とします. また, 見やすいように z_4 を単に z で表します. このとき, z が C 上にある様子は, 次の2つの場合に分けられます.

← 半径は1でなくてもよい

(i) z は弦 z_2z_3 に関して z_1 と同じ側にある

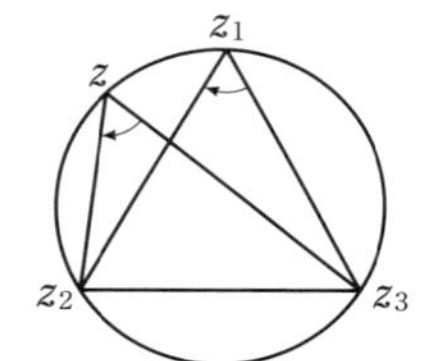

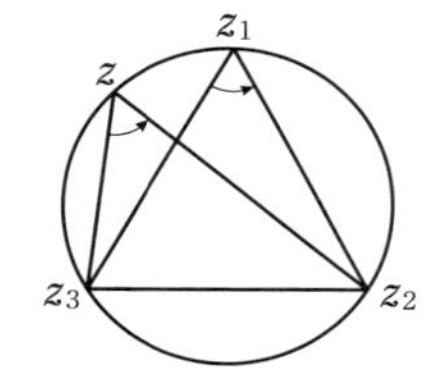

← z_1, z_2, z_3 の向きの違い

その条件は

$$\angle z_3zz_2-\angle z_3z_1z_2=0 \quad \cdots\cdots①$$

(ii) z は弦 z_2z_3 に関して反対側にある

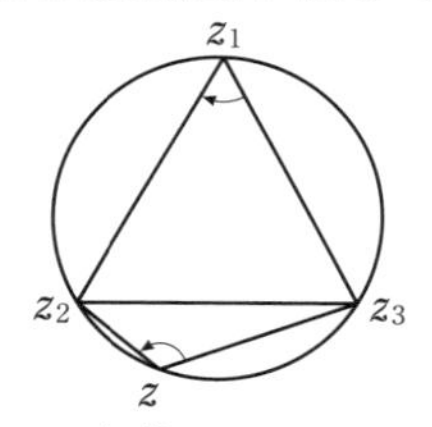

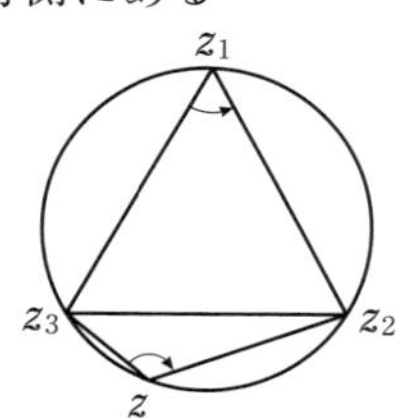

その条件は

$$\angle z_3zz_2-\angle z_3z_1z_2=\pm\pi \quad \cdots\cdots②$$

← 左図が π, 右図が $-\pi$

さて, ①, ②を複素数を用いて表そうとすると, 自然に非調和比が現れます. すなわち

$$\angle z_3zz_2-\angle z_3z_1z_2=\arg\frac{z_2-z}{z_3-z}\Big/\frac{z_2-z_1}{z_3-z_1}$$

$$=\arg\frac{(z-z_2)(z_1-z_3)}{(z-z_3)(z_1-z_2)}$$

← 非調和比の由来

そこで, 複素数

$$\frac{(z-z_2)(z_1-z_3)}{(z-z_3)(z_1-z_2)}$$

を非調和比と呼び，$(z,\ z_1,\ z_2,\ z_3)$ で表そうというのです．

以上の説明は，本問(2)，(3)の幾何学的別解になっています．

z が C 上にある $\Longrightarrow$ ①または②が成り立つ ⬅ **逆も成立する！**

$\Longleftrightarrow \arg(z,\ z_1,\ z_2,\ z_3)=0,\ \pm\pi$

$\Longleftrightarrow (z,\ z_1,\ z_2,\ z_3)$ は実数

となるからです．

実は，さらに詳しく

$(z,\ z_1,\ z_2,\ z_3)>0 \Longleftrightarrow$ (i)

$(z,\ z_1,\ z_2,\ z_3)<0 \Longleftrightarrow$ (ii)

となることも分かったことになります．

標問 104　いろいろな変換

r_0, θ_0 はそれぞれ $r_0 \geqq 1$, $0<\theta_0<\dfrac{\pi}{2}$ を満たす実数とする．0 でない複素数 z に対し，$w=z+\dfrac{1}{z}$ として，z が以下の条件を満たしながら動くとき，それぞれの場合に w が描く軌跡を複素数平面上に図示せよ．

(1)　$|z|=r_0$　　(2)　$\arg z=\theta_0$　　（都立大）

精講　1次変換ではない変換によって，円および半直線がどのような図形に移されるかを調べます．

$z=r(\cos\theta+i\sin\theta)$, $w=x+yi$

とおいて，x, y を r, θ で表しておきます．

(1)　$r=r_0$ としたとき，軌跡がだ円になることはすぐにわかります．

(2)　こちらは顔見知りとはいかないかもしれません．r を消去するにはどうしたらよいか考えます．

解法のプロセス

z を極形式で表す
⇩
指定された媒介変数を固定する
⇩
(2)では r を消去する

〈解　答〉

$z=r(\cos\theta+i\sin\theta)$, $w=x+yi$ とおくと

$$x+yi$$
$$=r(\cos\theta+i\sin\theta)+\frac{1}{r}(\cos\theta-i\sin\theta)$$
$$=\left(r+\frac{1}{r}\right)\cos\theta+i\left(r-\frac{1}{r}\right)\sin\theta$$

← $\dfrac{1}{\cos\theta+i\sin\theta}=\cos\theta-i\sin\theta$

$$\therefore\quad x=\left(r+\frac{1}{r}\right)\cos\theta,\ y=\left(r-\frac{1}{r}\right)\sin\theta$$

(1)　$|z|=r_0$ であるから

$$a=r_0+\frac{1}{r_0},\ b=r_0-\frac{1}{r_0}$$

とおくと

$$x=a\cos\theta,\ y=b\sin\theta\quad(0\leqq\theta<2\pi)$$

(ア)　$r_0=1$ のとき，$a=2$, $b=0$ であるから

$$|x|\leqq 2,\ y=0$$

したがって，w は2点 -2 と 2 を結ぶ線分を描く．

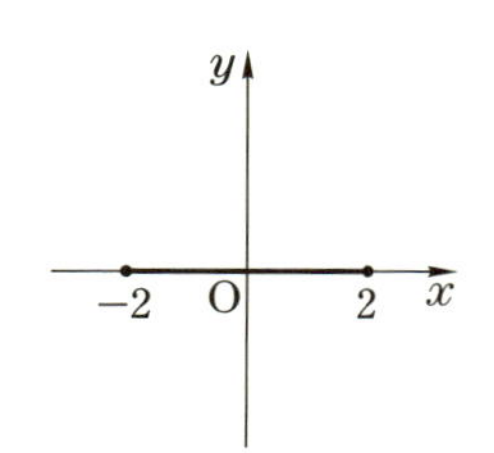

(イ) $r_0>1$ のとき

$$\frac{x^2}{a^2}+\frac{y^2}{b^2}=1,\ \sqrt{a^2-b^2}=2$$

であるから，w は ±2 を焦点とする楕円を描く．

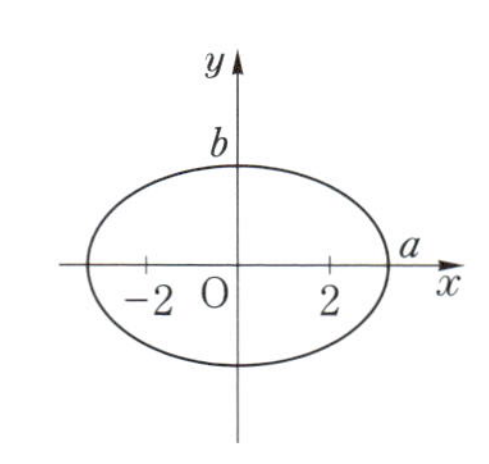

(2) $\arg z=\theta_0$ のとき

$$\frac{x}{\cos\theta_0}=r+\frac{1}{r},\ \frac{y}{\sin\theta_0}=r-\frac{1}{r}\quad(r>0)$$

ここで，$\left(r+\dfrac{1}{r}\right)^2-\left(r-\dfrac{1}{r}\right)^2=4$ に注意すると

$$\frac{x^2}{(2\cos\theta_0)^2}-\frac{y^2}{(2\sin\theta_0)^2}=1 \qquad \cdots\cdots①$$

これは，±2 を焦点とする双曲線である．ただし，$r>0$ において，$r+\dfrac{1}{r}$ は 2 以上のすべての実数値をとり，$r-\dfrac{1}{r}$ はすべての実数値をとるから

「$x\geqq2\cos\theta_0$，y はすべての実数値をとる」

ゆえに，w の軌跡は ±2 を焦点とする双曲線①の右半分を描く．

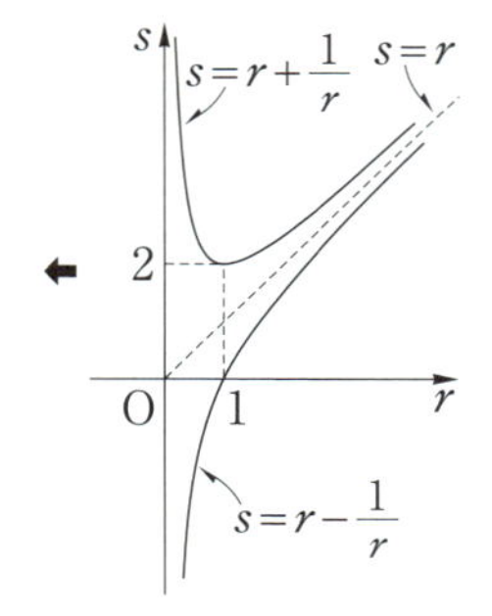

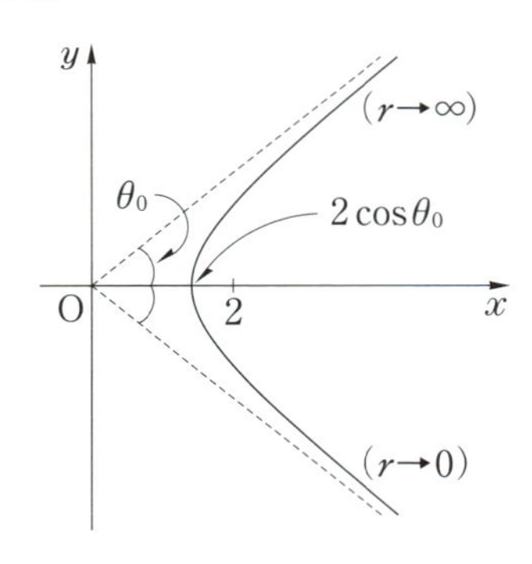

演習問題

104 複素数平面上で中心が 1，半径 1 の円を C とする．

(1) C 上の点 $z=1+\cos t+i\sin t$ $(-\pi<t<\pi)$ について，z の絶対値および偏角を t を用いて表せ．

(2) z が円 C 上の 0 でない点を動くとき，$w=\dfrac{2i}{z^2}$ は複素数平面上で放物線を描くことを示し，この放物線を図示せよ．

(金沢大)

第5章 式と曲線

標問 105 放物線

放物線 $y^2=4px$ $(p>0)$ の焦点をF，放物線上の任意の点を $\mathrm{P}(x_0,\ y_0)$ とする．

(1)　点Pでの接線の方程式は，$y_0y=2p(x+x_0)$ であることを示せ．

(2)　点Pにおける接線と直線FPのなす角は，接線と x 軸のなす角に等しいことを示せ．　　　　(津田塾大)

精講　(1)　接線は x 軸と平行ではないので，$x-x_0=m(y-y_0)$ とおき，判別式によって m を決めるのが1つの方法です．しかし，微分を使う方がもっと簡単です．

(2)　定点Fとそれを通らない定直線 g があって，Fと g への距離が等しい点Pの軌跡を放物線といい，Fをその**焦点**，g をその**準線**と呼びます．

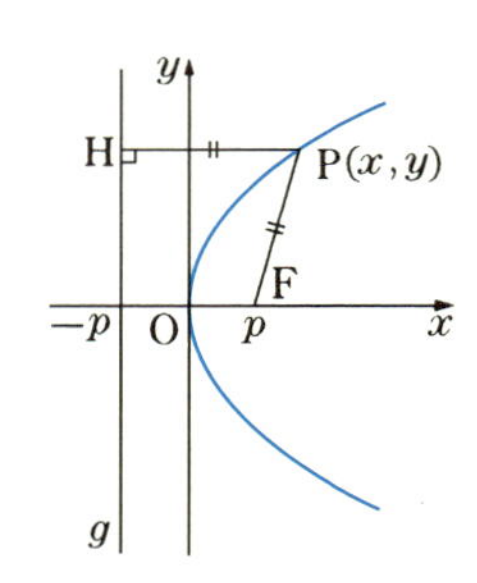

$\mathrm{F}(p,\ 0)$，$g：x=-p$ となるように座標系を設定すると，**PF＝PH** より

$$\sqrt{(x-p)^2+y^2}=|x+p|$$

両辺を2乗して整理すれば

$$\boldsymbol{y^2=4px}$$

これが放物線の方程式の**標準形**です．

本問の目標は，接線と x 軸の交点をQとするとき，$\angle\mathrm{FPQ}=\angle\mathrm{FQP}$，すなわち $\mathrm{PF}=\mathrm{QF}$ を示すことです．

(1)より $\mathrm{QF}=x_0+p$ となるので，PFの方を計算してみましょう．

$$\mathrm{PF}=\sqrt{(x_0-p)^2+y_0{}^2}$$

$\mathrm{P}(x_0,\ y_0)$ は放物線上の点だから $y_0{}^2=4px_0$ が成立し，

$$\mathrm{PF}=\sqrt{(x_0-p)^2+4px_0}=\sqrt{(x_0+p)^2}=x_0+p$$

これも立派な解法ですが，定義を利用すると計算なしで解決します．

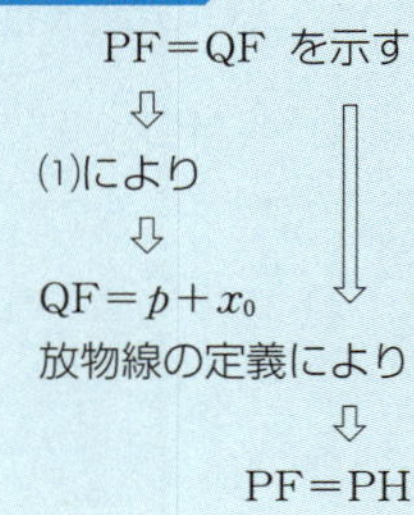

〈 解　答 〉

(1)　$y^2=4px$ を x で微分すると

$$2y\frac{dy}{dx}=4p \qquad \therefore \quad \frac{dy}{dx}=\frac{2p}{y} \ (y\neq 0)$$

⬅ 例外はあまり気にしないでよい

ゆえに，$\mathrm{P}(x_0,\ y_0)$ $(y_0\neq 0)$ における接線の方程式は

$$y-y_0=\frac{2p}{y_0}(x-x_0), \qquad y_0(y-y_0)=2p(x-x_0)$$

$$y_0y=2p(x-x_0)+y_0{}^2=2p(x-x_0)+4px_0$$

⬅ $y_0{}^2=4px_0$

$$\therefore \quad y_0y=2p(x+x_0) \qquad \cdots\cdots①$$

上式は $y_0=0$ のときも正しい．

(2)　接線と x 軸の交点をQとするとき，PF＝QF を示せばよい．

①で $y=0$ とおくと，$x_\mathrm{Q}=-x_0$ となるので

$$\mathrm{QF}=p-(-x_0)=p+x_0 \qquad \cdots\cdots②$$

一方，点Pから準線に下ろした垂線の足をHとすれば，放物線の定義により

$$\mathrm{PF}=\mathrm{PH}=x_0-(-p)=p+x_0 \qquad \cdots\cdots③$$

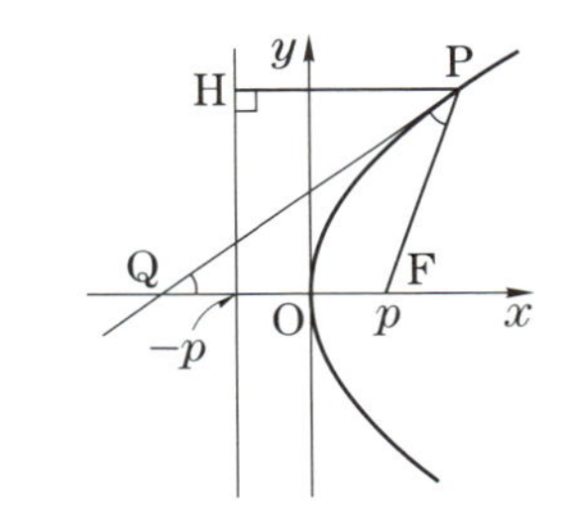

②，③より，PF＝QF．

したがって，△FPQ は二等辺三角形をなし

$$\angle\mathrm{FPQ}=\angle\mathrm{FQP}$$

研究　〈放物線の焦点の性質〉

(2)より，$\angle\mathrm{FPQ}=\angle\mathrm{QPH}$ だから，P における接線は $\angle\mathrm{FPH}$ を 2 等分することがわかります．

したがって，放物線の焦点Fから発射した光は反射した後，軸と平行に直進し，逆に軸と平行に放物線に向かう光は反射した後すべて焦点Fに集まります．

サーチライトやパラボラアンテナは，この原理に基づいて，放物線を軸のまわりに回転させてできる回転放物面によってつくられています．

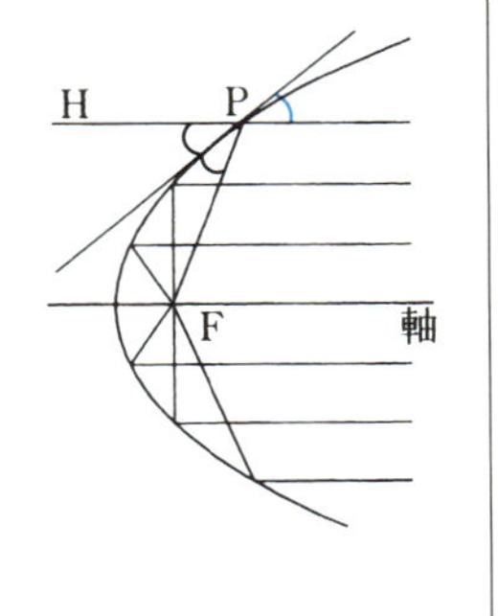

演習問題

105　放物線 $y^2=4px$ $(p>0)$ の焦点Fを通る弦を PQ とする．

(1)　P，Q での接線は準線上で直交することを示せ．

(2)　線分 PQ を直径とする円は，準線と接することを示せ．

第5章

標問 106　楕円の接線と媒介変数表示

楕円 $\dfrac{x^2}{a^2}+\dfrac{y^2}{b^2}=1$ $(a>b>0)$ の焦点を $\mathrm{F}(c,\ 0)$，$\mathrm{F}'(-c,\ 0)$ $(c=\sqrt{a^2-b^2})$，周上の任意の点を $\mathrm{P}(a\cos\theta,\ b\sin\theta)$ とする．

(1)　$\mathrm{FP}=a-c\cos\theta$，$\mathrm{F'P}=a+c\cos\theta$ であることを示せ．

(2)　線分 FP，F′P は，点 P における接線と等角をなすことを示せ．

精講　(1)　距離の公式を用いて計算します．このとき，$\cos\theta$ と a，c だけで表すようにします．

← 計算してみること

FP，F′P が P の座標の簡単な式で表せるという事実は覚えておきましょう．

(2)　接線が ∠FPF′ の外角を 2 等分することと同値ですから，P での接線と x 軸の交点を Q とするとき

$$\mathrm{FQ}:\mathrm{F'Q}=\mathrm{FP}:\mathrm{F'P}\qquad\cdots\cdots(*)$$

を示せばよいわけです．

実際，PF′ 上に点 R を $\mathrm{PF}=\mathrm{PR}$ となるようにとると，(*)より

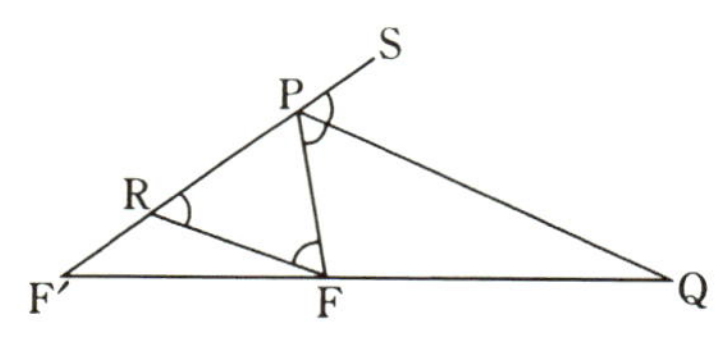

$$\mathrm{FQ}:\mathrm{F'Q}=\mathrm{RP}:\mathrm{F'P}\qquad\therefore\quad \mathrm{RF}\,/\!/\,\mathrm{PQ}$$

したがって

$$\angle\mathrm{FPQ}=\angle\mathrm{PFR}=\angle\mathrm{PRF}=\angle\mathrm{SPQ}$$

が成立します．

あるいは，F，F′ から接線へ下ろした垂線の足をそれぞれ H，H′ とし，FH，F′H′ を点と直線の距離の公式を使って表します．これから

$$\mathrm{FP}:\mathrm{FH}=\mathrm{F'P}:\mathrm{F'H'}$$

つまり

$$\triangle\mathrm{FPH}\backsim\triangle\mathrm{F'PH'}$$

を示す方法も考えられます．**解答**は(*)を示す方針に従うことにします．

解法のプロセス

(1)　距離の公式で素直に計算する

(2)　接線と x 軸の交点を Q として

$\mathrm{FQ}:\mathrm{F'Q}$
$=\mathrm{FP}:\mathrm{F'P}$

を示す

〈 解　答 〉

(1)　$FP^2=(a\cos\theta-c)^2+b^2\sin^2\theta$

$=a^2\cos^2\theta-2ac\cos\theta+c^2$

$\quad+(a^2-c^2)(1-\cos^2\theta)$

$=a^2-2ac\cos\theta+c^2\cos^2\theta$

$=(a-c\cos\theta)^2$

← $b^2=a^2-c^2$

← $a>c\geqq c\cos\theta$

ゆえに

$FP=a-c\cos\theta$　……①

同様にして

$F'P=a+c\cos\theta$　……②

(2)　$P(a\cos\theta,\ b\sin\theta)$ が y 軸上にあるときは明らかであるから，$\cos\theta>0$ として一般性を失わない．Pにおける接線の方程式は

$$\frac{x\cos\theta}{a}+\frac{y\sin\theta}{b}=1$$

← 研究 の公式で，$\begin{cases}x_0=a\cos\theta\\y_0=b\sin\theta\end{cases}$ とおく

これと x 軸の交点は，$Q\left(\dfrac{a}{\cos\theta},\ 0\right)$ だから

$$\begin{cases}FQ=\dfrac{a}{\cos\theta}-c=\dfrac{a-c\cos\theta}{\cos\theta} & \cdots\cdots③\\[2ex] F'Q=\dfrac{a}{\cos\theta}+c=\dfrac{a+c\cos\theta}{\cos\theta} & \cdots\cdots④\end{cases}$$

①，②，③，④より

$FQ:F'Q=FP:F'P$

ゆえに，接線は $\angle FPF'$ の外角を 2 等分する．

したがって，FP，F′P は接線と等角をなす．

研究　〈楕円の方程式の標準形〉

楕円は，平面上の 2 定点 F，F′ からの距離の和が一定である点Pの軌跡です．F，F′ をこの楕円の**焦点**といいます．

平面上に $F(c,\ 0)$，$F'(-c,\ 0)$ $(c>0)$ となるように座標系を設定します．

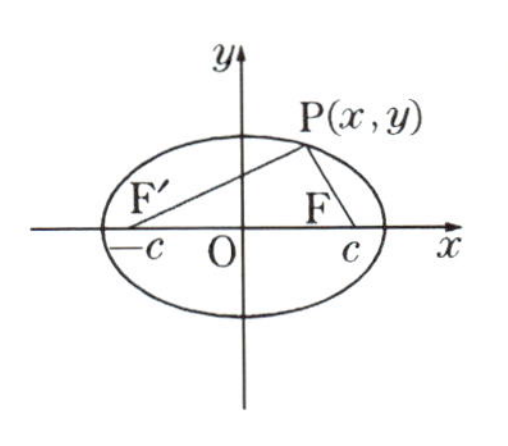

$P(x,\ y)$ が

$\mathbf{PF+PF'=2a}\quad(\boldsymbol{a>c})$　……⑤

を満たすとき

$\sqrt{(x-c)^2+y^2}+\sqrt{(x+c)^2+y^2}=2a$

$(x+c)^2+y^2=(2a-\sqrt{(x-c)^2+y^2}\,)^2$

← 移項して 2 乗

$$a\sqrt{(x-c)^2+y^2}=a^2-cx$$

← 再び2乗

$$a^2\{(x-c)^2+y^2\}=(a^2-cx)^2$$

$$(a^2-c^2)x^2+a^2y^2=a^2(a^2-c^2)$$

$$\therefore\quad \frac{x^2}{a^2}+\frac{y^2}{a^2-c^2}=1 \qquad \cdots\cdots⑥$$

形を整えるために，$a^2-c^2=b^2$ $(b>0)$ とおくと

$$\boldsymbol{\frac{x^2}{a^2}+\frac{y^2}{b^2}=1} \ ;\ \mathbf{F}(\sqrt{a^2-b^2},\ 0),\ \mathbf{F'}(-\sqrt{a^2-b^2},\ 0) \qquad \cdots\cdots⑦$$

これを楕円の方程式の標準形といいます．

〈楕円の媒介変数表示：円をつぶせば楕円〉

円 $C: x^2+y^2=a^2$ 上の点Qは，$\overrightarrow{OQ}$ が x 軸方向となす角 θ を用いて，$Q(a\cos\theta,\ a\sin\theta)$ と表されます．

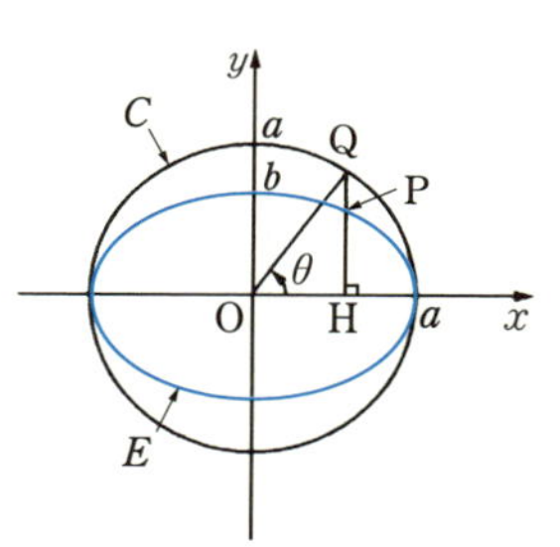

ここで，円 C を y 軸方向に $\frac{b}{a}$ 倍し，その結果得られる曲線を E，Q の像を $P(x,\ y)$ とすれば

$$x=a\cos\theta,\quad y=\frac{b}{a}(a\sin\theta)=b\sin\theta$$

θ を消去すると $\frac{x^2}{a^2}+\frac{y^2}{b^2}=1$ となります．したがって

円 $C: x^2+y^2=a^2$ を y 軸方向に $\frac{b}{a}$ 倍したものが，

楕円 $E: \frac{x^2}{a^2}+\frac{y^2}{b^2}=1$ であり，E 上の点は

$(a\cos\theta,\ b\sin\theta)$ と媒介変数表示される

ことがわかります．

これから，楕円 $\frac{x^2}{a^2}+\frac{y^2}{b^2}=1$ が囲む図形の面積 S は

$$S=\frac{b}{a}(\pi a^2)=\boldsymbol{\pi ab}$$

となります．公式として覚えましょう．

〈楕円の接線〉

楕円 $\frac{x^2}{a^2}+\frac{y^2}{b^2}=1$ 上の点 $(x_0,\ y_0)$ における接線の方程式は

$$\boldsymbol{\frac{x_0x}{a^2}+\frac{y_0y}{b^2}=1}$$

です．証明は，放物線の場合と同様に微分を利用します．

〈⑤と⑥の同値性〉

⑤から⑥を導く過程で2回2乗しているので

$$\frac{x^2}{a^2}+\frac{y^2}{b^2}=1 \quad (c=\sqrt{a^2-b^2})$$

を満たす任意の点P$(x,\ y)$が⑤を満たすかどうか心配するのは理由のあることです．

注意深く⑥から⑤へさかのぼることもできますが面倒です．むしろ本問(1)の結果を利用する方が簡単です．実際

⬅ $A=\sqrt{B} \iff A^2=B,\ A\geqq 0$ という原理を適用する

$$\mathrm{P}(a\cos\theta,\ b\sin\theta) \quad (0\leqq\theta<2\pi)$$

と表せるので，本問(1)より

$$\mathrm{FP}=a-c\cos\theta,\ \mathrm{F'P}=a+c\cos\theta$$

したがって

$$\mathrm{FP}+\mathrm{F'P}=2a$$

となり，⑥ $\Longrightarrow$ ⑤ が成立します．

なお，楕円の方程式⑦で形式的に $a=b$ とおくと，円 $x^2+y^2=a^2$ となり，F，F′ はその中心Oと一致します．したがって，円は楕円の一種と考えることができます．今後，そう考えるときは「**円を含む楕円**」と書くことにします．

第5章

演習問題

106-1 xy 平面において，楕円 $\dfrac{x^2}{4}+\dfrac{y^2}{3}=1$ の周上で $y\geqq 0$ の部分を L とする．また，2つの円 $(x-1)^2+y^2=1$，$(x+1)^2+y^2=1$ の周上で $y\leqq 0$ の部分をそれぞれ M，N とする．このとき，L，M，N 上の動点P，Q，Rに対し，線分PQとPRの長さの和の最大値を求めよ． (東京工大)

106-2 楕円 $\dfrac{x^2}{a^2}+\dfrac{y^2}{b^2}=1$ $(a>b>0)$ の第1象限にある点Pにおける接線と x 軸，y 軸との交点をそれぞれQ，R，原点をOとする．△OQRの面積 S の最小値を求めよ． (九　大)

106-3 楕円 $\dfrac{x^2}{a^2}+\dfrac{y^2}{b^2}=1$ $(a>b>0)$ の上に OP⊥OQ を満たしながら動く2点P，Qがある．ただし，Oは座標原点である．

(1) $\dfrac{1}{\mathrm{OP}^2}+\dfrac{1}{\mathrm{OQ}^2}$ は一定であることを示せ．

(2) △OPQの面積 S の最小値を求めよ． (信州大)

標問 107 与えられた傾きをもつ楕円の接線

(1) 楕円 $\dfrac{x^2}{a^2}+\dfrac{y^2}{b^2}=1$ について，傾きが m の接線の方程式を求めよ．

(2) 楕円 $\dfrac{x^2}{a^2}+\dfrac{y^2}{b^2}=1$ に引いた2本の接線が，直交するような点Pの軌跡の方程式を求めよ．

精講 (1) 接線を $y=mx+n$ とおいて，判別式を使えば n を決めることができます．**解答**では，前問の 研究 とは逆に，楕円を円に変換してみます．

$\dfrac{x}{a}=u,\ \dfrac{y}{b}=v$ とおけば

$$\begin{cases}\text{楕円}\\ y=mx+n\end{cases} \longrightarrow \begin{cases}u^2+v^2=1\\ amu-bv+n=0\end{cases}$$

この変換は1対1ですから，前者が互いに接するためには，後者が互いに接することが必要十分です．

(2) 点 $(x,\ y)$ から楕円に引いた接線の傾き m が満たすべき条件は，(1)より

$$y=mx\pm\sqrt{a^2m^2+b^2}$$
$$\Longleftrightarrow (mx-y)^2=a^2m^2+b^2$$
$$\Longleftrightarrow (x^2-a^2)m^2-2xym+y^2-b^2=0$$

この方程式の2解を $m_1,\ m_2$ とおき，直交条件 $m_1m_2=-1$ から軌跡の方程式を定めます．

解法のプロセス

$y=mx+n$ とおく
⇩
判別式
楕円を円に変換
⇩
円と直線が接する条件に帰着

解法のプロセス

点 $(x,\ y)$ から引いた接線の傾き m が満たす条件
⇩
$x,\ y$ を係数とする m の2次方程式
⇩
2解を $m_1,\ m_2$ とおくと
$m_1m_2=-1$

〈解 答〉

$$\frac{x^2}{a^2}+\frac{y^2}{b^2}=1 \quad \cdots\cdots①$$

(1) 求める接線を $y=mx+n$ ……② とおく．

← $n=\pm$□ となるはず

$\dfrac{x}{a}=u,\ \dfrac{y}{b}=v$ とおけば，①，②はそれぞれ

$$u^2+v^2=1 \quad \cdots\cdots③$$
$$amu-bv+n=0 \quad \cdots\cdots④$$

となる．①と②が接するためには，③と④が

接することが必要十分であるから，

(③の中心から④までの距離)＝(③の半径)

より

$$\frac{|n|}{\sqrt{(am)^2+(-b)^2}}=1$$

$\therefore\quad n=\pm\sqrt{a^2m^2+b^2}$

ゆえに，求める接線の方程式は

$$\boldsymbol{y=mx\pm\sqrt{a^2m^2+b^2}}$$

⬅ 覚えておくと便利

(2) $\mathrm{P}(x,\ y)$ とする．

(i) $x=\pm a$ のとき，図より

$\mathrm{P}(\pm a,\ \pm b)$ （複号任意）

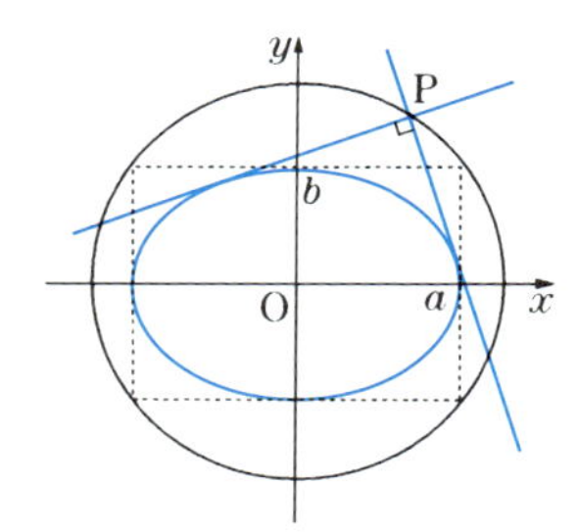

(ii) $x\neq\pm a$ のとき，

$\mathrm{P}(x,\ y)$ から楕円に引いた接線の傾き m が満たすべき条件は，(1)より

$$y=mx\pm\sqrt{a^2m^2+b^2}$$

$$\iff (mx-y)^2=a^2m^2+b^2$$

$$\iff (x^2-a^2)m^2-2xym+y^2-b^2=0 \quad \cdots\cdots⑤$$

⑤の2解 m_1，m_2 はPを通る接線の傾きを表すから，直交条件 $m_1m_2=-1$ と解と係数の関係より

$$m_1m_2=\frac{y^2-b^2}{x^2-a^2}=-1$$

$\therefore\quad y^2-b^2=a^2-x^2$

$\therefore\quad x^2+y^2=a^2+b^2$

(i)と(ii)より，求める軌跡の方程式は

$$\boldsymbol{x^2+y^2=a^2+b^2}$$

⬅ (ii)の除外点が(i)で埋まる

演習問題

107 楕円 $\dfrac{x^2}{2}+y^2=1$ に外接する長方形を R とする．

(1) R の1辺が x 軸の正の向きと角 θ $\left(0<\theta<\dfrac{\pi}{2}\right)$ をなすとき，R の2辺の長さを θ の式で表せ．

(2) R の面積の最大値を求めよ．また，このとき，θ の値と R の各辺の長さを求めよ．

（滋賀大）

標問 108 双曲線

双曲線 $\dfrac{x^2}{a^2}-\dfrac{y^2}{b^2}=1$ $(a>0,\ b>0)$ 上の点Pにおける接線と漸近線との交点をQ，Rとする．

(1) Pは線分QRの中点であることを示せ．

(2) △OQRの面積は，点Pの位置に無関係に一定であることを示せ．

精講 (1) 双曲線 $\dfrac{x^2}{a^2}-\dfrac{y^2}{b^2}=1$ 上の点P$(x_0,\ y_0)$における接線の方程式は，放物線や楕円の場合と同様に，微分法によって

$$\frac{x_0x}{a^2}-\frac{y_0y}{b^2}=1 \quad \cdots\cdots①$$

← 接線の公式

となることが示されます．

ここで大切なのは，多くの場合問題を解く過程で，Pが双曲線上にある条件

$$\frac{x_0{}^2}{a^2}-\frac{y_0{}^2}{b^2}=1 \quad \cdots\cdots②$$

が必要だということです．

ところが，②は必ずしも使いやすい形をしているとはいえません．そこで，少し工夫してPの座標を$(a\alpha,\ b\beta)$とおけば，①，②はそれぞれ

$$\frac{\alpha x}{a}-\frac{\beta y}{b}=1,\quad \alpha^2-\beta^2=1$$

となります．

(2) (1)で求めたQ，Rの座標に公式を適用します．

解法のプロセス

(1) P$(a\alpha,\ b\beta)$とおき，接線の公式を適用

⇩

Pが双曲線上にある条件は，$\alpha^2-\beta^2=1$

⇩

Q，Rの座標を求める

⇩

$\dfrac{x_Q+x_R}{2}=x_P$ を示す

(2) (1)で求めたQ，Rの座標から，公式

$$\frac{1}{2}|x_Qy_R-x_Ry_Q|$$

を使って計算する

〈解 答〉

(1) P$(a\alpha,\ b\beta)$での接線の方程式は

$$\frac{\alpha x}{a}-\frac{\beta y}{b}=1 \quad \cdots\cdots①$$

また，Pが双曲線上にある条件は

$$\alpha^2-\beta^2=1 \quad \cdots\cdots②$$

一方，2本の漸近線の方程式は

← 研究を見よ

$$y=\frac{b}{a}x \quad \cdots\cdots③$$

$$y=-\frac{b}{a}x \qquad \cdots\cdots④$$

である．①と③を連立すると

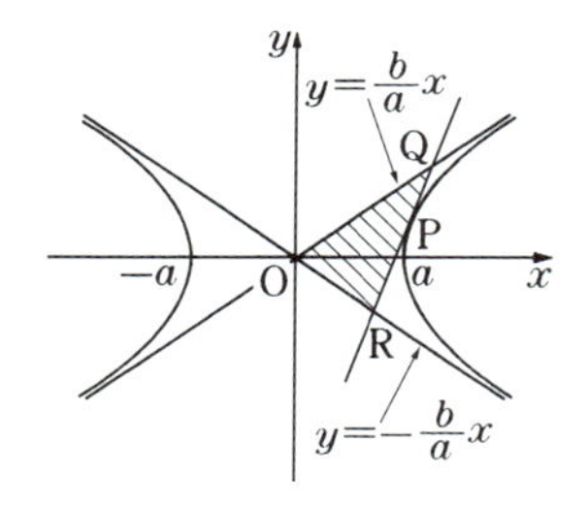

$$\frac{\alpha}{a}x-\frac{\beta}{b}\cdot\frac{b}{a}x=1$$

$$\therefore\quad x=\frac{a}{\alpha-\beta} \qquad \therefore\quad y=\frac{b}{\alpha-\beta}$$

$$\therefore\quad \mathrm{Q}\left(\frac{a}{\alpha-\beta},\ \frac{b}{\alpha-\beta}\right) \qquad \cdots\cdots⑤$$

①と④を連立すると，同様にして

$$\mathrm{R}\left(\frac{a}{\alpha+\beta},\ -\frac{b}{\alpha+\beta}\right) \qquad \cdots\cdots⑥$$

ゆえに

$$\frac{x_{\mathrm{Q}}+x_{\mathrm{R}}}{2}=\frac{1}{2}\left(\frac{a}{\alpha-\beta}+\frac{a}{\alpha+\beta}\right)=\frac{a\alpha}{\alpha^2-\beta^2}=a\alpha=x_{\mathrm{P}} \quad (\because\ ②)$$

したがって，P は線分 QR の中点である．

(2)　△OQR の面積を S とすると，⑤，⑥より

$$S=\frac{1}{2}\left|\frac{a}{\alpha-\beta}\left(-\frac{b}{\alpha+\beta}\right)-\frac{a}{\alpha+\beta}\cdot\frac{b}{\alpha-\beta}\right|$$

$$=\frac{1}{2}\left|\frac{-2ab}{\alpha^2-\beta^2}\right|=ab\ (一定)\quad (\because\ ②)$$

研究　**〈双曲線の方程式の標準形〉**

2 定点 F, F′ からの距離の差が一定である点Pの軌跡を双曲線といい，F，F′ を双曲線の**焦点**と呼びます．

軌跡の方程式を求めるために，F(c，0)，F′($-c$，0) ($c>0$) となるように座標系を設定し，P(x，y) とおきます．

差を $2a$ とすれば

|PF′−PF|=2a ($a<c$)

ここで，$a<c$ は，△FPF′ において，2 辺の差 |PF′−PF|=$2a$ が他の 1 辺 FF′=$2c$ より小さいことから導かれる条件です．

(i)　PF′>PF のとき，

PF′−PF=$2a$ より　　　　　　　　$\cdots\cdots⑦$

$$\sqrt{(x+c)^2+y^2}-\sqrt{(x-c)^2+y^2}=2a$$　⬅ 移項して 2 乗

$$(x+c)^2+y^2=\left(2a+\sqrt{(x-c)^2+y^2}\right)^2$$

$$\boldsymbol{a\sqrt{(x-c)^2+y^2}=cx-a^2} \qquad \cdots\cdots⑦'$$　⬅ 再び 2 乗

$$a^2\{(x-c)^2+y^2\}=(cx-a^2)^2$$
$$(c^2-a^2)x^2-a^2y^2=a^2(c^2-a^2)$$
$$\therefore \quad \frac{x^2}{a^2}-\frac{y^2}{c^2-a^2}=1 \qquad \cdots\cdots⑧$$

形を整えるために，$c^2-a^2=b^2$ $(b>0)$ とおけば

$$\frac{x^2}{a^2}-\frac{y^2}{b^2}=1 \quad ; \quad \mathrm{F}(\sqrt{a^2+b^2},\ 0),\ \mathrm{F'}(-\sqrt{a^2+b^2},\ 0)$$

(ii) $\mathrm{PF}>\mathrm{PF'}$ のとき，

$$\mathrm{PF}-\mathrm{PF'}=2a$$

この式は，(i)の $\mathrm{PF'}-\mathrm{PF}=2a$ において，a を $-a$ で置きかえたものです．
同じ置きかえによって⑦′は

$$a\sqrt{(x-c)^2+y^2}=-(cx-a^2)$$

となりますが，最後の結論は変化しません．

(i)，(ii)により，双曲線の方程式の標準形は

$$\boldsymbol{\frac{x^2}{a^2}-\frac{y^2}{b^2}=1} \quad ; \quad \textbf{焦点}\ \boldsymbol{(\pm\sqrt{a^2+b^2},\ 0)}$$

〈双曲線の漸近線〉

双曲線上の点は原点から限りなく遠ざかるにつれて直線

$$\boldsymbol{y=\pm\frac{b}{a}x \left(\Longleftrightarrow \frac{x^2}{a^2}-\frac{y^2}{b^2}=0\right)}$$

に限りなく近づきます．この直線を**漸近線**といいます．

双曲線は x 軸，y 軸に関して対称なので，第1象限で確かめれば十分です．

$\dfrac{b}{a}=m$ とおくと，$\dfrac{x^2}{a^2}-\dfrac{y^2}{b^2}=1$ より

$$y^2=m^2x^2-b^2 \qquad \therefore \quad y=\sqrt{m^2x^2-b^2}$$

$y=mx$ との差の極限を調べると

$$mx-\sqrt{m^2x^2-b^2}=\frac{b^2}{mx+\sqrt{m^2x^2-b^2}}\longrightarrow 0 \quad (x\to\infty)$$

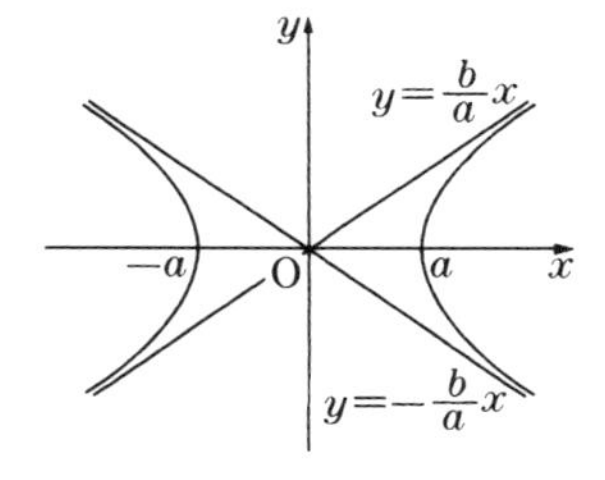

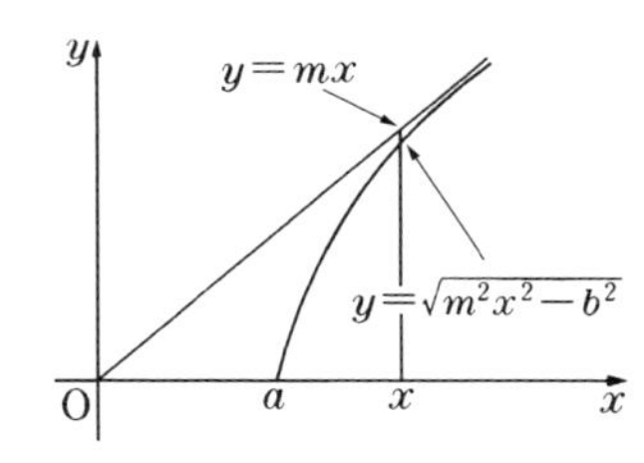

〈双曲線のパラメタ表示〉

双曲線 $\dfrac{x^2}{a^2}-\dfrac{y^2}{b^2}=1$ ……⑨ で，$\dfrac{x}{a}=X$，$\dfrac{y}{b}=Y$ とおくと，直角双曲線

$$X^2-Y^2=1 \quad \cdots\cdots⑩$$

が得られます．したがって，⑩がパラメタ表示できればよいことになります．

← $\cos\theta\neq 0$ のとき $\dfrac{1}{\cos^2\theta}-\tan^2\theta=1$ が成り立つことに注目

とりあえず，$X\geqq 1$，$Y\geqq 0$ に限定します．すると任意の $X(\geqq 1)$ に対して

$$X=\frac{1}{\cos\theta},\quad 0\leqq\theta<\frac{\pi}{2}$$

を満たす θ がただ1つ存在して

$$Y=\sqrt{X^2-1}=\sqrt{\frac{1}{\cos^2\theta}-1}=\tan\theta$$

となります．

$X\geqq 1$，$Y\leqq 0$；$X\leqq -1$，$Y\geqq 0$；$X\leqq -1$，$Y\leqq 0$ の場合も同様です．

グラフを参照すると，⑩上の点と

$$-\frac{\pi}{2}<\theta<\frac{\pi}{2},\quad \frac{\pi}{2}<\theta<\frac{3\pi}{2} \quad \cdots\cdots⑪$$

の範囲の θ との対応関係が全体として分かります．

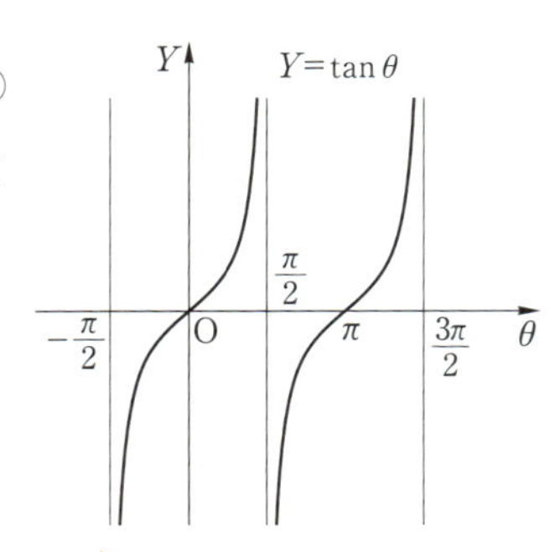

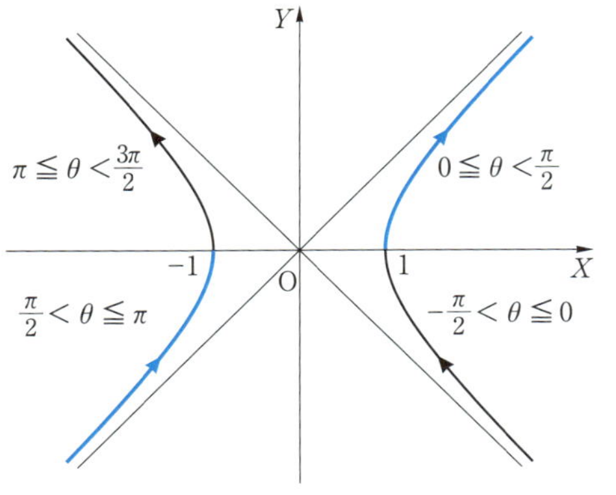

したがって，もとの双曲線⑨のパラメタ表示は

$$x=\frac{a}{\cos\theta},\quad y=b\tan\theta \quad \cdots\cdots⑫$$

で与えられます．ただし，θ は⑪の範囲を動くものとします．

← ⑨上の点とパラメタが1対1に対応する

〈⑦と⑧の同値性〉

楕円の場合 (標問 **106**, 研究) と同様にして，⑧から⑦へさかのぼれることを確かめます．

双曲線⑧の焦点を

$$\mathrm{F}(c,\ 0),\ \mathrm{F}'(-c,\ 0)$$

← $c=\sqrt{a^2+b^2}$

⑧上の $\mathrm{PF}'>\mathrm{PF}$ を満たす点を

$$\mathrm{P}\left(\frac{a}{\cos\theta},\ b\tan\theta\right),\ -\frac{\pi}{2}<\theta<\frac{\pi}{2}$$

← $\mathrm{PF}'>\mathrm{PF}$ $\iff -\frac{\pi}{2}<\theta<\frac{\pi}{2}$

とします．すると，標問 **106**, (1)と同様にして

$$\mathrm{PF}=\frac{c}{\cos\theta}-a,\ \mathrm{PF}'=\frac{c}{\cos\theta}+a \quad \cdots\cdots ⑬$$

となるので

$$\mathrm{PF}'-\mathrm{PF}=2a$$

が成り立ちます．

なお，$\mathrm{PF}'<\mathrm{PF}$，すなわち

$$\frac{\pi}{2}<\theta<\frac{3\pi}{2}$$

のときは

$$\mathrm{PF}=a-\frac{c}{\cos\theta},\ \mathrm{PF}'=-a-\frac{c}{\cos\theta}$$

← $\cos\theta<0$ に注意して計算してみよう

となります．

演習問題

108-1 双曲線 $\dfrac{x^2}{a^2}-\dfrac{y^2}{b^2}=1$ $(a>0,\ b>0)$ の焦点をF，F′とする．研究 の⑫，⑬を用いて，曲線上の任意の点Pにおける接線は $\angle\mathrm{FPF}'$ を2等分することを示せ．

108-2 双曲線 C：$\dfrac{x^2}{a^2}-\dfrac{y^2}{b^2}=1$ $(a>0,\ b>0)$ の上に点Pをとる．ただし，Pは x 軸上にないものとする．点Pにおける C の接線と2直線 $x=a$ および $x=-a$ の交点をそれぞれQ，Rとする．線分QRを直径とする円は C の2つの焦点を通ることを示せ． (弘前大)

標問 109 双曲線と漸近線

Oを原点とする xy 平面上に2直線 $l_1: y=\dfrac{1}{a}x$, $l_2: y=-\dfrac{1}{a}x$ がある．ただし，a は正の定数とする．

(1) l_1, l_2 を漸近線とし，点 $(1,\ 0)$ を通る双曲線の焦点の1つを $F_1(f,\ 0)$ $(f>1)$ とするとき，f を a を用いて表せ．

(2) F_1 を通り l_1 に垂直な直線が l_1 と交わる点をP，y 軸と交わる点をQとする．さらにPで l_1 に接し，y 軸を軸とする放物線の焦点を F_2 とする．このとき，F_2 は線分 OQ の中点であることを示せ．

(3) $\triangle OF_1F_2$ の面積 S が最小になるような a の値を求めよ． （電通大）

精講

(1) 双曲線は原点を中心とし x 軸と交わるので $\dfrac{x^2}{p^2}-\dfrac{y^2}{q^2}=1$ とおくことができます．その焦点は $(\pm\sqrt{p^2+q^2},\ 0)$，漸近線 $y=\pm\dfrac{q}{p}x$ は $y=\pm\dfrac{1}{a}x$ と一致しなければなりません．

(2) 一般に，2次方程式 $kx^2+lx+m=0$ が α を重解にもつ条件は，解と係数の関係

$$2\alpha=-\frac{l}{k},\quad \alpha^2=\frac{m}{k}$$

によって処理できます．

また，放物線 $x^2=4\alpha(y-\beta)$ の焦点は $(0,\ \alpha+\beta)$ です．

解法のプロセス

双曲線の方程式は

⇩

$\dfrac{x^2}{p^2}-\dfrac{y^2}{q^2}=1$ とおける

⇩

焦点は $(\pm\sqrt{p^2+q^2},\ 0)$

漸近線は $y=\pm\dfrac{q}{p}x$

⇩

条件から，$f=\sqrt{p^2+q^2}$ を a で表す

〈解 答〉

(1) 双曲線の方程式は

$$\frac{x^2}{p^2}-\frac{y^2}{q^2}=1 \quad (p>0,\ q>0)$$

← 中心は原点，x 軸と交わる

とおける．双曲線は $(1,\ 0)$ を通るから $p=1$．また，漸近線 $y=\pm\dfrac{q}{p}x$ は $y=\pm\dfrac{1}{a}x$ と一致するから

$$\frac{q}{p}=\frac{1}{a} \qquad \therefore\ q=\frac{1}{a}$$

ゆえに

$$f=\sqrt{p^2+q^2}=\sqrt{1+\frac{1}{a^2}}=\frac{\sqrt{a^2+1}}{a}$$

(2) F_1 を通り l_1 に垂直な直線

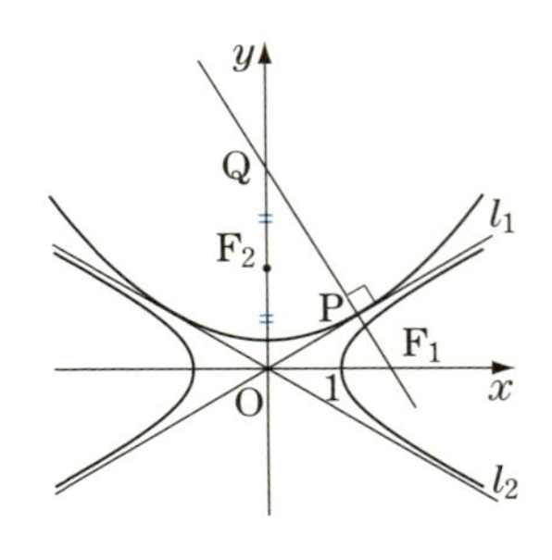

$$y=-a\left(x-\frac{\sqrt{a^2+1}}{a}\right)$$

$$\therefore\quad y=-ax+\sqrt{a^2+1}$$

と $l_1: y=\dfrac{1}{a}x$ の交点は

$$\mathrm{P}\left(\frac{a}{\sqrt{a^2+1}},\ \frac{1}{\sqrt{a^2+1}}\right)$$

y 軸との交点は

$$\mathrm{Q}(0,\ \sqrt{a^2+1}) \qquad \cdots\cdots①$$

放物線は y 軸を軸とするから，その方程式は

$$y=rx^2+s \qquad \cdots\cdots②$$

とおける．放物線は l_1 とPで接するから方程式

$$rx^2+s=\frac{1}{a}x \qquad \therefore\quad rx^2-\frac{1}{a}x+s=0$$

は，Pの x 座標 $\dfrac{a}{\sqrt{a^2+1}}$ を重解にもつ．よって ⬅ 接点の x 座標は重解

$$2\frac{a}{\sqrt{a^2+1}}=\frac{1}{ar},\quad \left(\frac{a}{\sqrt{a^2+1}}\right)^2=\frac{s}{r}$$ ⬅ 解と係数の関係

$$\therefore\quad r=\frac{\sqrt{a^2+1}}{2a^2},\quad s=\frac{1}{2\sqrt{a^2+1}}$$

②：$x^2=\dfrac{1}{r}(y-s)$ の焦点は $\left(0,\ \dfrac{1}{4r}+s\right)$ であるから ⬅ $x^2=4\alpha(y-\beta)$ と比較

$$\mathrm{F}_2\left(0,\ \frac{\sqrt{a^2+1}}{2}\right) \qquad \cdots\cdots③$$

①，③より，F_2 はOQの中点である．

(3) $S=\dfrac{1}{2}\mathrm{OF}_1\cdot\mathrm{OF}_2=\dfrac{1}{2}\cdot\dfrac{\sqrt{a^2+1}}{a}\cdot\dfrac{\sqrt{a^2+1}}{2}$

$$=\frac{1}{4}\left(a+\frac{1}{a}\right)\geqq\frac{1}{4}\cdot2\sqrt{a\cdot\frac{1}{a}}=\frac{1}{2}$$ ⬅ 相加平均と相乗平均の不等式

等号は $a=\dfrac{1}{a}$ すなわち，$a=\mathbf{1}$ のとき成立する．

演習問題

109 交わる2直線 g，l に至る距離の積が一定 (>0) な点Pの軌跡は，この2直線を漸近線とする双曲線であることを示せ．

標問 110 円錐曲線

$a>0$ とする．点 $\mathrm{A}(1,\ 0,\ a)$ を通り，球面 $S：x^2+y^2+z^2=1$ に接する直線と，xy 平面との交点P全体はどのような曲線を描くか．a の値の範囲によって分類せよ．

（大分大）

精講 点Aを通り球面 S に接する直線 l の全体は，直線OAを軸とする直円錐をなします．このとき，各々の直線 l を**母線**といいます．

本問は，直円錐の平面による切り口がどんな曲線になるかを問うています．

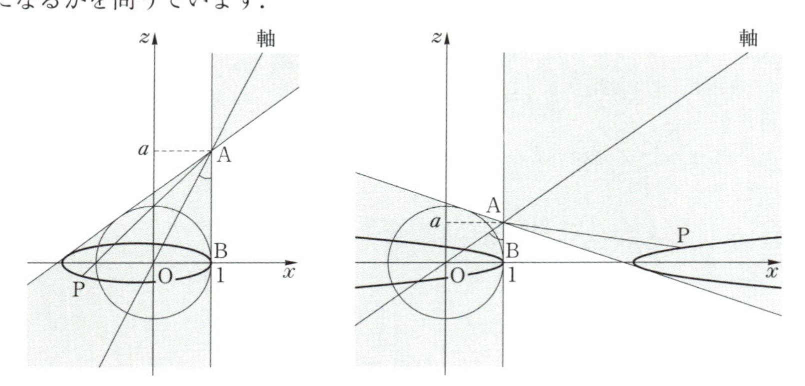

直円錐はAを頂点とする2つの部分からなることに注意します．したがって，$\mathrm{B}(1,\ 0,\ 0)$ として $\angle\mathrm{OAB}=\alpha$ とおくと

$\overrightarrow{\mathrm{AO}}$ と $\overrightarrow{\mathrm{AP}}$ のなす角は

つねに α または $\pi-\alpha$

になります．このことを内積を使って表せば

$$\pm\cos\alpha=\frac{\overrightarrow{\mathrm{AO}}\cdot\overrightarrow{\mathrm{AP}}}{|\overrightarrow{\mathrm{AO}}||\overrightarrow{\mathrm{AP}}|}$$

これから，$\mathrm{P}(x,\ y,\ 0)$ の座標の満たす関係式，すなわち切り口の方程式が求まります．

解法のプロセス

$\mathrm{P}(x,\ y,\ 0)$ とおく

⇩

$\overrightarrow{\mathrm{AO}}$ と $\overrightarrow{\mathrm{AP}}$ のなす角は

α または $\pi-\alpha$

⇩

内積で表現

⇩

x と y の関係式

〈 解 答 〉

P$(x,\ y,\ 0)$ とおき，B$(1,\ 0,\ 0)$ とする．
$\angle\mathrm{OAB}=\alpha$ とおくと

$$\cos\alpha=\frac{\mathrm{AB}}{\mathrm{OA}}=\frac{a}{\sqrt{1+a^2}} \qquad \cdots\cdots①$$

一方，$\overrightarrow{\mathrm{AP}}=(x-1,\ y,\ -a)$ と $\overrightarrow{\mathrm{AO}}=(-1,\ 0,\ -a)$ のなす角はつねに α，または $\pi-\alpha$ に等しいから

$$\pm\cos\alpha=\frac{\overrightarrow{\mathrm{AO}}\cdot\overrightarrow{\mathrm{AP}}}{|\overrightarrow{\mathrm{AO}}||\overrightarrow{\mathrm{AP}}|}=\frac{-(x-1)+a^2}{\sqrt{1+a^2}\sqrt{(x-1)^2+y^2+a^2}} \qquad \cdots\cdots②$$

↖

①，②より

$$\pm a=\frac{-(x-1)+a^2}{\sqrt{(x-1)^2+y^2+a^2}}$$

分母を払い，両辺を 2 乗すると

$$a^2\{(x-1)^2+y^2+a^2\}=\{-(x-1)+a^2\}^2$$
$$(a^2-1)(x-1)^2+2a^2(x-1)+a^2y^2=0$$

(i) $a=1$ のとき，

$$y^2=-2(x-1) \quad (\text{放物線})$$

(ii) $a\neq1$ のとき

$$(a^2-1)\left\{(x-1)+\frac{a^2}{a^2-1}\right\}^2+a^2y^2=\frac{a^4}{a^2-1}$$

(ア) $a>1$ のとき，

$$\frac{\left(x+\dfrac{1}{a^2-1}\right)^2}{\left(\dfrac{a^2}{a^2-1}\right)^2}+\frac{y^2}{\left(\dfrac{a}{\sqrt{a^2-1}}\right)^2}=1 \quad (\text{楕円})$$

⬅ $\dfrac{a^2}{a^2-1}>\dfrac{a}{\sqrt{a^2-1}}$ であるから円にはならない

(イ) $0<a<1$ のとき，

$$\frac{\left(x+\dfrac{1}{a^2-1}\right)^2}{\left(\dfrac{a^2}{a^2-1}\right)^2}-\frac{y^2}{\left(\dfrac{a}{\sqrt{1-a^2}}\right)^2}=1 \quad (\text{双曲線})$$

(i)，(ii)より

$a>1$ のとき，楕円
$a=1$ のとき，放物線
$0<a<1$ のとき，双曲線

研究 〈円錐曲線のいろいろな定義〉

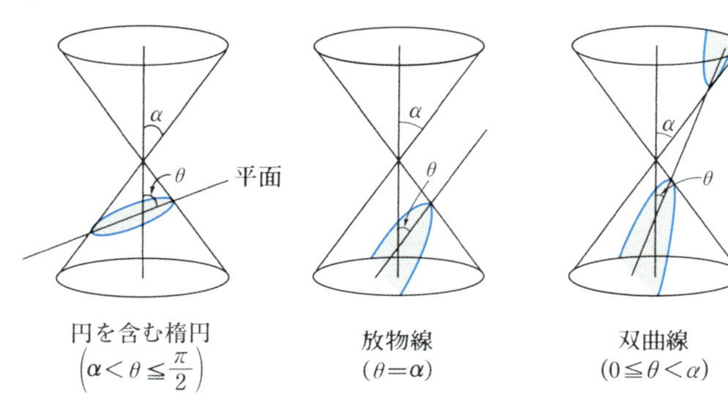

円を含む楕円 $\left(\alpha < \theta \leqq \frac{\pi}{2}\right)$　放物線 $(\theta = \alpha)$　双曲線 $(0 \leqq \theta < \alpha)$

本問から推測されるように，円錐の平面による切り口は，平面が円錐の頂点を通る特別な場合を除けば，必ず円を含む楕円，放物線，双曲線のいずれかになります．

これら 3 曲線は，ギリシア時代には

定義 1°　円錐の切り口

として研究されたので，円錐曲線と呼ばれます．

しかし，平面曲線を調べるためにいちいち円錐を切るのは面倒です．平面曲線は平面上で定義したいと考えるのは自然の成り行きでしょう．アポロニウス（前 262～前 200 頃）は

定義 2°
- **放物線：定点と定直線に至る距離が等しい**
- **楕　円：2 定点からの距離の和が一定**
- **双曲線：2 定点からの距離の差が一定**

を満たす点の軌跡として円錐曲線を定義しました．私達の教科書はアポロニウスに従っているのです．しかし，当時はまだ座標の概念が発見されていなかったので，これらは幾何学を使って研究されました．

一例として，円錐の切り口が定義 2° を満たすことを，楕円の場合について図形的に証明してみましょう．

いま，円錐と平面に接する 2 つの球を O_1, O_2 とし，これらが平面と接する点をそれぞれ F_1, F_2 とします．

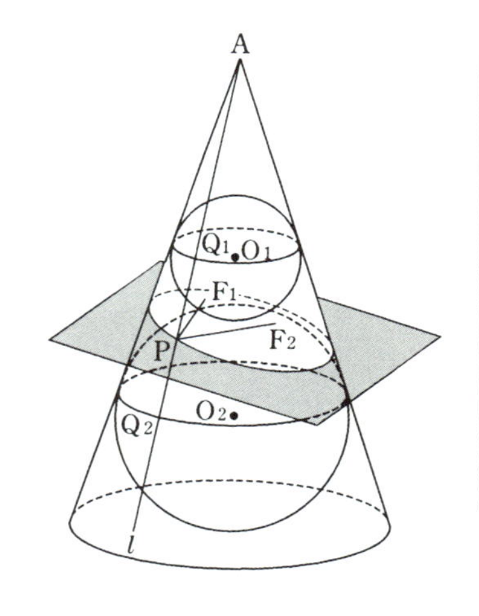

また，切り口上の任意の点Pと円錐の頂点Aを結ぶ直線 l を引き， l が球 O_1，O_2 と接する点をそれぞれ Q_1，Q_2 とします．球の外部から球に引いた接線の長さはつねに一定なので，$PF_1=PQ_1$，　$PF_2=PQ_2$．したがって

$$PF_1+PF_2=Q_1Q_2=\text{一定}$$

となります．

アポロニウスによって円錐曲線は平面上で扱えるようになりました．しかし定義 **2°** では，3 曲線が円錐曲線として 1 つのまとまりをなしているようには見えません．放物線と，楕円および双曲線の定義の間に隔りがあるからです．

アポロニウスから約 500 年の後，パップス (320 頃) はこの欠点を改良して次のように定義しました．

動点Pから定点Fと定直線 g に至る距離の比を e とするとき，Pの軌跡は

定義 3° $\begin{cases} e<1 \text{ ならば　楕円} \\ e=1 \text{ ならば　放物線} \\ e>1 \text{ ならば　双曲線} \end{cases}$

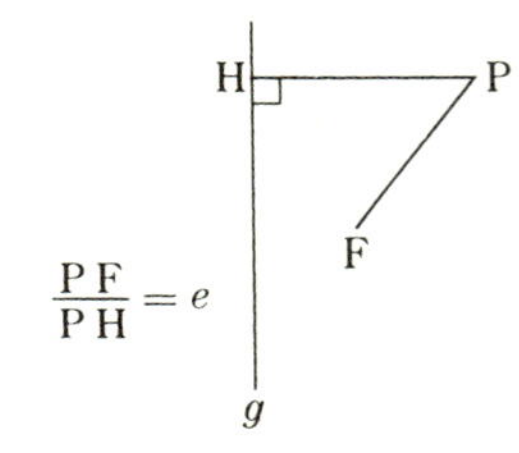

$$\frac{PF}{PH}=e$$

としたのです (標問 **113**)．比 e のことを**離心率**といいます．

定義 **2°** から定まる円錐曲線の方程式は x と y の 2 次方程式でした．座標幾何学が完成すると，今度は x と y の一般の 2 次方程式

$$ax^2+2hxy+by^2+2px+2qy+c=0$$

の表す図形を分類するという問題が現れます．結論をいうと，例外を除けば適当に座標をとり直すことによって，それが表す図形は円錐曲線のいずれかになることが示されます (標問 **115**，**116**)．この意味で円錐曲線のことを**2 次曲線**ということもあります．

円錐曲線の定義は場合に応じて使い分けます．例えば，運動方程式を解いて万有引力の法則からケプラーの法則を導く場合には，定義 **3°** を使うのが便利です．

演習問題

110 空間の点 A(0, 0, 6) を頂点とし，z 軸を軸，xy 平面の円 $x^2+y^2=9$ を底面とする円錐を γ とする．平面 $\pi : z=y+3$ によって γ を切ったときの切り口の楕円について，以下の問いに答えよ．

(1) この楕円の中心と焦点の座標を求めよ．

(2) 円錐 γ を平面 π で分割してできる 2 つの立体のうち，γ の頂点を含む方の体積を求めよ．

(日本大)

標問 111 直線と円の極方程式

xy 平面において，原点を極，x 軸の正の部分を始線にとり，次の各図形の極方程式を求めよ．

(1) 直線 $\sqrt{3}x-y-4=0$

(2) 円 $(x-1)^2+(y-\sqrt{3})^2=2$

精講 平面上に1点Oと半直線OXをとるとき，任意の点Pの位置は，OPの長さ r とOXからOPに至る角 θ の組によって定まります．

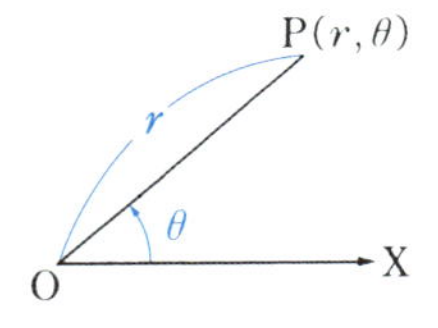

組 $(r,\ \theta)$ を，Oを**極**，OXを**始線**とする点Pの**極座標**と呼び，θ をPの**偏角**といいます．θ は一般角なので，Pに θ をただ1つ対応させたいときは

$$0 \leqq \theta < 2\pi \quad \text{または} \quad -\pi < \theta \leqq \pi$$

等の制限をつけます．

⬅ $r=0$ のときは，Pの偏角 θ は任意と考える

曲線の方程式を r と θ の関係式で表すとき，これを**極方程式**といいます．

〈例〉 xy 平面の原点を極，x 軸の正の部分を始線にとると

(i) 半直線 $y=x$，$x \leqq 0$ の方程式は

$$\theta=\frac{5\pi}{4}$$

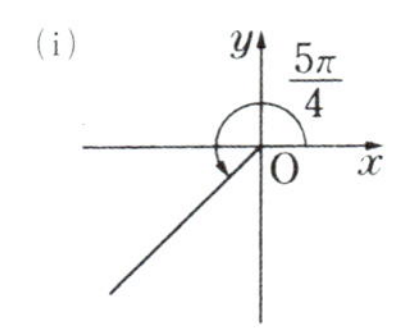

(ii) 中心 $(1,\ 0)$，半径1の円の極方程式は，$\mathrm{OP}=\mathrm{OA}\cos\theta$ より

$$r=2\cos\theta$$

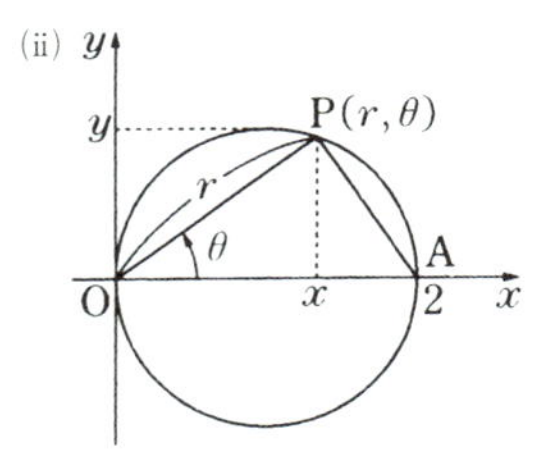

(ii)の場合，直交座標 $(x,\ y)$ と極座標 $(r,\ \theta)$ の関係式

$$x=r\cos\theta,\ y=r\sin\theta$$

を $(x-1)^2+y^2=1$ に代入して，

$$(r\cos\theta-1)^2+(r\sin\theta)^2=1$$

$$r^2-2r\cos\theta=0$$

$$\therefore \quad r=2\cos\theta$$

としてもよいわけです．

解答ではこの方法を使うことにします．

解法のプロセス

$(x,\ y)$ と $(r,\ \theta)$ の関係式

$$\begin{cases} x=r\cos\theta \\ y=r\sin\theta \end{cases}$$

を利用する

〈 解　答 〉

(1)　$x=r\cos\theta,\ y=r\sin\theta$ とおくと

$$r(\sqrt{3}\cos\theta-\sin\theta)-4=0$$　⬅ 括弧の中を合成

$$2r\cos\left(\theta+\frac{\pi}{6}\right)-4=0$$

$$\therefore\quad \boldsymbol{r\cos\left(\theta+\frac{\pi}{6}\right)=2}$$

(2)　(1)と同様にして

$$(r\cos\theta-1)^2+(r\sin\theta-\sqrt{3})^2=2$$

$$r^2-2r(\cos\theta+\sqrt{3}\sin\theta)+4=2$$　⬅ 括弧の中を合成

$$\therefore\quad \boldsymbol{r^2-4r\cos\left(\theta-\frac{\pi}{3}\right)+2=0}$$

研究　〈図形的な別解〉

(1)　$\overrightarrow{\mathrm{OH}}$ の傾きは $-\dfrac{1}{\sqrt{3}}$ だから，

$\overrightarrow{\mathrm{OH}}$ は x 軸の正方向と $-\dfrac{\pi}{6}$ をなし，

$|\overrightarrow{\mathrm{OH}}|=4\sin\dfrac{\pi}{6}=2$ です．

よって，$\mathrm{OP}\cos\angle\mathrm{HOP}=\mathrm{OH}$ から

$$r\cos\left(\theta+\frac{\pi}{6}\right)=2$$

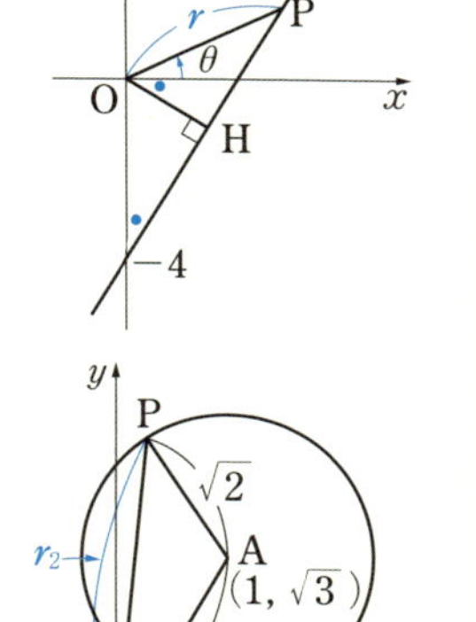

(2)　$\overrightarrow{\mathrm{OA}}$ は x 軸の正方向と角 $\dfrac{\pi}{3}$ をなすので，$\triangle\mathrm{OAP}$ に余弦定理を用いると

$$(\sqrt{2})^2=r^2+2^2-2\cdot2\cdot r\cos\left(\theta-\frac{\pi}{3}\right)$$

$$\therefore\quad r^2-4r\cos\left(\theta-\frac{\pi}{3}\right)+2=0$$

θ に対して r は2つ決まります．

演習問題

111　a を正の実数とする．曲線 C_a を極方程式

$$r=2a\cos(\theta-a)$$

によって定める．

(1)　C_a は円になることを示し，その中心と半径を求めよ．

(2)　C_a が $y=-x$ に接するような a をすべて求めよ．　（筑波大）

標問 112 レムニスケート

xy 平面で，2点 A$(1,\ 0)$，B$(-1,\ 0)$ からの距離の積が1である点Pの軌跡を C とする．

(1) 原点を極，x 軸の正の部分を始線にとって，曲線 C の極方程式を求めよ．

(2) (1)で，$\theta=0,\ \dfrac{\pi}{12},\ \dfrac{\pi}{8},\ \dfrac{\pi}{6},\ \dfrac{\pi}{4}$ に対する r の値を求め，これを用いて曲線 C の概形をかけ．必要ならば，$\sqrt{2}$，$\sqrt[4]{3}$，$\sqrt[4]{2}$ の近似値がそれぞれ 1.4，1.3，1.2 であることを用いよ．

精講

解法のプロセス

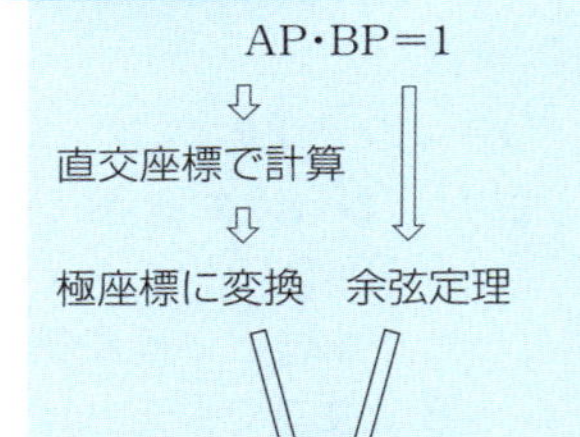

2定点からの距離の「和が一定」である点の軌跡は楕円でした．

これを「**積が一定**」としたのが本問です．

(1) 直交座標でどんどん計算して，最後に極座標に直すのが1つの方法でしょう．すなわち

$$\{(x+1)^2+y^2\}\{(x-1)^2+y^2\}=1$$
$$(x^2+y^2+1+2x)(x^2+y^2+1-2x)=1$$
$$(x^2+y^2+1)^2-4x^2=1$$
$$(x^2+y^2)^2+2(x^2+y^2)+1-4x^2=1$$
$$\therefore\quad (x^2+y^2)^2=2(x^2-y^2) \qquad \cdots\cdots(*)$$

これに $x=r\cos\theta$，$y=r\sin\theta$ を代入して極方程式を求めるわけです．

しかし余弦定理を利用すると，極座標だけを使って計算できます．

(2) 曲線の対称性に注目できれば，一部分を調べるだけで全体像がわかります．

解法のプロセス

曲線の概形
⇩
対称性に注目すると
⇩
一部分を調べれば十分

一般に，曲線 $r=f(\theta)$ の対称性の判定法には

(i) $\boldsymbol{f(-\theta)=f(\theta)}$ **のとき，**
始線に関して対称

(ii) $\boldsymbol{f(\pi-\theta)=f(\theta)}$ **のとき，**
極を通り始線に直交する直線に関して対称

(iii) $\boldsymbol{f(\theta+\pi)=f(\theta)}$ **のとき，**
極に関して対称

等があります．本問の曲線 C は3つの対称性をすべてもつので，概形をかくことはさほど難しくありません．

〈 解 答 〉

(1) $P(r,\ \theta)$ とおく．

△OAP と △OBP に余弦定理を用いて

$AP^2=r^2+1-2r\cos\theta$

$BP^2=r^2+1-2r\cos(\pi-\theta)$

$\quad=r^2+1+2r\cos\theta$

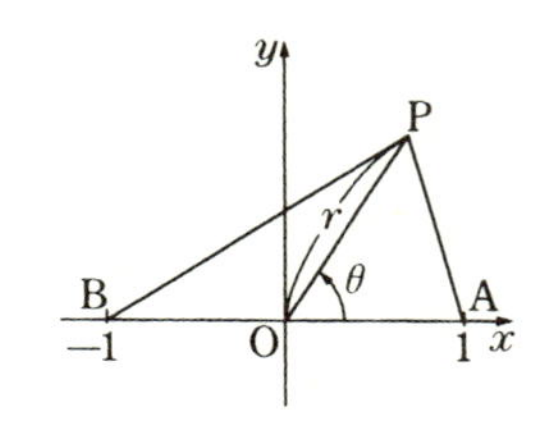

$AP^2\cdot BP^2=1$ に代入すると

$(r^2+1)^2-4r^2\cos^2\theta=1$

$r^4-2r^2(2\cos^2\theta-1)+1=1$

$r^2(r^2-2\cos 2\theta)=0$

よって，$r=0$ または $r^2=2\cos 2\theta$

$r=0$ は $r^2=2\cos 2\theta$ を満たすので，曲線 C の極方程式は

⬅ たとえば $\theta=\dfrac{\pi}{4}$ のとき

$\boldsymbol{r=\sqrt{2\cos 2\theta}}$

(2) $f(\theta)=\sqrt{2\cos 2\theta}$ とおくと

$f(-\theta)=f(\theta),\quad f(\pi-\theta)=f(\theta)$

すなわち，曲線 C は両座標軸に関して対称であるから，第1象限で考えれば十分である．さらに，$\cos 2\theta\geqq 0$ より

⬅ 曲線 C をレムニスケートと呼ぶ

$0\leqq\theta\leqq\dfrac{\pi}{4}$

の範囲に限定してよい．

右表より，曲線 C の概形は下図．

θ	0	$\frac{\pi}{12}$	$\frac{\pi}{8}$	$\frac{\pi}{6}$	$\frac{\pi}{4}$
2θ	0	$\frac{\pi}{6}$	$\frac{\pi}{4}$	$\frac{\pi}{3}$	$\frac{\pi}{2}$
r	$\sqrt{2}$	$\sqrt[4]{3}$	$\sqrt[4]{2}$	1	0

⬆ $\sqrt{2}$，$\sqrt[4]{3}$，$\sqrt[4]{2}$ の近似値は順に，1.4，1.3，1.2

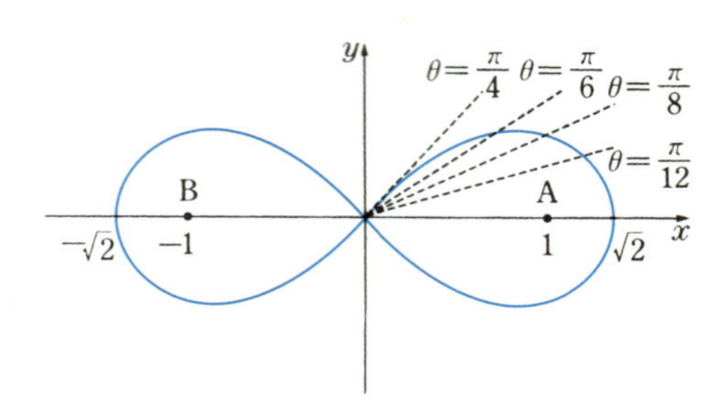

研究 **〈極方程式で表される有名な曲線〉**

次に，極方程式で表される曲線をいくつかあげておきます．このうち，(3)のカージオイドは標問 **65** でとりあげたものと本質的に同じです．

(1) アルキメデスの螺旋（らせん）
$r=a\theta \quad (a>0)$

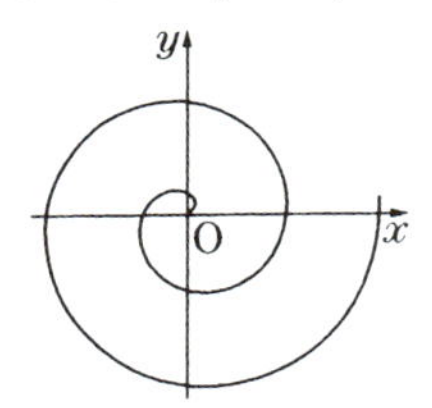

(2) 対数螺旋
$r=a^{\theta} \quad (a>1)$

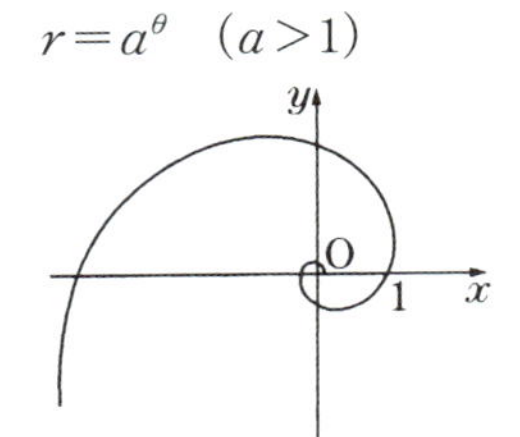

(3) カージオイド（心臓形）
$r=a(1+\cos\theta) \quad (a>0)$

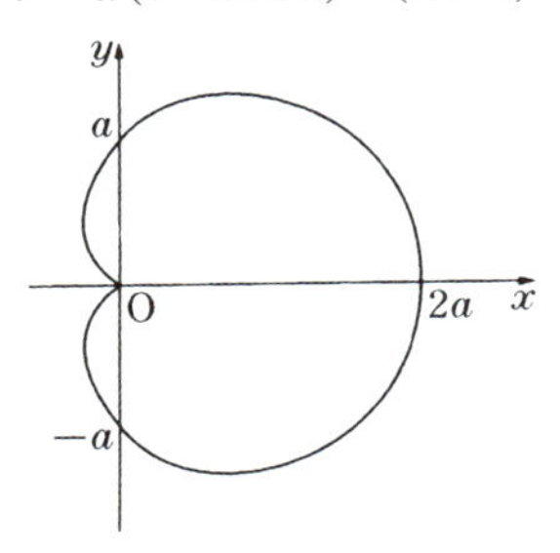

(4) 正葉線
$r=a\cos 2\theta \quad (a>0)$

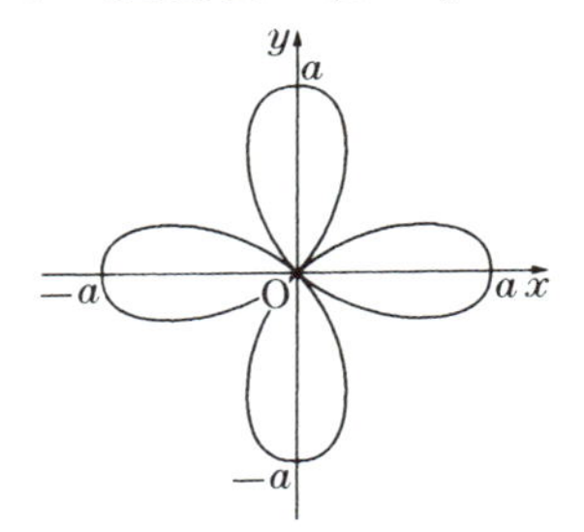

〈曲線の長さと，それが囲む図形の面積〉

曲線 $C: r=f(\theta)$ $(\alpha \leqq \theta \leqq \beta)$ と 2 本の半直線 $\theta=\alpha$, $\theta=\beta$ が囲む図形の面積 S は，標問 **65** の 研究 により

$$S=\frac{1}{2}\int_{\alpha}^{\beta} f(\theta)^2 d\theta$$

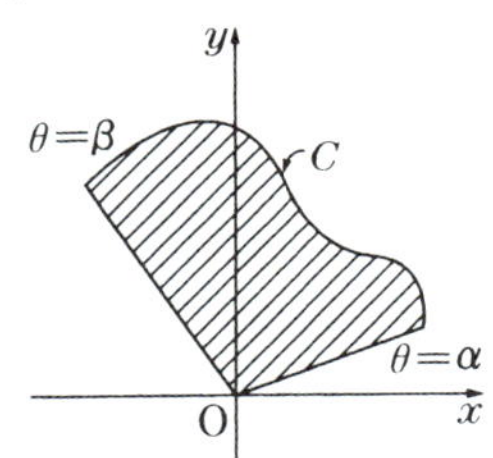

また，曲線 C の長さ l は

$x=f(\theta)\cos\theta, \quad y=f(\theta)\sin\theta$

を媒介変数表示された曲線の長さの公式（標問 **75**）に代入して

$$l=\int_{\alpha}^{\beta}\sqrt{f(\theta)^2+f'(\theta)^2}\, d\theta$$

となります．

演習問題

112 (1) レムニスケート：$r=\sqrt{2\cos 2\theta}$ が囲む図形の面積 S を求めよ．

(2) 対数螺旋 $C: r=e^{\theta}$ $(0 \leqq \theta \leqq \pi)$ の長さ l，および C と x 軸が囲む図形の面積 S を求めよ．

標問 113 円錐曲線の極方程式 (1)

座標平面上に定点F$(d,\ 0)$ $(d>0)$ と，動点P$(x,\ y)$ $(x>0)$ がある．Pから y 軸に下ろした垂線の足をHとする．定数 $e>0$ に対して，

$$\mathrm{PF}=e\mathrm{PH}$$

を満たす点Pの描く曲線を C とする．

(1) Fを極，x 軸の正方向を始線にとり，C の極方程式を求めよ．

(2) C の方程式を x，y で表し，C を e の値によって分類せよ． (慶 大)

精講 標問**105**では，放物線を PF＝PH を満たす点の軌跡として定義しました．本問では，離心率 e を導入して条件を

$$\mathrm{PF}=e\mathrm{PH}$$

と拡張することで，楕円と双曲線も定義できることを示します．

解法のプロセス

PF，PH を r，θ，d で表す

⇩

PF＝ePH に代入

⇩

r について解く

〈 解 答 〉

(1) $\mathrm{PF}=e\mathrm{PH}$ ……①

FP＝r，動径 FP の偏角を θ とすると

$$\overrightarrow{\mathrm{OP}}=\overrightarrow{\mathrm{OF}}+\overrightarrow{\mathrm{FP}}$$
$$=(d,\ 0)+(r\cos\theta,\ r\sin\theta)$$
$$=(d+r\cos\theta,\ r\sin\theta)$$

$\therefore$ $\mathrm{PH}=x_{\mathrm{P}}=d+r\cos\theta$

これらを①に代入すると

$$r=e(d+r\cos\theta)$$

$$\therefore\quad \boldsymbol{r=\frac{de}{1-e\cos\theta}} \quad ……②$$

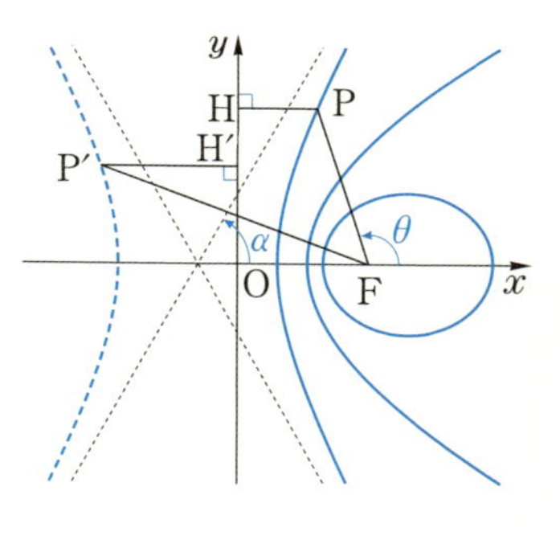

(2) P$(x,\ y)$ $(x>0)$ であるから，①より

$$\sqrt{(x-d)^2+y^2}=ex$$

両辺を 2 乗すると

$$(1-e^2)x^2-2dx+y^2+d^2=0$$

(i) $e=1$ のとき

$$y^2=2d\left(x-\frac{d}{2}\right) \text{（放物線）} \quad ……③$$

$e \neq 1$ のとき

$$\frac{\left(x-\frac{d}{1-e^2}\right)^2}{\frac{d^2e^2}{(1-e^2)^2}}+\frac{y^2}{\frac{d^2e^2}{1-e^2}}=1$$

したがって

(ii) $0<e<1$ のとき，$1-e^2>0$ であるから

$$\frac{\left(x-\frac{d}{1-e^2}\right)^2}{\left(\frac{de}{1-e^2}\right)^2}+\frac{y^2}{\left(\frac{de}{\sqrt{1-e^2}}\right)^2}=1 \quad (\text{楕円})$$

……④

(iii) $e>1$ のとき，$1-e^2<0$ であるから

$$\frac{\left(x-\frac{d}{1-e^2}\right)^2}{\left(\frac{de}{e^2-1}\right)^2}-\frac{y^2}{\left(\frac{de}{\sqrt{e^2-1}}\right)^2}=1 \quad (\text{双曲線})$$

……⑤

⬅ $x>0$ だから，右側の枝だけを表す

研究 **〈$e>1$ のとき，θ の動く範囲〉**

②より

$$1-e\cos\theta>0 \qquad \therefore \quad \cos\theta<\frac{1}{e}\ (<1)$$

したがって，θ は右図の角 α に対して

$\alpha<\theta<2\pi-\alpha$

の範囲を動きます．また，$\pm\tan\alpha$ は双曲線⑤の漸近線の傾きと一致します．

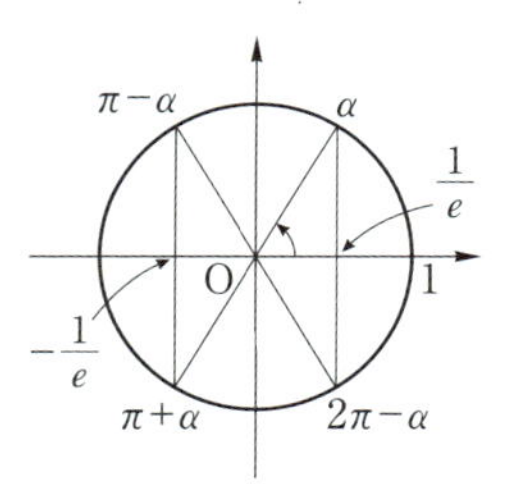

〈双曲線の左側の枝〉

双曲線の $x<0$ の部分は

$P'H'=-x_{P'}=-(d+r\cos\theta)$

に注意すると，$P'F=eP'H'$ より

$r=-e(d+r\cos\theta)$

$$\therefore \quad r=\frac{-de}{1+e\cos\theta} \qquad \cdots\cdots⑥$$

となります．

⬅ ただし，$1+e\cos\theta<0$ より
$\cos\theta<-\frac{1}{e}$
$\therefore \quad \pi-\alpha<\theta<\pi+\alpha$

〈⑥は円を除くすべての円錐曲線を表す〉

もちろん円錐曲線は，標問 **110**，研究，定義 2° によるものとして，位置の違いは無視して考えます．

放物線については，定義が同じですから当然です．

楕円については，④と $\dfrac{x^2}{a^2}+\dfrac{y^2}{b^2}=1$ $(a>b>0)$ を比較して

$$\frac{de}{1-e^2}=a,\quad \frac{de}{\sqrt{1-e^2}}=b$$

$$\therefore\quad e=\frac{\sqrt{a^2-b^2}}{a}\ (<1)\quad \cdots⑦,\quad d=\frac{b^2}{\sqrt{a^2-b^2}}$$

⬅ $\dfrac{b}{a}\to 1$ のとき
$e=\sqrt{1-\left(\dfrac{b}{a}\right)^2}\to 0$
そこで，①で $e=0$ とすると $\mathrm{P}=\mathrm{F}$ となるので，円は表せない

双曲線の場合には，⑤と $\dfrac{x^2}{a^2}-\dfrac{y^2}{b^2}=1$ $(a>0,\ b>0)$ を比較すると，やはり a，b から $e\,(>1)$，d が決まります．

したがって，e，d を適当にとると，⑥すなわち③，④，⑤は円を除くすべての円錐曲線を表すことができます．

〈②と⑥の関係〉

$r<0$ のとき，極座標 $(r,\ \theta)$ は点 $(-r,\ \theta+\pi)$ を表すと定めます．すると $r=\dfrac{de}{1-e\cos\theta}$ ……② を $-\alpha<\theta<\alpha$ ……⑦ の範囲で考えることができて，②は双曲線の左側の枝を表します．

実際，⑦の範囲で $1-e\cos\theta<0$，すなわち $r<0$ であるから

$$r'=-r,\quad \theta'=\theta+\pi$$

とおくと，$(r,\ \theta)$ は点 $(r',\ \theta')$ を表します．そこで，$r=-r'$，$\theta=\theta'-\pi$ を②に代入すると

$$-r'=\frac{de}{1-e\cos(\theta'-\pi)}\qquad \therefore\quad r'=\frac{-de}{1+e\cos\theta'}$$

また，⑦に代入すると

$$-\alpha<\theta'-\pi<\alpha\qquad \therefore\quad \pi-\alpha<\theta'<\pi+\alpha$$

これは左側の枝の表示⑥と一致します．

演習問題

113 極方程式 $r=\dfrac{\sqrt{6}}{2+\sqrt{6}\cos\theta}$ の表す曲線を，直交座標 $(x,\ y)$ に関する方程式で表し，その概形を図示せよ．（徳島大）

標問 114 円錐曲線の極方程式 (2)

楕円 $\dfrac{x^2}{a^2}+\dfrac{y^2}{b^2}=1$ $(a>b>0)$ について，

(1) 焦点 $\mathrm{F}(ae,\ 0)$ $(0<e<1)$ を極，x 軸の正の方向を始線とする極方程式を求めよ．

(2) 焦点Fを通る弦の両端をP，Qとすれば，$\dfrac{1}{\mathrm{FP}}+\dfrac{1}{\mathrm{FQ}}$ は一定であることを証明せよ．

（東京工大）

精講

(1) 楕円上の点Pの直交座標は，極座標 $(r,\ \theta)$ を用いて

$(ae+r\cos\theta,\ r\sin\theta)$

と表せるので，これが楕円の方程式を満たすことから r を θ で表します．その際，標問 **106** 研究 で学んだように，b は単に楕円の方程式の形を整えるために導入された文字であることに注意しましょう．したがって，$\sqrt{a^2-b^2}=ae$ より

$b^2=a^2(1-e^2)$

として b を消去して考えます．

(2) (1)の結果を利用すれば直ちに解決します．

解法のプロセス

b は仮りの定数

⇩

$\sqrt{a^2-b^2}=ae$ より

⇩

$b^2=a^2(1-e^2)$ として b を消去する

← 前問，研究 の⑦

〈解答〉

(1) $\mathrm{P}(ae+r\cos\theta,\ r\sin\theta)$ を楕円の方程式
$b^2x^2+a^2y^2=a^2b^2$ に代入すると

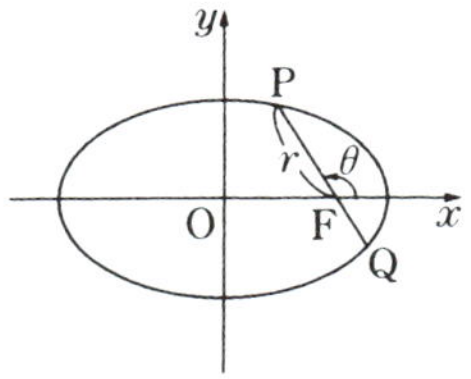

$$b^2(ae+r\cos\theta)^2+a^2(r\sin\theta)^2=a^2b^2$$

$$\therefore\ (b^2\cos^2\theta+a^2\sin^2\theta)r^2+2ab^2e\cos\theta\cdot r-a^2b^2(1-e^2)=0 \quad \cdots\cdots①$$

ここで，$\sqrt{a^2-b^2}=ae$ より

$$b^2=a^2(1-e^2) \quad \cdots\cdots②$$

②を①に代入して b を消去すると

$$a^2(1-e^2\cos^2\theta)r^2+2a^3e(1-e^2)\cos\theta\cdot r-a^4(1-e^2)^2=0$$

$$(1-e^2\cos^2\theta)r^2+2ae(1-e^2)\cos\theta\cdot r-a^2(1-e^2)^2=0$$

$$\therefore\ \{(1+e\cos\theta)r-a(1-e^2)\}\{(1-e\cos\theta)r+a(1-e^2)\}=0$$

$0<e<1$ より

$$(1-e\cos\theta)r+a(1-e^2)>0$$

であるから

$$\boldsymbol{r=\frac{a(1-e^2)}{1+e\cos\theta}}$$

(2) Pの偏角を θ とすると，Qの偏角は $\theta+\pi$ であるから

$$\frac{1}{\mathrm{FP}}+\frac{1}{\mathrm{FQ}}$$

$$=\frac{1+e\cos\theta}{a(1-e^2)}+\frac{1+e\cos(\theta+\pi)}{a(1-e^2)}=\frac{2}{a(1-e^2)} \quad (\text{一定})$$

研究 **〈(2)は曲線の種類と無関係〉**

本問の(1)を標問 **113** の(1)で置きかえます.

するとすべての円錐曲線は，$(d,\ 0)$ を焦点，y 軸を準線，e を離心率として

$$r=\frac{de}{1-e\cos\theta}$$

と表せます．したがって，(2)は円錐曲線の種類に関係なく

$$\frac{1}{\mathrm{FP}}+\frac{1}{\mathrm{FQ}}=\frac{1-e\cos\theta}{de}+\frac{1-e\cos(\theta+\pi)}{de}=\frac{2}{de} \quad (\text{一定})$$

この解法では，パップスの定義の威力がよく分かります.

演習問題

114 放物線 $y^2=4px$ $(p>0)$ について

(1) 焦点Fを極，x 軸の正の部分を始線とする極方程式を求めよ.

(2) 焦点Fで直交する弦を PQ，RS とすれば，

$$\frac{1}{\mathrm{FP}\cdot\mathrm{FQ}}+\frac{1}{\mathrm{FR}\cdot\mathrm{FS}}$$

は一定であることを証明せよ.

標問 115 2次曲線(1)

方程式 $x^2+6\sqrt{3}xy-5y^2=4$ で表される曲線Cを原点のまわりに角 $-\theta$ $\left(0\leqq\theta\leqq\frac{\pi}{2}\right)$ だけ回転した曲線C'の方程式を

$$ax^2+2hxy+by^2=4$$

とする.

(1) a, b, h を θ の式で表せ.

(2) $h=0$ となるように θ の値を定めよ.

(3) Cは双曲線であることを示し，その漸近線の方程式を求めよ. (芝浦工大)

精講 点$(x,\ y)$を $-\theta$ だけ回転した点を$(X,\ Y)$とすると

$$\boldsymbol{x+iy=(\cos\theta+i\sin\theta)(X+iY)}$$

$$\therefore\ \begin{cases}\boldsymbol{x=X\cos\theta-Y\sin\theta}\\ \boldsymbol{y=X\sin\theta+Y\cos\theta}\end{cases}$$

となります.(標問 **94**)

後は誘導に従ってしっかり計算します.

解法のプロセス

$-\theta$ 回転で

$(x,\ y)\to(X,\ Y)$

⇩

$\begin{cases}x=X\cos\theta-Y\sin\theta\\ y=X\sin\theta+Y\cos\theta\end{cases}$

⇩

x, y を消去して，X, Yの関係式を求める

〈 解 答 〉

$C:x^2+6\sqrt{3}xy-5y^2=4$ ……①

(1) 点$(x,\ y)$を原点のまわりに $-\theta$ だけ回転した点を$(X,\ Y)$とすれば

$$\begin{cases}x=X\cos\theta-Y\sin\theta\\ y=X\sin\theta+Y\cos\theta\end{cases}\quad\cdots\cdots②$$

⬅ $(x,\ y)$は$(X,\ Y)$をθ回転したもの

②を①に代入して

$C':aX^2+2hXY+bY^2=4$ ……③

となるとすると，計算により

$$\begin{cases}\boldsymbol{a=\cos^2\theta+6\sqrt{3}\sin\theta\cos\theta-5\sin^2\theta}\\ \boldsymbol{b=\sin^2\theta-6\sqrt{3}\sin\theta\cos\theta-5\cos^2\theta}\\ \boldsymbol{h=3\sqrt{3}(\cos^2\theta-\sin^2\theta)-6\sin\theta\cos\theta}\end{cases}\quad\cdots④$$

(2) (1)より，$h=3\sqrt{3}\cos2\theta-3\sin2\theta=0$

$\therefore\ \tan2\theta=\sqrt{3}\ (0\leqq2\theta\leqq\pi)$

$\therefore \quad \theta = \dfrac{\pi}{6}$

(3) $\theta = \dfrac{\pi}{6}$ のとき，④より，$a=4$，$b=-8$.

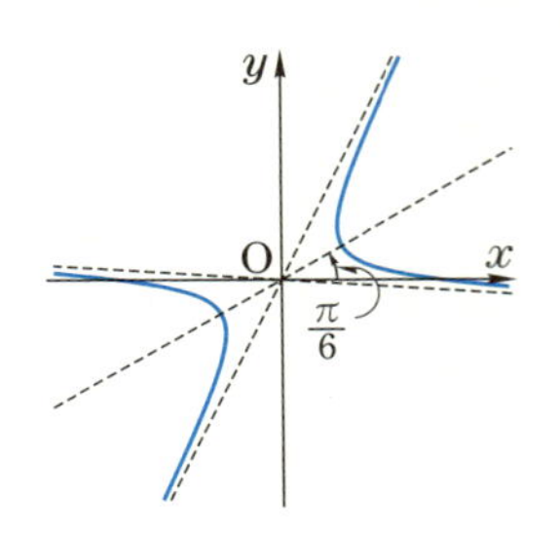

これらを③に代入すると

$C' : X^2 - 2Y^2 = 1$

よって，C' は双曲線であり，漸近線の方程式は

$X \pm \sqrt{2}\,Y = 0$ ……⑤

$(X,\ Y)$ は，$(x,\ y)$ を $-\dfrac{\pi}{6}$ だけ回転した点

であるから

$X = \dfrac{\sqrt{3}\,x + y}{2}$，$Y = \dfrac{-x + \sqrt{3}\,y}{2}$ ……⑥ ⬅ θ 回転の公式

⑥を⑤に代入すると

$$\sqrt{3}\,x + y \pm \sqrt{2}\,(-x + \sqrt{3}\,y) = 0$$

$$\therefore \quad y = \frac{-\sqrt{3} \pm \sqrt{2}}{1 \pm \sqrt{6}}\,x$$

$$\therefore \quad \boldsymbol{y = \frac{3\sqrt{3} \pm 4\sqrt{2}}{5}\,x} \quad \cdots\cdots ⑦$$

ゆえに，曲線 C は⑦を漸近線とする双曲線である． ⬅ 回転で形は変化しない

研究 〈2次曲線の分類〉

本問の方程式を一般化した x と y の2次方程式

$ax^2 + 2hxy + by^2 + 2px + 2qy + c = 0$ ……①

の表す図形は，例外

- 一致するか，平行であるか，または交わる2直線
- 1点
- 解なし

を除くと円錐曲線に限ることが知られています．

そこで，①が円錐曲線を表すものとして，その種類を係数によって分類してみましょう．

〈有心円錐曲線：円を含む楕円と双曲線〉

円を含む楕円と双曲線は点対称ですが，放物線は違います．この観点から円錐曲線は2つに分類されます．

- **有心円錐曲線：円を含む楕円，双曲線**
- **無心円錐曲線：放物線**

いま，①が有心円錐曲線を表すとして，その対称の中心$(x_0,\ y_0)$が原点と一致するように平行移動します．

$$\begin{cases} X=x-x_0 \\ Y=y-y_0 \end{cases} \quad より \quad \begin{cases} x=X+x_0 \\ y=Y+y_0 \end{cases}$$

これを①に代入すると

$$aX^2+2hXY+bY^2+2(ax_0+hy_0+p)X$$
$$+2(hx_0+by_0+q)Y+C=0 \quad \cdots②$$

⬅ 平行移動で定数項は変化

②は原点対称の曲線を表すはずだから

$$\begin{cases} ax_0+hy_0+p=0 \\ hx_0+by_0+q=0 \end{cases} \quad \therefore \quad \begin{cases} (ab-h^2)x_0=-bp+hq \\ (ab-h^2)y_0=hp-aq \end{cases}$$

これを満たす$(x_0,\ y_0)$がただ1つ存在する条件は

$$ab-h^2 \neq 0$$

したがって，$ab-h^2 \neq 0$ のとき，①は有心円錐曲線を表し，対称の中心が原点と一致するように平行移動すれば，その方程式は

$$\boldsymbol{ax^2+2hxy+by^2+C=0} \quad \cdots\cdots③$$

となります．

〈有心円錐曲線の標準化〉

①が表す円錐曲線を，回転または平行移動して（曲線の形は変化しません）方程式を標準形に直すことを**標準化する**といいます．

有心円錐曲線は，平行移動によってその方程式を③の形に直せます．そこで，引き続き曲線を回転して，xy の項を消しましょう．

③を $-\theta$ 回転して，方程式が

$$Ax^2+2Hxy+By^2+C=0 \quad \cdots\cdots④$$

⬅ 回転で定数項は不変

に変化したとすれば，本問と同様の計算によって

$$\begin{cases} A=\dfrac{a+b}{2}+\left(\dfrac{a-b}{2}\cos 2\theta+h\sin 2\theta\right) \\ B=\dfrac{a+b}{2}-\left(\dfrac{a-b}{2}\cos 2\theta+h\sin 2\theta\right) \\ 2H=2h\cos 2\theta-(a-b)\sin 2\theta \end{cases} \quad \cdots\cdots⑤$$

$H=0$ より，$2h\cos 2\theta=(a-b)\sin 2\theta$

$$\therefore \quad \boldsymbol{\tan 2\theta=\frac{2h}{a-b}}$$

この等式を満たす θ に対して，$-\theta$ だけ回転すれば，方程式は

$$\boldsymbol{Ax^2+By^2+C=0} \quad \cdots\cdots⑥$$

と変換されて標準化が完了したことになります．ただし，$a=b$ のときは $\theta=\dfrac{\pi}{4}$ と考えます．

第5章

〈不変式：$\boldsymbol{a+b}$，$\boldsymbol{ab-h^2}$〉

回転の計算をしないで①の係数から直接⑥のA，Bを求める方法を考えましょう．うまいことに③と④の間には

$$\begin{cases} \boldsymbol{A+B=a+b} \\ \boldsymbol{AB-H^2=ab-h^2} \end{cases} \quad \cdots\cdots⑦$$

という関係式が成立します（演習問題 115）．すなわち，$a+b$ と $ab-h^2$ は回転しても変化しません．さらに，①と②で2次の係数が変化しないので平行移動でも不変です．

$H=0$ のとき，⑦は

$$\begin{cases} A+B=a+b \\ AB=ab-h^2 \end{cases} \quad \cdots\cdots⑧$$

となるので，AとBは次の2次方程式の2解です．

$$x^2-(a+b)x+ab-h^2=0$$

本問に適用してみましょう．$a=1$，$b=-5$，$h=3\sqrt{3}$ より

$$\begin{cases} a+b=-4 \\ ab-h^2=-32 \end{cases}$$

解答の①が $Ax^2+By^2=4$ となるとき，A，B は

$$x^2+4x-32=0 \qquad \therefore \quad (x+8)(x-4)=0$$

の2解です．そこで $(A,\ B)=(4,\ -8)$ とすると

$$x^2-2y^2=1$$

となり**解答**の C' の方程式と一致します．

なお，有心円錐曲線①の種類を知りたいだけならば，⑥と⑧により

$$\begin{cases} \boldsymbol{ab-h^2>0} \text{ **のとき**，} A\text{と}B\text{は同符号だから，**円を含む楕円**} \\ \boldsymbol{ab-h^2<0} \text{ **のとき**，} A\text{と}B\text{は異符号だから，**双曲線**} \end{cases}$$

と判定されます．$\boldsymbol{ab-h^2=0}$ **のときは**，もちろん無心円錐曲線である**放物線**です．

演習問題

115　研究 において，⑤から⑦を示せ．

標問 116 2次曲線（2）

xy 平面上の曲線 $C: x^2-2xy+y^2-\sqrt{2}x-\sqrt{2}y+a=0$ について，次の問いに答えよ．ただし，a は定数とする．

(1) 曲線 C を原点のまわりに適当な角度だけ回転することによって，曲線 C は，楕円，双曲線，放物線のいずれであるかを調べよ．

(2) 曲線 C が x 軸および y 軸に接するとき，定数 a の値を求めよ．

精講 前問 研究 の結果によれば

$$\begin{cases} \tan 2\theta = \dfrac{2h}{a-b} = \infty \quad \text{より，} \theta = \dfrac{\pi}{4} \\ ab-h^2=0 \text{ より，} C \text{ は放物線} \end{cases}$$

であると直ちにわかりますが，これをそのまま答案にするわけにはいきません．

曲線 C は，その方程式が「x と y に関して対称」なので，直線 $y=x$ に関して対称です．

したがって，回転角は $\pm 45°$ どちらでも構いません．対称性に注目できれば，特別な知識は一切必要ないわけです．

解法のプロセス

回転角の指定も誘導もない

⇩

方程式の対称性を見る

⇩

x と y を交換しても不変

⇩

C は $y=x$ に関して対称

⇩

$-45°$ 回転

解答

$C: f(x,\ y)=x^2-2xy+y^2-\sqrt{2}x-\sqrt{2}y+a=0$ ……①

(1) $f(x,\ y)=f(y,\ x)$ であるから，曲線 C は直線 $y=x$ に関して対称である．

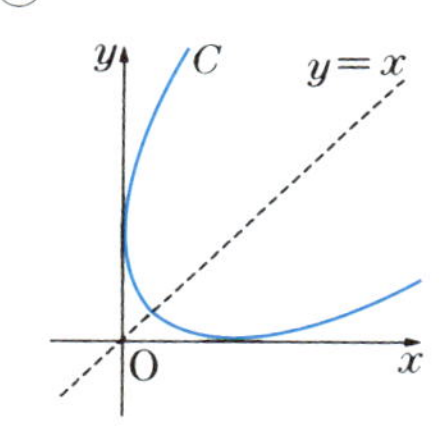

そこで，曲線 C を原点のまわりに $-45°$ 回転することにし，この回転で点 $(x,\ y)$ が点 $(X,\ Y)$ に移るとすれば

$$x+iy=(\cos 45°+i\sin 45°)(X+iY)$$
$$=\frac{X-Y}{\sqrt{2}}+i\frac{X+Y}{\sqrt{2}}$$

$$\therefore \quad x=\frac{X-Y}{\sqrt{2}},\ y=\frac{X+Y}{\sqrt{2}} \quad \cdots\cdots②$$

$$\therefore \quad x-y=-\sqrt{2}Y,\quad x+y=\sqrt{2}X$$

これらを①：$(x-y)^2-\sqrt{2}(x+y)+a=0$ に代入すると

$$2Y^2-2X+a=0 \qquad \therefore \quad Y^2=X-\frac{a}{2}$$

したがって，曲線Cは**放物線**である．

(2) 曲線Cは直線 $y=x$ に関して対称であるから，
x軸に接することが必要十分．

$$f(x,\ 0)=x^2-\sqrt{2}\,x+a=0$$

が重解をもつ条件は，(判別式)$=2-4a=0$ $\quad\therefore\quad a=\dfrac{1}{2}$

研究 **〈無心2次曲線の標準化〉**

$$f(x,\ y)=ax^2+2hxy+by^2+2px+2qy+c=0$$

が $ab-h^2=0$ を満たすときは，初めから回転します．このとき，
有心2次曲線の回転に関する解説が，xとyの2次の項

$$ax^2+2hxy+by^2$$

についてはそのまま通用します．しかし，1次の項は残ります．

〈標問116の改変〉

xyの係数を変えて，方程式

$$x^2-xy+y^2-\sqrt{2}\,x-\sqrt{2}\,y+a=0$$

がある閉じた曲線Cを表すような定数aの範囲を定め，
Cが囲む部分の面積Sを求めてみましょう．もちろん，
今までの話からCは直線 $y=x$ に関して対称な楕円に
なるはずです．
そこで**解答**の変換②をそのまま使うと

$$\frac{(X-Y)^2+(X+Y)^2}{2}-\frac{X^2-Y^2}{2}-\sqrt{2}\cdot\sqrt{2}\,X+a=0$$

$$X^2+3Y^2-4X+2a=0$$

$$\therefore\quad (X-2)^2+3Y^2=2(2-a)$$

したがって，$a<2$ のとき，楕円

$$\frac{(X-2)^2}{2(2-a)}+\frac{Y^2}{\dfrac{2(2-a)}{3}}=1$$

⬅ $a=2$ のときは，1点$(2,\ 0)$
$a>2$ のときは，何も現れない．

を表し，これが囲む部分の面積は

$$S=\pi\sqrt{2(2-a)}\sqrt{\frac{2(2-a)}{3}}=\frac{2\sqrt{3}}{3}\pi(2-a)$$

となります．

演習問題

(116) 方程式 $\sqrt{x}+\sqrt{y}=2$ の表す曲線は放物線の一部であることを示し，この放物線の焦点の座標と準線の方程式を求めよ． (千葉大)

演習問題の解答

第1章

1 (1) $\displaystyle\lim_{n\to\infty}\frac{1+2+3+\cdots+n}{n^2}=\lim_{n\to\infty}\frac{n(n+1)}{2n^2}=\lim_{n\to\infty}\frac{1}{2}\left(1+\frac{1}{n}\right)=\boldsymbol{\frac{1}{2}}$

(2) $\displaystyle\lim_{n\to\infty}\frac{1}{n}\sum_{k=1}^{n}\left(\frac{k}{n}\right)^3=\lim_{n\to\infty}\frac{1}{n^4}\cdot\frac{n^2(n+1)^2}{4}=\lim_{n\to\infty}\frac{1}{4}\left(1+\frac{1}{n}\right)^2=\boldsymbol{\frac{1}{4}}$

(3) $\displaystyle\lim_{n\to\infty}\left(1-\frac{1}{2^2}\right)\left(1-\frac{1}{3^2}\right)\cdots\left(1-\frac{1}{4n^2}\right)$

$\displaystyle=\lim_{n\to\infty}\left(1-\frac{1}{2}\right)\left(1+\frac{1}{2}\right)\left(1-\frac{1}{3}\right)\left(1+\frac{1}{3}\right)\left(1-\frac{1}{4}\right)\left(1+\frac{1}{4}\right)\cdots\left(1-\frac{1}{2n}\right)\left(1+\frac{1}{2n}\right)$

$\displaystyle=\lim_{n\to\infty}\frac{1}{2}\cdot\frac{3}{2}\cdot\frac{2}{3}\cdot\frac{4}{3}\cdot\frac{3}{4}\cdot\frac{5}{4}\cdot\cdots\cdot\frac{2n-1}{2n}\cdot\frac{2n+1}{2n}=\lim_{n\to\infty}\frac{1}{2}\left(1+\frac{1}{2n}\right)=\boldsymbol{\frac{1}{2}}$

2 (1) $\displaystyle\lim_{n\to\infty}\sqrt{n+1}\,(\sqrt{n}-\sqrt{n-1})=\lim_{n\to\infty}\frac{\sqrt{n+1}}{\sqrt{n}+\sqrt{n-1}}=\lim_{n\to\infty}\frac{\sqrt{1+\frac{1}{n}}}{1+\sqrt{1-\frac{1}{n}}}=\boldsymbol{\frac{1}{2}}$

(2) $\displaystyle\lim_{n\to\infty}(\sqrt{n^3+n}-n^{\frac{3}{2}})=\lim_{n\to\infty}\sqrt{n}\,(\sqrt{n^2+1}-n)$

$\displaystyle=\lim_{n\to\infty}\frac{\sqrt{n}}{\sqrt{n^2+1}+n}=\lim_{n\to\infty}\frac{1}{\sqrt{n+\frac{1}{n}}+\sqrt{n}}=\boldsymbol{0}$

3 (1) グラフより

$$\lim_{n\to\infty}(1+\sin\pi x)^n=\begin{cases}\boldsymbol{1} & (\boldsymbol{x=0,\ 1,\ 2})\\ \boldsymbol{\infty} & (\boldsymbol{0<x<1})\\ \boldsymbol{0} & (\boldsymbol{1<x<2})\end{cases}$$

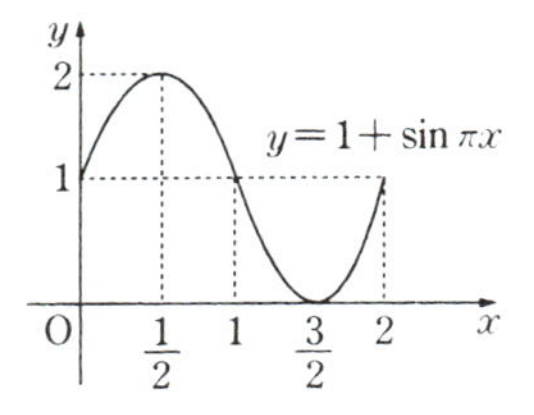

(2) (1)より

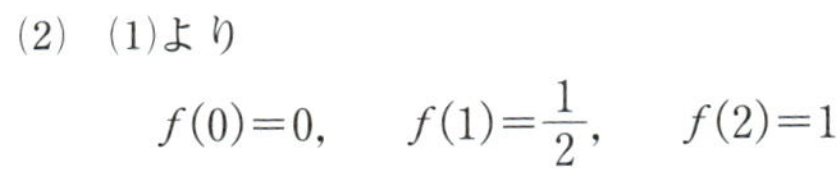

$f(0)=0,\quad f(1)=\frac{1}{2},\quad f(2)=1$

$0<x<1$ のとき，$\displaystyle f(x)=\lim_{n\to\infty}\frac{1+\frac{x-1}{(1+\sin\pi x)^n}}{1+\frac{1}{(1+\sin\pi x)^n}}=1$

$1<x<2$ のとき，$f(x)=x-1$

以上から，$y=f(x)$ のグラフは右図．

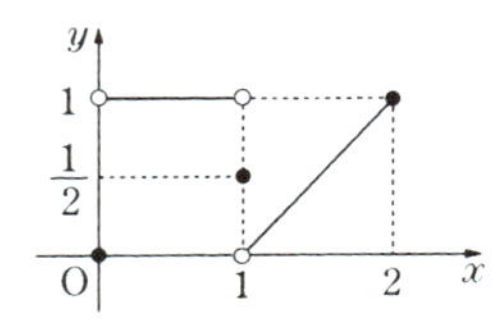

4 $\displaystyle f(a)=\lim_{n\to\infty}\frac{a^{2n}(\sin^{2n}a+1)}{1+a^{2n}}$ とおく．

(i) $|a|<1\ \left(<\frac{\pi}{2}\right)$ のとき，$|\sin a|<1$ より，$f(a)=\boldsymbol{0}$

(ii) $|a|=1$ のとき，$a^{2n}=1$，$|\sin a|<1$ より，$f(a)=\boldsymbol{\frac{1}{2}}$

(iii) $|a|>1$ のとき，

$a=\frac{\pi}{2}+m\pi$（mは整数）ならば，

$\sin^{2n}a=1$ より，$f(a)=\lim_{n\to\infty}\frac{2a^{2n}}{1+a^{2n}}=\mathbf{2}$

$a\neq\frac{\pi}{2}+m\pi$ ならば，

$|\sin a|<1$ より，$f(a)=\lim_{n\to\infty}\dfrac{\sin^{2n}a+1}{\frac{1}{a^{2n}}+1}=\mathbf{1}$

5-1 (1) 自然数$n(>1)$に対して，$\sqrt[n]{n}>1$ であるから，

$\sqrt[n]{n}=1+h_n$ とおくと，$h_n>0$ であり，

$$n=(1+h_n)^n\geqq 1+nh_n+\frac{n(n-1)}{2}h_n{}^2>\frac{n(n-1)}{2}h_n{}^2$$

$\therefore\ h_n{}^2<\frac{2}{n-1}\qquad\therefore\ 0<h_n<\sqrt{\frac{2}{n-1}}$

(2) (1)より $\lim_{n\to\infty}h_n=0$ ゆえ，$\lim_{n\to\infty}\sqrt[n]{n}=\lim_{n\to\infty}(1+h_n)=\mathbf{1}$

5-2 $a\geqq b$ のとき，$\sqrt[n]{a^n}\leqq\sqrt[n]{a^n+b^n}\leqq\sqrt[n]{a^n+a^n}$ より，$a\leqq\sqrt[n]{a^n+b^n}\leqq a\cdot 2^{\frac{1}{n}}$

$\therefore\ \lim_{n\to\infty}\sqrt[n]{a^n+b^n}=\boldsymbol{a}$

$a\leqq b$ のとき，同様にして，$\lim_{n\to\infty}\sqrt[n]{a^n+b^n}=\boldsymbol{b}$

6-1 (1) $a_n>0$ ゆえ，$a_n{}^pa_{n-1}{}^q=a$ の対数をとると

$p\log a_n+q\log a_{n-1}=\log a$ より，$\log a_n=-\frac{q}{p}\log a_{n-1}+\frac{\log a}{p}$

$$\log a_n-\frac{\log a}{p+q}=-\frac{q}{p}\left(\log a_{n-1}-\frac{\log a}{p+q}\right)$$

$$\log a_n-\frac{\log a}{p+q}=\left(-\frac{q}{p}\right)^{n-1}\left(\log a_1-\frac{\log a}{p+q}\right)=-\frac{\log a}{p+q}\left(-\frac{q}{p}\right)^{n-1}$$

$$\log a_n=\frac{\log a}{p+q}\left\{1-\left(-\frac{q}{p}\right)^{n-1}\right\}$$

$\therefore\ \boldsymbol{a_n=a^{\frac{1}{p+q}\left\{1-\left(-\frac{q}{p}\right)^{n-1}\right\}}}$

(2) $p>q>0$ より，$\left|-\frac{q}{p}\right|<1$ であるから

$\lim_{n\to\infty}a_n=\boldsymbol{a^{\frac{1}{p+q}}}$

6-2 $a_{n+1}-3=\frac{5a_n+3}{a_n+3}-3=\frac{2(a_n-3)}{a_n+3}$，　$a_{n+1}+1=\frac{6(a_n+1)}{a_n+3}$ より

$b_{n+1}=\frac{a_{n+1}-3}{a_{n+1}+1}=\frac{2}{6}\cdot\frac{a_n-3}{a_n+1}=\frac{1}{3}b_n\qquad\therefore\ b_n=b_1\left(\frac{1}{3}\right)^{n-1}=\boldsymbol{\frac{1}{5}\left(\frac{1}{3}\right)^{n-1}}$

$\lim_{n\to\infty} b_n=0$ であるから，$\lim_{n\to\infty} a_n=\lim_{n\to\infty}\frac{3+b_n}{1-b_n}=\mathbf{3}$

6-3 $a_{n+1}=\frac{1}{2-a_n}$ より，$a_{n+1}-1=\frac{a_n-1}{2-a_n}$

$$\frac{1}{a_{n+1}-1}=\frac{-(a_n-1)+1}{a_n-1}=\frac{1}{a_n-1}-1$$

$$\frac{1}{a_n-1}=\frac{1}{a_1-1}-(n-1)=\frac{1}{c-1}-(n-1)$$

$$\therefore\quad a_n=1+\frac{c-1}{1-(c-1)(n-1)}\to 1\quad (n\to\infty)$$

7 (1) $0<a_1<1$ である．次に，ある n に対して $0<a_n<1$ と仮定すると

$$a_{n+1}=\frac{na_n{}^2+2n+1}{a_n+3n}>0$$

$$1-a_{n+1}=\frac{a_n+n-na_n{}^2-1}{a_n+3n}=\frac{(1-a_n)\{n(1+a_n)-1\}}{a_n+3n}>0 \qquad \cdots\cdots①$$

したがって，$0<a_{n+1}<1$ となり，数学的帰納法によりすべての自然数 n に対して

$$0<a_n<1$$

(2) ①：$1-a_{n+1}=\frac{n(1+a_n)-1}{a_n+3n}(1-a_n)$ において，$0<a_n<1$ より，

$n(1+a_n)-1<2n-1<2n$，$a_n+3n>3n$ であるから，

$$0<\frac{n(1+a_n)-1}{a_n+3n}<\frac{2n}{3n}=\frac{2}{3}\qquad \therefore\quad 0<1-a_{n+1}<\frac{2}{3}(1-a_n)$$

$$\therefore\quad 0<1-a_n<\left(\frac{2}{3}\right)^{n-1}(1-a_1)$$

$\lim_{n\to\infty}\left(\frac{2}{3}\right)^{n-1}(1-a_1)=0$ ゆえ，$\lim_{n\to\infty} a_n=\mathbf{1}$

8 $a_n>(n+2)^2$ を数学的帰納法で証明する．$n=1$ のときは成立するから，ある n ($\geqq 2$) に対して，$a_{n-1}>(n+1)^2$ が成り立つと仮定すると，

$$a_n=1+\frac{a_{n-1}{}^2}{n^2}>1+\frac{(n+1)^4}{n^2}=1+\frac{n^4+4n^3+6n^2+4n+1}{n^2}$$

$$>\frac{n^4+4n^3+4n^2}{n^2}=(n+2)^2$$

$$\therefore\quad a_n>(n+2)^2\quad (n=1,\ 2,\ \cdots)$$

$\lim_{n\to\infty}(n+2)^2=\infty$ より，$\lim_{n\to\infty} a_n=\infty$

10-1 $\mathrm{BA}_n=x_n$ とおく．

$$\mathrm{AC}_n=a-\frac{1}{2}\mathrm{BA}_n=a-\frac{1}{2}x_n$$

$$\mathrm{CB}_n=a-\frac{1}{2}\mathrm{AC}_n=\frac{1}{2}a+\frac{1}{4}x_n$$

$$\mathrm{BA}_{n+1}=a-\frac{1}{2}\mathrm{CB}_n=\frac{3}{4}a-\frac{1}{8}x_n=x_{n+1}$$

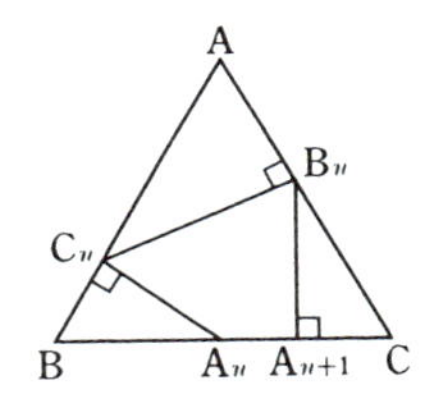

$x_{n+1}-\frac{2}{3}a=-\frac{1}{8}\left(x_n-\frac{2}{3}a\right)$ より,

$$x_n-\frac{2}{3}a=\left(-\frac{1}{8}\right)^{n-1}\left(x_1-\frac{2}{3}a\right)\to 0 \quad (n\to\infty)$$

$$\therefore \quad \lim_{n\to\infty}x_n=\boldsymbol{\frac{2}{3}a}$$

10-2 (1) A → D → A または A → B → A と移動する確率だから

$$a_1=\left(\frac{5}{6}\cdot\frac{1}{6}\right)\cdot 2=\boldsymbol{\frac{5}{18}}$$

(2) 偶数回後にはQはAかCにあるから，$2n+2$ 回後にAにあるのは，$2n$ 回後にAにあって，(1)と同じように2回でAにもどるときか，または $2n$ 回後にCにあって，C → D → A またはC → B →A と移動するときである.

$$\therefore \quad a_{n+1}=\frac{5}{18}a_n+\left\{\left(\frac{1}{6}\right)^2+\left(\frac{5}{6}\right)^2\right\}(1-a_n)=\boldsymbol{-\frac{4}{9}a_n+\frac{13}{18}}$$

(3) $a_{n+1}-\frac{1}{2}=-\frac{4}{9}\left(a_n-\frac{1}{2}\right)$ より

$$a_n-\frac{1}{2}=\left(-\frac{4}{9}\right)^{n-1}\left(a_1-\frac{1}{2}\right)=-\frac{2}{9}\left(-\frac{4}{9}\right)^{n-1}$$

$$\therefore \quad \lim_{n\to\infty}a_n=\lim_{n\to\infty}\left\{\frac{1}{2}-\frac{2}{9}\left(-\frac{4}{9}\right)^{n-1}\right\}=\boldsymbol{\frac{1}{2}}$$

11 (1) $x+3=A(x+1)+Bx$ より

$$A=\mathbf{3},\quad B=\mathbf{-2}$$

(2) $a_n=\frac{n+3}{n(n+1)}\left(\frac{2}{3}\right)^n=\left(\frac{3}{n}-\frac{2}{n+1}\right)\left(\frac{2}{3}\right)^n=3\left\{\frac{1}{n}\left(\frac{2}{3}\right)^n-\frac{1}{n+1}\left(\frac{2}{3}\right)^{n+1}\right\}$ より

$$\sum_{n=1}^{\infty}a_n=\lim_{n\to\infty}\sum_{k=1}^{n}a_k=\lim_{n\to\infty}3\left\{\frac{2}{3}-\frac{1}{n+1}\left(\frac{2}{3}\right)^{n+1}\right\}=\mathbf{2}$$

12-1 $\sum_{n=1}^{\infty}a_n=1$, $\lim_{n\to\infty}na_n=0$ のとき，$S_n=\sum_{k=1}^{n-1}k(a_k-a_{k+1})$ とおくと

$$S_n=a_1-a_2+2(a_2-a_3)+3(a_3-a_4)+\cdots+(n-1)(a_{n-1}-a_n)$$

$$=a_1+a_2+a_3+\cdots+a_{n-1}-(n-1)a_n=\sum_{k=1}^{n}a_k-na_n$$

$$\therefore \quad \lim_{n\to\infty}S_n=\sum_{n=1}^{\infty}a_n-\lim_{n\to\infty}na_n=1$$

12-2 $\frac{1}{\sqrt{k}}>\frac{1}{\sqrt{k}+\sqrt{k+1}}=\sqrt{k+1}-\sqrt{k}$ より

$$a_n>\sum_{k=1}^{n}(\sqrt{k+1}-\sqrt{k})=\sqrt{n+1}-1\to\infty \quad (n\to\infty)$$

$$\therefore \quad \lim_{n\to\infty}a_n=\infty$$

注 標問 **82** の評価法を使えばもっと自然に証明できる.

次に，$\frac{1}{\sqrt{2k+2}}<\frac{1}{\sqrt{2k+1}}<\frac{1}{\sqrt{2k}}$ より （気づくかどうかは経験の問題）

$$\frac{1}{\sqrt{2}}\sum_{k=1}^{n}\frac{1}{\sqrt{k+1}}<\sum_{k=1}^{n}\frac{1}{\sqrt{2k+1}}<\frac{1}{\sqrt{2}}\sum_{k=1}^{n}\frac{1}{\sqrt{k}}$$

$$\frac{1}{\sqrt{2}}\left(a_n-1+\frac{1}{\sqrt{n+1}}\right)<b_n<\frac{1}{\sqrt{2}}a_n$$

$$\therefore\quad \frac{1}{\sqrt{2}}\left\{1-\frac{1}{a_n}\left(1-\frac{1}{\sqrt{n+1}}\right)\right\}<\frac{b_n}{a_n}<\frac{1}{\sqrt{2}}$$

$\lim_{n\to\infty}a_n=\infty$ だから，$\lim_{n\to\infty}\frac{b_n}{a_n}=\boldsymbol{\frac{1}{\sqrt{2}}}$

13-1 (1) $\sum_{n=1}^{\infty}\left(-\frac{1}{3}\right)^{n-1}=\frac{1}{1-\left(-\frac{1}{3}\right)}=\boldsymbol{\frac{3}{4}}$

(2) $\sum_{n=1}^{\infty}\frac{1}{3^n}\cos\frac{n\pi}{2}=-\frac{1}{3^2}+\frac{1}{3^4}-\frac{1}{3^6}+\cdots=\frac{-\frac{1}{3^2}}{1-\left(-\frac{1}{3^2}\right)}=\boldsymbol{-\frac{1}{10}}$

(3) $\sum_{n=0}^{\infty}\left(\frac{1}{3^n}-\frac{1}{4^n}\right)=\frac{1}{1-\frac{1}{3}}-\frac{1}{1-\frac{1}{4}}=\frac{3}{2}-\frac{4}{3}=\boldsymbol{\frac{1}{6}}$

(4) $\sum_{n=1}^{\infty}\frac{1+2+\cdots+2^{n-1}}{3^n}=\sum_{n=1}^{\infty}\frac{2^n-1}{3^n}=\sum_{n=1}^{\infty}\left\{\left(\frac{2}{3}\right)^n-\left(\frac{1}{3}\right)^n\right\}$

$=\frac{\frac{2}{3}}{1-\frac{2}{3}}-\frac{\frac{1}{3}}{1-\frac{1}{3}}=\boldsymbol{\frac{3}{2}}$

13-2 SとTの収束条件は

$\left|\frac{a}{2}\right|<1$，$\left|-\frac{1}{2-a}\right|<1$ より，$|a|<2$，$|a-2|>1$　　$\therefore\quad -2<a<1$ ……①

このとき，$S=T$ より

$$S-T=\frac{1}{1-\frac{a}{2}}-\frac{1}{1+\frac{1}{2-a}}=\frac{2+2a-a^2}{(2-a)(3-a)}=0$$

$\therefore\quad a^2-2a-2=0$　　$\therefore\quad a=1\pm\sqrt{3}$ ……②

①，②より，

$a=\boldsymbol{1-\sqrt{3}}$

14 $S_n=a^{-1}+2^2\cdot a^{-2}+3^2\cdot a^{-3}+\cdots+n^2a^{-n}$ ……①

とおくと

$a^{-1}S_n=\qquad a^{-2}+2^2\cdot a^{-3}+\cdots+(n-1)^2a^{-n}+n^2a^{-(n+1)}$ ……②

①−② より

$(1-a^{-1})S_n=a^{-1}+3a^{-2}+5a^{-3}+\cdots+(2n-1)a^{-n}-n^2a^{-(n+1)}$

さらに

$$T_n=a^{-1}+3a^{-2}+\cdots+(2n-1)a^{-n} \qquad \cdots\cdots③$$

とおくと

$$a^{-1}T_n= \qquad a^{-2}+\cdots+(2n-3)a^{-n}+(2n-1)a^{-(n+1)} \qquad \cdots\cdots④$$

③－④ より

$$(1-a^{-1})T_n=a^{-1}+2(a^{-2}+\cdots+a^{-n})-(2n-1)a^{-(n+1)}$$

$$=a^{-1}+2\cdot\frac{a^{-2}(1-a^{-(n-1)})}{1-a^{-1}}-(2n-1)a^{-(n+1)}$$

$$\therefore\ \lim_{n\to\infty}T_n=\frac{1}{1-a^{-1}}\left(a^{-1}+\frac{2a^{-2}}{1-a^{-1}}\right)$$

$$\therefore\ \lim_{n\to\infty}S_n=\frac{1}{1-a^{-1}}\lim_{n\to\infty}T_n=\frac{a^{-1}+a^{-2}}{(1-a^{-1})^3}=\boldsymbol{\frac{a(a+1)}{(a-1)^3}}$$

15-1 T_1, T_2, …はすべて直角三角形である．よって，T_2 の斜辺は円 C_1 の直径と一致する．そこで，円 C_1 の半径を r とすると

$$S_1=\frac{1}{2}\cdot3\cdot4=\frac{1}{2}(3+4+5)r$$

$$\therefore\ S_1=6,\ r=1$$

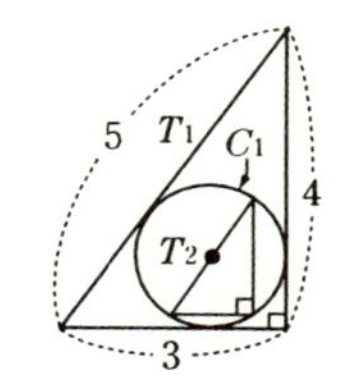

面積比は，斜辺の比の 2 乗に等しいから

$$\frac{S_2}{S_1}=\left(\frac{2}{5}\right)^2=\frac{4}{25}$$

$$\therefore\ \sum_{i=1}^{\infty}S_i=\sum_{i=1}^{\infty}\left(\frac{4}{25}\right)^{i-1}S_1=\frac{6}{1-\dfrac{4}{25}}=\boldsymbol{\frac{50}{7}}$$

15-2 (1) 図のように座標軸を設定すると

$$\overrightarrow{C_0C_3}=\overrightarrow{C_0C_1}+\overrightarrow{C_1C_2}+\overrightarrow{C_2C_3}$$

$$=\left(-\frac{1}{2},\ \frac{\sqrt{3}}{2}\right)+\left(-\frac{1}{2},\ 0\right)$$

$$+\frac{1}{4}\left(-\frac{1}{2},\ -\frac{\sqrt{3}}{2}\right)$$

$$=\left(-\frac{9}{8},\ \frac{3\sqrt{3}}{8}\right)$$

$$\therefore\ |\overrightarrow{C_0C_3}|=\frac{3\sqrt{3}}{8}\sqrt{(\sqrt{3})^2+1^2}=\boldsymbol{\frac{3\sqrt{3}}{4}}$$

(2) $\overrightarrow{C_{k+3}C_{k+4}}=-\dfrac{1}{8}\overrightarrow{C_kC_{k+1}}$ より

$$\overrightarrow{C_0C_{3n}}=\sum_{k=0}^{n-1}(\overrightarrow{C_{3k}C_{3k+1}}+\overrightarrow{C_{3k+1}C_{3k+2}}+\overrightarrow{C_{3k+2}C_{3k+3}})$$

$$=\sum_{k=0}^{n-1}\left(-\frac{1}{8}\right)^k(\overrightarrow{C_0C_1}+\overrightarrow{C_1C_2}+\overrightarrow{C_2C_3})=\sum_{k=0}^{n-1}\left(-\frac{1}{8}\right)^k\overrightarrow{C_0C_3}$$

$$\therefore\ \lim_{n\to\infty}|\overrightarrow{C_0C_{3n}}|=\frac{1}{1-\left(-\dfrac{1}{8}\right)}\cdot\frac{3\sqrt{3}}{4}=\boldsymbol{\frac{2\sqrt{3}}{3}}$$

15-3 (1) A_n の各辺は A_{n+1} の 4 辺になるから，$a_{n+1}=4a_n$.

$a_1=3$ であるから

$$a_n=\mathbf{3\cdot 4^{n-1}}$$

(2) A_n につけ加える小三角形の 1 辺の長さは A_1 の 1 辺の長さの $\left(\frac{1}{3}\right)^n$ 倍だから，その面積は $S_1\cdot\left\{\left(\frac{1}{3}\right)^n\right\}^2=\left(\frac{1}{9}\right)^n$ である．つけ加える個数は a_n だから

$$S_{n+1}=S_n+\left(\frac{1}{9}\right)^n a_n=S_n+\frac{1}{3}\left(\frac{4}{9}\right)^{n-1}$$

$$\therefore\quad S_n=S_1+\sum_{k=1}^{n-1}(S_{k+1}-S_k)=1+\sum_{k=1}^{n-1}\frac{1}{3}\left(\frac{4}{9}\right)^{k-1}$$

ゆえに

$$\lim_{n\to\infty}S_n=1+\frac{1}{3}\left\{1+\frac{4}{9}+\left(\frac{4}{9}\right)^2+\cdots\right\}$$

$$=1+\frac{1}{3}\cdot\frac{1}{1-\frac{4}{9}}=\mathbf{\frac{8}{5}}$$

⬅ A_1 の外接円の面積は $\frac{4\sqrt{3}\pi}{9}$ (≒2.4)

16-1 $Q=a_1\cdots a_m.b_1\cdots b_n$ (有限小数) とすると

$$Q=\frac{a_1\cdots a_m b_1\cdots b_n}{10^n}=\frac{a_1\cdots a_m b_1\cdots b_n}{2^n\cdot 5^n}$$

ゆえに，約分すると分母は 2 または 5 の素因数だけからなる．

逆に，$Q=\frac{q}{2^\alpha\cdot 5^\beta}$ とすると，分母，分子に 2 あるいは 5 を適当に掛けて

$Q=\frac{q'}{2^n\cdot 5^n}=\frac{q'}{10^n}$ とすることができる．したがって，Q は有限小数.

16-2 $1\leqq b<a\leqq 9,\quad \frac{b}{a}\leqq 0.\dot{b}\dot{a}$ ……①

$c=0.\dot{b}\dot{a}$ とおく．$100c=ba.\dot{b}\dot{a}$ との差をとり

$$99c=ba\qquad\therefore\quad c=\frac{10b+a}{99}\quad\cdots\cdots②$$

①，②より

$$\frac{b}{a}\leqq\frac{10b+a}{99}\qquad\therefore\quad b\leqq\frac{a^2}{99-10a}\ (=f(a)\text{ とおく})$$

$f(a)$ は a の増加関数であり

$f(6)=\frac{36}{39}<1$，$f(7)=\frac{49}{29}=1.\cdots$，$f(8)=\frac{64}{19}=3.\cdots$，$f(9)=9$

$$\therefore\quad\begin{cases}\boldsymbol{a=7}\ \textbf{のとき，}\ \boldsymbol{b=1}\\ \boldsymbol{a=8}\ \textbf{のとき，}\ \boldsymbol{b=1,\ 2,\ 3}\\ \boldsymbol{a=9}\ \textbf{のとき，}\ \boldsymbol{b=1,\ 2,\ 3,\ 4,\ 5,\ 6,\ 7,\ 8}\end{cases}$$

第2章

17 $x=-t$ とおくと

$$\text{与式}=\lim_{t\to\infty}(-3t+1+\sqrt{9t^2-4t+1})$$

$$=\lim_{t\to\infty}\frac{2t}{\sqrt{9t^2-4t+1}+3t-1}=\frac{2}{\sqrt{9}+3}=\mathbf{\frac{1}{3}}$$

19-1 (1) 余弦定理により，$2^2=x^2+1^2-2x\cos\theta$

$\therefore\ x^2-2x\cos\theta-3=0\qquad\therefore\ x=\boldsymbol{\cos\theta+\sqrt{\cos^2\theta+3}}$

(2) (1)より，$S(\theta)=\dfrac{1}{2}(\cos\theta+\sqrt{\cos^2\theta+3})\sin\theta$ となるから

$$\lim_{\theta\to0}\frac{S(\theta)}{\theta}=\lim_{\theta\to0}\frac{1}{2}(\cos\theta+\sqrt{\cos^2\theta+3})\frac{\sin\theta}{\theta}=\mathbf{\frac{3}{2}}$$

(3) $\mathrm{CD}=3-\cos\theta-\sqrt{\cos^2\theta+3}=\dfrac{(3-\cos\theta)^2-(\cos^2\theta+3)}{3-\cos\theta+\sqrt{\cos^2\theta+3}}$

$$=\frac{6(1-\cos\theta)}{3-\cos\theta+\sqrt{\cos^2\theta+3}}=\frac{6\sin^2\theta}{(1+\cos\theta)(3-\cos\theta+\sqrt{\cos^2\theta+3})}$$

$$\therefore\ \lim_{\theta\to0}\frac{\mathrm{CD}}{\theta^2}=\lim_{\theta\to0}\frac{6}{(1+\cos\theta)(3-\cos\theta+\sqrt{\cos^2\theta+3})}\left(\frac{\sin\theta}{\theta}\right)^2=\mathbf{\frac{3}{4}}$$

19-2 半径1の円の中心をO，半径 $\dfrac{1}{n}$ の小円の中心をP，Oから小円に引いた接線の接点をQ，$\angle\mathrm{POQ}=\theta_n$ とすると，a_n の定義より

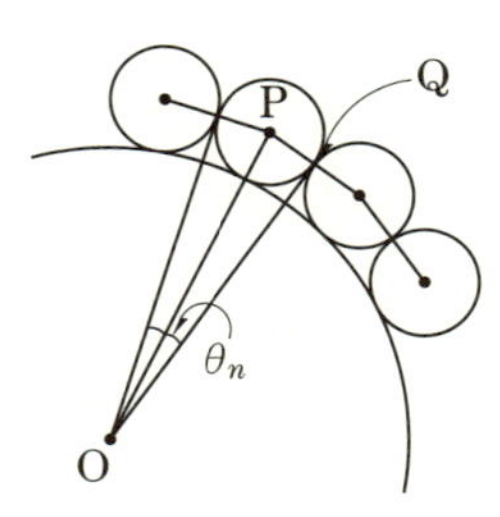

$$\frac{2\pi}{2\theta_n}-1<a_n\leqq\frac{2\pi}{2\theta_n}$$

$$\therefore\ \frac{\pi}{n\theta_n}-\frac{1}{n}<\frac{a_n}{n}\leqq\frac{\pi}{n\theta_n}\quad\cdots\cdots①$$

$\sin\theta_n=\dfrac{\mathrm{PQ}}{\mathrm{OP}}=\dfrac{\frac{1}{n}}{1+\frac{1}{n}}$ であるから

$$n\theta_n=n\sin\theta_n\cdot\frac{\theta_n}{\sin\theta_n}$$

$$=\frac{1}{1+\frac{1}{n}}\cdot\frac{\theta_n}{\sin\theta_n}$$

$$\to1\quad(n\to\infty)\qquad\cdots\cdots\cdots②$$

←$n\theta_n$ の極限を直接求めることはできないから，$\sin\theta_n$ を媒介して考える。直感的には n が十分大きいとき，$\theta_n\fallingdotseq\sin\theta_n$ とみてよいから $\left(\text{なぜなら }\displaystyle\lim_{n\to\infty}\frac{\sin\theta_n}{\theta_n}=1\right)$ $n\theta_n\fallingdotseq n\sin\theta_n=\dfrac{1}{1+\frac{1}{n}}\to1$

①，②より，$\displaystyle\lim_{n\to\infty}\frac{a_n}{n}=\boldsymbol{\pi}$

注 n が十分大きいとき，a_n 個の小円の中心を結んでできる1辺の長さが $\dfrac{2}{n}$ の正多角形は，半径1の円に限りなく近いと考えられる．したがって，

$$\frac{a_n}{n}=\frac{1}{n}\cdot\frac{2\pi}{\frac{2}{n}}=\pi$$

上の解答はこの見方を正当化したものである．本問のように**過不足があるときは不等式を用いる**ことになるが，この原則を使いこなすには“慣れ”が必要である．

20-1 (1)　$f(x)=(1+x)^{\frac{1}{x}}$ とおく．自然対数をとると，$\log f(x)=\frac{1}{x}\log(1+x)$

$\log(1+x)=h$ とおくと，$x=e^h-1$，$h\to 0\ (x\to 0)$ であるから

$$\lim_{x\to 0}(\log f(x))=\lim_{h\to 0}\frac{h}{e^h-1}=1 \qquad \therefore\ \lim_{x\to 0}f(x)=\lim_{x\to 0}e^{\log f(x)}=\boldsymbol{e}$$

(2)　$\frac{1}{n}=x$ とおくと，(1)より

$$\lim_{n\to\infty}\left(1+\frac{1}{n}\right)^n=\lim_{x\to 0}(1+x)^{\frac{1}{x}}=\boldsymbol{e}$$

(3)　$\frac{a}{n}=x$ とおくと，(1)より

$$\lim_{n\to\infty}\left(1+\frac{a}{n}\right)^n=\lim_{x\to 0}(1+x)^{\frac{a}{x}}=\lim_{x\to 0}\{(1+x)^{\frac{1}{x}}\}^a=\boldsymbol{e^a}$$

20-2 (1)　各砂粒が区間 $[0,\ 1)$ に落ちる確率は $\frac{1}{n}$，それ以外の区間に落ちる確率は $1-\frac{1}{n}$ であるから

$$P_n(k)={}_n\mathrm{C}_k\left(\boldsymbol{\frac{1}{n}}\right)^k\left(\boldsymbol{1-\frac{1}{n}}\right)^{n-k}$$

(2)
$$\lim_{n\to\infty}\frac{k!{}_n\mathrm{C}_k}{n^k}=\lim_{n\to\infty}\frac{n(n-1)(n-2)\cdots(n-k+1)}{n^k}$$
$$=\lim_{n\to\infty}\left(1-\frac{1}{n}\right)\left(1-\frac{2}{n}\right)\cdots\left(1-\frac{k-1}{n}\right)=1$$

⬅ k は一定であることに注意！

これをヒントとみると

$$\lim_{n\to\infty}P_n(k)=\lim_{n\to\infty}\frac{k!{}_n\mathrm{C}_k}{n^k}\cdot\frac{1}{k!}\left(1-\frac{1}{n}\right)^{n-k}$$
$$=\lim_{n\to\infty}\frac{k!{}_n\mathrm{C}_k}{n^k}\cdot\frac{1}{k!}\cdot\left(1-\frac{1}{n}\right)^{-k}\cdot\left(1-\frac{1}{n}\right)^n$$

右辺の最終因子は，20-1 (3)の $a=-1$ の場合であるから

$$\lim_{n\to\infty}P_n(k)=1\cdot\frac{1}{k!}\cdot 1\cdot e^{-1}=\boldsymbol{\frac{1}{k!e}}$$

21 (1) $y'=2\sin x\cos x\cdot\cos x+\sin^2 x(-\sin x)$

$=2\sin x(1-\sin^2 x)-\sin^3 x=\mathbf{2\sin x-3\sin^3 x}$

(2) $y'=\dfrac{(e^x+e^{-x})^2-(e^x-e^{-x})^2}{(e^x+e^{-x})^2}=\dfrac{\mathbf{4}}{\mathbf{(e^x+e^{-x})^2}}$

(3) $y'=\dfrac{1}{x+\sqrt{x^2+1}}\left(1+\dfrac{x}{\sqrt{x^2+1}}\right)=\dfrac{\mathbf{1}}{\sqrt{\mathbf{x^2+1}}}$

(4) $y'=\dfrac{1}{\tan\dfrac{x}{2}}\cdot\dfrac{1}{\cos^2\dfrac{x}{2}}\cdot\dfrac{1}{2}=\dfrac{1}{2\sin\dfrac{x}{2}\cos\dfrac{x}{2}}=\dfrac{\mathbf{1}}{\mathbf{\sin x}}$

(5) $y=x^a$ の自然対数をとり，$\log y=a\log x$．x で微分すると

$\dfrac{y'}{y}=\dfrac{a}{x}$　　∴　$y'=\dfrac{a}{x}y=\boldsymbol{ax^{a-1}}$

(6) $y=x^x$ の自然対数をとり，$\log y=x\log x$．x で微分すると

$\dfrac{y'}{y}=\log x+1$　　∴　$y'=\boldsymbol{x^x(\log x+1)}$

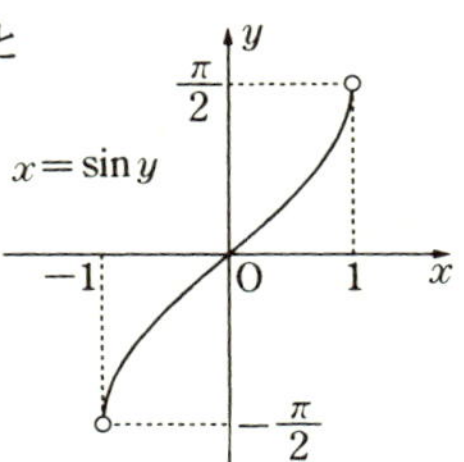

(7) $x=\sin y\ \left(|y|<\dfrac{\pi}{2}\right)$ より

$$\frac{dy}{dx}=\frac{1}{\dfrac{dx}{dy}}=\frac{1}{\cos y}=\frac{1}{\sqrt{1-\sin^2 y}}=\frac{\mathbf{1}}{\sqrt{\mathbf{1-x^2}}}$$

22
$$\begin{cases}\dfrac{dx}{d\theta}=-\sin\theta+(\sin\theta+\theta\cos\theta)=\theta\cos\theta\\[2ex]\dfrac{dy}{d\theta}=\cos\theta-(\cos\theta-\theta\sin\theta)=\theta\sin\theta\end{cases}$$

ゆえに，

$$\frac{dy}{dx}=\frac{\dfrac{dy}{d\theta}}{\dfrac{dx}{d\theta}}=\boldsymbol{\tan\theta}$$

$$\frac{d^2y}{dx^2}=\frac{\dfrac{d}{d\theta}\left(\dfrac{dy}{dx}\right)}{\dfrac{dx}{d\theta}}=\frac{\dfrac{1}{\cos^2\theta}}{\theta\cos\theta}=\frac{\mathbf{1}}{\boldsymbol{\theta\cos^3\theta}}$$

注 曲線の形については，演習問題 **32** を参照せよ．

23-1 $f(0)=0$，かつ $f'(0)$ が存在するから

$$\lim_{x\to0}g(x)=\lim_{x\to0}\frac{f(x)}{x}=\lim_{x\to0}\frac{f(x)-f(0)}{x}=f'(0)=g(0)$$

23-2 (1) 前問の考え方を使って微分係数の定義に帰着させる．

$f(x)=\log\left(\dfrac{a^x+b^x+c^x}{3}\right)$ とおくと，$f(0)=0$ だから

$$\lim_{x\to0}\frac{f(x)}{x}=\lim_{x\to0}\frac{f(x)-f(0)}{x}=f'(0)$$

$$f'(x)=\frac{3}{a^x+b^x+c^x}\cdot\frac{a^x\log a+b^x\log b+c^x\log c}{3}$$ より

$$\lim_{x\to 0}\frac{f(x)}{x}=f'(0)=\frac{\log a+\log b+\log c}{3}=\boldsymbol{\log\sqrt[3]{abc}}$$

(2) (1)より

$$\lim_{x\to 0}\left(\frac{a^x+b^x+c^x}{3}\right)^{\frac{1}{x}}=\lim_{x\to 0}e^{\frac{1}{x}\log\left(\frac{a^x+b^x+c^x}{3}\right)}=e^{\log\sqrt[3]{abc}}=\boldsymbol{\sqrt[3]{abc}}$$

24 (1) (i)より，$f(0)\geqq 1$ ……①

(ii)で $x=h=0$ とおくと，$f(0)\geqq f(0)^2$．ところが①より $f(0)>0$ であるから

$f(0)\leqq 1$ ……②

①，②より，$f(0)=1$

(2) (i)と(1)より，$f(h)\geqq h+1=h+f(0)$

$\therefore\ f(h)-f(0)\geqq h$

ゆえに，

$h>0$ のとき，$\dfrac{f(h)-f(0)}{h}\geqq 1$；$h<0$ のとき，$\dfrac{f(h)-f(0)}{h}\leqq 1$

$f(x)$ は微分可能であるから，それぞれ $h\to +0$，$h\to -0$ とすると

$f'(0)\geqq 1$，$f'(0)\leqq 1$

$\therefore\ f'(0)=1$

(3) (ii)と(1)より

$$f(x+h)-f(x)\geqq f(x)(f(h)-1)=f(x)(f(h)-f(0))$$

ゆえに

$h>0$ のとき，$\dfrac{f(x+h)-f(x)}{h}\geqq f(x)\dfrac{f(h)-f(0)}{h}$

$h<0$ のとき，$\dfrac{f(x+h)-f(x)}{h}\leqq f(x)\dfrac{f(h)-f(0)}{h}$

$f(x)$ は微分可能であるから，それぞれ $h\to +0$，$h\to -0$ とすると

$f'(x)\geqq f(x)f'(0)=f(x)$，$f'(x)\leqq f(x)f'(0)=f(x)$ （$\because$ (2)）

$\therefore\ \boldsymbol{f'(x)=f(x)}$

注 $f'(x)=f(x)$，$f(0)=1$ である関数は，$f(x)=e^x$ に限ることを示すことができる．少し技巧的だが，$f'(x)-f(x)=0$ の両辺に e^{-x} を掛けると

$e^{-x}f'(x)-e^{-x}f(x)=0$　　$\therefore\ (e^{-x}f(x))'=0$

$\therefore\ e^{-x}f(x)=C$ (定数)

これから $f(x)=Ce^x$ となるが，$f(0)=1$ より $C=1$ である．

25 (1) 区間 $(0,\ 1)$ において，つねに $f(x)=x$ であるとする．$f(0)=0$，$f(1)=1$ と合わせて区間 $[0,\ 1]$ で $f(x)=x$，したがって $f'(x)=1$.

これは $f'(x)$ が定数でないことに反する.

(2) $f(a)>a$ なる a が $(0,\ 1)$ に存在するとき

$$\frac{f(a)-f(0)}{a-0}=\frac{f(a)}{a}=f'(b),\ 0<b<a$$

なる b が存在し，

$f(a)>a>0$ より $f'(b)>1$．すなわち，$f'(b)>1$ なる b が $(0,\ 1)$ に存在する．また，

$$\frac{f(1)-f(a)}{1-a}=\frac{1-f(a)}{1-a}=f'(c),\ a<c<1$$

なる c が存在し，$f(a)>a$ より，$1-f(a)<1-a$，かつ $1-a>0$ であるから，$f'(c)<1$．すなわち，$f'(c)<1$ なる c が $(0,\ 1)$ に存在する．

$f(a)<a$ なる a が $(0,\ 1)$ に存在するときも同様である．

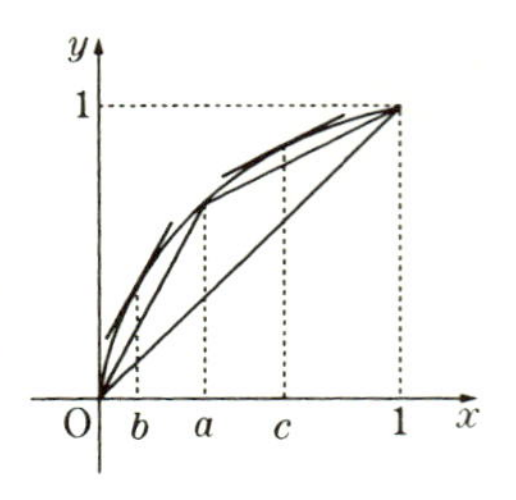

26-1 $f(x)=x+a\cos x\ (a>1)$

$$f'(x)=1-a\sin x=a\left(\frac{1}{a}-\sin x\right)$$

x	0	$\cdots$	α	$\cdots$	$\pi-\alpha$	$\cdots$	2π
$f'(x)$		$+$	0	$-$	0	$+$	
$f(x)$		↗		↘		↗	

$0<\dfrac{1}{a}<1$ ゆえ，$\sin\alpha=\dfrac{1}{a}$ $\left(0<\alpha<\dfrac{\pi}{2}\right)$ なる α がただ1つ存在し，$f(x)$ は $0<x<2\pi$ において表のように増減する．

極小値：$f(\pi-\alpha)=\pi-\alpha-a\cos\alpha=0$ より，$\alpha+a\cos\alpha=\pi$ であるから

極大値：$f(\alpha)=\alpha+a\cos\alpha=\boldsymbol{\pi}$

26-2 (1) $f'(x)=\dfrac{-4x^2+2ax+4}{(x^2+1)^2}$ ゆえ，$x=\alpha$ で極大値1をとるとすると

$-4\alpha^2+2a\alpha+4=0,\ f(\alpha)=\dfrac{4}{2\alpha}=1$ （研究 より）

$\therefore\ \alpha=2,\quad a=\mathbf{3}$

このとき，$f(x)=\dfrac{4x-3}{x^2+1}$，$f'(x)=\dfrac{-2(x-2)(2x+1)}{(x^2+1)^2}$

よって，$x=2$ で極大である．

(2) さらに，$\displaystyle\lim_{x\to\pm\infty}f(x)=0$ であるから

$\boldsymbol{-4\leqq f(x)\leqq 1}$

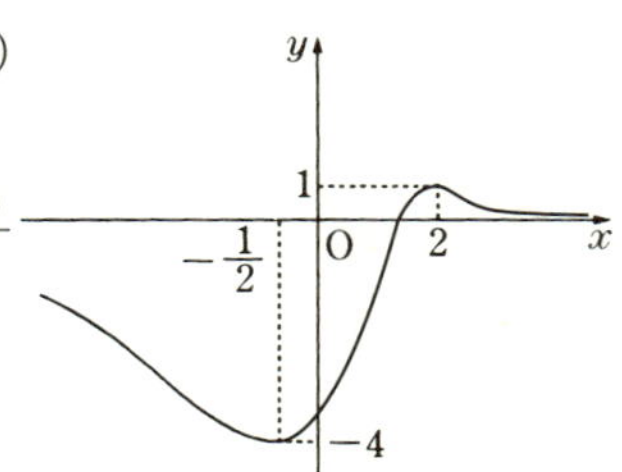

27 $y'=-\dfrac{3}{4}e^{-\frac{3}{4}x}\sin x+e^{-\frac{3}{4}x}\cos x$

$=-\dfrac{1}{4}e^{-\frac{3}{4}x}(3\sin x-4\cos x)$

$=-\dfrac{5}{4}e^{-\frac{3}{4}x}\sin(x-\beta)$

$\sin(x-\beta)$ の係数が負であることに注意すると y が極小となるのは

$x=\beta+(2n+1)\pi$ （n は整数）

となるときである．ゆえに

$$\tan\alpha=\tan\{\beta+(2n+1)\pi\}=\tan\beta=\boldsymbol{\frac{4}{3}}$$

$$\sin\alpha=\sin\{\beta+(2n+1)\pi\}=-\sin\beta=\boldsymbol{-\frac{4}{5}}$$

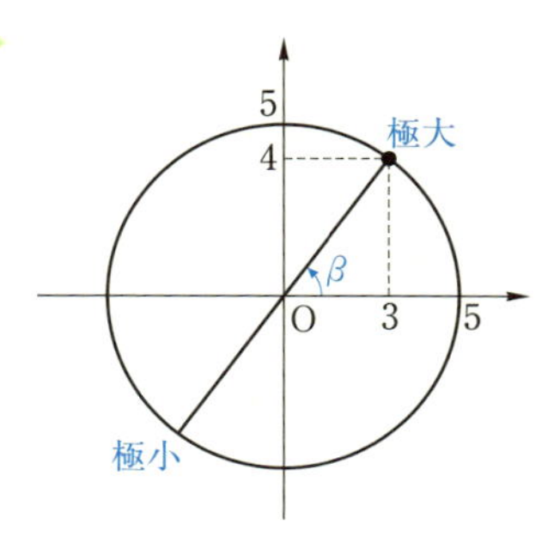

28 (1) $f(x)=e^{ax}\sin ax$

$$f'(x)=ae^{ax}\sin ax+ae^{ax}\cos ax=ae^{ax}(\sin ax+\cos ax)$$

$$=\sqrt{2}\,ae^{ax}\sin\left(ax+\frac{\pi}{4}\right)$$

$$\therefore\quad f''(x)=(\sqrt{2}\,a)^2e^{ax}\sin\left(ax+\frac{\pi}{4}+\frac{\pi}{4}\right)=\boldsymbol{2a^2e^{ax}\sin\left(ax+\frac{\pi}{2}\right)}$$

(2) $f'\left(\frac{\pi}{4}\right)=0$ のとき $f''\left(\frac{\pi}{4}\right)\neq 0$ であるから，$x=\frac{\pi}{4}$ で極小値をとる条件は，

$f'\left(\frac{\pi}{4}\right)=0$ かつ $f''\left(\frac{\pi}{4}\right)>0$，すなわち

$$\sin\left(\frac{\pi}{4}a+\frac{\pi}{4}\right)=0 \quad \cdots\cdots\cdots ①,\quad \sin\left(\frac{\pi}{4}a+\frac{\pi}{2}\right)>0 \quad \cdots\cdots\cdots ②$$

①より，$\frac{\pi}{4}a+\frac{\pi}{4}=m\pi \quad \therefore\quad a=4m-1$ ………③

②より，$2n\pi<\frac{\pi}{4}a+\frac{\pi}{2}<(2n+1)\pi \quad \therefore\quad 8n-2<a<8n+2$ ………④

ただし，m，n は整数である。③を④に代入すると

$$8n-2<4m-1<8n+2 \quad \therefore\quad 2n-\frac{1}{4}<m<2n+\frac{3}{4}$$

したがって，$m=2n$ となるから，求める a は

$a=\boldsymbol{8n-1}$ （**n は整数**）

29-1 (1) $y=xe^{-x}$ より，

$y'=(1-x)e^{-x}$

$y''=(x-2)e^{-x}$

さらに，

$$\lim_{x\to\infty}xe^{-x}=\lim_{x\to\infty}\frac{x}{e^x}=0$$

x	$-\infty$	…	1	…	2	…	∞
y'		$+$	0	$-$	$-$	$-$	
y''		$-$	$-$	$-$	0	$+$	
y	$-\infty$	↗	e^{-1}	↘	$2e^{-2}$	↘	0

(2) $y=\frac{\log x}{x}$ より，$y'=\frac{1-\log x}{x^2}$，$y''=\frac{2\log x-3}{x^3}$

$y\to-\infty$ $(x\to+0)$，

$\log x=t$ とおくと，

$$\lim_{x\to\infty}y=\lim_{t\to\infty}\frac{t}{e^t}=0$$

x	$+0$	…	e	…	$e^{\frac{3}{2}}$	…	∞
y'		$+$	0	$-$	$-$	$-$	
y''		$-$	$-$	$-$	0	$+$	
y	$-\infty$	↗	e^{-1}	↘	$\frac{3}{2}e^{-\frac{3}{2}}$	↘	0

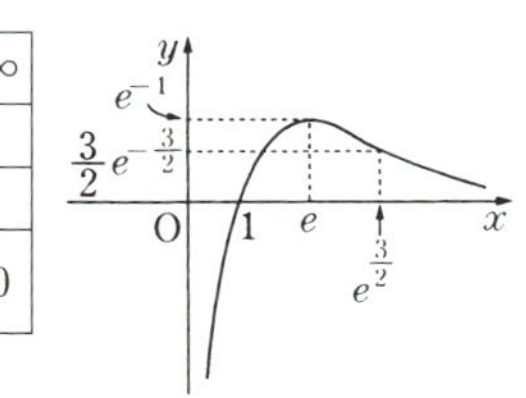

29-2 P，Q の x 座標をそれぞれ a，b $(a<b)$ とし

$$F(x)=\frac{f(b)-f(a)}{b-a}(x-a)+f(a)-f(x)$$

とおくと，証明すべきことは

$$f''(x)>0 \Longrightarrow F(x)>0\ (a<x<b)$$

である．まず，平均値の定理より

$$\frac{f(b)-f(a)}{b-a}=f'(c),\quad a<c<b$$

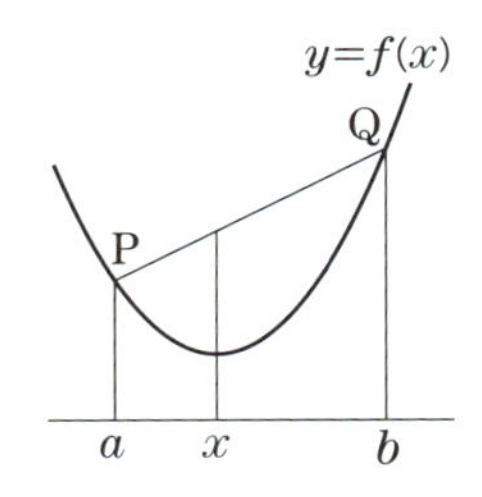

を満たす c が存在する(実はただ1つであることが以下でわかる)から

$$F(x)=\{f'(c)(x-a)+f(a)\}-f(x)$$

と表せる.

$$F'(x)=f'(c)-f'(x),\ F''(x)=-f''(x)<0\ (a<x<b)$$

したがって，$F'(x)$ は単調に減少し，$F'(c)=0$ である.

$$\therefore\ \begin{cases} F'(x)>0\ (a<x<c) \\ F'(x)<0\ (c<x<b) \end{cases}$$

x	a		c		b
$F'(x)$		$+$		$-$	
$F(x)$	0	↗		↘	0

ゆえに，$F(x)$ は表のように増減するから

$$F(x)>0\ (a<x<b)$$

30 (1) $y=\dfrac{x}{(x-1)^2}$ より，$\displaystyle\lim_{x\to1}y=\infty$，$\displaystyle\lim_{x\to\pm\infty}y=0$

すなわち，直線 $x=1$ と x 軸は漸近線である.

$$y'=-\frac{x+1}{(x-1)^3}$$

も考えてグラフは右図.

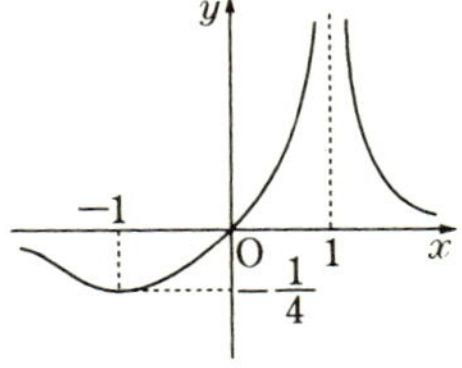

(2) $y=\dfrac{(x-2)^3}{x^2}=x-6+\dfrac{12x-8}{x^2}$ より

$$\lim_{x\to0}y=-\infty,\quad \lim_{x\to\pm\infty}\{y-(x-6)\}=0$$

ゆえに，y 軸と直線 $y=x-6$ は漸近線. また

$$y'=\frac{(x+4)(x-2)^2}{x^3}$$

も考えてグラフは右図.

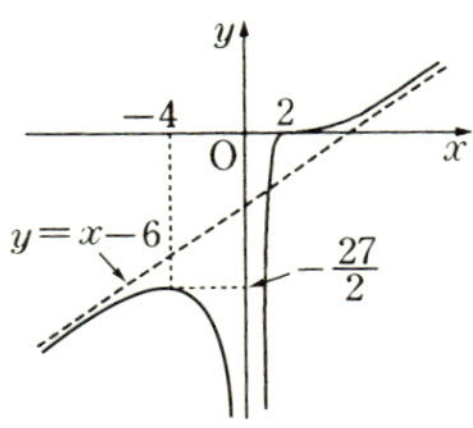

31-1 $f(x)=cx^{\frac{3}{2}}$，$g(x)=\sqrt{x}$ とおくと，$f'(x)=\dfrac{3c}{2}\sqrt{x}$，$g'(x)=\dfrac{1}{2\sqrt{x}}$

$f(x)=g(x)$，$x\neq0$ より，$x=\dfrac{1}{c}$. ゆえに，点Pでの $y=f(x)$ と $y=g(x)$ の接線が x 軸の正の向きとなす角をそれぞれ α，$\beta\ (\alpha>\beta>0)$ とすれば

$$\tan\alpha=f'\left(\frac{1}{c}\right)=\frac{3\sqrt{c}}{2},\ \tan\beta=g'\left(\frac{1}{c}\right)=\frac{\sqrt{c}}{2}$$

$\alpha-\beta=30^\circ$ より

$$\frac{1}{\sqrt{3}}=\tan(\alpha-\beta)=\frac{\tan\alpha-\tan\beta}{1+\tan\alpha\tan\beta}=\frac{\sqrt{c}}{1+\frac{3c}{4}}=\frac{4\sqrt{c}}{4+3c}$$

$$\therefore\ 3c-4\sqrt{3}\sqrt{c}+4=(\sqrt{3c}-2)^2=0 \qquad \therefore\ c=\mathbf{\frac{4}{3}}$$

31-2 2曲線 $y=cx^2$ と $y=\log x$ は，P$(a,\ b)$ において接線を共有するから

$$b=ca^2 \quad \cdots\cdots①,\quad b=\log a \quad \cdots\cdots②,\quad 2ca=\frac{1}{a} \quad \cdots\cdots③$$

①と③より，$b=\mathbf{\dfrac{1}{2}}$. ②より，$a=\boldsymbol{\sqrt{e}}$. ③より，$c=\mathbf{\dfrac{1}{2e}}$

32 $x=a(\cos\theta+\theta\sin\theta)$, $y=a(\sin\theta-\theta\cos\theta)$

(1) $\dfrac{dx}{d\theta}=a\theta\cos\theta$, $\dfrac{dy}{d\theta}=a\theta\sin\theta$ より，Pでの法線の方程式は

$$a\theta\cos\theta\{x-a(\cos\theta+\theta\sin\theta)\}+a\theta\sin\theta\{y-a(\sin\theta-\theta\cos\theta)\}=0$$

$\therefore$ h : $\boldsymbol{x\cos\theta+y\sin\theta=a}$

(2) (原点から法線hに下ろした垂線の長さ)$=\dfrac{|a|}{\sqrt{\cos^2\theta+\sin^2\theta}}=a$ となるので，法線hは円：$x^2+y^2=a^2$ に接する．

注! この曲線Cは，原点を中心とする半径aの円に糸を巻き，その先端Pを点$(a,\ 0)$からほぐすとき，点Pが描く軌跡である．事実，図のθに対して

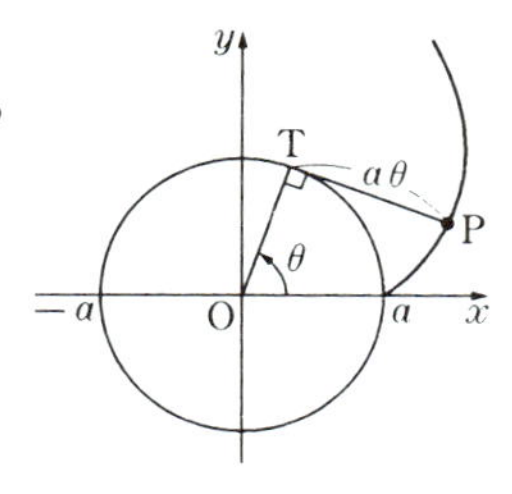

$$\overrightarrow{\mathrm{OP}}=\overrightarrow{\mathrm{OT}}+\overrightarrow{\mathrm{TP}}=a\begin{pmatrix}\cos\theta\\ \sin\theta\end{pmatrix}+a\theta\begin{pmatrix}\cos(\theta-90^\circ)\\ \sin(\theta-90^\circ)\end{pmatrix}$$
$$=\begin{pmatrix}a(\cos\theta+\theta\sin\theta)\\ a(\sin\theta-\theta\cos\theta)\end{pmatrix}$$

33 (1) $x=a\cos^3\theta$, $y=a\sin^3\theta$ $(\cos\theta\sin\theta\neq0)$ とおくと

$$\frac{dy}{dx}=\frac{\dfrac{dy}{d\theta}}{\dfrac{dx}{d\theta}}=\frac{3a\sin^2\theta\cos\theta}{3a\cos^2\theta(-\sin\theta)}=-\frac{\sin\theta}{\cos\theta}$$

ゆえに，$(x_0,\ y_0)=(a\cos^3\alpha,\ a\sin^3\alpha)$ での接線の方程式は

$$y=-\frac{\sin\alpha}{\cos\alpha}(x-a\cos^3\alpha)+a\sin^3\alpha$$

$$\therefore\quad \boldsymbol{y=-\frac{\sin\alpha}{\cos\alpha}x+a\sin\alpha}$$

(2) (1)より

$\mathrm{P}(a\cos\alpha,\ 0)$, $\mathrm{Q}(0,\ a\sin\alpha)$

$\therefore$ $\mathrm{PQ}^2=a^2(\cos^2\alpha+\sin^2\alpha)=a^2$

$\therefore$ $\mathrm{PQ}=\boldsymbol{a}$ (一定)

35-1 直線OQがx軸となす角をθとおくと，

$\mathrm{OP}=\dfrac{1}{\sin\theta}$, $\mathrm{OQ}=\dfrac{3\sqrt{3}}{\cos\theta}$ であるから

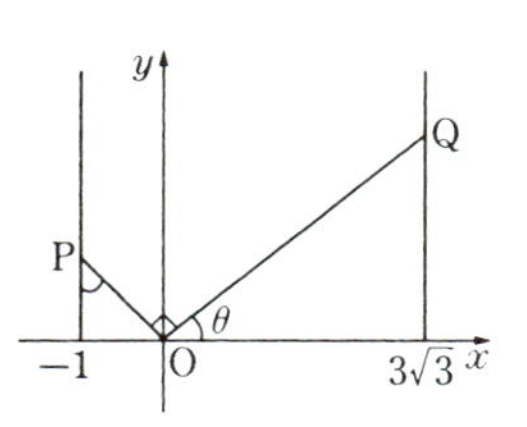

$$f(\theta)=\mathrm{OP}+\mathrm{OQ}=\frac{1}{\sin\theta}+\frac{3\sqrt{3}}{\cos\theta}\quad\left(0<\theta<\frac{\pi}{2}\right)$$

$$f'(\theta)=-\frac{\cos\theta}{\sin^2\theta}+\frac{3\sqrt{3}\sin\theta}{\cos^2\theta}$$
$$=\frac{3\sqrt{3}\cos\theta}{\sin^2\theta}\left(\tan^3\theta-\frac{1}{3\sqrt{3}}\right)$$

θ	0	$\cdots$	$\frac{\pi}{6}$	$\cdots$	$\frac{\pi}{2}$
$f'(\theta)$		$-$		$+$	
$f(\theta)$		↘		↗	

したがって，$f(\theta)$ は右表のように増減し，最小値は

$$f\left(\frac{\pi}{6}\right)=2+3\sqrt{3}\cdot\frac{2}{\sqrt{3}}=\boldsymbol{8}$$

35-2 △OBC において，$\overline{\mathrm{BC}}=\tan\theta$，$\overline{\mathrm{CO}}=\dfrac{1}{\cos\theta}$ であるから

$$L(\theta)=\overset{\frown}{\mathrm{AB}}+\overline{\mathrm{BC}}+\overline{\mathrm{CO}}$$
$$=\boldsymbol{2\pi-2\theta+\tan\theta+\frac{1}{\cos\theta}}$$
$$L'(\theta)=-2+\frac{1}{\cos^2\theta}+\frac{\sin\theta}{\cos^2\theta}$$
$$=\frac{(2\sin\theta-1)(\sin\theta+1)}{\cos^2\theta}$$

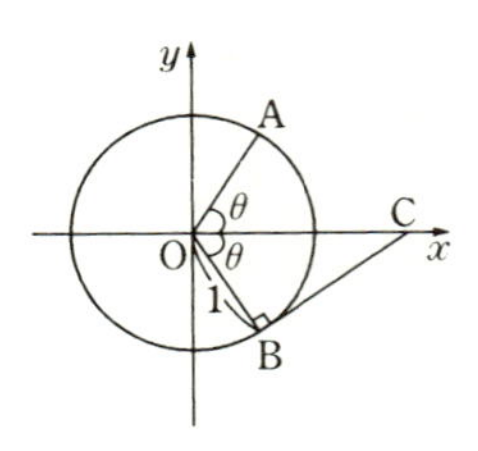

$0<\theta<\dfrac{\pi}{2}$ において，$L'(\theta)$ の符号は $\theta=\dfrac{\pi}{6}$ の前後で負から正に変わるから，ここで最小である．最小値は

$$L\left(\frac{\pi}{6}\right)=\boldsymbol{\frac{5\pi}{3}+\sqrt{3}}$$

36-1 $x^p+y^q=1$ $(x>0,\ y>0)$ ……①

$z=xy$ と $z^q=x^qy^q$ は同時に最大になる．①より，$y^q=1-x^p$ $(0<x<1)$ ゆえ

$$z^q=x^q(1-x^p)\ (=f(x)\ とおく)$$
$$f'(x)=qx^{q-1}(1-x^p)-px^{p-1}x^q$$
$$=x^{q-1}\{q-(p+q)x^p\}$$

x	0	…	$\left(\dfrac{q}{p+q}\right)^{\frac{1}{p}}$	…	1
$f'(x)$		+	0	−	
$f(x)$		↗		↘	

$f(x)$ は右表のように増減するので，

$$(z\ の最大値)=\left(\frac{q}{p+q}\right)^{\frac{1}{p}}\left(\frac{p}{p+q}\right)^{\frac{1}{q}}=\boldsymbol{\frac{p^{\frac{1}{q}}q^{\frac{1}{p}}}{(p+q)^{\frac{1}{p}+\frac{1}{q}}}}$$

36-2 $f(x)=\dfrac{e^x-e^{-x}}{(e^x+e^{-x})^3}$ より

$$f'(x)=\frac{-2e^{-2x}(e^{4x}-4e^{2x}+1)}{(e^x+e^{-x})^4}$$

$f(x)\leqq 0$ $(x\leqq 0)$ ゆえ，$x\geqq 0$ で考えれば十分．

$f'(x)=0$ より，$e^{2x}=2+\sqrt{3}$

右図より，$\alpha=\dfrac{1}{2}\log(2+\sqrt{3})$ の前後で，$f'(x)$ の符号は正 → 負となるから，$f(x)$ は $x=\alpha$ で最大となる．

$$(最大値)=f(\alpha)=\frac{e^{4\alpha}-e^{2\alpha}}{(e^{2\alpha}+1)^3}\ (分母，分子\times e^{3\alpha})$$

⬅ 分子$=e^{2\alpha}(e^{2\alpha}-1)$

$$=\frac{(2+\sqrt{3})(1+\sqrt{3})}{\{\sqrt{3}(1+\sqrt{3})\}^3}=\boldsymbol{\frac{\sqrt{3}}{18}}$$

37-1 $\mathrm{P}(a\cos\theta,\ b\sin\theta)$ での接線の方程式は，$\dfrac{\cos\theta}{a}x+\dfrac{\sin\theta}{b}y=1$

したがって，両座標軸との交点は，

$$\left(\frac{a}{\cos\theta},\ 0\right),\ \left(0,\ \frac{b}{\sin\theta}\right)\qquad \therefore\ L(\theta)=\sqrt{\frac{a^2}{\cos^2\theta}+\frac{b^2}{\sin^2\theta}}$$

$\sin^2\theta = t\ (0<t<1)$ とおくと

$$L^2(\theta) = \frac{a^2}{1-t} + \frac{b^2}{t}\quad (=f(t)\ とする)$$

$$f'(t) = \frac{a^2}{(1-t)^2} - \frac{b^2}{t^2} = \frac{\{at+b(1-t)\}\{(a+b)t-b\}}{(1-t)^2t^2}$$

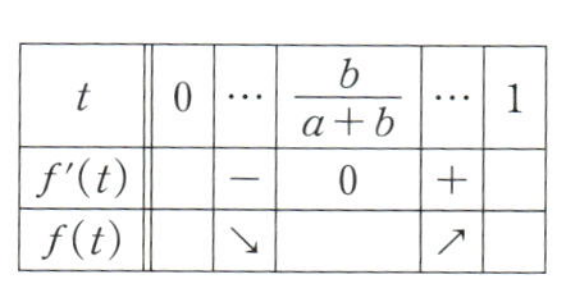

t	0	$\cdots$	$\dfrac{b}{a+b}$	$\cdots$	1
$f'(t)$		$-$	0	$+$	
$f(t)$		↘		↗	

$$\therefore\quad (最小値) = \sqrt{f\left(\frac{b}{a+b}\right)} = \boldsymbol{a+b}$$

37-2　t 時間後に短針から長針に向けて測った角を θ とすると $\theta = \left(2\pi - \dfrac{2\pi}{12}\right)t = \dfrac{11\pi}{6}t$. よって，余弦定理により

$x^2 = a^2+b^2-2ab\cos\theta$. 両辺を t で微分すると

$$2x\frac{dx}{dt} = 2ab\sin\theta\cdot\frac{d\theta}{dt} = \frac{11\pi}{6}\cdot 2ab\sin\theta$$

$$\therefore\quad \left(\frac{dx}{dt}\right)^2 = \left(\frac{11\pi ab}{6}\right)^2\frac{\sin^2\theta}{x^2} = \left(\frac{11\pi ab}{6}\right)^2\cdot\frac{1-\cos^2\theta}{a^2+b^2-2ab\cos\theta}$$

$\cos\theta = u\ (|u|\leqq 1)$ とおき，$f(u) = \dfrac{1-u^2}{a^2+b^2-2abu}$ とすると

$$\left(\frac{dx}{dt}\right)^2 = \left(\frac{11\pi ab}{6}\right)^2 f(u)$$

$$f'(u) = \frac{2(au-b)(bu-a)}{(a^2+b^2-2abu)^2}\quad (0<a<b)$$

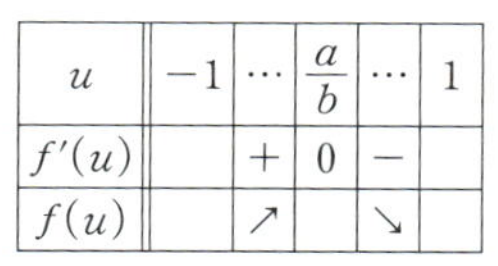

u	-1	$\cdots$	$\dfrac{a}{b}$	$\cdots$	1
$f'(u)$		$+$	0	$-$	
$f(u)$		↗		↘	

ゆえに，$u = \cos\theta = \boldsymbol{\dfrac{a}{b}}$ のとき，

$$\left|\frac{dx}{dt}\right| の最大値 = \frac{11\pi ab}{6}\sqrt{f\left(\frac{a}{b}\right)} = \boldsymbol{\frac{11\pi a}{6}}$$

38　C$(x,\ 0)$ $(0\leqq x\leqq 2)$ として，折れ線 ACB 上を運動する場合を考えれば十分である．このときの所要時間を $f(x)$ とすると

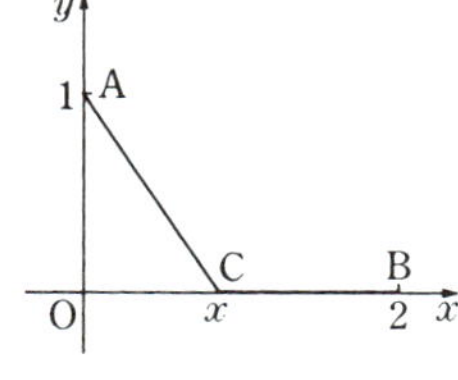

$$f(x) = \sqrt{x^2+1} + \frac{2-x}{a}$$

$$f'(x) = \frac{x}{\sqrt{x^2+1}} - \frac{1}{a} = \frac{ax-\sqrt{x^2+1}}{a\sqrt{x^2+1}}$$

$$= \frac{(a^2-1)\left(x+\dfrac{1}{\sqrt{a^2-1}}\right)\left(x-\dfrac{1}{\sqrt{a^2-1}}\right)}{a\sqrt{x^2+1}\,(ax+\sqrt{x^2+1})}$$

(i)　$\dfrac{1}{\sqrt{a^2-1}} \geqq 2$, すなわち $1<a\leqq\dfrac{\sqrt{5}}{2}$ のとき，$f'(x)\leqq 0$ $(0\leqq x\leqq 2)$ であるから

$$(最短時間) = f(2) = \boldsymbol{\sqrt{5}}$$

(ii)　$\dfrac{1}{\sqrt{a^2-1}} \leqq 2$, すなわち $a\geqq\dfrac{\sqrt{5}}{2}$ のとき，$f'(x)$ の符号は $x = \dfrac{1}{\sqrt{a^2-1}}$ の前後で負→正となるから

$$(最短時間) = f\left(\frac{1}{\sqrt{a^2-1}}\right) = \boldsymbol{\frac{2+\sqrt{a^2-1}}{a}}$$

39 (1) $\overrightarrow{AB}=(a(\cos\alpha-1),\ b\sin\alpha)$, $\overrightarrow{AC}=(a(\cos\beta-1),\ b\sin\beta)$

$$S=\frac{ab}{2}|(\cos\alpha-1)\sin\beta-\sin\alpha(\cos\beta-1)|$$
$$=\frac{ab}{2}|\sin\alpha-\sin\beta-(\sin\alpha\cos\beta-\cos\alpha\sin\beta)|$$
$$=\frac{ab}{2}|\sin\alpha-\sin\beta-\sin(\alpha-\beta)|$$

(2) (1)より，$S=\dfrac{ab}{2}\left|\sin\alpha-2\sin\dfrac{\alpha}{2}\cos\left(\beta-\dfrac{\alpha}{2}\right)\right|$

$0<\alpha\leqq\pi$ で α を固定すると，$\sin\alpha\geqq0$，かつ

$\sin\dfrac{\alpha}{2}>0$，$\dfrac{\alpha}{2}<\beta-\dfrac{\alpha}{2}<2\pi-\dfrac{\alpha}{2}$ であるから，$\beta-\dfrac{\alpha}{2}=\pi$ すなわち $\beta=\dfrac{\alpha}{2}+\pi$ のとき，S の最大値は，$F(\alpha)=\boldsymbol{\dfrac{ab}{2}\left(\sin\alpha+2\sin\dfrac{\alpha}{2}\right)}$

(3) $F'(\alpha)=\dfrac{ab}{2}\left(\cos\alpha+\cos\dfrac{\alpha}{2}\right)$

$$=ab\left(\cos\frac{\alpha}{2}+1\right)\left(\cos\frac{\alpha}{2}-\frac{1}{2}\right)$$

α	0	…	$\frac{2\pi}{3}$	…	π
$F'(\alpha)$		+		−	
$F(\alpha)$		↗		↘	

∴ $(F(\alpha)$ の最大値$)=F\left(\dfrac{2\pi}{3}\right)=\boldsymbol{\dfrac{3\sqrt{3}}{4}ab}$

40 (1) $f(x)=\tan x-x$ とおくと

$$f'(x)=\frac{1}{\cos^2 x}-1=\tan^2 x>0\quad\left(0<x<\frac{\pi}{2}\right)$$

したがって，$f(x)$ は単調に増加し，$f(0)=0$ だから，$f(x)>0$．ゆえに

$$x<\tan x\quad\left(0<x<\frac{\pi}{2}\right)$$

(2) $g(x)=\log(x+\sqrt{1+x^2})$ とおくと

$$g'(x)=\frac{1+\dfrac{x}{\sqrt{1+x^2}}}{x+\sqrt{1+x^2}}=\frac{1}{\sqrt{1+x^2}}>0$$

したがって，$g(x)$ は $x>0$ で単調に増加する．

(i) $x\geqq\dfrac{\pi}{2}$ のとき，$x+\sqrt{1+x^2}>x+\sqrt{x^2}=2x$ より，$g(x)>\log 2x$．よって

$$g(x)\geqq g\left(\frac{\pi}{2}\right)>\log\pi>\log e=1\geqq\sin x$$

(ii) $0<x<\dfrac{\pi}{2}$ のとき，$h(x)=g(x)-\sin x$ とおくと

$$h'(x)=g'(x)-\cos x=\frac{1}{\sqrt{1+x^2}}-\cos x$$

⬅ $\cos^2 x=\dfrac{1}{1+\tan^2 x}$ を使うと(1)との関係がつく

ここで，(1)より

$$\cos x=\frac{1}{\sqrt{1+\tan^2 x}}<\frac{1}{\sqrt{1+x^2}}$$

であるから，$h'(x)>0$．さらに，$h(0)=g(0)=0$ であるから

$g(x) > \sin x$

(i), (ii)より, $\log(x+\sqrt{1+x^2}) > \sin x$ $(x>0)$ となる.

41 (1) $\log x = nt$ とおくと, $x = e^{nt}$, $t \to \infty$ $(x \to \infty)$ であるから

$$\lim_{x\to\infty}\frac{\log x}{\sqrt[n]{x}} = \lim_{t\to\infty}\frac{nt}{\sqrt[n]{e^{nt}}} = n\lim_{t\to\infty}\frac{t}{e^t} = \mathbf{0}$$

(2) $\log x = -nt$ とおくと, $x = e^{-nt}$, $t \to \infty$ $(x \to +0)$ であるから

$$\lim_{x\to+0}\sqrt[n]{x}\log x = \lim_{t\to\infty}\sqrt[n]{e^{-nt}}(-nt) = -n\lim_{t\to\infty}\frac{t}{e^t} = \mathbf{0}$$

42 $y = e^x$ の $x = t$ での接線 $y = e^t(x-t)+e^t$ が, 点 $(a,\ b)$ を通る条件は

$b = e^t(a-t)+e^t$ $(= f(t)$ とおく$)$

したがって, 点 $(a,\ b)$ から引きうる接線の本数は, t の方程式 $b = f(t)$ の異なる実数解の個数に等しい. $f(t) = (a-t+1)e^t$ より

$$f'(t) = (a-t)e^t, \quad \lim_{t\to\infty} f(t) = -\infty$$

$t = -u$ とおくと

$$\lim_{t\to-\infty} f(t) = \lim_{u\to\infty}\frac{a+u+1}{e^u} = 0$$

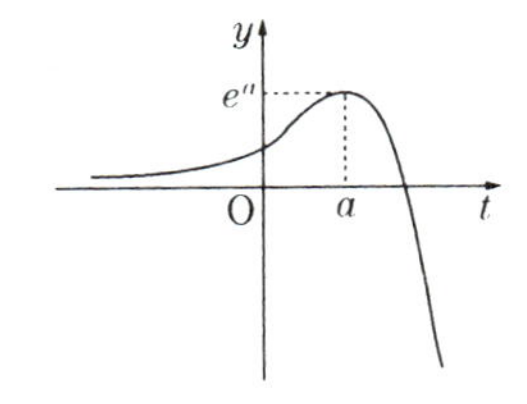

$y = f(t)$ と $y = b$ の共有点の数を調べて

$b > e^a$ のとき, 0 本; $0 < b < e^a$ のとき, 2 本
$b = e^a$ または $b \leqq 0$ のとき, 1 本

43-1 (1) $x - \dfrac{x^2}{2} < \log(1+x) < x - \dfrac{x^2}{2} + \dfrac{x^3}{3}$ $(x>0)$ 右側の不等式だけを示す.

$f(x) = x - \dfrac{x^2}{2} + \dfrac{x^3}{3} - \log(1+x)$ とおくと, $f'(x) = 1 - x + x^2 - \dfrac{1}{1+x} = \dfrac{x^3}{1+x} > 0$

かつ $f(0) = 0$ であるから, $f(x) > 0$ $(x>0)$

(2) (1)の不等式で $x = 0.1$ とおくと

$$0.095 = 0.1 - \frac{0.01}{2} < \log(1.1) < 0.1 - \frac{0.01}{2} + \frac{0.001}{3} = 0.095\dot{3}$$

よって, **0.095**

43-2 (1) $\log x < \sqrt{x}$ $(x>0)$ より, $0 < \dfrac{\log x}{x} < \dfrac{\sqrt{x}}{x} = \dfrac{1}{\sqrt{x}}$ $(x>1)$

$\displaystyle\lim_{x\to\infty}\frac{1}{\sqrt{x}} = 0$ ゆえ, $\displaystyle\lim_{x\to\infty}\frac{\log x}{x} = 0$. グラフの概形は, 29-1 (2)参照.

(2) $a^x = x^a \iff x\log a = a\log x$

$$\iff \frac{\log a}{a} = \frac{\log x}{x} \quad (= f(x) \text{ とおく})$$

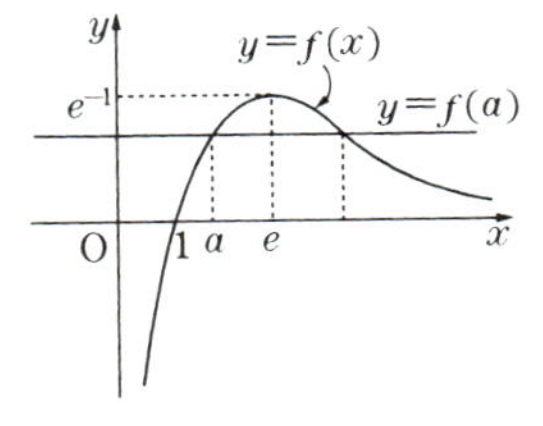

$y = f(x)$ と $y = f(a)$ の共有点の個数を調べて,

$0 < a \leqq 1$ または $a = e$ のとき, 1 個
$1 < a < e$ または $a > e$ のとき, 2 個

(3)　$f(x)$ は $x \geqq e$ で減少し，$\pi > e$ であるから

$$\log e^{\pi} - \log \pi^{e} = \pi \log e - e \log \pi = \pi e\left(\frac{\log e}{e} - \frac{\log \pi}{\pi}\right) > 0$$

$\therefore$　$\boldsymbol{e^{\pi} > \pi^{e}}$

44　(1)　$\displaystyle\lim_{x\to+0} f(x) = \lim_{x\to+0} \frac{\sin x}{x} = \mathbf{1}$

$f'(x) = \dfrac{x\cos x - \sin x}{x^2}$ より，$f'(\pi) = -\dfrac{\mathbf{1}}{\boldsymbol{\pi}}$

$f'(x)$ の符号は，$g(x) = x\cos x - \sin x$ の符号と一致する．

$$g'(x) = \cos x - x\sin x - \cos x = -x\sin x < 0 \quad (0 < x < \pi)$$

よって，$g(x)$ は減少し，$g(0) = 0$ であるから，$g(x) < 0$

$\therefore$　$\boldsymbol{f'(x) < 0 \ (0 < x \leqq \pi)}$

(2)　差をとって微分する方法は十分練習したので，ここでは $\sin x \leqq x$ $(x \geqq 0)$ を認めて，標問 **78** で学ぶ基本事項：

$$f(x) \leqq g(x) \ (a \leqq x \leqq b) \text{ ならば } \int_a^b f(x)\,dx \leqq \int_a^b g(x)\,dx$$

をもとに積分を用いて証明する．

$$\int_0^x \sin t\,dt \leqq \int_0^x t\,dt \qquad \therefore \quad 1 - \cos x \leqq \frac{x^2}{2}$$

$$\therefore \quad 1 - \frac{x^2}{2} \leqq \cos x \leqq 1$$

ゆえに

$$\int_0^x \left(1 - \frac{t^2}{2}\right) dt \leqq \int_0^x \cos t\,dt \leqq \int_0^x dt$$

$$\therefore \quad x - \frac{x^3}{6} \leqq \sin x \leqq x \qquad \cdots\cdots\cdots ①$$

ゆえに

$$\int_0^x \left(t - \frac{t^3}{6}\right) dt \leqq \int_0^x \sin t\,dt \leqq \int_0^x t\,dt$$

$$\therefore \quad \frac{x^2}{2} - \frac{x^4}{24} \leqq 1 - \cos x \leqq \frac{x^2}{2}$$

$$\therefore \quad 1 - \frac{x^2}{2} \leqq \cos x \leqq 1 - \frac{x^2}{2} + \frac{x^4}{24} \qquad \cdots\cdots\cdots ②$$

(3)　$g(x) = x\cos x - \sin x$ を①，②を用いて評価する．

$$x\left(1 - \frac{x^2}{2}\right) - x \leqq g(x) \leqq x\left(1 - \frac{x^2}{2} + \frac{x^4}{24}\right) - \left(x - \frac{x^3}{6}\right)$$

$$-\frac{x^3}{2} \leqq g(x) \leqq -\frac{x^3}{3} + \frac{x^5}{24}$$

$$-\frac{x}{2} \leqq f'(x) = \frac{g(x)}{x^2} \leqq -\frac{x}{3} + \frac{x^3}{24}$$

$$\therefore \quad \lim_{x\to+0} f'(x) = \mathbf{0}$$

以上から，$y = \dfrac{\sin x}{x}$ $(0 < x \leqq \pi)$ のグラフの概形は次図．

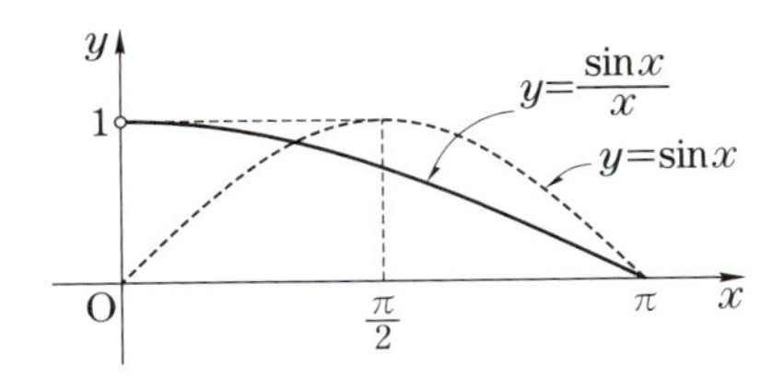

45 a を変数とみて，$f(x)=2^{c-1}(x^c+b^c)-(x+b)^c$ $(x>0)$ とおく．

$$f'(x)=c\{(2x)^{c-1}-(x+b)^{c-1}\}$$

$c>1$ ゆえ，$f'(x)$ の符号は $2x-(x+b)=x-b$ の符号と一致する．ゆえに，

x	0	$\cdots$	b	$\cdots$
$f'(x)$		$-$	0	$+$
$f(x)$		↘		↗

$$f(x)\geqq f(b)=2^{c-1}\cdot 2b^c-(2b)^c=0$$

$\therefore$ $f(a)=2^{c-1}(a^c+b^c)-(a+b)^c\geqq 0$ **（等号は $a=b$ のとき成立）**

注 不等式の両辺を b^c で割って，

$\left(\dfrac{a}{b}+1\right)^c\leqq 2^{c-1}\left\{\left(\dfrac{a}{b}\right)^c+1\right\}$ とし，$\dfrac{a}{b}$ を変数とみて証明してもよい．

46 $f(x)=x-\dfrac{x^2}{2}+ax^3-\log(1+x)$ とおくと，$f'(x)=\dfrac{x^2\{3ax-(1-3a)\}}{1+x}$

$a\leqq 0$ のとき，$f'(x)<0$ $(x>0)$，$f(0)=0$ ゆえ不適．

$0<a<\dfrac{1}{3}$ のとき，$f'(x)<0$ $\left(0<x<\dfrac{1-3a}{3a}\right)$，$f(0)=0$ ゆえ不適．

$a\geqq\dfrac{1}{3}$ のとき，$f'(x)>0$ $(x>0)$，$f(0)=0$ ゆえつねに $f(x)\geqq 0$

$\therefore$ $\boldsymbol{a\geqq\dfrac{1}{3}}$

47 (1) $g(x)=x-f(x)=x-\dfrac{1}{2}\cos x$ とおく．$g'(x)=1+\dfrac{1}{2}\sin x\geqq\dfrac{1}{2}$ より

$g(x)$ は単調増加で，$g(0)=-\dfrac{1}{2}<0$，$g\left(\dfrac{\pi}{2}\right)=\dfrac{\pi}{2}>0$ となるから，$g(x)=0$，すなわち $x=f(x)$ はただ 1 つの解をもつ．

(2) $x=y$ のときは明らかであるから，$x\neq y$ とする．平均値の定理（標問 **25**）より

$\dfrac{f(x)-f(y)}{x-y}=f'(c)$ を満たす c が，x と y の間に存在する．$f'(c)=-\dfrac{1}{2}\sin c$ ゆえ，

$|f(x)-f(y)|=\dfrac{1}{2}|\sin c||x-y|\leqq\dfrac{1}{2}|x-y|$

(3) (1)の解を α とする．$a_n=f(a_{n-1})$，$\alpha=f(\alpha)$ の差をとり(2)を用いると

$$0\leqq|a_n-\alpha|=|f(a_{n-1})-f(\alpha)|\leqq\frac{1}{2}|a_{n-1}-\alpha|\leqq\cdots\leqq\left(\frac{1}{2}\right)^n|a-\alpha|$$

ゆえに，$a_n\to\alpha$ $(n\to\infty)$

48 t 秒後の綱の長さを y，船と岸壁の距離を x とおくと

$$y=58-4t,\quad x^2=y^2-30^2 \qquad \cdots\cdots ①$$

ゆえに，$t=2$ のとき，$y=50$，$x=40$．①を t で微分すると

$$2x\frac{dx}{dt}=2y\frac{dy}{dt}=-8y \qquad \therefore\quad x\frac{dx}{dt}=-4y \qquad \cdots\cdots ②$$

さらに t で微分して

$$\left(\frac{dx}{dt}\right)^2+x\frac{d^2x}{dt^2}=-4\frac{dy}{dt}=16 \qquad \therefore\quad \frac{d^2x}{dt^2}=\frac{1}{x}\left\{16-\left(\frac{dx}{dt}\right)^2\right\} \qquad \cdots\cdots ③$$

②，③で $t=2$ とおくと

$$\frac{dx}{dt}=-4\cdot\frac{50}{40}=\mathbf{-5\ m/s},\qquad \frac{d^2x}{dt^2}=\frac{16-(-5)^2}{40}=-\frac{\mathbf{9}}{\mathbf{40}}\ \mathbf{m/s^2}$$

49 (1) $\dfrac{dy}{dt}=\dfrac{dy}{dx}\cdot\dfrac{dx}{dt}=\dfrac{e^x-e^{-x}}{2}\cdot\dfrac{dx}{dt}$ であるから

$$(\text{速さ})=\sqrt{\left(\frac{dx}{dt}\right)^2+\left(\frac{dy}{dt}\right)^2}=\sqrt{\left(\frac{dx}{dt}\right)^2+\left(\frac{e^x-e^{-x}}{2}\cdot\frac{dx}{dt}\right)^2}$$

$$=\sqrt{1+\left(\frac{e^x-e^{-x}}{2}\right)^2}\left|\frac{dx}{dt}\right|=\sqrt{\left(\frac{e^x+e^{-x}}{2}\right)^2}\frac{dx}{dt}$$

$$=\frac{e^x+e^{-x}}{2}\cdot\frac{dx}{dt}=1$$

ゆえに，$\dfrac{d}{dt}\left(\dfrac{e^x-e^{-x}}{2}\right)=\dfrac{e^x+e^{-x}}{2}\cdot\dfrac{dx}{dt}=\mathbf{1}$

よって，$\dfrac{e^x-e^{-x}}{2}=t+C$

$t=0$ のとき $x=0$ であるから，$C=0$

$$\therefore\quad \frac{e^x-e^{-x}}{2}=t$$

$$\therefore\quad \frac{e^x+e^{-x}}{2}=\sqrt{1+\left(\frac{e^x-e^{-x}}{2}\right)^2}=\sqrt{1+t^2}$$

(標問 **37** 参照)

辺々加えて，$e^x=t+\sqrt{1+t^2}$

$$\therefore\quad x=\mathbf{\log(t+\sqrt{1+t^2})}$$

(2) $\mathrm{P}\left(x,\ \dfrac{e^x+e^{-x}}{2}\right)$ での接線は，$Y=\dfrac{e^x-e^{-x}}{2}(X-x)+\dfrac{e^x+e^{-x}}{2}$

$Y=0$ とおくと，(1)より

$$X=x-\frac{e^x+e^{-x}}{e^x-e^{-x}}=\log(t+\sqrt{1+t^2})-\frac{\sqrt{1+t^2}}{t}$$

$\dfrac{dX}{dt}=\dfrac{\sqrt{1+t^2}}{t^2}$ となるから，$t=2$ のとき，$\left|\dfrac{dX}{dt}\right|=\dfrac{\sqrt{\mathbf{5}}}{\mathbf{4}}$ **(毎秒)**

第3章

52 (1) $与式=\dfrac{1}{2}\displaystyle\int_0^{\frac{\pi}{2}}\dfrac{(1+\sin^2 x)'}{1+\sin^2 x}dx$

$$=\frac{1}{2}\Big[\log(1+\sin^2 x)\Big]_0^{\frac{\pi}{2}}=\boldsymbol{\frac{1}{2}\log 2}$$

(2) $与式=\dfrac{1}{2}\displaystyle\int_0^1\{\log(1+x^2)\}'\log(1+x^2)\,dx$

$$=\frac{1}{4}\Big[\{\log(1+x^2)\}^2\Big]_0^1=\boldsymbol{\frac{1}{4}(\log 2)^2}$$

53 (1) $\dfrac{1}{(x-1)(x-2)^2}=\dfrac{a}{x-1}+\dfrac{b}{x-2}+\dfrac{c}{(x-2)^2}$

とおいて a，b，c を定めると，$a=1$，$b=-1$，$c=1$．ゆえに

$$与式=\int_{-1}^0\left(\frac{1}{x-1}-\frac{1}{x-2}+\frac{1}{(x-2)^2}\right)dx$$

$$=\left[\log|x-1|-\log|x-2|-\frac{1}{x-2}\right]_{-1}^0$$

$$=\left[\log\left|\frac{x-1}{x-2}\right|-\frac{1}{x-2}\right]_{-1}^0$$

$$=\log\frac{1}{2}+\frac{1}{2}-\left(\log\frac{2}{3}+\frac{1}{3}\right)=\boldsymbol{\log\frac{3}{4}+\frac{1}{6}}$$

(2) $\dfrac{x^2-2x+3}{(x+1)(x^2+1)}=\dfrac{a}{x+1}+\dfrac{bx+c}{x^2+1}$

とおいて a，b，c を定めると，$a=3$，$b=-2$，$c=0$．ゆえに

$$与式=\int_0^1\left(\frac{3}{x+1}-\frac{2x}{x^2+1}\right)dx$$

$$=\Big[3\log(x+1)-\log(x^2+1)\Big]_0^1$$

$$=3\log 2-\log 2=\boldsymbol{2\log 2}$$

54 $e^x=t$ とおくと，$x=\log t$ より，$\dfrac{dx}{dt}=\dfrac{1}{t}$，すなわち $dx=\dfrac{1}{t}dt$ だから

$$与式=\int\frac{1}{t^2+3t+2}\cdot\frac{1}{t}dt$$

$$=\int\frac{1}{t(t+1)(t+2)}dt$$

⬅ $\dfrac{a}{t}+\dfrac{b}{t+1}+\dfrac{c}{t+2}$ とおいて a，b，c を定める

$$=\int\left\{\frac{1}{2t}-\frac{1}{t+1}+\frac{1}{2(t+2)}\right\}dt$$

$$=\frac{1}{2}\log t-\log(t+1)+\frac{1}{2}\log(t+2)+C$$

⬅ $t>0$

$$=\log\frac{\sqrt{t(t+2)}}{t+1}+C$$

$$=\boldsymbol{\log\frac{\sqrt{e^x(e^x+2)}}{e^x+1}+C}$$

55 (1) $与式=\int_0^{\frac{\pi}{2}} x^2\frac{1+\cos 2x}{2}dx=\frac{1}{6}\left(\frac{\pi}{2}\right)^3+\frac{1}{2}\int_0^{\frac{\pi}{2}} x^2\cos 2x\,dx$

ここで

$$\int_0^{\frac{\pi}{2}} x^2\cos 2x\,dx=\left[x^2\cdot\frac{1}{2}\sin 2x\right]_0^{\frac{\pi}{2}}-\int_0^{\frac{\pi}{2}} 2x\cdot\frac{1}{2}\sin 2x\,dx$$

$$=-\int_0^{\frac{\pi}{2}} x\sin 2x\,dx$$

$$=-\left\{\left[x\left(-\frac{1}{2}\cos 2x\right)\right]_0^{\frac{\pi}{2}}-\int_0^{\frac{\pi}{2}}\left(-\frac{1}{2}\cos 2x\right)dx\right\}$$

$$=-\left(\frac{\pi}{4}+\frac{1}{4}\left[\sin 2x\right]_0^{\frac{\pi}{2}}\right)=-\frac{\pi}{4}$$

$\therefore$ $与式=\frac{1}{6}\left(\frac{\pi}{2}\right)^3-\frac{\pi}{8}=\boldsymbol{\frac{\pi(\pi^2-6)}{48}}$

(2) $与式=\int_0^1 (x)'\log(x+\sqrt{1+x^2})\,dx$

$$=\left[x\log(x+\sqrt{1+x^2})\right]_0^1-\int_0^1 x\frac{1+\frac{x}{\sqrt{1+x^2}}}{x+\sqrt{1+x^2}}dx$$

$$=\log(1+\sqrt{2})-\int_0^1\frac{x}{\sqrt{1+x^2}}dx$$

$$=\log(1+\sqrt{2})-\frac{1}{2}\int_0^1\frac{(1+x^2)'}{\sqrt{1+x^2}}dx$$

⬅ $\int\frac{1}{\sqrt{x}}dx=2\sqrt{x}+C$

$$=\log(1+\sqrt{2})-\left[\sqrt{1+x^2}\right]_0^1$$

$$=\boldsymbol{\log(1+\sqrt{2})-\sqrt{2}+1}$$

56 (1) $A=\int_0^{\pi} e^x\sin^2 x\,dx=\int_0^{\pi} e^x\frac{1-\cos 2x}{2}dx$

$$=\left[\frac{1}{2}e^x\right]_0^{\pi}-\frac{1}{2}\int_0^{\pi} e^x\cos 2x\,dx$$

$B=\int_0^{\pi} e^x\cos 2x\,dx$ とおくと

$$B=\left[e^x\cdot\frac{\sin 2x}{2}\right]_0^{\pi}-\frac{1}{2}\int_0^{\pi} e^x\sin 2x\,dx$$

⬅ 右辺第1項は0

$$=-\frac{1}{2}\left\{\left[e^x\left(-\frac{\cos 2x}{2}\right)\right]_0^{\pi}+\frac{1}{2}\int_0^{\pi} e^x\cos 2x\,dx\right\}$$

$$=\frac{e^{\pi}-1}{4}-\frac{1}{4}B\qquad\therefore\quad B=\frac{e^{\pi}-1}{5}$$

ゆえに

$$A=\frac{e^{\pi}-1}{2}-\frac{e^{\pi}-1}{10}=\boldsymbol{\frac{2(e^{\pi}-1)}{5}}$$

(2) (1)より，$A>8$ は

$$e^{\pi}>21$$

と同値である．$y=e^x$ の $x=0$ での接線を考えると ⬅

$$e^x \geqq 1+x$$

が成り立つから，これを用いて近似計算すると

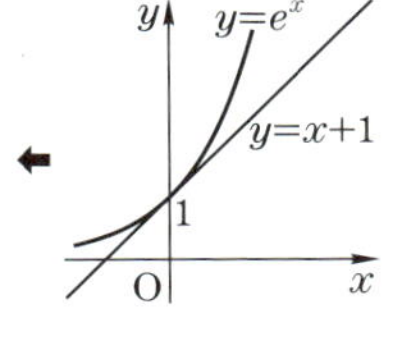

$$e^{\pi}>e^3 \cdot e^{0.14}$$
$$>(2.71)^3 \cdot (1.14)$$
$$=22.6\cdots$$

⬅ $(2.7)^3 \cdot (1.1)$ でも十分

ゆえに，$A>8$ である．

注 もし接線でもダメなら標問 **41** (1)の不等式を使う．それでもダメなら標問 **41** 研究 の不等式による．これを無限にくり返して近似精度をどんどん上げていくと，ついには等号が成り立つと予想される．

57-1 $\tan\dfrac{\theta}{2}=t$ とおくと，研究 で述べたことより，$\sin\theta=\dfrac{2t}{1+t^2}$，

$d\theta=\dfrac{2}{1+t^2}dt$，$\theta : \dfrac{\pi}{3} \to \dfrac{\pi}{2}$ のとき $t : \dfrac{1}{\sqrt{3}} \to 1$ であるから

$$\int_{\frac{\pi}{3}}^{\frac{\pi}{2}} \frac{1}{\sin\theta}d\theta=\int_{\frac{1}{\sqrt{3}}}^{1} \frac{t^2+1}{2t} \cdot \frac{2}{1+t^2}dt=\int_{\frac{1}{\sqrt{3}}}^{1} \frac{1}{t}dt$$

$$=\Big[\log t\Big]_{\frac{1}{\sqrt{3}}}^{1}=-\log\frac{1}{\sqrt{3}}=\boldsymbol{\frac{1}{2}\log 3}$$

57-2 $I=\displaystyle\int_0^{\frac{\pi}{2}} \frac{\sin x}{\sin x+\cos x}dx$

⬅ 指示された置換では原始関数が求まらない特殊な積分．(57-1)の方法を適用できるが，計算は大変

$$=\int_{\frac{\pi}{2}}^{0} \frac{\sin\left(\frac{\pi}{2}-t\right)}{\sin\left(\frac{\pi}{2}-t\right)+\cos\left(\frac{\pi}{2}-t\right)}(-dt)$$

$$=\int_0^{\frac{\pi}{2}} \frac{\cos t}{\cos t+\sin t}dt=\int_0^{\frac{\pi}{2}} \frac{\cos x}{\cos x+\sin x}dx$$

よって，$J=\displaystyle\int_0^{\frac{\pi}{2}} \frac{\cos x}{\cos x+\sin x}dx$ とおくと，$I=J$ かつ

$$I+J=\int_0^{\frac{\pi}{2}} dx=\frac{\pi}{2} \qquad \therefore \quad I=\boldsymbol{\frac{\pi}{4}}$$

58-1 $b_n=\displaystyle\int_0^{\frac{\pi}{2}} \cos^n x\,dx=\int_0^{\frac{\pi}{2}} \sin^n\left(\frac{\pi}{2}-x\right)dx$

において，$\dfrac{\pi}{2}-x=t$ とおくと

$$b_n=\int_{\frac{\pi}{2}}^{0} \sin^n t(-dt)=\int_0^{\frac{\pi}{2}} \sin^n t\,dt=a_n$$

したがって，標問 **58** (2)と同じ結果を得る．

58-2 (1) $I_{n+2}+I_n=\int_0^{\frac{\pi}{4}}\tan^n x(\tan^2 x+1)\,dx=\int_0^{\frac{\pi}{4}}\tan^n x\cdot\frac{1}{\cos^2 x}\,dx$

$$=\int_0^{\frac{\pi}{4}}\tan^n x(\tan x)'\,dx=\left[\frac{\tan^{n+1}x}{n+1}\right]_0^{\frac{\pi}{4}}$$

$$=\boldsymbol{\frac{1}{n+1}}$$

(2) (1)より，$I_{n+2}=\frac{1}{n+1}-I_n$ かつ

$I_0=\frac{\pi}{4}$，$I_1=\int_0^{\frac{\pi}{4}}\tan x\,dx=\Big[-\log(\cos x)\Big]_0^{\frac{\pi}{4}}=\frac{1}{2}\log 2$ であるから，

$$I_5=\frac{1}{4}-I_3=\frac{1}{4}-\left(\frac{1}{2}-I_1\right)=\boldsymbol{-\frac{1}{4}+\frac{1}{2}\log 2}$$

$$I_6=\frac{1}{5}-I_4=\frac{1}{5}-\left(\frac{1}{3}-I_2\right)=\frac{1}{5}-\frac{1}{3}+(1-I_0)=\boldsymbol{\frac{13}{15}-\frac{\pi}{4}}$$

59 (1) $\int_0^m e^{-x}x^n\,dx=\Big[-e^{-x}x^n\Big]_0^m-\int_0^m(-e^{-x})\cdot nx^{n-1}\,dx$

$$=-e^{-m}m^n+n\int_0^m e^{-x}x^{n-1}\,dx$$

$m\to\infty$ とするとき，$e^{-m}m^n\to 0$ であるから，$F(n)=\int_0^\infty e^{-x}x^{n-1}\,dx$ が存在すれば，$F(n+1)=\int_0^\infty e^{-x}x^n\,dx$ も存在して，$F(n+1)=nF(n)$ が成り立つ．

(2) $F(1)=\lim_{m\to\infty}\int_0^m e^{-x}\,dx=\lim_{m\to\infty}\Big[-e^{-x}\Big]_0^m=\lim_{m\to\infty}\left(1-\frac{1}{e^m}\right)=1$ であるから，(1)より，

$F(2)$ も存在して，$F(2)=1F(1)=1$

以下同様にして，

$$F(3)=2F(2)=2!,\ F(4)=3F(3)=3!,\ \cdots,\ F(n+1)=n!$$

60 $\int_\alpha^{np+\alpha}f(x)\,dx=\int_\alpha^0 f(x)\,dx+\int_0^{np}f(x)\,dx+\int_{np}^{np+\alpha}f(x)\,dx$

$$=-\int_0^\alpha f(x)\,dx+\int_{np}^{np+\alpha}f(x)\,dx+\int_0^{np}f(x)\,dx$$

右辺第 2 項で，$x-np=t$ とおくと

$$\int_{np}^{np+\alpha}f(x)\,dx=\int_0^\alpha f(t+np)\,dt=\int_0^\alpha f(t)\,dt=\int_0^\alpha f(x)\,dx$$

$$\therefore\ \int_\alpha^{np+\alpha}f(x)\,dx=\int_0^{np}f(x)\,dx$$

61-1 (1)　2 曲線が $x=t$ で接するとすると

$$2\log t=at^2,\ \frac{2}{t}=2at$$

$at^2=1$ より，$t=\sqrt{e}$

$\therefore\quad a=\boldsymbol{\frac{1}{e}}$，　接点 $(\boldsymbol{\sqrt{e}},\ \boldsymbol{1})$

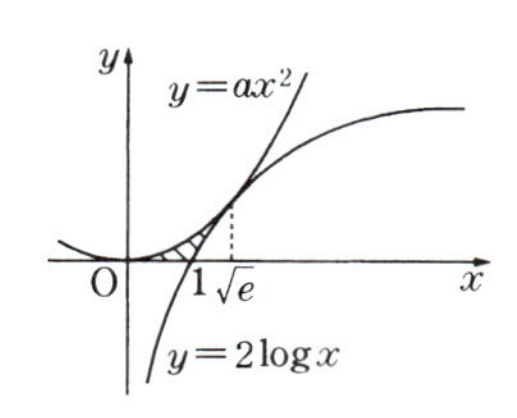

(2)　$S=\int_0^{\sqrt{e}}\frac{x^2}{e}dx-\int_1^{\sqrt{e}}2\log x\,dx$

$$=\left[\frac{x^3}{3e}\right]_0^{\sqrt{e}}-2\Big[x\log x-x\Big]_1^{\sqrt{e}}=\boldsymbol{\frac{4\sqrt{e}}{3}-2}$$

61-2 (1)　$y=-\log(ax)$ より，$y'=-\frac{a}{ax}=-\frac{1}{x}$

$x=1$ のとき $y'=-1$ であるから，(OP の傾き)$=1$

$\therefore$　P$(1,\ 1)$　　$\therefore$　$1=-\log a$

$\therefore\quad a=\boldsymbol{\frac{1}{e}}$

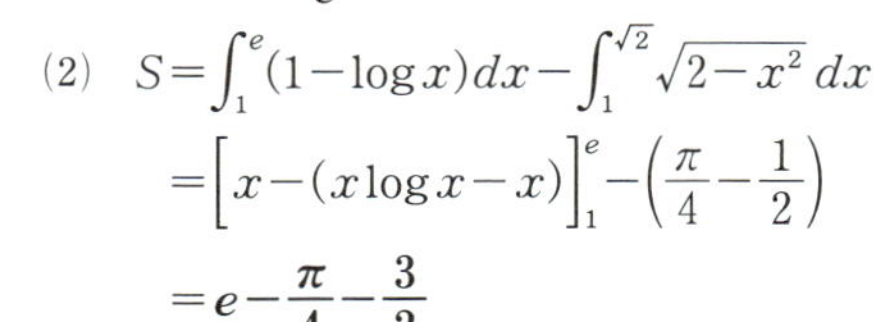

(2)　$S=\int_1^e(1-\log x)dx-\int_1^{\sqrt{2}}\sqrt{2-x^2}\,dx$　⬅

$$=\Big[x-(x\log x-x)\Big]_1^e-\left(\frac{\pi}{4}-\frac{1}{2}\right)$$

$$=\boldsymbol{e-\frac{\pi}{4}-\frac{3}{2}}$$

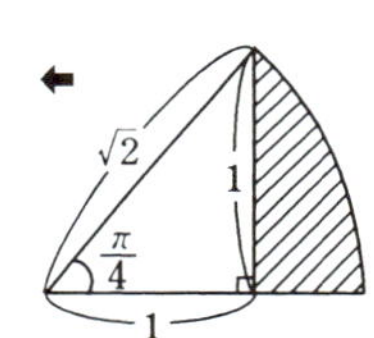

62 (1)　$|x-1|=\begin{cases}1-x & (x\leqq 1)\\ x-1 & (x\geqq 1)\end{cases}$ より

$$f(x)=1-|x-1|=\begin{cases}x & (0\leqq x\leqq 1)\\ 2-x & (1\leqq x\leqq 2)\end{cases}$$

さらに $f(x)$ は 2 を周期とするから，グラフは右図のようになる．

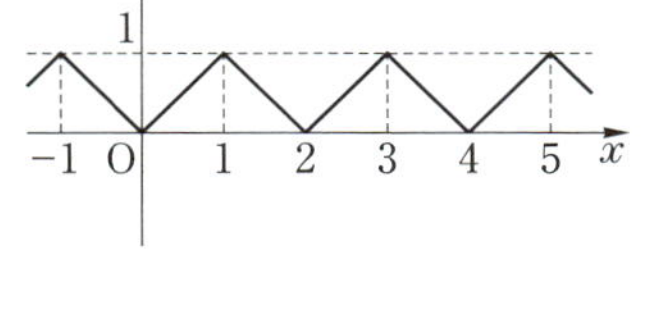

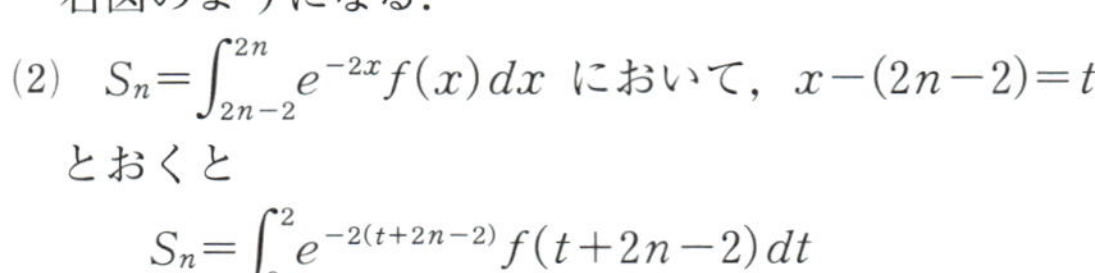

(2)　$S_n=\int_{2n-2}^{2n}e^{-2x}f(x)\,dx$ において，$x-(2n-2)=t$ とおくと

$$S_n=\int_0^2 e^{-2(t+2n-2)}f(t+2n-2)\,dt$$

$$=e^{-4n+4}\int_0^2 e^{-2t}f(t)\,dt$$

⬅ $f(x)$ は 2 を周期とするから $f(t+2n-2)=f(t)$

ここで

$$\int_0^2 e^{-2t}f(t)\,dt=\int_0^1 te^{-2t}dt+\int_1^2(2-t)e^{-2t}dt$$

$$=\left[t\left(-\frac{e^{-2t}}{2}\right)\right]_0^1-\int_0^1\left(-\frac{e^{-2t}}{2}\right)dt$$

$$+\left[(2-t)\left(-\frac{e^{-2t}}{2}\right)\right]_1^2-\int_1^2\left\{-\left(-\frac{e^{-2t}}{2}\right)\right\}dt$$

$$=-\frac{e^{-2}}{2}+\left[-\frac{e^{-2t}}{4}\right]_0^1+\frac{e^{-2}}{2}+\left[\frac{e^{-2t}}{4}\right]_1^2$$
$$=\frac{1-e^{-2}}{4}+\frac{e^{-4}-e^{-2}}{4}=\frac{e^{-4}-2e^{-2}+1}{4}$$

$\therefore\quad S_n=\boldsymbol{\frac{(e^{-2}-1)^2}{4}(e^{-4})^{n-1}}$

(3) $\displaystyle\sum_{n=1}^{\infty}S_n=\frac{(e^{-2}-1)^2}{4}\cdot\frac{1}{1-e^{-4}}=\frac{(e^2-1)^2}{4(e^4-1)}=\boldsymbol{\frac{e^2-1}{4(e^2+1)}}$

63 $\cos\alpha=k$ $(0<\alpha<\pi)$ とすると,

$$S=2\left\{\int_{\alpha}^{2\pi-\alpha}(k-\cos x)\,dx-\int_{2\pi-\alpha}^{2\pi}(k-\cos x)\,dx\right\}$$
$$=2\left\{\Big[kx-\sin x\Big]_{\alpha}^{2\pi-\alpha}-\Big[kx-\sin x\Big]_{2\pi-\alpha}^{2\pi}\right\}$$
$$=(4\pi-6\alpha)k+6\sin\alpha=(4\pi-6\alpha)\cos\alpha+6\sin\alpha$$

$\therefore\quad \dfrac{dS}{d\alpha}=-6\cos\alpha-(4\pi-6\alpha)\sin\alpha+6\cos\alpha=6\left(\alpha-\dfrac{2\pi}{3}\right)\sin\alpha$

$\sin\alpha>0$ ゆえ, $\dfrac{dS}{d\alpha}$ の符号は $\alpha=\dfrac{2\pi}{3}$ の前後で負→正と変化し, Sはここで最小となる. このとき,

$$k=\cos\frac{2\pi}{3}=\boldsymbol{-\frac{1}{2}}$$

64-1 $x=t^2-1$ ……①, $y=t(t^2-1)$ ……②

$|t|\leqq1$ より $-1\leqq x\leqq0$, ①より $t=\pm\sqrt{x+1}$ ……③

②, ③より, $y=\pm x\sqrt{x+1}$

$f(x)=x\sqrt{x+1}$ とおく. (もう一方はx軸に関して対称)

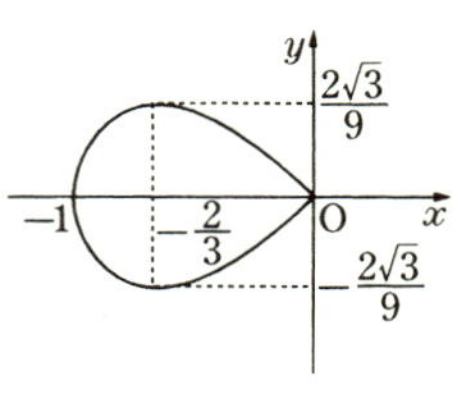

$$f'(x)=\frac{3x+2}{2\sqrt{x+1}},\quad \lim_{x\to-1+0}f'(x)=-\infty,\quad \lim_{x\to-0}f'(x)=1$$

よって, グラフは図のようになる. この曲線が囲む図形の面積は,

$$S=2\int_{-1}^{0}(-f(x))\,dx=-2\int_{-1}^{0}x\sqrt{x+1}\,dx$$

$\sqrt{x+1}=t$ とおくと, $x=t^2-1$ であるから

$$S=-2\int_0^1(t^2-1)t\cdot2t\,dt=-4\int_0^1(t^4-t^2)\,dt$$
$$=-4\left(\frac{1}{5}-\frac{1}{3}\right)=\boldsymbol{\frac{8}{15}}$$

64-2 この閉曲線（標問 **33** 参照）は，両座標軸に関して対称であるから

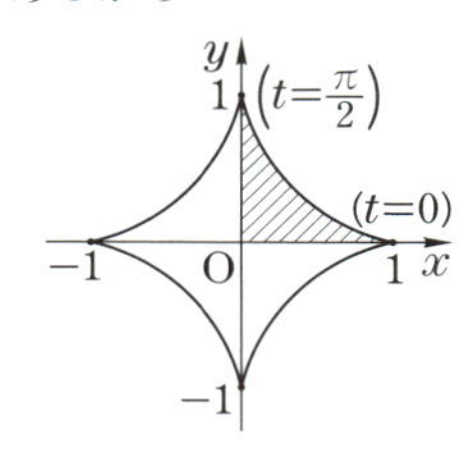

$$S=4\int_0^1 y\,dx=4\int_{\frac{\pi}{2}}^0 y\frac{dx}{dt}dt$$

$$=4\int_{\frac{\pi}{2}}^0 \sin^3 t\cdot 3\cos^2 t(-\sin t)\,dt$$

$$=12\int_0^{\frac{\pi}{2}}\sin^4 t(1-\sin^2 t)\,dt \quad \text{（標問 }\mathbf{58}\text{ 参照）}$$

$$=12\left(\frac{3}{4}\cdot\frac{1}{2}-\frac{5}{6}\cdot\frac{3}{4}\cdot\frac{1}{2}\right)\frac{\pi}{2}=\boldsymbol{\frac{3}{8}\pi}$$

65 (1) $\overrightarrow{AQ}$，$\overrightarrow{QP}$ が x 軸の正の向きとなす角はそれぞれ

$$\frac{\pi}{2}-t,\ \left(\frac{\pi}{2}-t\right)+\frac{\pi}{2}=\pi-t$$

であり，$|\overrightarrow{QP}|=\overset{\frown}{QB}=t$ だから

$$\overrightarrow{OP}=\overrightarrow{OA}+\overrightarrow{AQ}+\overrightarrow{QP}$$

$$=(0,\ 1)+\left(\cos\left(\frac{\pi}{2}-t\right),\ \sin\left(\frac{\pi}{2}-t\right)\right)$$

$$+t(\cos(\pi-t),\ \sin(\pi-t))$$

$$=(\boldsymbol{\sin t-t\cos t,\ 1+\cos t+t\sin t})$$

(2) $P(x,\ y)$ が x 軸に達する点は $(\pi,\ 0)$ である．$x:0\to\pi$ のとき，$t:0\to\pi$ だから，求める面積は

$$S=\int_0^{\pi} y\,dx=\int_0^{\pi} y\frac{dx}{dt}dt$$

$$=\int_0^{\pi}(1+\cos t+t\sin t)t\sin t\,dt$$

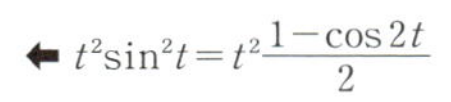

$$=\int_0^{\pi}\left(t\sin t+\frac{1}{2}t\sin 2t-\frac{t^2}{2}\cos 2t+\frac{t^2}{2}\right)dt$$

部分積分法を用いて各項ごとに積分すると

$$S=\pi-\frac{\pi}{4}-\frac{\pi}{4}+\frac{\pi^3}{6}=\boldsymbol{\frac{\pi^3}{6}+\frac{\pi}{2}}$$

別解 t が微小角 Δt だけ変化するとき，$\overrightarrow{QP}$ と $\overrightarrow{Q'P'}$ のなす角は Δt である．したがって，QP が描く図形 PQQ′P′（QQ′ は円弧 Γ の一部）は，半径 $QP=t$，中心角 Δt の扇形で近似できる．よって，**研究** で説明したことから

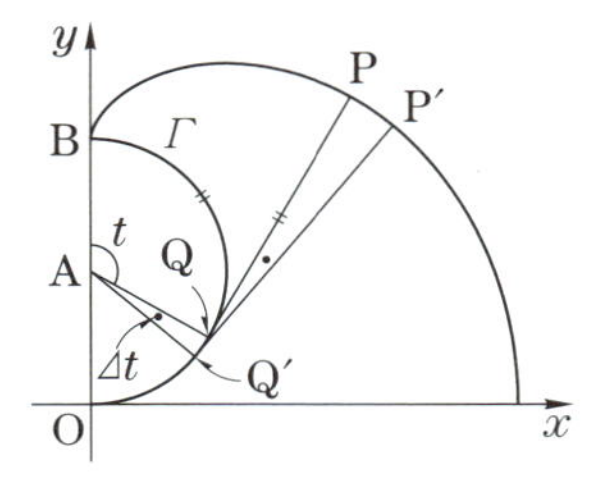

$$S=(\Gamma \text{ と } y \text{ 軸が囲む半円})+\frac{1}{2}\int_0^{\pi}t^2 dt$$

$$=\frac{\pi}{2}+\frac{\pi^3}{6}$$

この方法だと計算量を大幅に軽減することができる．しかし，最初の方針で計算をやりぬく腕力も大切である．

66-1 楕円と直線の交点は

$(0,\ 1),\ \left(1,\ -\dfrac{\sqrt{3}}{2}\right)$

領域を y 軸方向に2倍すると

$$2S=(\text{扇形 OAB})+(\text{三角形 OAB})$$
$$=\frac{2^2}{2}\cdot\frac{7\pi}{6}+\frac{2\cdot 1}{2}=\frac{7\pi}{3}+1$$
$$\therefore\quad S=\boldsymbol{\frac{7\pi}{6}+\frac{1}{2}}$$

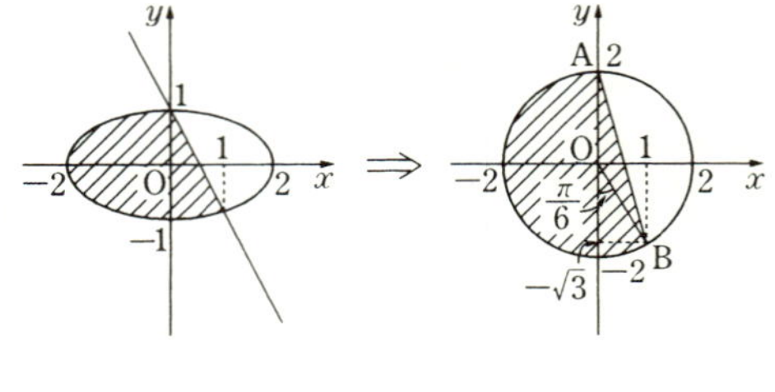

66-2 第1象限にある領域の面積は,

$$S=(\text{扇形 OAA}')+(\text{図形 OA}'\text{B}')$$
$$=(\text{扇形 OAA}')+(\text{図形 OAB})$$

図形 OAB を y 軸方向に $\sqrt{3}$ 倍すると扇形 OAC になるので

$$S=(\text{扇形 OAA}')+\frac{1}{\sqrt{3}}(\text{扇形 OAC})$$
$$=\frac{(2\sqrt{3}\,)^2}{2}\cdot\frac{\pi}{4}+\frac{1}{\sqrt{3}}\left\{\frac{(2\sqrt{3}\,)^2}{2}\cdot\frac{\pi}{3}\right\}$$
$$=\boldsymbol{\left(\frac{3}{2}+\frac{2}{\sqrt{3}}\right)\pi}$$

67 $x=\dfrac{e^t-e^{-t}}{2}$ ……① とおくと, $\dfrac{dx}{dt}=\dfrac{e^t+e^{-t}}{2}$ ……②

$$\sqrt{x^2+1}=\sqrt{\left(\frac{e^t-e^{-t}}{2}\right)^2+1}=\frac{e^t+e^{-t}}{2}\quad\cdots\cdots③$$

②, ③より

$$\int\sqrt{x^2+1}\,dx=\int\sqrt{x^2+1}\cdot\frac{dx}{dt}\,dt$$
$$=\int\left(\frac{e^t+e^{-t}}{2}\right)^2dt=\int\frac{e^{2t}+e^{-2t}+2}{4}\,dt$$
$$=\frac{e^{2t}-e^{-2t}}{8}+\frac{1}{2}t+C$$
$$=\frac{1}{2}\cdot\frac{e^t+e^{-t}}{2}\cdot\frac{e^t-e^{-t}}{2}+\frac{1}{2}t+C$$

ここで, ①, ③より

$$x+\sqrt{x^2+1}=e^t\qquad\therefore\quad t=\log(x+\sqrt{x^2+1})$$

ゆえに

$$\int\sqrt{x^2+1}\,dx=\boldsymbol{\frac{1}{2}\left(x\sqrt{x^2+1}+\log(x+\sqrt{x^2+1})\right)+C}$$

69 図の $\theta\left(0<\theta<\dfrac{\pi}{2}\right)$ に対して

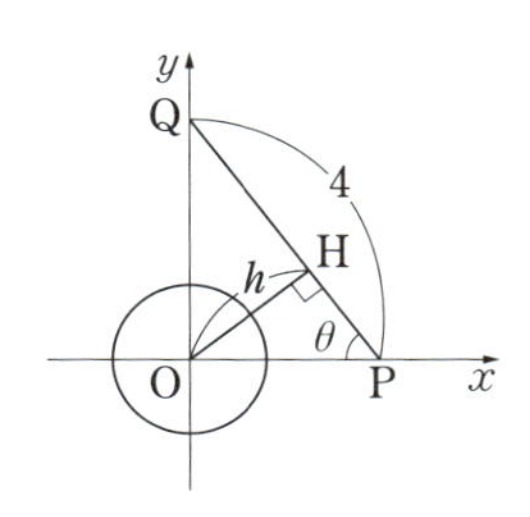

$$h=\mathrm{OP}\sin\theta=(4\cos\theta)\sin\theta$$

$$\therefore\quad h=2\sin 2\theta$$

条件より，$h>1$ であるから

$$1<h\leqq 2 \quad \cdots\cdots①$$

Vは，$x^2+(y-h)^2=1$ をx軸のまわりに回転してできる立体の体積に等しい．

$$y=h\pm\sqrt{1-x^2}$$

であるから

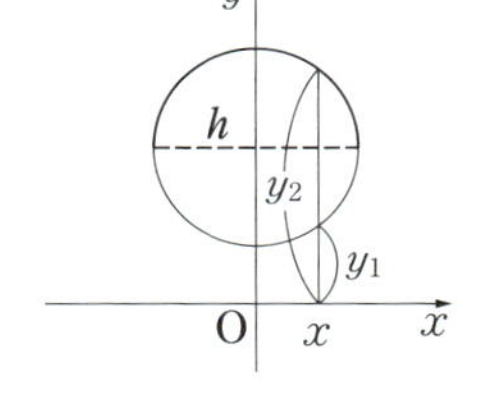

$$V=\pi\int_{-1}^{1}(y_2{}^2-y_1{}^2)\,dx$$

$$=\pi\int_{-1}^{1}\{(h+\sqrt{1-x^2})^2-(h-\sqrt{1-x^2})^2\}\,dx$$

$$=4\pi h\int_{-1}^{1}\sqrt{1-x^2}\,dx$$ ⬅ 積分は上半円板の面積

$$=4\pi h\cdot\frac{\pi}{2}=2\pi^2 h \quad \cdots\cdots②$$

①，②より，$h=2$，つまり $\boldsymbol{\theta=\dfrac{\pi}{4}}$ **のとき**

(Vの最大値)$=\boldsymbol{4\pi^2}$

70-1 グラフは図のようになるから，(演習問題 **29-1** (2))

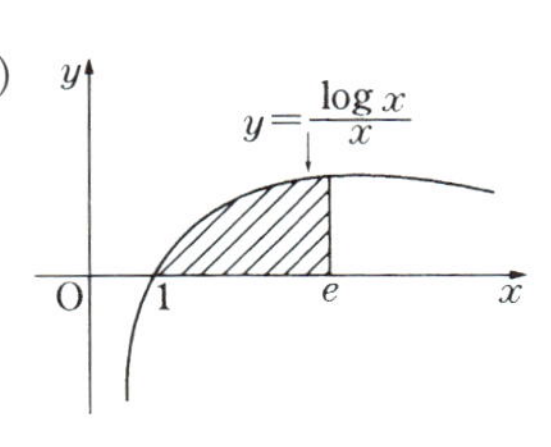

$$V=\pi\int_1^e\left(\frac{\log x}{x}\right)^2dx=\pi\int_1^e\left(-\frac{1}{x}\right)'(\log x)^2\,dx$$

$$=\pi\left[-\frac{(\log x)^2}{x}\right]_1^e+\pi\int_1^e\frac{2\log x}{x^2}\,dx$$

$$=-\frac{\pi}{e}+2\pi\left[-\frac{\log x}{x}\right]_1^e+2\pi\int_1^e\frac{1}{x^2}\,dx$$

$$=-\frac{\pi}{e}-\frac{2\pi}{e}+2\pi\left[-\frac{1}{x}\right]_1^e$$

$$=\boldsymbol{\left(2-\frac{5}{e}\right)\pi}$$

70-2 年輪法による．

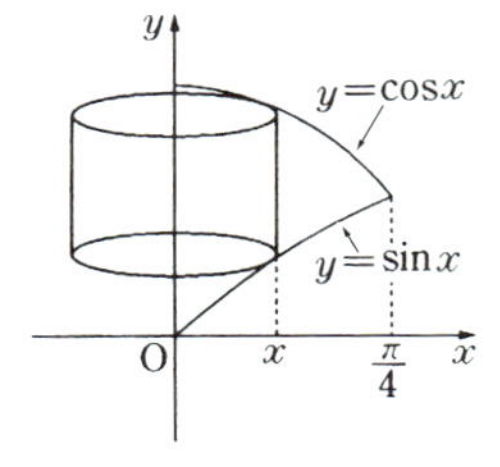

$$V=2\pi\int_0^{\frac{\pi}{4}}x(\cos x-\sin x)\,dx$$

$$=2\pi\Big[x(\sin x+\cos x)\Big]_0^{\frac{\pi}{4}}-2\pi\int_0^{\frac{\pi}{4}}(\sin x+\cos x)\,dx$$

$$=\frac{\pi^2}{\sqrt{2}}-2\pi\Big[\sin x-\cos x\Big]_0^{\frac{\pi}{4}}$$

$$=\boldsymbol{\frac{\pi^2}{\sqrt{2}}-2\pi}$$

70-3 図で $\dfrac{y_1+y_2}{2}=r$ であるから

$$V=\pi\int_a^b(y_2{}^2-y_1{}^2)\,dx$$
$$=2\pi\int_a^b\frac{y_1+y_2}{2}\cdot(y_2-y_1)\,dx$$
$$=2\pi r\int_a^b(y_2-y_1)\,dx=2\pi rS$$

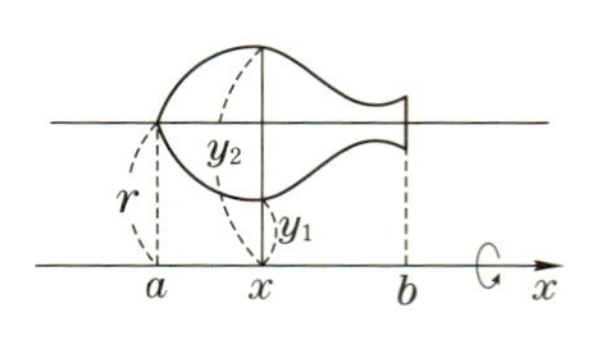

注 Vは底面がF，高さが$2\pi r$の柱状立体の体積と一致する．

71 直円錐の体積Vから，曲線と直線 $x+y=1$ が囲む図形の回転体の体積Wを除く．

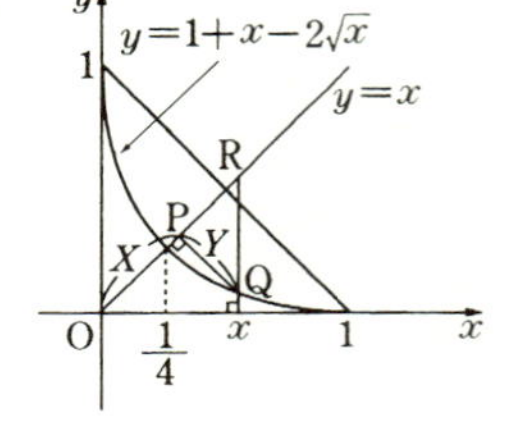

$$Y=\frac{\mathrm{QR}}{\sqrt{2}}=\frac{x-(1+x-2\sqrt{x})}{\sqrt{2}}=\frac{2\sqrt{x}-1}{\sqrt{2}}$$
$$X=\mathrm{OR}-Y=\sqrt{2}\,x-\frac{2\sqrt{x}-1}{\sqrt{2}}$$
$$\therefore\quad W=\pi\int_{\frac{\sqrt{2}}{4}}^{\frac{\sqrt{2}}{2}}Y^2\,dX=\pi\int_{\frac{1}{4}}^{1}Y^2\frac{dX}{dx}\,dx$$
$$=\pi\int_{\frac{1}{4}}^{1}\left(\frac{2\sqrt{x}-1}{\sqrt{2}}\right)^2\left(\sqrt{2}-\frac{1}{\sqrt{2x}}\right)dx$$
$$=\frac{\sqrt{2}\,\pi}{4}\int_{\frac{1}{4}}^{1}\frac{(2\sqrt{x}-1)^3}{\sqrt{x}}\,dx\quad(2\sqrt{x}-1=t\ \text{とおく})$$
$$=\frac{\sqrt{2}\,\pi}{4}\int_0^1 t^3\,dt$$
$$=\frac{\sqrt{2}\,\pi}{16}$$

ゆえに，

$$V-W=\frac{\pi}{3}\left(\frac{1}{\sqrt{2}}\right)^2\frac{1}{\sqrt{2}}-\frac{\sqrt{2}\,\pi}{16}=\boldsymbol{\frac{\sqrt{2}\,\pi}{48}}$$

注 曲線を原点のまわりに $-45°$ 回転すると，放物線の一部 $y^2=\sqrt{2}\,x-\dfrac{1}{2}$，$x\leqq\dfrac{1}{\sqrt{2}}$ となる．本問の場合はこれを利用するのもよい方法である．

72 立体の平面 $y=t$ $(0\leqq t\leqq 1)$ による断面は

← 複雑な変数を固定すれば断面が簡単になる

$$\begin{cases}t\leqq x\leqq t+1\\ 0\leqq z\leqq(1-3t)x+3t^2+t+1\ \ (=f(x)\ \text{とおく})\end{cases}$$
$$f(t)=(1-3t)t+3t^2+t+1$$
$$=2t+1>0$$
$$f(t+1)=(1-3t)(t+1)+3t^2+t+1$$
$$=-t+2>0$$

よって，断面は台形でありその面積は

$$\frac{1}{2}\{f(t)+f(t+1)\}=\frac{1}{2}(t+3)$$

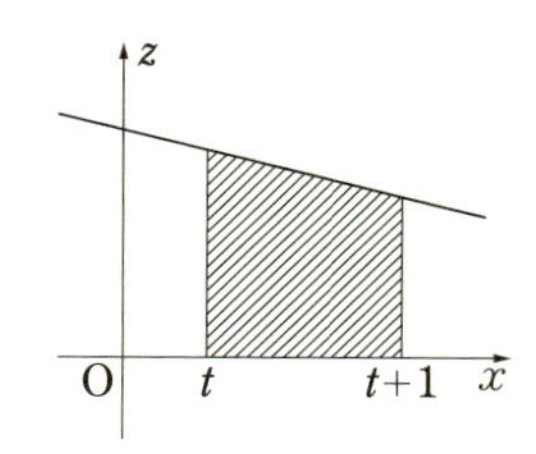

ゆえに，求める体積は

$$V=\frac{1}{2}\int_0^1(t+3)\,dt=\frac{1}{2}\left(\frac{1}{2}+3\right)=\mathbf{\frac{7}{4}}$$

73　Pを固定しQを動かしてできる円錐をK_Pとすると，KはK_Pの描く立体である．よって，Kの $z=t$ による断面は，K_Pの断面C_Pの描く図形である．C_Pと直線OPの交点をRとすると

$$\mathrm{OR}:\mathrm{RP}=t:1-t$$

よって，C_PはRを中心とする半径$1-t$の円　……(＊)
である．ゆえに

$$S(t)=\pi(1-t)^2+4t(1-t)$$
$$=\boldsymbol{\pi(1-t)^2+4(t-t^2)}$$
$$V=\int_0^1\{\pi(1-t)^2+4(t-t^2)\}dt$$
$$=\frac{\pi}{3}+4\left(\frac{1}{2}-\frac{1}{3}\right)=\boldsymbol{\frac{\pi+2}{3}}$$

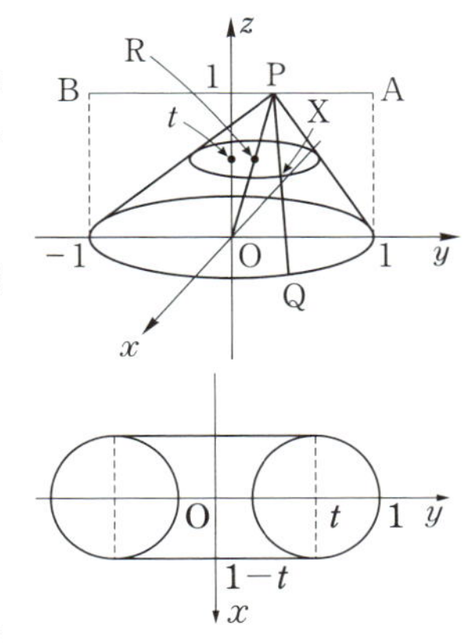

注　とくにQがDの周上を動くとき，直線PQと平面 $z=t$ の交点をXとすると，つねに $\mathrm{RX}=1-t$ である．よって，(＊)が成り立つ．

74　(1)

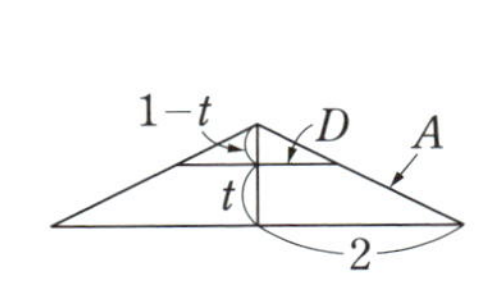

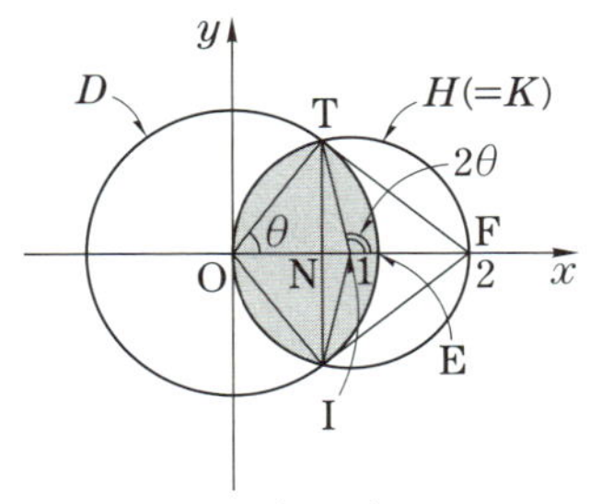

円錐Aの平面 $z=t$ による切り口は，半径$2(1-t)$の円Dであるから

$$\cos\angle\mathrm{FOT}=\frac{\mathrm{OT}}{\mathrm{OF}}=1-t=\cos\theta$$

$\therefore$　$\angle\mathrm{FOT}=\theta$　　$\therefore$　$\angle\mathrm{FIT}=2\theta$

ゆえに

$$S(t)=2\{\text{扇形 OET}-\triangle\mathrm{ONT}+(\text{扇形 IOT}-\triangle\mathrm{INT})\}$$
$$=2\{\text{扇形 OET}+\text{扇形 IOT}-\triangle\mathrm{OIT}\}$$
$$=2\left\{\frac{1}{2}(2\cos\theta)^2\theta+\frac{1}{2}\cdot1^2(\pi-2\theta)-\frac{1}{2}\cdot1^2\sin(\pi-2\theta)\right\}$$
$$=\boldsymbol{4\theta\cos^2\theta+\pi-2\theta-\sin2\theta}$$

(2)　$1-\cos\theta=t$ であるから，求める体積Vは

$$V=\int_0^1 S(t)\,dt=\int_0^{\frac{\pi}{2}}S(t)\frac{dt}{d\theta}d\theta$$

$$=\int_0^{\frac{\pi}{2}}(4\theta\cos^2\theta+\pi-2\theta-\sin 2\theta)\sin\theta\,d\theta$$

$$=4\int_0^{\frac{\pi}{2}}\theta\cos^2\theta\sin\theta\,d\theta+\int_0^{\frac{\pi}{2}}(\pi-2\theta)\sin\theta\,d\theta-2\int_0^{\frac{\pi}{2}}\sin^2\theta\cos\theta\,d\theta$$

ここで

$$\int_0^{\frac{\pi}{2}}\theta\cos^2\theta\sin\theta\,d\theta=\int_0^{\frac{\pi}{2}}\theta\left(-\frac{\cos^3\theta}{3}\right)'d\theta$$

$$=\left[\theta\left(-\frac{\cos^3\theta}{3}\right)\right]_0^{\frac{\pi}{2}}-\int_0^{\frac{\pi}{2}}\left(-\frac{\cos^3\theta}{3}\right)d\theta$$

$$=\frac{1}{3}\int_0^{\frac{\pi}{2}}(1-\sin^2\theta)\cos\theta\,d\theta$$

$$=\frac{1}{3}\left[\sin\theta-\frac{\sin^3\theta}{3}\right]_0^{\frac{\pi}{2}}=\frac{2}{9}$$

$$\int_0^{\frac{\pi}{2}}(\pi-2\theta)\sin\theta\,d\theta=\left[(\pi-2\theta)(-\cos\theta)\right]_0^{\frac{\pi}{2}}-\int_0^{\frac{\pi}{2}}(-2)(-\cos\theta)\,d\theta$$

$$=\pi-2\left[\sin\theta\right]_0^{\frac{\pi}{2}}=\pi-2$$

$$\int_0^{\frac{\pi}{2}}\sin^2\theta\cos\theta\,d\theta=\left[\frac{\sin^3\theta}{3}\right]_0^{\frac{\pi}{2}}=\frac{1}{3}$$

となるので

$$V=\frac{8}{9}+\pi-2-\frac{2}{3}=\boldsymbol{\pi-\frac{16}{9}}$$

75-1 (1) $\left(\dfrac{dx}{d\theta}\right)^2+\left(\dfrac{dy}{d\theta}\right)^2=(1-\cos\theta)^2+\sin^2\theta=2(1-\cos\theta)=4\sin^2\dfrac{\theta}{2}$

$$\therefore\quad l=\int_0^{2\pi}\sqrt{\left(\frac{dx}{d\theta}\right)^2+\left(\frac{dy}{d\theta}\right)^2}\,d\theta=2\int_0^{2\pi}\sin\frac{\theta}{2}\,d\theta$$

$$=\left[-4\cos\frac{\theta}{2}\right]_0^{2\pi}=\mathbf{8}$$

(2) $\left(\dfrac{dx}{d\theta}\right)^2+\left(\dfrac{dy}{d\theta}\right)^2=(-3\cos^2\theta\sin\theta)^2+(3\sin^2\theta\cos\theta)^2=9\sin^2\theta\cos^2\theta$

$$\therefore\quad l=4\int_0^{\frac{\pi}{2}}\sqrt{\left(\frac{dx}{d\theta}\right)^2+\left(\frac{dy}{d\theta}\right)^2}\,d\theta=12\int_0^{\frac{\pi}{2}}\sin\theta\cos\theta\,d\theta$$

$$=\left[6\sin^2\theta\right]_0^{\frac{\pi}{2}}=\mathbf{6}$$

75-2 $\overset{\frown}{\mathrm{TP}}=\overset{\frown}{\mathrm{TP_0}}$ より，$\alpha=2\theta$ となるから

$$\overrightarrow{\mathrm{OP}}=\overrightarrow{\mathrm{OQ}}-\overrightarrow{\mathrm{QR}}=3\begin{pmatrix}\cos\theta\\ \sin\theta\end{pmatrix}-\begin{pmatrix}\cos 3\theta\\ \sin 3\theta\end{pmatrix}$$

$$=\begin{pmatrix}\mathbf{3\cos\theta-\cos 3\theta}\\ \mathbf{3\sin\theta-\sin 3\theta}\end{pmatrix}$$

$\mathrm{P}(x(\theta),\ y(\theta))$ とおくと，$x(-\theta)=x(\theta)$，$y(-\theta)=-y(\theta)$ より，曲線 C は x 軸対称であることに注意する．

$$\left(\frac{dx}{d\theta}\right)^2+\left(\frac{dy}{d\theta}\right)^2$$

$$=(-3\sin\theta+3\sin 3\theta)^2+(3\cos\theta-3\cos 3\theta)^2$$

$$=18-18(\cos 3\theta\cos\theta+\sin 3\theta\sin\theta)$$

$$=18\{1-\cos(3\theta-\theta)\}=36\sin^2\theta$$

$$\therefore\quad l=2\int_0^{\pi}\sqrt{\left(\frac{dx}{d\theta}\right)^2+\left(\frac{dy}{d\theta}\right)^2}\,d\theta=12\int_0^{\pi}\sin\theta\,d\theta=\mathbf{24}$$

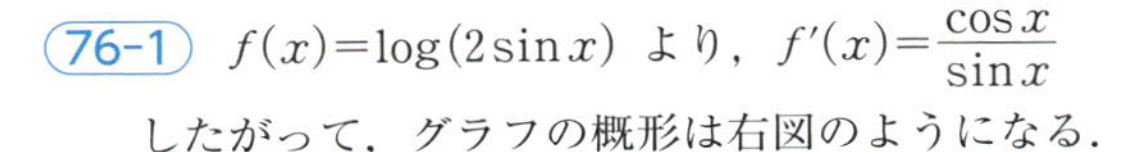

76-1 $f(x)=\log(2\sin x)$ より，$f'(x)=\dfrac{\cos x}{\sin x}$

したがって，グラフの概形は右図のようになる．

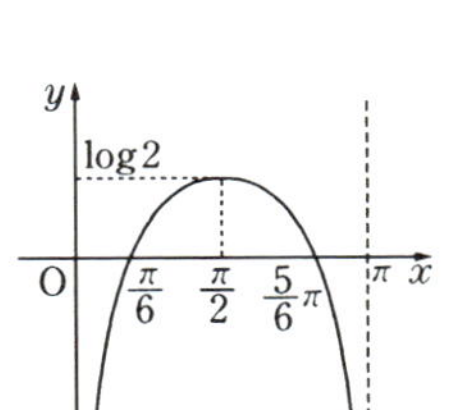

$1+f'(x)^2=1+\dfrac{\cos^2 x}{\sin^2 x}=\dfrac{1}{\sin^2 x}$ より，$y\geqq 0$ の部分の長さは

$$l=\int_{\frac{\pi}{6}}^{\frac{5\pi}{6}}\sqrt{1+f'(x)^2}\,dx=\int_{\frac{\pi}{6}}^{\frac{5\pi}{6}}\frac{1}{\sin x}\,dx\quad(\text{標問 }\mathbf{57}\,(6))$$

$$=\left[\frac{1}{2}\log\frac{1-\cos x}{1+\cos x}\right]_{\frac{\pi}{6}}^{\frac{5\pi}{6}}=\mathbf{2\log(2+\sqrt{3})}$$

76-2 $s(x)=\displaystyle\int_0^x\sqrt{1+\left(\frac{dy}{dx}\right)^2}\,dx$ とおくと

$$S=\int_0^{s(1)}2\pi x\,ds=\int_0^1 2\pi x\frac{ds}{dx}dx=\int_0^1 2\pi x\sqrt{1+\left(\frac{dy}{dx}\right)^2}\,dx$$

$$=2\pi\int_0^1 x\sqrt{1+4x^2}\,dx=\left[\frac{\pi}{6}(1+4x^2)^{\frac{3}{2}}\right]_0^1=\frac{\mathbf{5\sqrt{5}-1}}{\mathbf{6}}\boldsymbol{\pi}$$

注 直感的に

$$ds=\sqrt{dx^2+dy^2}=\sqrt{\left\{1+\left(\frac{dy}{dx}\right)^2\right\}dx^2}=\sqrt{1+\left(\frac{dy}{dx}\right)^2}\,dx$$

より，$S=\displaystyle\int_0^1 2\pi x\sqrt{1+\left(\frac{dy}{dx}\right)^2}\,dx$ としてもよい．

77-1 (1) $\displaystyle\lim_{n\to\infty}\sum_{k=1}^{n}\frac{k}{n^2}\cos\left(\frac{k^2\pi}{2n^2}\right)=\lim_{n\to\infty}\frac{1}{n}\sum_{k=1}^{n}\frac{k}{n}\cos\left\{\frac{\pi}{2}\left(\frac{k}{n}\right)^2\right\}=\int_0^1 x\cos\left(\frac{\pi}{2}x^2\right)dx$

$$=\left[\frac{1}{\pi}\sin\left(\frac{\pi}{2}x^2\right)\right]_0^1=\boldsymbol{\frac{1}{\pi}}$$

(2) $\displaystyle\frac{{}_{3n}\mathrm{C}_n}{{}_{2n}\mathrm{C}_n}=\frac{(2n+1)(2n+2)\cdots(3n-1)(3n)}{(n+1)(n+2)\cdots(2n-1)(2n)}$ より

$$\lim_{n\to\infty}\log\left(\frac{{}_{3n}\mathrm{C}_n}{{}_{2n}\mathrm{C}_n}\right)^{\frac{1}{n}}=\lim_{n\to\infty}\frac{1}{n}\log\frac{{}_{3n}\mathrm{C}_n}{{}_{2n}\mathrm{C}_n}=\lim_{n\to\infty}\frac{1}{n}\sum_{k=1}^{n}\log\frac{2n+k}{n+k}$$

$$=\lim_{n\to\infty}\frac{1}{n}\sum_{k=1}^{n}\log\frac{2+\frac{k}{n}}{1+\frac{k}{n}}=\int_0^1\log\frac{2+x}{1+x}dx$$

$$=\int_0^1\log(2+x)\,dx-\int_0^1\log(1+x)\,dx=\log\frac{27}{16}$$

$$\therefore\quad \lim_{n\to\infty}\left(\frac{{}_{3n}\mathrm{C}_n}{{}_{2n}\mathrm{C}_n}\right)^{\frac{1}{n}}=\boldsymbol{\frac{27}{16}}$$

77-2 A(1, 0, 0), B(0, 1, 0) とする．P_1, P_2, ……, P_{n-1} は線分 BA を n 等分するから

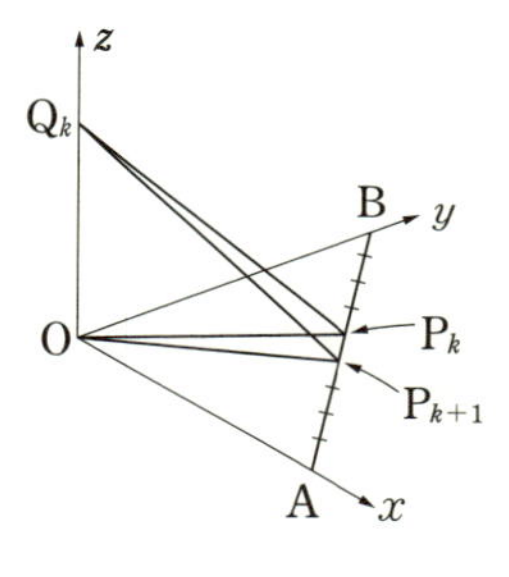

$$\triangle\mathrm{OP}_k\mathrm{P}_{k+1}=\frac{1}{n}\triangle\mathrm{OAB}=\frac{1}{2n}$$

また，$\mathrm{P}_k\mathrm{Q}_k=1$ より

$$\mathrm{OQ}_k{}^2=1-\mathrm{OP}_k{}^2$$

$$=1-\left\{\left(\frac{k}{n}\right)^2+\left(1-\frac{k}{n}\right)^2\right\}=2\left\{\frac{k}{n}-\left(\frac{k}{n}\right)^2\right\}$$

$$\therefore\quad V_k=\frac{1}{3}\cdot\triangle\mathrm{OP}_k\mathrm{P}_{k+1}\cdot\mathrm{OQ}_k=\frac{\sqrt{2}}{6}\cdot\frac{1}{n}\sqrt{\frac{k}{n}-\left(\frac{k}{n}\right)^2}$$

ゆえに，

$$\lim_{n\to\infty}\sum_{k=0}^{n-1}V_k=\frac{\sqrt{2}}{6}\lim_{n\to\infty}\frac{1}{n}\sum_{k=0}^{n-1}\sqrt{\frac{k}{n}-\left(\frac{k}{n}\right)^2}=\frac{\sqrt{2}}{6}\int_0^1\sqrt{x-x^2}\,dx$$

$$=\frac{\sqrt{2}}{6}\int_0^1\sqrt{\frac{1}{4}-\left(x-\frac{1}{2}\right)^2}\,dx$$

$$=\frac{\sqrt{2}}{6}\cdot\frac{1}{2}\pi\left(\frac{1}{2}\right)^2=\boldsymbol{\frac{\sqrt{2}}{48}\pi}$$

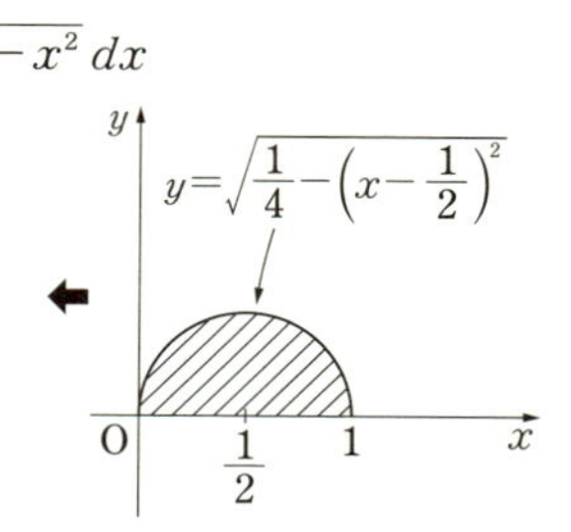

78 $\displaystyle I_n=\int_0^{\frac{\pi}{4}}\tan^n x\,dx$ とおくと

$$I_n+I_{n+2}=\frac{1}{n+1}\qquad\cdots\cdots①$$

(1) $\tan x>0\ \left(0<x<\dfrac{\pi}{4}\right)$ より，$I_n>0$ ゆえ，$0<I_n<I_n+I_{n+2}=\dfrac{1}{n+1}$

$\displaystyle\lim_{n\to\infty}\frac{1}{n+1}=0$ であるから，$\displaystyle\lim_{n\to\infty}I_n=0$

(2) $\displaystyle\sum_{k=0}^{n}\frac{(-1)^k}{2k+1}=\sum_{k=0}^{n}(-1)^k(I_{2k}+I_{2k+2})$　($\because$　①)

$=(I_0+I_2)-(I_2+I_4)+(I_4+I_6)-\cdots+(-1)^n(I_{2n}+I_{2n+2})$

$=I_0+(-1)^nI_{2n+2}=\dfrac{\pi}{4}+(-1)^nI_{2n+2}$ であるから，(1)より

$$\sum_{n=0}^{\infty}\frac{(-1)^n}{2n+1}=\lim_{n\to\infty}\left\{\frac{\pi}{4}+(-1)^nI_{2n+2}\right\}=\boldsymbol{\frac{\pi}{4}}$$

同様にして

$\displaystyle\sum_{k=0}^{n}\frac{(-1)^k}{k+1}=2\sum_{k=0}^{n}\frac{(-1)^k}{2k+2}=2\sum_{k=0}^{n}(-1)^k(I_{2k+1}+I_{2k+3})$　⬅ 技巧的でやや難しい

$=2\{(I_1+I_3)-(I_3+I_5)+(I_5+I_7)-\cdots+(-1)^n(I_{2n+1}+I_{2n+3})\}$

$=2\{I_1+(-1)^nI_{2n+3}\}$，かつ

$I_1=\displaystyle\int_0^{\frac{\pi}{4}}\tan x\,dx=\Big[-\log\cos x\Big]_0^{\frac{\pi}{4}}=\frac{1}{2}\log 2$ であるから，(1)より

$$\sum_{n=0}^{\infty}\frac{(-1)^n}{n+1}=\lim_{n\to\infty}2\left\{\frac{1}{2}\log 2+(-1)^nI_{2n+3}\right\}=\mathbf{log\,2}$$

79 (1) $1\leqq x\leqq e$ のとき，$0\leqq\log x\leqq 1$ より

$0\leqq(\log x)^n\leqq 1$

$\therefore$　$0\leqq\displaystyle\int_1^e\frac{1}{n!}(\log x)^n dx\leqq\frac{1}{n!}\int_1^e dx=\frac{e-1}{n!}$

$\therefore$　$0\leqq a_n\leqq\dfrac{e-1}{n!}$

(2) $a_n=\displaystyle\frac{1}{n!}\int_1^e(x)'(\log x)^n dx$

$=\displaystyle\frac{1}{n!}\left\{\Big[x(\log x)^n\Big]_1^e-\int_1^e x\cdot n(\log x)^{n-1}\cdot\frac{1}{x}dx\right\}$

$=\displaystyle\frac{e}{n!}-\frac{1}{(n-1)!}\int_1^e(\log x)^{n-1}dx$

$\therefore$　$a_n=\dfrac{e}{n!}-a_{n-1}$

(3) $a_1=\displaystyle\int_1^e\log x\,dx=\Big[x(\log x-1)\Big]_1^e=1$．また，(2)より

$\dfrac{1}{n!}=\dfrac{1}{e}(a_{n-1}+a_n)$

であるから

$S_n=\displaystyle\sum_{k=2}^{n}\frac{(-1)^k}{k!}=\frac{1}{e}\sum_{k=2}^{n}(-1)^k(a_{k-1}+a_k)$

$=\dfrac{1}{e}\{a_1+a_2-(a_2+a_3)+(a_3+a_4)-\cdots+(-1)^n(a_{n-1}+a_n)\}$

$=\dfrac{1}{e}\{a_1+(-1)^na_n\}=\boldsymbol{\dfrac{1}{e}+(-1)^n\dfrac{a_n}{e}}$

(1)より，$a_n\to 0\ (n\to\infty)$ であるから

$$\lim_{n\to\infty}S_n=\sum_{n=2}^{\infty}\frac{(-1)^n}{n!}=\boldsymbol{\frac{1}{e}}$$

80 $\frac{2}{\pi}x \leqq \sin x \leqq x \left(0 \leqq x \leqq \frac{\pi}{2}\right)$ より，$e^{-x} \leqq e^{-\sin x} \leqq e^{-\frac{2}{\pi}x}$

$$\therefore \int_0^{\frac{\pi}{2}} e^{-x}dx \leqq \int_0^{\frac{\pi}{2}} e^{-\sin x}dx \leqq \int_0^{\frac{\pi}{2}} e^{-\frac{2}{\pi}x}dx$$

ここで，$\int_0^{\frac{\pi}{2}} e^{-x}dx = 1-\frac{1}{e^{\frac{\pi}{2}}} > 1-\frac{1}{e}$，$\int_0^{\frac{\pi}{2}} e^{-\frac{2}{\pi}x}dx = \frac{\pi}{2}\left(1-\frac{1}{e}\right)$

ゆえに

$$1-\frac{1}{e} \leqq \int_0^{\frac{\pi}{2}} e^{-\sin x}dx \leqq \frac{\pi}{2}\left(1-\frac{1}{e}\right)$$

81 b を変数とみて，$g(t)=\int_a^t xf(x)dx-\frac{a+t}{2}\int_a^t f(x)dx$ $(a \leqq t \leqq b)$ とおく．

$$g'(t)=tf(t)-\frac{1}{2}\int_a^t f(x)dx-\frac{a+t}{2}f(t)=\frac{t-a}{2}f(t)-\frac{1}{2}\int_a^t f(x)dx \quad \cdots\cdots(*)$$

$f(t)$ が微分可能という条件がないので $g''(t)$ は考えられない．そこで

$$g'(t)=\frac{1}{2}\int_a^t f(t)dx-\frac{1}{2}\int_a^t f(x)dx$$
$$=\frac{1}{2}\int_a^t (f(t)-f(x))dx$$

⬅ x の積分に関して，$f(t)$ は定数とみなせるから，$\int_a^t f(t)dx=(t-a)f(t)$

とすると，$f(x)$ は $a \leqq x \leqq b$ で増加するから，
$a \leqq x \leqq t$ より $f(t) \geqq f(x)$．したがって，$g'(t) \geqq 0$．
すなわち，$g(t)$ は単調増加で $g(a)=0$ であるから，

$$g(t) \geqq 0 \ (a \leqq t \leqq b) \qquad \therefore \ g(b)=\int_a^b xf(x)dx-\frac{a+b}{2}\int_a^b f(x)dx \geqq 0$$

注 標問 **87** の「積分に関する平均値の定理」を用いてもよい．
$\int_a^t f(x)dx=(t-a)f(c)$，$a<c<t$ を満たす c が存在するから，$f(c) \leqq f(t)$ に注意すると，(*) より $g'(t)=\frac{t-a}{2}\{f(t)-f(c)\} \geqq 0$．以下同様である．

82-1 (斜線部分)<(台形 AHKD) より

$$\int_n^{n+1}\frac{dx}{\sqrt{x}}<\frac{1}{2}\left(\frac{1}{\sqrt{n}}+\frac{1}{\sqrt{n+1}}\right)$$

上式を $n=1, 2, \cdots, 99$ に対して辺々加えると

$$\int_1^{100}\frac{dx}{\sqrt{x}}<\frac{1}{2}\left(1+\frac{1}{\sqrt{2}}\right)+\cdots+\frac{1}{2}\left(\frac{1}{\sqrt{99}}+\frac{1}{\sqrt{100}}\right)$$

ゆえに $S>\int_1^{100}\frac{dx}{\sqrt{x}}+\frac{1}{2}+\frac{1}{2\sqrt{100}}=18+\frac{11}{20}$ となり，
③の左側が改良される．

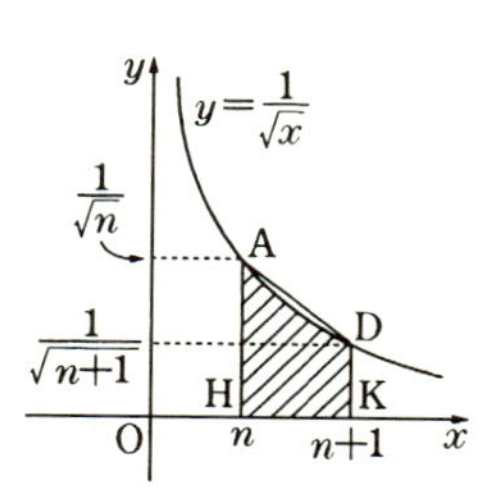

82-2 (長方形 ABDC)>(斜線部分) より

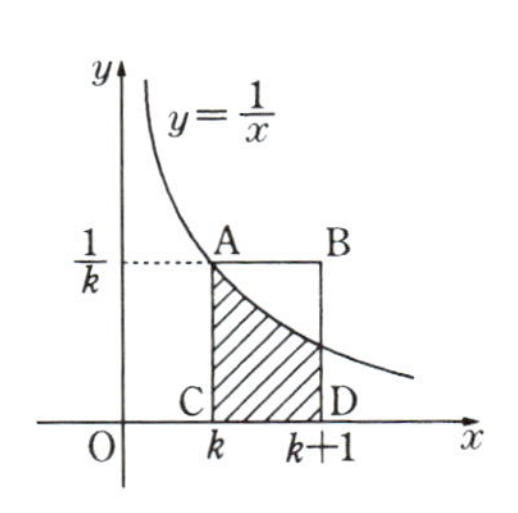

$\dfrac{1}{k}>\displaystyle\int_k^{k+1}\dfrac{dx}{x}$. 両辺を $k=1,\ 2,\ \cdots,\ n$ について加えると

$$\sum_{k=1}^{n}\frac{1}{k}>\sum_{k=1}^{n}\int_k^{k+1}\frac{dx}{x}=\int_1^{n+1}\frac{dx}{x}=\log(n+1)$$

$\displaystyle\lim_{n\to\infty}\log(n+1)=\infty$ ゆえ, $\displaystyle\sum_{n=1}^{\infty}\frac{1}{n}=\infty$

83 $S_n=\displaystyle\sum_{k=1}^{n}\frac{1}{k^2}$ とおく. n が十分大きいとき, 図1より

(図1)

(図2)

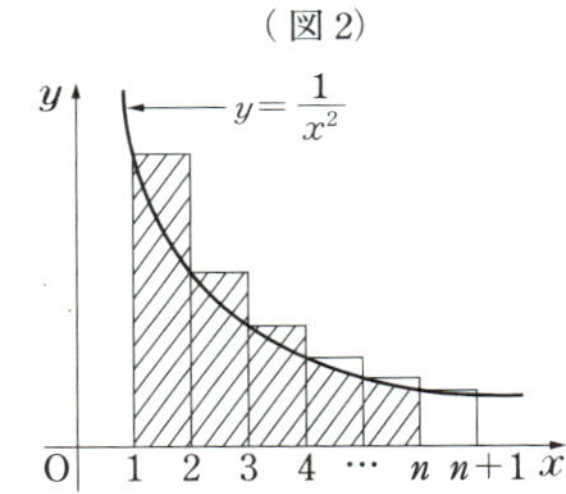

$$S_n<\frac{1}{1^2}+\frac{1}{2^2}+\frac{1}{3^2}+\int_3^n\frac{1}{x^2}dx$$

← 斜線部分の面積

$$=1+\frac{1}{4}+\frac{1}{9}+\left[-\frac{1}{x}\right]_3^n=1+\frac{1}{4}+\frac{1}{9}+\left(\frac{1}{3}-\frac{1}{n}\right)<1+\frac{1}{4}+\frac{1}{9}+\frac{1}{3}=\frac{61}{36}$$

また, 図2より

$$S_n>\frac{1}{1^2}+\frac{1}{2^2}+\frac{1}{3^2}+\int_4^n\frac{1}{x^2}dx$$

← 斜線部分の面積

$$=1+\frac{1}{4}+\frac{1}{9}+\left(\frac{1}{4}-\frac{1}{n}\right)=\frac{29}{18}-\frac{1}{n}$$

$$\therefore\quad \frac{29}{18}-\frac{1}{n}<S_n<\frac{61}{36}\qquad\cdots\cdots①$$

①の各辺の差は有限であるから, $n\to\infty$ として

← 誤差 $\to 0\ (n\to\infty)$ とはならない

$$\frac{29}{18}<\sum_{n=1}^{\infty}\frac{1}{n^2}<\frac{61}{36}$$

$\dfrac{29}{18}=1.6\dot{1}$, $\dfrac{61}{36}=1.69\dot{4}$ ゆえ $1.6<\displaystyle\sum_{n=1}^{\infty}\frac{1}{n^2}<1.7$

注 18 世紀数学界の巨人オイラーは, 1735 年に

$$\sum_{n=1}^{\infty}\frac{1}{n^2}=1+\frac{1}{2^2}+\frac{1}{3^2}+\frac{1}{4^2}+\cdots=\frac{\pi^2}{6}$$

であることを発見して大変喜んだそうです. 右辺の和に円周率が現れるのはとても不思議です.

84　(1)　$a \leqq 0$ のとき，$F(a)=\int_0^1 e^x(x-a)dx=(1-e)a+1$

$0 \leqq a \leqq 1$ のとき，$F(a)=-\int_0^a e^x(x-a)dx+\int_a^1 e^x(x-a)dx$

$=2e^a-(e+1)a-1$

$a \geqq 1$ のとき，$F(a)=-\int_0^1 e^x(x-a)dx=(e-1)a-1$

$F(a)$ は $a \leqq 0$ で減少し，$a \geqq 1$ で増加するから，$0 \leqq a \leqq 1$ で考えれば十分.

$F'(a)=2e^a-(e+1)$ より，$F'(a)$ の符号は $a=\log\dfrac{e+1}{2}$ の前後で負→正と変化するから，最小値は，

$$F\left(\log\frac{e+1}{2}\right)=\boldsymbol{e-(e+1)\log\frac{e+1}{2}}$$

注　答が標問 **84** と一致したのは偶然ではない．標問 **84** で x を a とおくと

$$f(a)=\int_1^e|\log t-a|dt$$

次に $\log t=x$ とおくと，$t=e^x$ より，$dt=e^x dx$ であるから

$$f(a)=\int_0^1|x-a|e^x dx$$

したがって，実は $f(a)=F(a)$ である.

(2)　$a\cos\alpha=\sin\alpha$，すなわち $\tan\alpha=a$ を満たす $\alpha\ \left(0<\alpha<\dfrac{\pi}{2}\right)$ がただ1つ存在するから

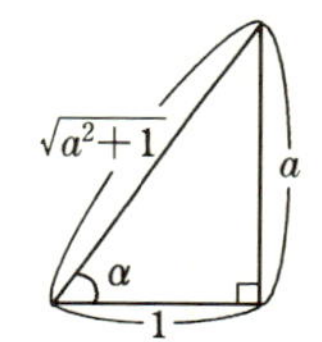

$$g(a)=\int_0^\alpha(a\cos x-\sin x)dx-\int_\alpha^{\frac{\pi}{2}}(a\cos x-\sin x)dx$$
$$=2(a\sin\alpha+\cos\alpha)-1-a \quad \cdots\cdots ①$$
$$=2\frac{a^2+1}{\sqrt{a^2+1}}-a-1=2\sqrt{a^2+1}-a-1$$

$$\therefore\quad g'(a)=\frac{2a}{\sqrt{a^2+1}}-1=\frac{3a^2-1}{\sqrt{a^2+1}\,(2a+\sqrt{a^2+1}\,)}$$

$a>0$ において，$g'(a)$ の符号は $a=\dfrac{1}{\sqrt{3}}$ の前後で負→正と変化するから，最小値は

$$g\left(\frac{1}{\sqrt{3}}\right)=2\sqrt{\frac{1}{3}+1}-\frac{1}{\sqrt{3}}-1=\boldsymbol{\sqrt{3}-1}$$

注　①の後，変数を α にそろえてもよい.

$$g(a)=2(a\sin\alpha+\cos\alpha)-1-a$$
$$=2(\tan\alpha\sin\alpha+\cos\alpha)-1-\tan\alpha \quad (=G(\alpha)\text{ とおく})$$
$$G'(\alpha)=2\left(\frac{1}{\cos^2\alpha}\sin\alpha+\tan\alpha\cos\alpha-\sin\alpha\right)-\frac{1}{\cos^2\alpha}$$
$$=\frac{2\sin\alpha-1}{\cos^2\alpha}$$

ゆえに，$\alpha=\dfrac{\pi}{6}$，つまり $a=\dfrac{1}{\sqrt{3}}$ で $G(\alpha)$，したがって $g(a)$ は最小となる.

85 $F'(a)=e^{(a+1)^3-7(a+1)}-e^{a^3-7a}$ の符号は，e^x が単調増加であるから

$$(a+1)^3-7(a+1)-(a^3-7a)$$
$$=3(a+2)(a-1)$$

の符号と一致する．ゆえに，$F(a)$ が極大となるのは $a=\mathbf{-2}$ のときである．

a	$\cdots$	-2	$\cdots$	1	$\cdots$
$F'(a)$	$+$	0	$-$	0	$+$
$F(a)$	↗		↘		↗

86 被積分関数を奇関数と偶関数に分ける．

$$I=\int_{-\frac{\pi}{2}}^{\frac{\pi}{2}}\{(\sin x-ax)+(\cos x-b)\}^2dx=2\int_0^{\frac{\pi}{2}}\{(\sin x-ax)^2+(\cos x-b)^2\}dx$$
$$=2\int_0^{\frac{\pi}{2}}(a^2x^2+b^2-2ax\sin x-2b\cos x+1)dx$$
$$=2\left[\frac{a^2}{3}x^3+b^2x+2a(x\cos x-\sin x)-2b\sin x+x\right]_0^{\frac{\pi}{2}}$$
$$=\left(\frac{\pi^3}{12}a^2-4a\right)+(\pi b^2-4b)+\pi$$
$$=\frac{\pi^3}{12}\left(a-\frac{24}{\pi^3}\right)^2+\pi\left(b-\frac{2}{\pi}\right)^2-\left(\frac{48}{\pi^3}+\frac{4}{\pi}\right)+\pi$$

$\therefore\quad a=\boldsymbol{\dfrac{24}{\pi^3}},\qquad b=\boldsymbol{\dfrac{2}{\pi}}$

87-1 $a<b$，$f(x)>0$ として説明する．

$\int_a^b f(x)dx$ は斜線部分の面積 S を表す．長方形ABQPの面積 T はPがCからDまで動くとき，連続的に増加し，P＝C のとき，$T<S$；P＝D のとき，$T>S$ であるから，$T=S$ なる点PがCとDの間に存在する．このとき，線分PQと連続関数 $y=f(x)$ のグラフは必ず共有点をもつから（複数のこともある），その x 座標を c とすれば，

$$\int_a^b f(x)dx=S=T=(b-a)f(c),\qquad a<c<b$$

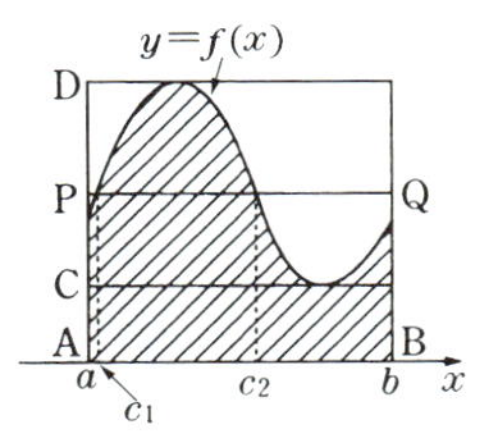

87-2 $0<a<\dfrac{1}{2}$ より，$2a<\pi<\dfrac{\pi}{2a}$ であるから

$$\int_{-\pi}^{\pi}f_a(x)|\cos ax|dx=2\int_0^{\pi}f_a(x)|\cos ax|dx$$
$$=2\int_0^{2a}\frac{2a-x}{2a^2}\cos ax\,dx=\frac{1-\cos 2a^2}{a^4}$$
$$=2\frac{\sin^2a^2}{a^4}=2\left(\frac{\sin a^2}{a^2}\right)^2$$

$$\therefore\quad \lim_{a\to 0}\int_{-\pi}^{\pi}f_a(x)|\cos ax|dx=2\lim_{a\to 0}\left(\frac{\sin a^2}{a^2}\right)^2=\mathbf{2}$$

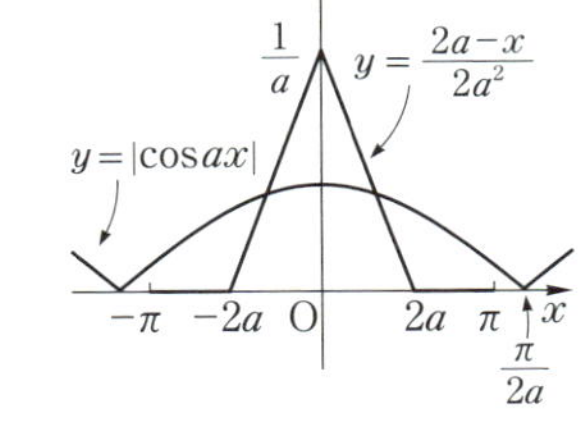

88-1 研究 から

$$\lim_{n\to\infty}\int_0^{\pi} x^2|\sin nx|\,dx=\frac{2}{\pi}\int_0^{\pi} x^2\,dx=\frac{2}{\pi}\cdot\frac{\pi^3}{3}=\frac{2\pi^2}{3}$$

と予想される．

$nx=t$ とおくと

$$I_n=\int_0^{\pi} x^2|\sin nx|\,dx=\int_0^{n\pi}\left(\frac{t}{n}\right)^2|\sin t|\frac{dt}{n}$$
$$=\frac{1}{n^3}\int_0^{n\pi} t^2|\sin t|\,dt=\frac{1}{n^3}\sum_{k=0}^{n-1}\int_{k\pi}^{(k+1)\pi} t^2|\sin t|\,dt$$

次に，$t-k\pi=u$ とおくと $\sin(u+k\pi)=(-1)^k\sin u$ であるから

$$I_n=\frac{1}{n^3}\sum_{k=0}^{n-1}\int_0^{\pi}(u+k\pi)^2|\sin(u+k\pi)|\,du$$
$$=\frac{1}{n^3}\sum_{k=0}^{n-1}\int_0^{\pi}(k^2\pi^2+2\pi ku+u^2)\sin u\,du$$

$\int_0^{\pi}\sin u\,du=2$ であるから，$\int_0^{\pi}u\sin u\,du=a$，$\int_0^{\pi}u^2\sin u\,du=b$ とおくと

$$I_n=\frac{1}{n^3}\sum_{k=0}^{n-1}(2\pi^2k^2+2\pi ak+b)$$
$$=\frac{1}{n^3}\left\{2\pi^2\frac{n(n-1)(2n-1)}{6}+2\pi a\frac{n(n-1)}{2}+bn\right\}$$

中括弧の中の各項は，n に関して順に 3 次，2 次，1 次であるから

$$\lim_{n\to\infty}I_n=2\pi^2\cdot\frac{2}{6}=\boldsymbol{\frac{2\pi^2}{3}}$$

88-2

$$\lim_{n\to\infty}\frac{I_n}{\log n}=\lim_{n\to\infty}\frac{1}{\log n}\left(\int_{\pi}^{n\pi}\frac{|\sin x|}{x}\,dx\right)$$

⬅ $x=nt$ とおく

$$=\lim_{n\to\infty}\frac{1}{\log n}\left(\int_{\frac{\pi}{n}}^{\pi}\frac{1}{t}|\sin nt|\,dt\right)$$

と変形できる．しかし，$\frac{\pi}{n}\to 0\ (n\to\infty)$ であり，$t=0$ で $\frac{1}{t}$ は定義できないから，研究 の結果を使って予想することはできない．もっと精密な議論 (本問の(1)，(2)) が必要である．

(1) $I_{k+1}-I_k=\int_{k\pi}^{(k+1)\pi}\frac{|\sin x|}{x}\,dx\geqq\int_{k\pi}^{(k+1)\pi}\frac{|\sin x|}{(k+1)\pi}\,dx=\frac{2}{(k+1)\pi}$

同様に

$$I_{k+1}-I_k=\int_{k\pi}^{(k+1)\pi}\frac{|\sin x|}{x}\,dx\leqq\int_{k\pi}^{(k+1)\pi}\frac{|\sin x|}{k\pi}\,dx=\frac{2}{k\pi}$$

$$\therefore\quad \frac{2}{(k+1)\pi}\leqq I_{k+1}-I_k\leqq\frac{2}{k\pi}$$

(2)

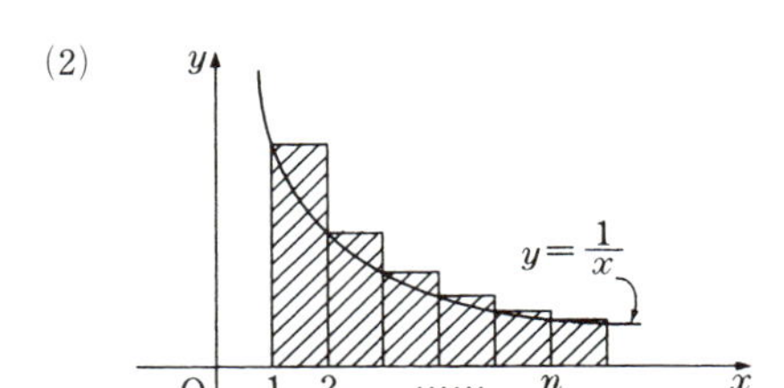

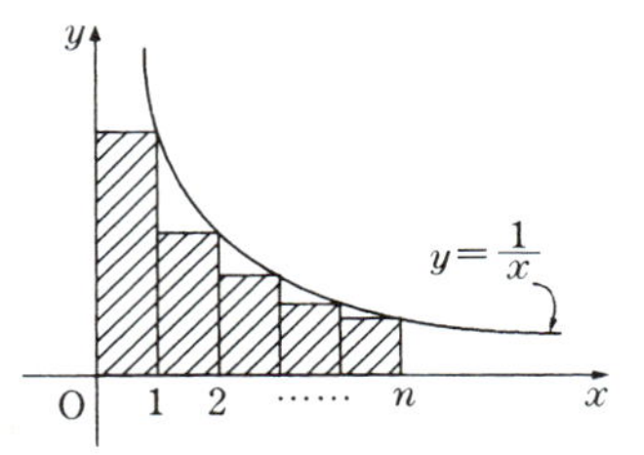

$\displaystyle\sum_{k=1}^{n}\frac{1}{k}$ を図の斜線部分とみると

$$\int_1^n\frac{dx}{x}\leqq\sum_{k=1}^{n}\frac{1}{k}\leqq 1+\int_1^n\frac{dx}{x}$$

$$\therefore\quad \log n\leqq\sum_{k=1}^{n}\frac{1}{k}\leqq 1+\log n$$

(3) (1)の不等式を $k=1,\ 2,\ \cdots,\ n-1$ について加えると，$I_1=0$ ゆえ

$$\frac{2}{\pi}\left(\sum_{k=1}^{n}\frac{1}{k}-1\right)\leqq I_n\leqq\frac{2}{\pi}\sum_{k=1}^{n-1}\frac{1}{k}\leqq\frac{2}{\pi}\sum_{k=1}^{n}\frac{1}{k}$$

したがって，(2)より

$$\frac{2}{\pi}(\log n-1)\leqq I_n\leqq\frac{2}{\pi}(\log n+1)$$

$$\therefore\quad \frac{2}{\pi}\left(1-\frac{1}{\log n}\right)\leqq\frac{I_n}{\log n}\leqq\frac{2}{\pi}\left(1+\frac{1}{\log n}\right)$$

$$\therefore\quad \lim_{n\to\infty}\frac{I_n}{\log n}=\boldsymbol{\frac{2}{\pi}}$$

89-1 $g(x)=\displaystyle\int_0^1 tf(t)\,dt+\frac{e^x}{e-2}\int_0^1 f(t)\,dt$ となるので

$$\int_0^1 tf(t)\,dt=a \qquad \cdots\cdots①$$

$$\int_0^1 f(t)\,dt=b \qquad \cdots\cdots②$$

とおくと

$$g(x)=a+\frac{be^x}{e-2}$$

$$\therefore\quad f(x)=\cos\pi x+\int_0^x\left(a+\frac{be^t}{e-2}\right)dt=\cos\pi x+ax+\frac{b(e^x-1)}{e-2} \qquad \cdots\cdots③$$

③を①，②に代入すると

$$\begin{cases} a=\displaystyle\int_0^1\left\{t\cos\pi t+at^2+\frac{bt(e^t-1)}{e-2}\right\}dt=-\frac{2}{\pi^2}+\frac{a}{3}+\frac{b}{2(e-2)} \\ b=\displaystyle\int_0^1\left\{\cos\pi t+at+\frac{b(e^t-1)}{e-2}\right\}dt=\frac{a}{2}+b \end{cases}$$

$$\therefore\quad a=0,\qquad b=\frac{4(e-2)}{\pi^2}$$

$$\therefore\quad \boldsymbol{f(x)=\cos\pi x+\frac{4}{\pi^2}(e^x-1)}$$

$$\boldsymbol{g(x)=\frac{4}{\pi^2}e^x}$$

89-2 $\displaystyle\int_0^{\frac{\pi}{2}} f_n(t)\sin t\,dt=a_n$ とおくと

$$f_n(x)=\cos x+\frac{1}{4}a_{n-1}x$$

したがって

$$a_0=\int_0^{\frac{\pi}{2}}\cos t\sin t\,dt=\left[\frac{1}{2}\sin^2 t\right]_0^{\frac{\pi}{2}}=\frac{1}{2}$$

$$a_n=\int_0^{\frac{\pi}{2}}\left(\cos t+\frac{1}{4}a_{n-1}t\right)\sin t\,dt=\frac{1}{2}+\frac{1}{4}a_{n-1}$$

$$\therefore\quad a_n-\frac{2}{3}=\frac{1}{4}\left(a_{n-1}-\frac{2}{3}\right)=\left(\frac{1}{4}\right)^n\left(a_0-\frac{2}{3}\right)=-\frac{1}{6}\left(\frac{1}{4}\right)^n$$

$$\therefore\quad a_n=\frac{2}{3}-\frac{1}{6}\left(\frac{1}{4}\right)^n$$

$$\therefore\quad f_n(x)=\boldsymbol{\cos x+\frac{1}{6}\left(1-\frac{1}{4^n}\right)x}$$

90 (1) 右辺の積分で $x-t=u$ とおくと

$$f(x)=\sin x+\int_x^0 f(u)\sin(x-u)(-du)=\sin x+\int_0^x f(u)\sin(x-u)\,du$$

$$=\sin x+\int_0^x f(u)(\sin x\cos u-\cos x\sin u)\,du$$

$$=\sin x+\sin x\int_0^x f(u)\cos u\,du-\cos x\int_0^x f(u)\sin u\,du \quad\cdots\cdots①$$

$$f'(x)=\cos x+\left(\cos x\int_0^x f(u)\cos u\,du+f(x)\sin x\cos x\right)$$

$$+\left(\sin x\int_0^x f(u)\sin u\,du-f(x)\sin x\cos x\right)$$

$$=\cos x+\cos x\int_0^x f(u)\cos u\,du+\sin x\int_0^x f(u)\sin u\,du$$

$$\therefore\quad f(0)=\boldsymbol{0},\qquad f'(0)=\boldsymbol{1}$$

(2) $\displaystyle f''(x)=-\sin x-\sin x\int_0^x f(u)\cos u\,du+\cos x\int_0^x f(u)\sin u\,du+f(x)$ ……②

①＋② より

$$f(x)+f''(x)=f(x)$$

$$\therefore\quad f''(x)=\boldsymbol{0}$$

(3) (2)より，$f'(x)=a$

$$\therefore\quad f(x)=ax+b$$

(1)より，$a=1$，$b=0$

$$\therefore\quad f(x)=\boldsymbol{x}$$

第4章

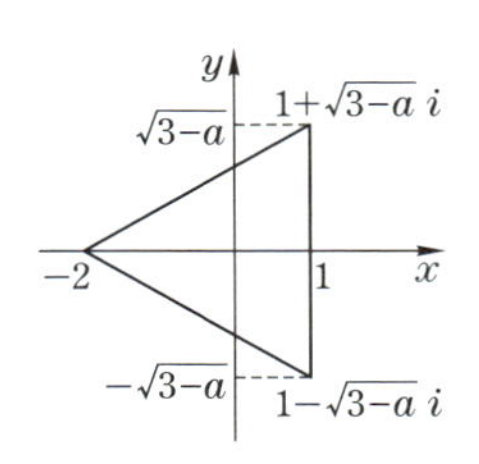

91-1 $x^3+8-a(x+2)=0$ より

$$(x+2)(x^2-2x-a+4)=0$$

$$\therefore \quad x=-2,\ 1\pm\sqrt{a-3}$$

$a<3$ であることが必要で，このとき三角形は右図のようになるから，その面積が6となるのは

$$3\sqrt{3-a}=6 \qquad \therefore \quad a=\mathbf{-1}$$

91-2 注 任意の実数 $x(\neq 0)$ について $x^2>0$ であるから，実数の大小関係を複素数の範囲まで拡張しようとすると，任意の複素数 $z(\neq 0)$ について $z^2>0$ となることが要請される．ところが，$i^2=-1$ であるからこれは不可能である．したがって，複素数に対する不等式があるとき，**その対象は必ず実数**でなければならない．

$k=z+\dfrac{1}{z}$ とおくと，与えられた不等式は $1\leqq k\leqq 4$.

$$k=x+yi+\frac{1}{x+yi}=x+yi+\frac{x-yi}{x^2+y^2}=x+\frac{x}{x^2+y^2}+\left(y-\frac{y}{x^2+y^2}\right)i$$

は実数であるから

$$y-\frac{y}{x^2+y^2}=0 \qquad \therefore \quad y(x^2+y^2-1)=0$$

$$\therefore \quad y=0 \text{ または } x^2+y^2=1$$

(i) $y=0$ のとき，$k=x+\dfrac{1}{x}$ であるから，$1\leqq x+\dfrac{1}{x}\leqq 4$

$x>0$ ゆえ，$x\leqq x^2+1\leqq 4x$

$x^2-x+1=\left(x-\dfrac{1}{2}\right)^2+\dfrac{3}{4}>0$ ゆえ，左側の不等式はつねに成立する．右側は

$$x^2-4x+1\leqq 0 \qquad \therefore \quad 2-\sqrt{3}\leqq x\leqq 2+\sqrt{3}$$

ゆえに，$z=x+yi$ の存在範囲は

$$y=0,\ 2-\sqrt{3}\leqq x\leqq 2+\sqrt{3}$$

(ii) $x^2+y^2=1$ のとき，$k=2x$ であるから，$1\leqq 2x\leqq 4$

$$\therefore \quad \frac{1}{2}\leqq x\leqq 2$$

ゆえに，$z=x+yi$ の存在範囲は

$$x^2+y^2=1,\ \frac{1}{2}\leqq x\leqq 2$$

(i), (ii)より，z の存在範囲は右図．

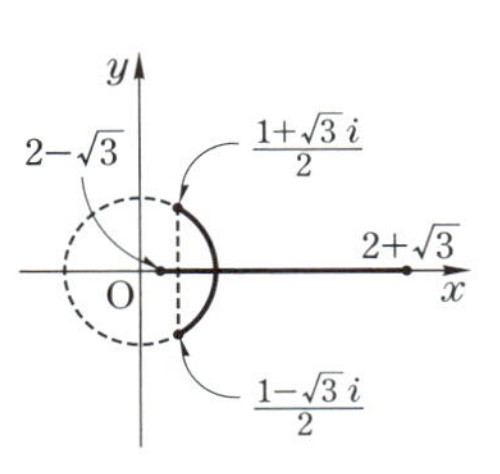

92-1 $x^2-2px+q=0$ ……① の判別式 <0 より

$$p^2-q<0 \qquad \therefore \quad q>p^2 \quad \text{……②}$$

このとき，①の2解は z，$\overline{z}$ となるので，解と係数の関係より

$$z+\overline{z}=2p,\ z\overline{z}=q$$

$|z-1|<2$ より $|z-1|^2<4$ であるから

$(z-1)(\overline{z}-1)<4$

$z\overline{z}-(z+\overline{z})+1<4$

$q-2p+1<4$

$\therefore\quad q<2p+3 \quad \cdots\cdots③$

②，③を同時に満たす$(p,\ q)$の存在範囲は図の斜線部分で境界は含まない．

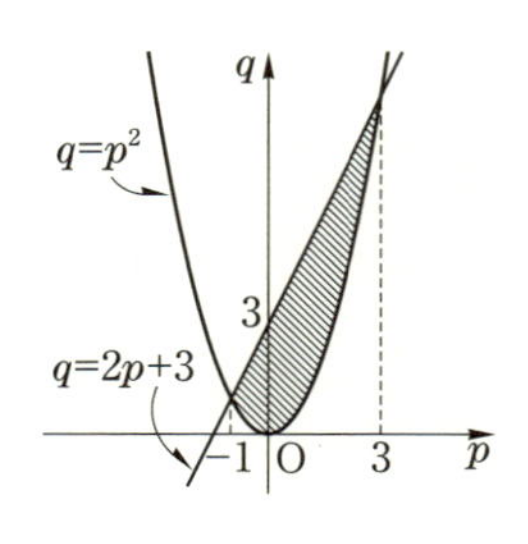

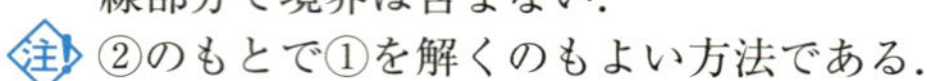

注 ②のもとで①を解くのもよい方法である．

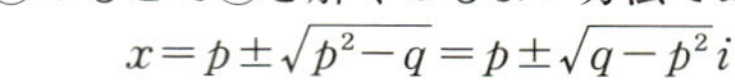

$$x=p\pm\sqrt{p^2-q}=p\pm\sqrt{q-p^2}\,i$$

したがって

$$|z-1|^2=|p-1\pm\sqrt{q-p^2}\,i|^2$$
$$=(p-1)^2+q-p^2=q-2p+1<4$$

$\therefore\quad q<2p+3$

92-2 l は原点と 2α を結ぶ線分の垂直2等分線であるから，l 上の点 z は原点と 2α から等距離にある．

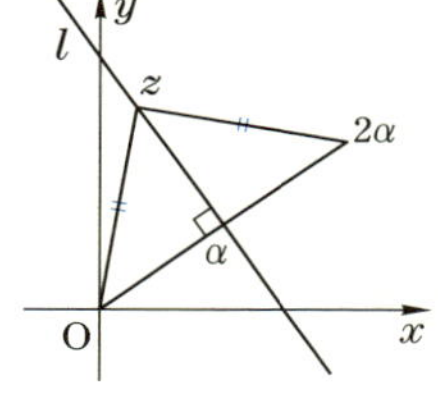

$\therefore\quad |z|=|z-2\alpha|$

両辺を2乗すると

$$z\overline{z}=(z-2\alpha)(\overline{z}-2\overline{\alpha})$$
$$=z\overline{z}-2\overline{\alpha}z-2\alpha\overline{z}+4|\alpha|^2$$

$\therefore\quad \overline{\alpha}z+\alpha\overline{z}=2|\alpha|^2$

別解 $z\fallingdotseq\alpha$ のとき $\angle \mathrm{O}\alpha z=\pm\dfrac{\pi}{2}$ であるから $\dfrac{z-\alpha}{\alpha}$ は純虚数．よって

$$\frac{z-\alpha}{\alpha}+\overline{\left(\frac{z-\alpha}{\alpha}\right)}=\frac{z-\alpha}{\alpha}+\frac{\overline{z}-\overline{\alpha}}{\overline{\alpha}}=0$$

$\therefore\quad \overline{\alpha}(z-\alpha)+\alpha(\overline{z}-\overline{\alpha})=0$

$\therefore\quad \overline{\alpha}z+\alpha\overline{z}=2|\alpha|^2$

← $z=\alpha$ はこれを満たす．以後，この議論はしない

あるいは $\triangle \mathrm{O}\alpha z$ に三平方の定理を適用してもよい．

$$|z|^2=|z-\alpha|^2+|\alpha|^2$$

より

$$|z|^2=(z-\alpha)(\overline{z}-\overline{\alpha})+|\alpha|^2$$
$$=|z|^2-(\overline{\alpha}z+\alpha\overline{z})+2|\alpha|^2$$

$\therefore\quad \overline{\alpha}z+\alpha\overline{z}=2|\alpha|^2$

93 $|\beta|\cdot|\alpha-\gamma|+|\alpha|\cdot|\gamma-\beta|$

$=|\beta(\alpha-\gamma)|+|\alpha(\gamma-\beta)|$

$\geqq|\beta(\alpha-\gamma)+\alpha(\gamma-\beta)|$

$=|\gamma(\alpha-\beta)|$

$=|\gamma|\cdot|\alpha-\beta|$

$\therefore\quad |\alpha-\beta||\gamma|\leqq|\beta||\alpha-\gamma|+|\alpha||\gamma-\beta|$

← 証明する不等式の不等号の向きを見て三角不等式を適用す

注 等号の成立条件を標問 **94**, →研究 を用いて調べる.

標問 **93**, (1)より, 等号はある正数 k に対して

$$\beta(\alpha-\gamma)=k\alpha(\gamma-\beta)$$

となるとき成立する. これから

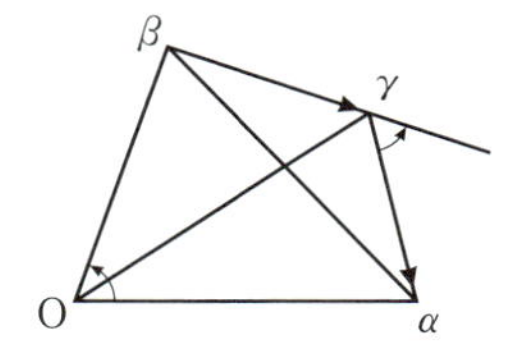

$$\frac{\beta}{\alpha}=k\frac{\gamma-\beta}{\alpha-\gamma}$$

$$\therefore\quad \arg\beta-\arg\alpha=\arg(\gamma-\beta)-\arg(\alpha-\gamma)$$

$$\therefore\quad \angle\alpha\mathrm{O}\beta+\angle\beta\gamma\alpha=\pi$$

ゆえに, 等号は四角形が円に内接するとき成立する.

このとき成り立つ等式

$$|\gamma||\alpha-\beta|=|\beta||\alpha-\gamma|+|\alpha||\gamma-\beta|$$

を**トレミーの定理**という.

94-1 とくに $n=3$ とすると $e(\theta)^3=e(3\theta)$ であるから

$$\begin{aligned}&\cos 3\theta+i\sin 3\theta\\&=(\cos\theta+i\sin\theta)^3\\&=\cos^3\theta+3i\cos^2\theta\sin\theta-3\cos\theta\sin^2\theta-i\sin^3\theta\\&=\cos^3\theta-3\cos\theta(1-\cos^2\theta)+i\{3(1-\sin^2\theta)\sin\theta-\sin^3\theta\}\\&=4\cos^3\theta-3\cos\theta+i\{3\sin\theta-4\sin^3\theta\}\end{aligned}$$

実部と虚部を比較して, 次の 3 倍角の公式を得る.

$$\cos 3\theta=\boldsymbol{4\cos^3\theta-3\cos\theta},\quad \sin 3\theta=\boldsymbol{3\sin\theta-4\sin^3\theta}$$

94-2 $n=-m$ (m は正の整数) とおく.

$$|z^n|=|z^{-m}|=\left|\frac{1}{z^m}\right|\underset{(3)}{=}\frac{1}{|z^m|}\underset{(5)}{=}\frac{1}{|z|^m}=|z|^{-m}=|z|^n$$

$$\arg z^n=\arg z^{-m}=\arg\left(\frac{1}{z^m}\right)\underset{(4)}{=}-\arg z^m\underset{(6)}{=}-m\arg z=n\arg z$$

94-3 点 $(x,\ y)$ の表す複素数を $z=x+yi$ とする. z を原点を中心に角 θ だけ回転した点を $w=X+Yi$ とすると

$$\begin{aligned}w&=e(\theta)z=(\cos\theta+i\sin\theta)(x+yi)\\&=x\cos\theta-y\sin\theta+i(x\sin\theta+y\cos\theta)\end{aligned}$$

$$\therefore\quad \begin{cases}\boldsymbol{X=x\cos\theta-y\sin\theta}\\ \boldsymbol{Y=x\sin\theta+y\cos\theta}\end{cases}$$

注 これは重要な公式である.

95-1 (1) $$z+\frac{1}{z}=\cos\theta+i\sin\theta+\frac{1}{\cos\theta+i\sin\theta}$$
$$=\cos\theta+i\sin\theta+(\cos\theta-i\sin\theta)=\boldsymbol{2\cos\theta}$$

(2) (1)より $\cos\theta=\dfrac{1}{2}\left(z+\dfrac{1}{z}\right)$ であるから

$$\cos^6\theta=\frac{1}{2^6}\left(z+\frac{1}{z}\right)^6$$

← パスカルの三角形を使って 2 項展開

$$=\frac{1}{64}(z^6+6z^4+15z^2+20+15z^{-2}+6z^{-4}+z^{-6})$$

$$=\frac{1}{64}\{\cos 6\theta+i\sin 6\theta+6(\cos 4\theta+i\sin 4\theta)$$
$$+15(\cos 2\theta+i\sin 2\theta)+20$$
$$+15(\cos 2\theta-i\sin 2\theta)+6(\cos 4\theta-i\sin 4\theta)$$
$$+(\cos 6\theta-i\sin 6\theta)\}$$

$$=\boldsymbol{\frac{1}{32}\cos 6\theta+\frac{3}{16}\cos 4\theta+\frac{15}{32}\cos 2\theta+\frac{5}{16}}$$

注 $\sin\theta=\frac{1}{2i}\left(z-\frac{1}{z}\right)$ を使えば，同様にして $\sin^n\theta$ を $\sin k\theta$ の 1 次式で表すことができる．

95-2 $z^3-3z\bar{z}+4=0$ ……① において，$z=r(\cos\theta+i\sin\theta)$ $(-\pi<\theta\leqq\pi)$ とおくと

$$r^3(\cos 3\theta+i\sin 3\theta)-3r^2+4=0$$

$$\therefore\ \begin{cases}\sin 3\theta=0 & \cdots\cdots② \\ r^3\cos 3\theta-3r^2+4=0 & \cdots\cdots③\end{cases}$$

②より $\cos 3\theta=\pm 1$ である．

(i) $\cos 3\theta=1$ のとき，$-3\pi<3\theta\leqq 3\pi$ ゆえ，$3\theta=0,\ \pm 2\pi$

$$\therefore\ \theta=0,\ \pm\frac{2\pi}{3}$$

③より，$r^3-3r^2+4=(r+1)(r-2)^2=0$ $\therefore\ r=2$

$$\therefore\ z=2 \text{ または } 2\left\{\cos\left(\pm\frac{2\pi}{3}\right)+i\sin\left(\pm\frac{2\pi}{3}\right)\right\}=-1\pm\sqrt{3}\,i \text{（複号同順）}$$

(ii) $\cos 3\theta=-1$ のとき，$3\theta=\pm\pi,\ 3\pi$ $\therefore\ \theta=\pm\frac{\pi}{3},\ \pi$

③より，$r^3+3r^2-4=(r-1)(r+2)^2=0$ $\therefore\ r=1$

$$\therefore\ z=-1 \text{ または } \cos\left(\pm\frac{\pi}{3}\right)+i\sin\left(\pm\frac{\pi}{3}\right)=\frac{1}{2}\pm\frac{\sqrt{3}}{2}i \text{（複号同順）}$$

(i)，(ii)より①の解は $\boldsymbol{z=-1,\ 2,\ -1\pm\sqrt{3}\,i,\ \frac{1}{2}\pm\frac{\sqrt{3}}{2}i}$

注 ①の左辺は z の多項式ではないから，3 個よりも多くの解をもつからといって，標問 **91** 研究 で述べた代数学の基本定理に抵触するわけではない．

96-1 $-8+8\sqrt{3}\,i$ の 4 乗根の 1 つを β とすると，方程式は $\left(\frac{z}{\beta}\right)^4=1$ となるので

$$\frac{z}{\beta}=\pm 1,\ \pm i \quad \therefore\ z=\beta,\ i\beta,\ -\beta,\ -i\beta$$

一方，

$$-8+8\sqrt{3}\,i=16\left(-\frac{1}{2}+\frac{\sqrt{3}}{2}i\right)=16\left(\cos\frac{2\pi}{3}+i\sin\frac{2\pi}{3}\right)$$

であるから，βとして

$$2\left(\cos\frac{\pi}{6}+i\sin\frac{\pi}{6}\right)=\sqrt{3}+i$$

がとれる．ゆえに，4つの解は右図の正方形の頂点をなす．そのうち実数部分が最大であるのは

$$\boldsymbol{\sqrt{3}+i}$$

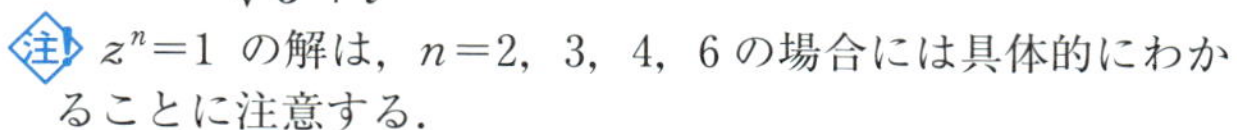

注! $z^n=1$ の解は，$n=2$，3，4，6 の場合には具体的にわかることに注意する．

$z^n=\gamma$ $(\neq 1)$ を解くには本問を真似ればよい．γ の n 乗根の1つβを求めて，方程式を $\left(\dfrac{z}{\beta}\right)^n=1$ と直すと，$\alpha=\cos\dfrac{2\pi}{n}+i\sin\dfrac{2\pi}{n}$ に対して

$$z=\beta,\ \beta\alpha,\ \beta\alpha^2,\ \cdots,\ \beta\alpha^{n-1}$$

96-2 $z^6+z^3+1=0$ ……① は

$$\begin{cases}(z^3-1)(z^6+z^3+1)=0\\ z^3-1\neq 0\end{cases}\quad\therefore\quad\begin{cases}z^9=1\\ z^3\neq 1\end{cases}$$

と書き直せる．$z^9=1$ の解は

$$z=\cos(40^\circ\times k)+i\sin(40^\circ\times k)\quad(k=0,\ 1,\ \cdots,\ 8)$$

このうち，$z^3=1$ を満たすのは $k=0$，3，6 の場合であるから，①を満たす z の偏角は次の6個である．

$$\mathbf{40^\circ,\ 80^\circ,\ 160^\circ,\ 200^\circ,\ 280^\circ,\ 320^\circ}$$

注! ①をいったん z^3 について解くのもよい方法である．

$$z^3=-\frac{1}{2}\pm\frac{\sqrt{3}}{2}i$$

$$=\cos120^\circ+i\sin120^\circ \text{ または } \cos240^\circ+i\sin240^\circ$$

これを用いても同じ結果を得る．

97-1 (1) $z^n=1$ より

$$1-z^n=(1-z)(1+z+z^2+\cdots+z^{n-1})=0$$

すなわち，$(1-z)S_1=0$ であるから

$$S_1=\begin{cases}\mathbf{0} & (\boldsymbol{z\neq 1}\text{ のとき})\\ \boldsymbol{n} & (\boldsymbol{z=1}\text{ のとき})\end{cases}$$

(2) $z^k=\cos k\theta+i\sin k\theta$ であるから

$$S_2=\sum_{k=0}^{n-1}\mathrm{Re}(z^k)=\mathrm{Re}\left(\sum_{k=0}^{n-1}z^k\right)=\mathrm{Re}(S_1)$$

$$=\begin{cases}\mathbf{0} & (\boldsymbol{z\neq 1}\text{ のとき})\\ \boldsymbol{n} & (\boldsymbol{z=1}\text{ のとき})\end{cases}$$

(3) $S_3=1+\cos^2\theta+\cos^2 2\theta+\cdots+\cos^2(n-1)\theta$

$$=\frac{1+1}{2}+\frac{1+\cos2\theta}{2}+\frac{1+\cos4\theta}{2}+\cdots+\frac{1+\cos2(n-1)\theta}{2}$$

$$=\frac{n}{2}+\frac{1}{2}\{1+\cos2\theta+\cos4\theta+\cdots+\cos2(n-1)\theta\}$$

ここで，$w=z^2=\cos2\theta+i\sin2\theta$，$T=1+w+w^2+\cdots+w^{n-1}$ とおくと

$$S_3=\frac{n}{2}+\frac{1}{2}\mathrm{Re}(T)$$

一方，$w^n=z^{2n}=1$ であるから，(1)とまったく同様にして

$$T=\begin{cases}0 & (w\neq 1 \text{ のとき})\\ n & (w=1 \text{ のとき})\end{cases}$$

したがって

$$1+\cos 2\theta+\cos 4\theta+\cdots+\cos 2(n-1)\theta$$
$$=\mathrm{Re}(T)=\begin{cases}0 & (w\neq 1 \text{ のとき})\\ n & (w=1 \text{ のとき})\end{cases}$$

ゆえに

$$\boldsymbol{S_3=\frac{n}{2}}\quad \textbf{(}\boldsymbol{z\neq\pm 1}\ \textbf{のとき)},\quad \boldsymbol{S_3=n}\quad \textbf{(}\boldsymbol{z=\pm 1}\ \textbf{のとき)}$$

97-2 (1) $z=\cos\dfrac{2\pi}{n}+i\sin\dfrac{2\pi}{n}$ とおく．

← 前問(1)で $\theta=\dfrac{2\pi}{n}$ とした場合であるが，再度解答する

$$\sum_{k=0}^{n-1}\left(\cos\frac{2k\pi}{n}+i\sin\frac{2k\pi}{n}\right)$$
$$=\sum_{k=0}^{n-1}z^k=\frac{1-z^n}{1-z}=0\quad (\because\ z\neq 1,\ z^n=1)$$

(2) A_0 が x 軸上にのるようにあらかじめ座標軸を回転しておくと，$\mathrm{A}_k(z^k)$ $(k=0,\ 1,\ \cdots,\ n-1)$ としてよい．

$\mathrm{P}(\alpha)$ とおくと $|\alpha|=\dfrac{1}{2}$ である．このとき

$$\sum_{k=0}^{n-1}l_k(\mathrm{P})^2=\sum_{k=0}^{n-1}|z^k-\alpha|^2=\sum_{k=0}^{n-1}(z^k-\alpha)(\overline{z^k}-\overline{\alpha})$$
$$=\sum_{k=0}^{n-1}(|z^k|^2-\overline{\alpha}z^k-\alpha\overline{z^k}+|\alpha|^2)$$
$$=n-\overline{\alpha}\sum_{k=0}^{n-1}z^k-\alpha\sum_{k=0}^{n-1}\overline{z^k}+\frac{1}{4}n$$
$$=\frac{5}{4}n-\overline{\alpha}\sum_{k=0}^{n-1}z^k-\alpha\left(\overline{\sum_{k=0}^{n-1}z^k}\right)=\boldsymbol{\frac{5}{4}n}\quad (\because\ (1))$$

これはPの位置に無関係な値である．

98-1 (1) $z^n=(z-i)^n$ ……① より $|\alpha|^n=|\alpha-i|^n$

$\therefore\ |\alpha|=|\alpha-i|$

したがって，点 α は2点O，i から等距離にあるので，虚数部分は $\dfrac{1}{2}$ である．

(2) $|z|=1$ のとき，(1)の結果と合わせると

$$z=\pm\boldsymbol{\frac{\sqrt{3}}{2}+\frac{1}{2}i}\quad \cdots\cdots ②$$

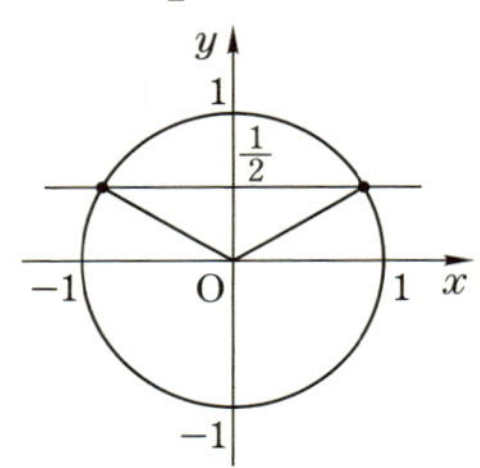

であることが必要である．$z=\dfrac{\sqrt{3}}{2}+\dfrac{1}{2}i$ を①に代入すると

$$(\cos 30^\circ+i\sin 30^\circ)^n=\{\cos(-30^\circ)+i\sin(-30^\circ)\}^n$$

ド・モアブルの定理を適用して，両辺の偏角を比較すると

$30^\circ \times n = (-30^\circ) \times n + 360^\circ \times k$ （k は整数）

$\therefore$ $\boldsymbol{n = 6k}$

$z = -\dfrac{\sqrt{3}}{2} + \dfrac{1}{2}i$ を①に代入すると

$(\cos 150^\circ + i\sin 150^\circ)^n = \{\cos(-150^\circ) + i\sin(-150^\circ)\}^n$

両辺の偏角を比較すると

$150^\circ \times n = (-150^\circ) \times n + 360^\circ \times l$ （l は整数）

$\therefore$ $5n = 6l$

したがって，やはり n は 6 の倍数である．

ゆえに，①が絶対値 1 の解をもつための条件は $n = 6k$ であり，このとき絶対値 1 の解は②で与えられる．

98-2 $|z| = |w| = 1$ ……① より $z = \dfrac{1}{\overline{z}}$，$w = \dfrac{1}{\overline{w}}$ であるから，これらを

$\overline{z^2 + w^2} = \overline{z + w}$ ……② に代入すると

$$\frac{1}{\overline{z}^2} + \frac{1}{\overline{w}^2} = \frac{1}{\overline{z}} + \frac{1}{\overline{w}} \qquad \therefore \quad \frac{1}{z^2} + \frac{1}{w^2} = \frac{1}{z} + \frac{1}{w}$$

$\therefore$ $z^2 + w^2 = zw(z + w)$ ……③

③−②より

$(z + w)(zw - 1) = 0$

$z + w = 0$ とすると，②より $z = w = 0$ となり，①に反する．

$\therefore$ $zw = 1$ $\quad\therefore$ $w = \dfrac{1}{z}$ ……④

④を②に代入すると

$$z^2 + \frac{1}{z^2} = z + \frac{1}{z} \qquad \therefore \quad z^4 + 1 = z^3 + z$$

$\therefore$ $(z-1)^2(z^2 + z + 1) = 0$

$\therefore$ $z = 1,\ \dfrac{-1 \pm \sqrt{3}i}{2}$

④も考えて

$$(z,\ w) = (\mathbf{1},\ \mathbf{1}),\ \left(\frac{-1 \pm \sqrt{3}i}{2},\ \frac{-1 \mp \sqrt{3}i}{2}\right) \text{ **（複号同順）**}$$

注 「円周上の 2 点は，それを結ぶ線分が直径でないとき，その線分の中点で定まる」 ……(＊)

ことを用いてもよい．条件より

$\dfrac{z^2 + w^2}{2} = \dfrac{z + w}{2}$ （$= m$ とおく）

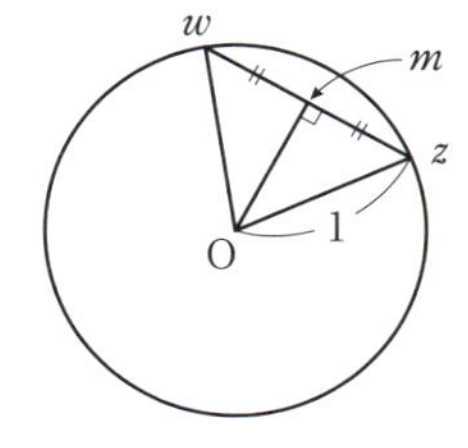

(i) $m = 0$ のとき，$z^2 + w^2 = z + w = 0$ から w を消去すると $z^2 = 0$．これは $|z| = 1$ に反する．

(ii) $|m| = 1$ のとき，$z = w$ であるから，$z^2 = z$．$|z| = 1$ ゆえ

$\therefore$ $z = 1$ $\quad\therefore$ $(z,\ w) = (1,\ 1)$

(iii) $0 < |m| < 1$ のとき，(＊)より $(z^2,\ w^2) = (z,\ w)$ または $(w,\ z)$

(ア) $z^2 = z$，$w^2 = w$ のとき，$|z| = |w| = 1$ より，$z = w = 1$．

これは $|m|<1$ に反する.

(イ) $z^2=w$, $w^2=z$ のとき，w を消去すると

$$z^4=z \qquad \therefore \quad (z-1)(z^2+z+1)=0$$

$$\therefore \quad z=1,\ \frac{-1\pm\sqrt{3}\,i}{2}$$

$z=1$ のとき，$w=1$ となり，$|m|<1$ に反する.

$$\therefore \quad (z,\ w)=\left(\frac{-1\pm\sqrt{3}\,i}{2},\ \frac{-1\mp\sqrt{3}\,i}{2}\right) \text{（複号同順）}$$

99-1 $\alpha^2-2\alpha\beta+4\beta^2=0$ より，$\left(\dfrac{\alpha}{\beta}\right)^2-2\dfrac{\alpha}{\beta}+4=0$. 解くと $\dfrac{\alpha}{\beta}=1\pm\sqrt{3}\,i$

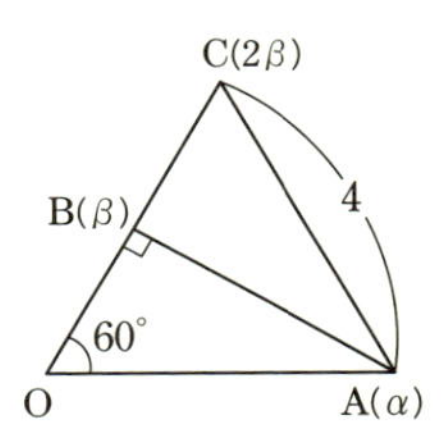

$$\therefore \quad \frac{|\alpha|}{|\beta|}=2,\ \angle\mathrm{AOB}=\left|\arg\left(\frac{\alpha}{\beta}\right)\right|=|\pm 60^\circ|=\mathbf{60^\circ}$$

よって，$\angle\mathrm{OBA}=90^\circ$. したがって，$\mathrm{C}(2\beta)$ とすると $\triangle\mathrm{OAC}$ は正三角形，かつ $\mathrm{AC}=|\alpha-2\beta|=4$ である.

ゆえに

$$\triangle\mathrm{OAB}=\frac{1}{2}\triangle\mathrm{OAC}=\frac{1}{2}\left(\frac{1}{2}\cdot 4^2\cdot\sin 60^\circ\right)=\mathbf{2\sqrt{3}}$$

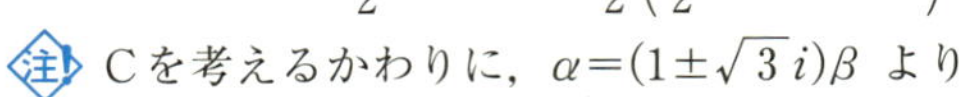

注 Cを考えるかわりに，$\alpha=(1\pm\sqrt{3}\,i)\beta$ より

$\alpha-2\beta=(-1\pm\sqrt{3}\,i)\beta$

これと $|\alpha-2\beta|=4$ より $|\beta|=2$ としてもよい.

99-2 (1) $(\beta-\alpha)^2+(\gamma-\alpha)^2=0$ より

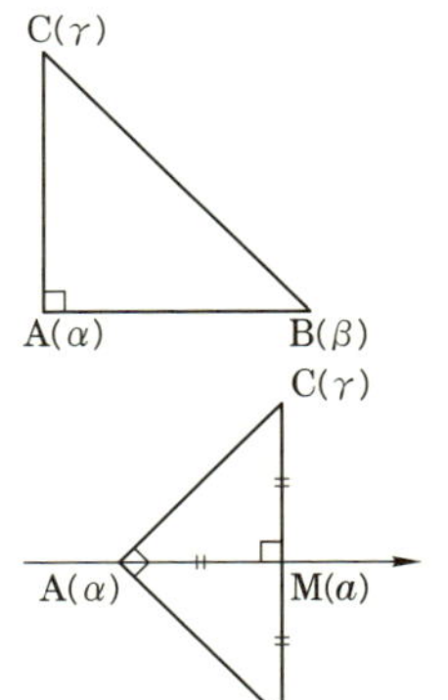

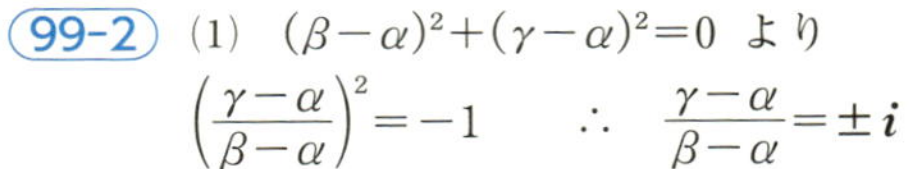

$$\left(\frac{\gamma-\alpha}{\beta-\alpha}\right)^2=-1 \qquad \therefore \quad \frac{\gamma-\alpha}{\beta-\alpha}=\pm\boldsymbol{i}$$

このとき，$\dfrac{|\gamma-\alpha|}{|\beta-\alpha|}=1$，$\arg\dfrac{\gamma-\alpha}{\beta-\alpha}=\pm 90^\circ$ であるから

$\triangle\mathrm{ABC}$ は **$\angle\mathrm{BAC}=90^\circ$ の直角二等辺三角形**である.

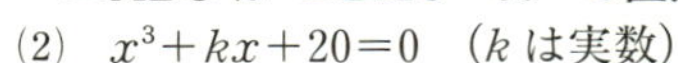

(2) $x^3+kx+20=0$ （k は実数）

α, β, γ はすべてが実数ではないから，3解のうち1つが実数，他の2つは互いに共役な虚数である（標問 **91**）.

さらに(1)の結果も合わせると，α は実数，$\gamma=\overline{\beta}$ である.

そこで，$\beta=a+bi$, $\gamma=a-bi$ とおく. 解と係数の関係より

$$\begin{cases} \alpha+2a=0 & \cdots\cdots① \\ 2a\alpha+a^2+b^2=k & \cdots\cdots② \\ \alpha(a^2+b^2)=-20 & \cdots\cdots③ \end{cases}$$

①より $a=-\dfrac{\alpha}{2}$，したがって $b=\pm\mathrm{BM}=\pm\mathrm{AM}=\pm\dfrac{3}{2}\alpha$. これらを③に代入.

$$\alpha\cdot\frac{5}{2}\alpha^2=-20 \qquad \therefore \quad \alpha^3=-8 \qquad \therefore \quad \alpha=\mathbf{-2}$$

このとき，$a=1$, $b=\pm 3$

$$\therefore \quad \boldsymbol{\beta=1\pm 3i,\ \gamma=1\mp 3i} \text{ （複号同順）}$$

これらを②に代入して，$k=2(-2)+(1+9)=\mathbf{6}$

99-3 (1) $|z|=1$ より $z\overline{z}=1$ だから，$\dfrac{1}{z}=\overline{z}$．したがって

$$\frac{z^3-1}{z^2-z}=\frac{z^2+z+1}{z}=z+\frac{1}{z}+1=(z+\overline{z})+1\ (実数)$$

すなわち，1 と z^3，z と z^2 を結ぶ辺は平行である．ゆえに，Q は 1 と z^3 をとなり合う頂点とする台形である．

(2) (i) 1 と z^2，z と z^3 を結ぶ線分が対角線のとき

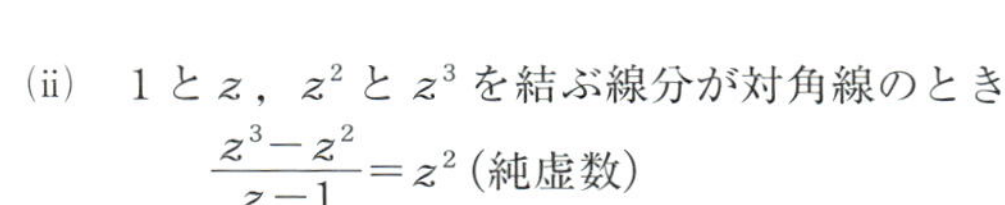

$$\frac{z^3-z}{z^2-1}=z\ (純虚数)$$

$|z|=1$，$0<\arg z<\pi$ ゆえ，$z=\boldsymbol{i}$

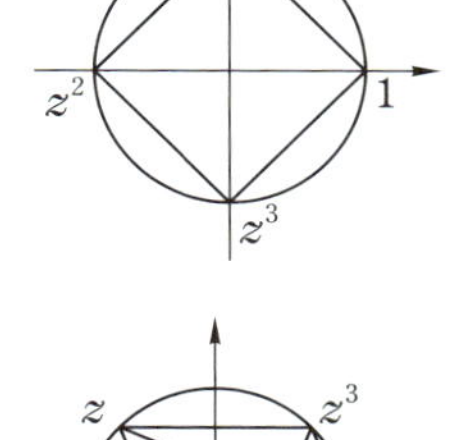

(ii) 1 と z，z^2 と z^3 を結ぶ線分が対角線のとき

$$\frac{z^3-z^2}{z-1}=z^2\ (純虚数)$$

$\arg z^3>2\pi$ より $\dfrac{2\pi}{3}<\arg z<\pi$，したがって

$\dfrac{4\pi}{3}<\arg z^2<2\pi$ であるから，$z^2=-i$

$$\therefore\quad z=\cos\frac{3\pi}{4}+i\sin\frac{3\pi}{4}=-\frac{\mathbf{1}}{\sqrt{\mathbf{2}}}+\frac{\mathbf{1}}{\sqrt{\mathbf{2}}}\boldsymbol{i}$$

100 A を原点にとり，それぞれの点を表す複素数を小文字で表す．

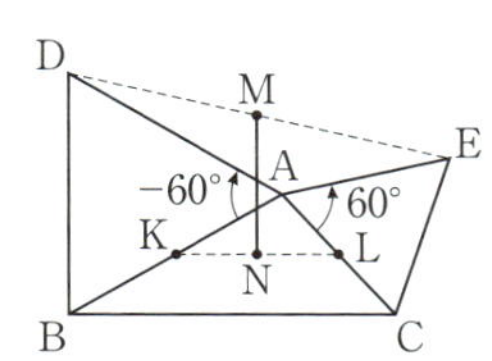

$$d=\{\cos(-60°)+i\sin(-60°)\}b=\left(\frac{1}{2}-\frac{\sqrt{3}}{2}i\right)b$$

$$e=(\cos 60°+i\sin 60°)c=\left(\frac{1}{2}+\frac{\sqrt{3}}{2}i\right)c$$

$$\therefore\quad m=\frac{d+e}{2}=\frac{1}{4}(b+c)+\frac{\sqrt{3}\,i}{4}(c-b)$$

一方，$n=\dfrac{k+l}{2}=\dfrac{b+c}{4}$ であるから，$n-m=\dfrac{\sqrt{3}\,i}{4}(b-c)$

$$\therefore\quad \frac{n-m}{b-c}=\frac{\sqrt{3}\,i}{4}\quad (純虚数)$$

ゆえに，直線 MN と直線 BC とは垂直である．

101 (1) $w=\dfrac{iz}{z-1}$ ……①．w が実数である条件は $w=\overline{w}$ であるから

$$\frac{iz}{z-1}=\overline{\left(\frac{iz}{z-1}\right)}=\frac{-i\overline{z}}{\overline{z}-1}$$

$$z(\overline{z}-1)+\overline{z}(z-1)=0$$

$$z\overline{z}-\frac{1}{2}z-\frac{1}{2}\overline{z}=0$$

⬅ ここで $z=x+yi$ とおいてもよい

$$\left(z-\frac{1}{2}\right)\left(\bar{z}-\frac{1}{2}\right)=\frac{1}{4}$$

← 左辺$=\left|z-\frac{1}{2}\right|^2$

$$\therefore\quad \left|z-\frac{1}{2}\right|=\frac{1}{2}$$

ゆえに，z の全体は右図の円．ただし，①が定義されない点1は除く．

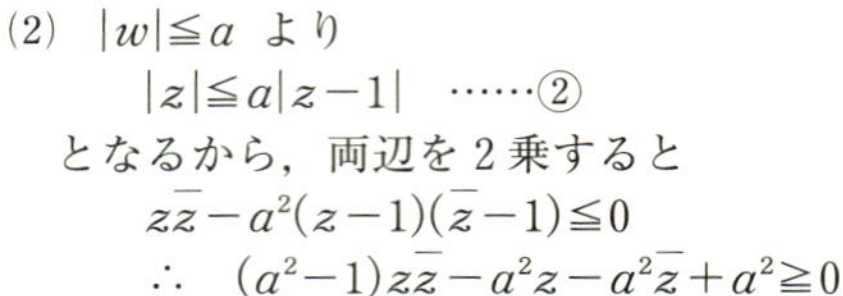

(2) $|w|\leqq a$ より

$$|z|\leqq a|z-1| \quad \cdots\cdots②$$

← 境界はアポロニウスの円（直線を含む）

となるから，両辺を2乗すると

$$z\bar{z}-a^2(z-1)(\bar{z}-1)\leqq 0$$

$$\therefore\quad (a^2-1)z\bar{z}-a^2z-a^2\bar{z}+a^2\geqq 0$$

(i) $0<a<1$ のとき，$a^2-1<0$ であるから

$$z\bar{z}-\frac{a^2}{a^2-1}z-\frac{a^2}{a^2-1}\bar{z}+\frac{a^2}{a^2-1}\leqq 0$$

$$\left(z-\frac{a^2}{a^2-1}\right)\left(\bar{z}-\frac{a^2}{a^2-1}\right)\leqq\frac{a^4}{(a^2-1)^2}-\frac{a^2}{a^2-1}$$

$$=\frac{a^2}{(a^2-1)^2}$$

$$\therefore\quad \left|z-\frac{a^2}{a^2-1}\right|\leqq\frac{a}{1-a^2}$$

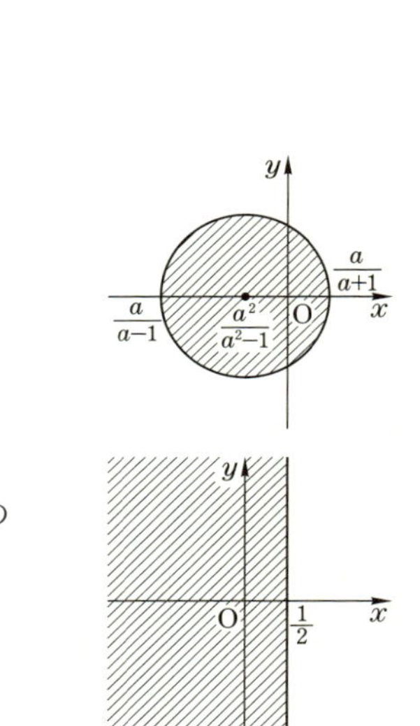

したがって，z の全体は円の内部およびその境界．

(ii) $a=1$ のとき，②より $|z|\leqq|z-1|$．したがって z の全体は境界を含む左半平面 $x\leqq\frac{1}{2}$

(iii) $a>1$ のとき，$a^2-1>0$ であるから，(i)と同様にして

$$\left|z-\frac{a^2}{a^2-1}\right|\geqq\frac{a}{a^2-1}$$

したがって，z の全体は円の外部およびその境界．

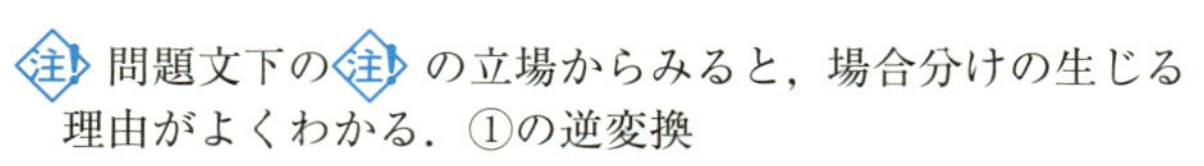

注 問題文下の 注 の立場からみると，場合分けの生じる理由がよくわかる．①の逆変換

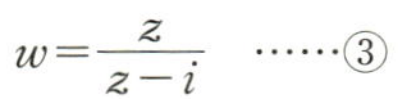

$$w=\frac{z}{z-i} \quad \cdots\cdots③$$

の分母が0となる点 i が，円板 $|z|\leqq a$ の外部にあるか，境界にあるか，あるいは内部にあるかでそれぞれ(i)，(ii)，(iii)に分かれる．**③によって点 i は無限遠点に移されるとみなされ，無限遠点を通る円は直線と考えられる**からである．

また，(1)は次のようにしても解ける．③で $z=t$（実数）とおくと

$$w=x+yi=\frac{t}{t-i}=\frac{t(t+i)}{(t-i)(t+i)}=\frac{t^2+ti}{t^2+1}$$

$$\therefore\quad x=\frac{t^2}{t^2+1},\ y=\frac{t}{t^2+1}$$

$\dfrac{x}{y}=t$ と $y(t^2+1)=t$ より t を消去すると

$$x^2+y^2=x \qquad \therefore\quad \left(x-\frac{1}{2}\right)^2+y^2=\frac{1}{4}$$

← 厳密には
(ア) $t=0$ のとき
$(x,\ y)=(0,\ 0)$
(イ) $t\neq 0$ のとき
$\left(x-\dfrac{1}{2}\right)^2+y^2=\dfrac{1}{4},\ y\neq 0$

102 標問 **102** (1)より2点 $\alpha=\dfrac{1-\sqrt{5}}{2}$ と $\beta=\dfrac{1+\sqrt{5}}{2}$ は，円 C の直径の両端であり $\alpha+\beta=1$，$\alpha\beta=-1$ を満たす．したがって，b_n が円 C 上にあるとすると

$$\frac{b_n-\beta}{b_n-\alpha}=ti\quad (t\text{ は }0\text{ でない実数})$$

このとき

$$\frac{b_{n+1}-\beta}{b_{n+1}-\alpha}=\frac{1+\dfrac{1}{b_n}-\beta}{1+\dfrac{1}{b_n}-\alpha}=\frac{\dfrac{1}{b_n}+\alpha}{\dfrac{1}{b_n}+\beta}=\frac{1+\alpha b_n}{1+\beta b_n}=\frac{\alpha}{\beta}\cdot\frac{b_n+\dfrac{1}{\alpha}}{b_n+\dfrac{1}{\beta}}$$

$$=\frac{\alpha}{\beta}\cdot\frac{b_n-\beta}{b_n-\alpha}=\frac{\alpha t}{\beta}\cdot i\quad (\text{純虚数})$$

ゆえに，b_{n+1} も円 C 上にある．

注 有理数 p_n，q_n を用いて，$b_n=p_n+q_ni$ と表せる（厳密には数学的帰納法）から，$b_n\neq\alpha$，$b_n\neq\beta$ である．

104 (1) $z=1+\cos t+i\sin t=2\cos^2\dfrac{t}{2}+2i\sin\dfrac{t}{2}\cos\dfrac{t}{2}$

$$=2\cos\frac{t}{2}\left(\cos\frac{t}{2}+i\sin\frac{t}{2}\right)\quad\cdots\cdots①$$

$-\pi<t<\pi$ より $2\cos\dfrac{t}{2}>0$ であるから

$$|z|=\mathbf{2\cos\frac{t}{2}},\ \arg z=\mathbf{\frac{t}{2}}$$

(2) ①と，ド・モアブルの定理より

$$w=\frac{2i}{z^2}=\frac{2i}{4\cos^2\dfrac{t}{2}}(\cos t-i\sin t)=\frac{1}{2\cos^2\dfrac{t}{2}}(\sin t+i\cos t)$$

$w=x+yi$ とおくと

$$x=\frac{\sin t}{2\cos^2\dfrac{t}{2}}=\frac{2\sin\dfrac{t}{2}\cos\dfrac{t}{2}}{2\cos^2\dfrac{t}{2}}=\tan\frac{t}{2}$$

$$y=\frac{\cos t}{2\cos^2\frac{t}{2}}=\frac{2\cos^2\frac{t}{2}-1}{2\cos^2\frac{t}{2}}=1-\frac{1}{2}\left(1+\tan^2\frac{t}{2}\right)$$

⬅ $1+\tan^2\theta=\dfrac{1}{\cos^2\theta}$

$$=-\frac{1}{2}\tan^2\frac{t}{2}+\frac{1}{2}=-\frac{1}{2}x^2+\frac{1}{2} \quad \cdots\cdots ②$$

$-\pi<t<\pi$ より，$x=\tan\dfrac{t}{2}$ はすべての実数値をとるから，wは②で表される放物線全体を描く．

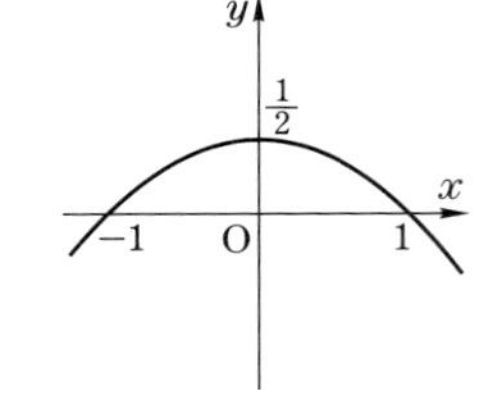

第5章

105　(1)　$P\left(\dfrac{\alpha^2}{4p},\ \alpha\right)$, $Q\left(\dfrac{\beta^2}{4p},\ \beta\right)$, $\alpha\beta \neq 0$

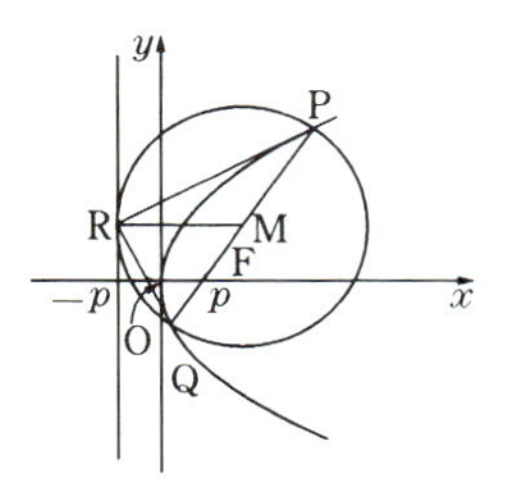

とおく．直線PQの方程式は

$$x=\frac{1}{\alpha-\beta}\left(\frac{\alpha^2}{4p}-\frac{\beta^2}{4p}\right)(y-\alpha)+\frac{\alpha^2}{4p}$$

$$=\frac{\alpha+\beta}{4p}y-\frac{\alpha\beta}{4p}$$

これがF$(p,\ 0)$を通るから，$p=-\dfrac{\alpha\beta}{4p}$

$\therefore\quad \alpha\beta=-4p^2$　　　……①

P，Qでの接線の方程式は

$$\alpha y=2p\left(x+\frac{\alpha^2}{4p}\right),\quad \beta y=2p\left(x+\frac{\beta^2}{4p}\right)$$

連立して解くと

$$R\left(\frac{\alpha\beta}{4p},\ \frac{\alpha+\beta}{2}\right)$$

よって，①より

$$\begin{cases} x_R=\dfrac{\alpha\beta}{4p}=-p \\ (\text{P，Qでの接線の傾きの積})=\dfrac{2p}{\alpha}\cdot\dfrac{2p}{\beta}=-1 \end{cases}$$

ゆえに，P，Qでの接線は準線上で直交する．

(2)　(1)より，PQを直径とする円は点Rを通る．さらに，PQの中点(円の中心)をMとすると，$y_M=\dfrac{\alpha+\beta}{2}=y_R$．したがって，RMは準線と垂直だから，PQを直径とする円は準線と接する．

106-1　M，Nの中心をそれぞれA，Bとする．Pを固定して，Q，Rを動かすと

PQ≦PA＋AQ＝PA＋1　　　……①

PR≦PB＋BR＝PB＋1　　　……②

①の等号はPQがAを通るとき，②の等号はPRがBを通るときに成立する．2つの等号が成立するとき，①＋②より，

PQ＋PR＝(PA＋PB)＋2　　　……③

Lの焦点は$(\pm1,\ 0)$でA，Bと一致するから，L上の任意の点Pに対して PA＋PB＝4 (楕円の定義)である．これを③に代入すると，PQ＋PR＝6

ゆえに，(求める最大値)＝**6**

106-2　$P(a\cos\theta,\ b\sin\theta)$ $\left(0<\theta<\dfrac{\pi}{2}\right)$とおくと，Pでの接線の方程式は

$$\frac{x\cos\theta}{a}+\frac{y\sin\theta}{b}=1 \qquad \therefore\ \ \mathrm{Q}\left(\frac{a}{\cos\theta},\ 0\right),\ \mathrm{R}\left(0,\ \frac{b}{\sin\theta}\right)$$

$$\therefore\quad S=\frac{1}{2}\cdot\frac{a}{\cos\theta}\cdot\frac{b}{\sin\theta}=\frac{ab}{\sin 2\theta}$$

Sは，$\theta=\dfrac{\pi}{4}$ のとき最小となり

(最小値)$=\boldsymbol{ab}$

106-3 $\dfrac{x^2}{a^2}+\dfrac{y^2}{b^2}=1$

(1) $\mathrm{OP}=r_{\mathrm{P}}$，$\mathrm{OQ}=r_{\mathrm{Q}}$，$\overrightarrow{\mathrm{OP}}$ が x 軸の正方向となす角を θ とすると

$$\mathrm{P}(r_{\mathrm{P}}\cos\theta,\ r_{\mathrm{P}}\sin\theta)$$

Pは楕円上にあるから

$$r_{\mathrm{P}}{}^2\left(\frac{\cos^2\theta}{a^2}+\frac{\sin^2\theta}{b^2}\right)=1$$

$$\therefore\quad \frac{1}{r_{\mathrm{P}}{}^2}=\frac{\cos^2\theta}{a^2}+\frac{\sin^2\theta}{b^2} \qquad \cdots\cdots①$$

Pと θ の対応関係が楕円の媒介変数表示と異なる点に注意

θ を $\theta+\dfrac{\pi}{2}$ とおき

$$\frac{1}{r_{\mathrm{Q}}{}^2}=\frac{\sin^2\theta}{a^2}+\frac{\cos^2\theta}{b^2} \qquad \cdots\cdots②$$

①，②より，$\dfrac{1}{r_{\mathrm{P}}{}^2}+\dfrac{1}{r_{\mathrm{Q}}{}^2}=\dfrac{1}{a^2}+\dfrac{1}{b^2}$ (一定) ……③

(2) $S=\dfrac{1}{2}r_{\mathrm{P}}r_{\mathrm{Q}}$ であるから，相加平均と相乗平均の不等式より

$$\frac{1}{S}=2\frac{1}{r_{\mathrm{P}}}\cdot\frac{1}{r_{\mathrm{Q}}}\leqq\frac{1}{r_{\mathrm{P}}{}^2}+\frac{1}{r_{\mathrm{Q}}{}^2}=\frac{1}{a^2}+\frac{1}{b^2} \quad (\because\ ③)$$

等号は $r_{\mathrm{P}}=r_{\mathrm{Q}}$ のとき成り立つから

←①，②より $\cos^2\theta=\sin^2\theta$，すなわち $\tan\theta=\pm1$ のとき

$$(S\text{の最小値})=\boldsymbol{\frac{a^2b^2}{a^2+b^2}}$$

107 (1) 直線ABの方程式は，その傾きが $\tan\theta$ だから

$$y=x\tan\theta\pm\sqrt{2\tan^2\theta+1}$$

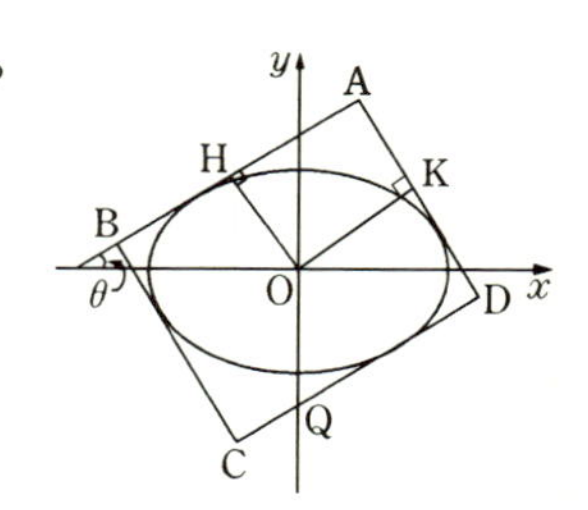

原点からこの直線に下ろした垂線の足をHとすると，点と直線の距離の公式により

$$\mathrm{OH}=\frac{\sqrt{2\tan^2\theta+1}}{\sqrt{1+\tan^2\theta}}=\sqrt{2\sin^2\theta+\cos^2\theta}$$
$$=\sqrt{1+\sin^2\theta}$$

$$\therefore\quad \mathrm{AD}=2\mathrm{OH}=\boldsymbol{2\sqrt{1+\sin^2\theta}}$$

ADの式で θ を $\theta+\dfrac{\pi}{2}$ に置きかえて

$$\mathrm{AB}=\boldsymbol{2\sqrt{1+\cos^2\theta}}$$

(2) 長方形Rの面積をSとすると,

$$S=\mathrm{AD}\cdot\mathrm{AB}=4\sqrt{(1+\sin^2\theta)(1+\cos^2\theta)}=4\sqrt{2+\sin^2\theta\cos^2\theta}$$
$$=4\sqrt{2+\frac{1}{4}\sin^2 2\theta}$$

したがって, $\theta=\boldsymbol{\frac{\pi}{4}}$, すなわち

$\mathrm{AD}=\mathrm{AB}=\boldsymbol{\sqrt{6}}$ のとき, (Sの最大値)$=\mathbf{6}$

注 (1)より

$$\mathrm{OA}^2=\mathrm{OH}^2+\mathrm{OK}^2=1+\sin^2\theta+(1+\cos^2\theta)=3$$

となるから, (1)は実質的に標問 **107** (2)の別解になっている. また, (2)は

$$S=\mathrm{AD}\cdot\mathrm{AB}\leqq\frac{\mathrm{AD}^2+\mathrm{AB}^2}{2}=6$$

としてもよい.

108-1 $\mathrm{P}\left(\dfrac{a}{\cos\theta},\ b\tan\theta\right)$, $-\dfrac{\pi}{2}<\theta<\dfrac{\pi}{2}$

として一般性を失わない. このとき, 研究, ⑬より

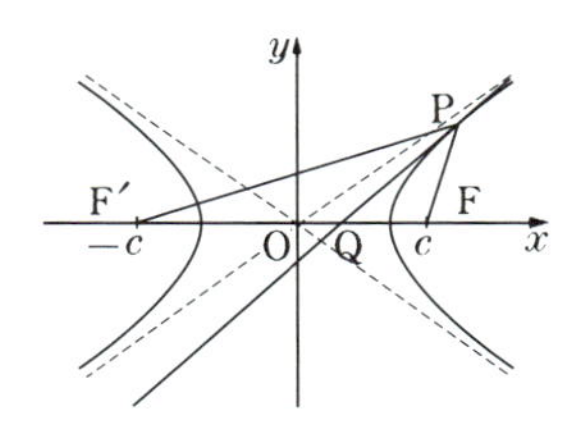

$$\mathrm{PF}=\frac{c-a\cos\theta}{\cos\theta},\quad \mathrm{PF}'=\frac{c+a\cos\theta}{\cos\theta}$$

一方, P での接線は

$$\frac{\frac{a}{\cos\theta}x}{a^2}-\frac{b\tan\theta\cdot y}{b^2}=1$$
$$\therefore\quad \frac{1}{a\cos\theta}x-\frac{\tan\theta}{b}y=1$$

よって, $\mathrm{Q}(a\cos\theta,\ 0)$ となるので

$$\mathrm{QF}=c-a\cos\theta,\quad \mathrm{QF}'=a\cos\theta-(-c)=a\cos\theta+c$$

したがって, $\mathrm{PF}:\mathrm{PF}'=\mathrm{QF}:\mathrm{QF}'$ が成立し, 接線は $\angle\mathrm{FPF}'$を 2 等分する.

108-2 $\mathrm{P}(a\alpha,\ b\beta)$ ($\alpha^2-\beta^2=1$, $\beta\neq0$) における接線

$$\frac{\alpha x}{a}-\frac{\beta y}{b}=1$$

と直線 $x=a$, $x=-a$ との交点は, それぞれ

$$\mathrm{Q}\left(a,\ \frac{b(\alpha-1)}{\beta}\right)$$
$$\mathrm{R}\left(-a,\ -\frac{b(\alpha+1)}{\beta}\right)$$

よって, Cの焦点 $\mathrm{F}(\sqrt{a^2+b^2},\ 0)$, $\mathrm{F}'(-\sqrt{a^2+b^2},\ 0)$

に対し

$$\overrightarrow{\mathrm{QF}}\cdot\overrightarrow{\mathrm{RF}}=(\sqrt{a^2+b^2}-a)(\sqrt{a^2+b^2}+a)-\frac{b^2(\alpha^2-1)}{\beta^2}$$
$$=b^2-\frac{b^2\beta^2}{\beta^2}=0\qquad(\because\quad \alpha^2-\beta^2=1)$$

同様にして，$\overrightarrow{\mathrm{QF'}}\cdot\overrightarrow{\mathrm{RF'}}=0$ となるから

$$\angle\mathrm{QFR}=\angle\mathrm{QF'R}=\frac{\pi}{2}$$

ゆえに，F，F′ は QR を直径とする円周上にある．

109 g と l のなす角を2等分する2直線を座標軸にとり，g と l の方程式をそれぞれ

$$g:y=mx,\quad l:y=-mx$$

とおくことができる．ただし，$m>0$ とする．

いま，点 $\mathrm{P}(x,\ y)$ から g，l に下ろした垂線の足をそれぞれ H，K とすれば

$$\mathrm{PH}=\frac{|mx-y|}{\sqrt{m^2+1}},\qquad \mathrm{PK}=\frac{|mx+y|}{\sqrt{m^2+1}}$$

したがって，一定値を $k\,(>0)$ とおくと

$$\mathrm{PH}\cdot\mathrm{PK}=\frac{|(mx-y)(mx+y)|}{m^2+1}=\frac{|m^2x^2-y^2|}{m^2+1}=k$$

$$\therefore\quad |m^2x^2-y^2|=k(m^2+1)$$

さらに，$k(m^2+1)=a^2$ $(a>0)$ とおけば

$$|m^2x^2-y^2|=a^2$$

したがって

$$m^2x^2-y^2=a^2\quad \text{または}\quad m^2x^2-y^2=-a^2$$

これらは，いずれも $y=\pm mx$ を漸近線とする双曲線である．

110 (1) 楕円の中心Mと焦点 $\mathrm{F_1}$，$\mathrm{F_2}$ はいずれも yz 平面上にある．直線 $l:z=y+3$ と $2y+z=6$ の交点は $(1,\ 4)$．Mはこの点と $\mathrm{B}(-3,\ 0)$ を結ぶ線分の中点だから

$$\mathrm{M}(\mathbf{0},\ \mathbf{-1},\ \mathbf{2})$$

この楕円の長半径を a，短半径を b とすると

$$a=\mathrm{BM}=2\sqrt{2},\quad b=\mathrm{CM}=\sqrt{3}$$

$$\therefore\quad \mathrm{F_1M}=\mathrm{F_2M}=\sqrt{a^2-b^2}=\sqrt{5}$$

ゆえに，焦点の座標は，$\vec{l}=(0,\ 1,\ 1)$ として

$$\overrightarrow{\mathrm{OM}}\pm\sqrt{5}\cdot\frac{\vec{l}}{|\vec{l}|}=(0,\ -1,\ 2)\pm\frac{\sqrt{5}}{\sqrt{2}}(0,\ 1,\ 1)$$

$$=\left(\mathbf{0},\ \mathbf{-1\pm\frac{\sqrt{10}}{2}},\ \mathbf{2\pm\frac{\sqrt{10}}{2}}\right)\ \text{(複号同順)}$$

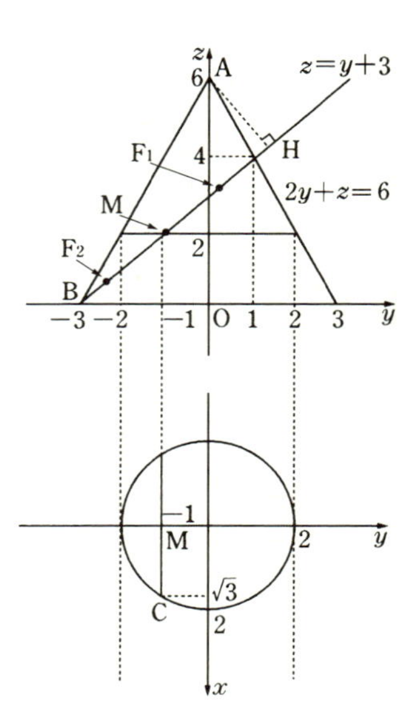

(2) 問題の立体は，Aを頂点とし切り口を底面とする楕円錐である．

$$(\text{底面積})=\pi ab=2\sqrt{6}\,\pi$$

$$(\text{高さ})=\mathrm{AH}=\frac{3}{\sqrt{2}}$$

であるから

$$(\text{体積})=\frac{1}{3}\cdot 2\sqrt{6}\,\pi\cdot\frac{3}{\sqrt{2}}=\boldsymbol{2\sqrt{3}\,\pi}$$

111 (1) $r=2a\cos(\theta-\alpha)$

$=2a(\cos\theta\cos\alpha+\sin\theta\sin\alpha)$

$\iff r^2=2a(r\cos\theta\cos\alpha+r\sin\theta\sin\alpha)$

$r^2=x^2+y^2$, $r\cos\theta=x$, $r\sin\theta=y$ であるから

$$x^2+y^2=2a\cos\alpha\cdot x+2a\sin\alpha\cdot y$$

$$\therefore\ (x-a\cos\alpha)^2+(y-a\sin\alpha)^2=a^2$$

ゆえに，C_a は $\mathrm{A}(\boldsymbol{a\cos\alpha},\ \boldsymbol{a\sin\alpha})$ を中心とする半径 $\boldsymbol{a}$ の円である．

(2) C_a は OA を半径とするから，C_a が直線 $l：y=-x$ に接する条件は，$\mathrm{OA}\perp l$ である．$\overrightarrow{\mathrm{OA}}$ が x 軸の正方向となす角を考え

$$\alpha=\boldsymbol{\frac{\pi}{4}+n\pi}$$

$\alpha>0$ より，n は負でない整数である．

112 (1) 第 1 象限の部分の面積を 4 倍する．

$$S=4\left(\frac{1}{2}\int_0^{\frac{\pi}{4}}2\cos 2\theta\, d\theta\right)=\Big[2\sin 2\theta\Big]_0^{\frac{\pi}{4}}=\boldsymbol{2}$$

(2) $$l=\int_0^{\pi}\sqrt{r^2+\left(\frac{dr}{d\theta}\right)^2}\,d\theta=\int_0^{\pi}\sqrt{2e^{2\theta}}\,d\theta$$

$$=\sqrt{2}\int_0^{\pi}e^{\theta}\,d\theta=\boldsymbol{\sqrt{2}\,(e^{\pi}-1)}$$

$$S=\frac{1}{2}\int_0^{\pi}e^{2\theta}\,d\theta=\left[\frac{1}{4}e^{2\theta}\right]_0^{\pi}=\boldsymbol{\frac{e^{2\pi}-1}{4}}$$

113 極を原点，始線を x 軸の正方向にとる．

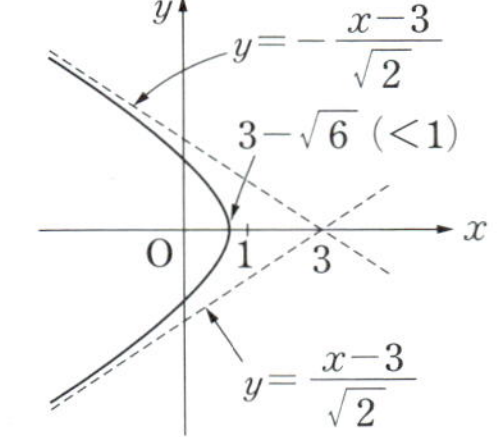

$2r+\sqrt{6}\,r\cos\theta=\sqrt{6}$ より

$$2\sqrt{x^2+y^2}=\sqrt{6}\,(1-x)$$

$$\iff\begin{cases}4(x^2+y^2)=6(1-x)^2 & \cdots\cdots① \\ x\leqq 1 & \cdots\cdots②\end{cases}$$

①より

$$(x-3)^2-2y^2=6$$

$$\therefore\ \frac{(x-3)^2}{6}-\frac{y^2}{3}=1 \qquad \cdots\cdots③$$

ゆえに，**極方程式の表す曲線は双曲線③の②の範囲にある部分．**

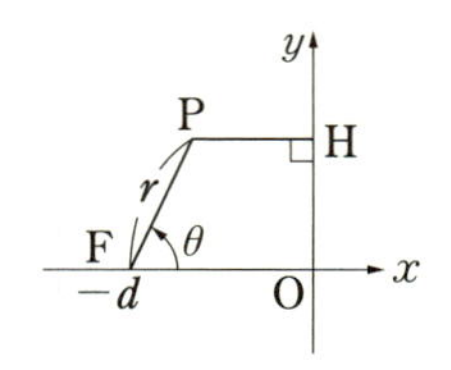

注 極方程式の分母が，なぜ $2-\sqrt{6}\cos\theta$ ではなくて $2+\sqrt{6}\cos\theta$ なのか，そのわけを説明する．

標問 **113** で，F の座標を $(-d,\ 0)\ (d>0)$ として y 軸（準線）の左側にとると

$$\overrightarrow{\mathrm{OP}}=(-d,\ 0)+(r\cos\theta,\ r\sin\theta)$$
$$=(-d+r\cos\theta,\ r\sin\theta)$$

$\therefore\quad \mathrm{PH}=-x_{\mathrm{P}}=d-r\cos\theta$

よって，$\mathrm{PF}=e\mathrm{PH}$ より

$$r=e(d-r\cos\theta)$$

$$\therefore\quad r=\frac{de}{1+e\cos\theta}$$

つまり，“＋”となるのは，焦点と準線の位置が標問 **113** と左右逆になることが原因である．両者の間に本質的な違いはない．

114 (1)　放物線上の点を $\mathrm{P}(r,\ \theta)$ とおくと

$$\mathrm{PH}=x_{\mathrm{P}}-x_{\mathrm{H}}=(p+r\cos\theta)-(-p)=2p+r\cos\theta$$

$\mathrm{PF}=\mathrm{PH}$ より，$r=2p+r\cos\theta$

$$\therefore\quad \boldsymbol{r=\frac{2p}{1-\cos\theta}}$$

(2)　Q，R，S の偏角は，それぞれ $\theta+\pi$，$\theta+\dfrac{\pi}{2}$，$\theta-\dfrac{\pi}{2}$ としてよいから

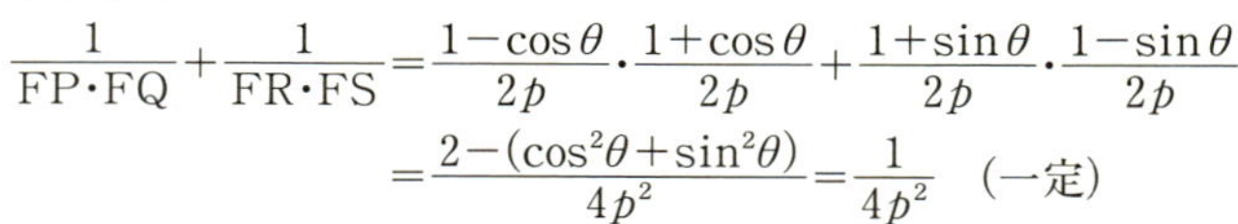

$$\frac{1}{\mathrm{FP}\cdot\mathrm{FQ}}+\frac{1}{\mathrm{FR}\cdot\mathrm{FS}}=\frac{1-\cos\theta}{2p}\cdot\frac{1+\cos\theta}{2p}+\frac{1+\sin\theta}{2p}\cdot\frac{1-\sin\theta}{2p}$$
$$=\frac{2-(\cos^2\theta+\sin^2\theta)}{4p^2}=\frac{1}{4p^2}\quad（一定）$$

注 これも円錐曲線全体の性質である．研究 を真似て証明してみよ．

115　$A+B=a+b$ は明らかであるから，$AB-H^2=ab-h^2$ を示す．

$$AB-H^2=\left(\frac{a+b}{2}\right)^2-\left(\frac{a-b}{2}\cos2\theta+h\sin2\theta\right)^2$$
$$-\left(h\cos2\theta-\frac{a-b}{2}\sin2\theta\right)^2$$
$$=\left(\frac{a+b}{2}\right)^2-\left\{\left(\frac{a-b}{2}\right)^2+h^2\right\}=ab-h^2$$

116 $\sqrt{x}+\sqrt{y}=2$ ……①

①の両辺は正であるから，2乗して整理すると

$$2\sqrt{xy}=4-(x+y) \quad \cdots\cdots②$$

さらに2乗して

$$4xy=16-8(x+y)+(x+y)^2$$

$$\therefore \quad (x-y)^2-8(x+y)+16=0 \quad \cdots\cdots③$$

$$①\Longleftrightarrow②\Longleftrightarrow\begin{cases}③\\ x+y\leqq 4 \quad \cdots\cdots④\end{cases}$$

である．

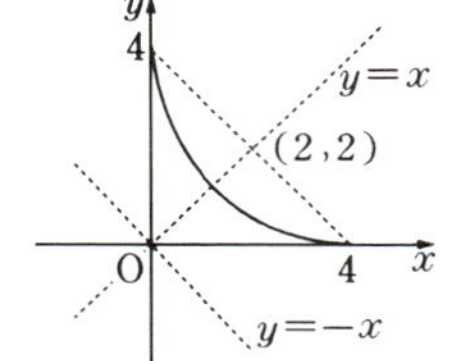

点$(x,\ y)$を原点のまわりに$-45°$回転した点を$(X,\ Y)$とすると

$$x=\frac{X-Y}{\sqrt{2}},\quad y=\frac{X+Y}{\sqrt{2}} \quad \cdots\cdots⑤$$

$x-y=-\sqrt{2}\,Y$，$x+y=\sqrt{2}\,X$ を③に代入して

$$2Y^2-8\sqrt{2}\,X+16=0 \quad \therefore \quad Y^2=4\sqrt{2}(X-\sqrt{2})$$

これは，焦点$(2\sqrt{2},\ 0)$，準線 $X=0$ の放物線である．

したがって，③も放物線であり，⑤により

焦点$(2,\ 2)$，準線 $x+y=0$

ゆえに，①はこの放物線の④を満たす部分．

memo

memo

〔数学Ⅲ標準問題精講　三訂版〕木村　光一　　S0k194